国家出版基金资助项目

“淮河洪涝治理”系列专著

淮河中游
洪涝问题与对策

主　编　钱　敏

副主编　汪安南　顾　洪　万　隆　何华松

·北京·

内 容 提 要

本书系国家出版基金资助项目“淮河洪涝治理”系列专著之一。“淮河洪涝治理”系列专著包括《淮河中游洪涝问题与对策》《淮河流域旱涝气候演变》《淮河流域规划与治理》三卷。本卷为《淮河中游洪涝问题与对策》，内容包括综述、淮河与洪泽湖演变研究、淮河流域旱涝灾害气候特征研究、淮河中游洪涝问题与洪泽湖关系研究、淮河干流行蓄洪区问题与对策研究、淮河中游易涝洼地问题与对策研究、淮河干流中游扩大平槽泄流能力研究、洪泽湖扩大洪水出路规模研究和淮河中游枯水问题与对策研究等。

本书对淮河治理的决策和职能管理部门具有重要的参考价值，也可供相关专业科研人员和高校师生参考。

图书在版编目（CIP）数据

淮河中游洪涝问题与对策 / 钱敏主编. -- 北京 : 中国水利水电出版社, 2019.8
（“淮河洪涝治理”系列专著）
ISBN 978-7-5170-7001-6

Ⅰ. ①淮… Ⅱ. ①钱… Ⅲ. ①淮河－中游－水灾－灾害防治 Ⅳ. ①P426.616

中国版本图书馆CIP数据核字(2018)第232268号

书　　名	“淮河洪涝治理”系列专著 **淮河中游洪涝问题与对策** HUAIHE ZHONGYOU HONGLAO WENTI YU DUICE
作　　者	主　编　钱　敏 副主编　汪安南　顾　洪　万　隆　何华松
出版发行	中国水利水电出版社 （北京市海淀区玉渊潭南路1号D座　100038） 网址：www.waterpub.com.cn E-mail：sales@waterpub.com.cn 电话：(010) 68367658（营销中心）
经　　售	北京科水图书销售中心（零售） 电话：(010) 88383994、63202643、68545874 全国各地新华书店和相关出版物销售网点
排　　版	中国水利水电出版社微机排版中心
印　　刷	北京印匠彩色印刷有限公司
规　　格	184mm×260mm　16开本　22.75印张　467千字
版　　次	2019年8月第1版　2019年8月第1次印刷
印　　数	0001—1000册
定　　价	**190.00**元

"淮河洪涝治理"系列专著
编 委 会

序

淮河流域位于中国大陆的东中部，西起伏牛山、桐柏山，东临黄海，南以大别山、江淮丘陵和通扬运河、如泰运河与长江流域毗邻，北以黄河南堤和沂蒙山脉与黄河流域接壤，流域面积27万km^2，三分之二是平原地区。淮河与秦岭构成中国南北方的一条自然气候分界线，北部属暖温带半湿润季风气候区，南部属亚热带湿润季风气候区。这里气候温和，地势平坦，土地肥沃，物产丰饶，是中华民族发祥地之一，孕育了灿烂的华夏文明，诞生了老子、孔子、孟子、庄子、墨子、韩非子等闻名于世的伟大思想巨匠。这里治水历史悠久，远古时期就有大禹治水和伯益凿井的传说；春秋战国时期兴建的芍陂（现称安丰塘），是中国现存最古老的蓄水灌溉工程，至今仍在发挥效益；始建于东汉、增筑于明朝的高家堰（即洪泽湖大堤）拦淮蓄水形成的洪泽湖，是中国五大淡水湖之一；历经数个朝代开凿的京杭大运河，沟通海河、黄河、淮河、长江和钱塘江五大水系，对当时经济社会发展起到了至关重要的作用，对后世也影响深远。淮河流域在中国数千年文明发展史上，始终占有极其重要的位置。

《尔雅·释水》云："江河淮济为四渎。"《尚书·禹贡》载："导淮自桐柏，东会于泗沂，东入于海。"古老的淮河曾经是独流入海的河流，流域水系完整，湖泊陂塘众多，尾闾深阔通畅，水旱灾害相对较少，素有"江淮熟，天下足"之说，民间也流传着"走千走万，不如淮河两岸"的美誉。淮河与黄河相邻而居，历史上黄河洪水始终是淮河的心腹大患。淮河曾长期遭受黄河决口南泛的侵扰，其中1194—1855年黄河夺淮660余年，为害尤为惨烈。河流水系发生巨变，入海出路淤塞受阻，干支流河道排水不畅，洪涝灾害愈加严重，逐渐沦为"大雨大灾，小雨小灾，无雨旱灾""十年倒有九年荒"的境地。1855年黄河改道北徙之后的近百年间，朝野上下提出过“淮复故道”“导淮入江”“江海分疏”各种治理淮河的方略和主张，终因经济凋敝、战乱频仍，大多未能付诸实施。

1950年10月14日，政务院发布了《关于治理淮河的决定》，开启了中华人民共和国成立后全面系统治理淮河的进程。经过数十年不懈的努力，取得了显著成效，流域防洪除涝减灾体系初步形成，对保障人民生命财产安全、促进经济社会发展发挥了巨大作用。但是，由于淮河流域特殊的气候、地理和社会条件，以及黄河夺淮的影响，流域防洪除涝体系仍然存在一些亟须完善的问题。淮河与洪泽湖关系、沿淮及淮北平原地区涝灾严重、行蓄洪区运用与区内经济社会发展矛盾突出等问题，社会各界十分关注，尤其是河湖关系问题一直是关注的焦点。从2005年起，在水利部的大力支持下，水利部淮河水利委员会科学技术委员会联合相关高等院校、科研和设计单位，从黄河夺淮前后淮河水系和洪泽湖的生成演变过程，淮河流域洪涝灾害的气候特征，明清以来淮河治理过程，淮河中游洪涝问题与洪泽湖的关系，当前淮河中游洪涝主要问题及其对策等多个方面开展了研究工作，形成了《淮河中游洪涝问题与对策研究》综合报告及相关专题研究报告。钱正英院士等资深专家组成顾问组，全程指导了这项研究工作。顾问组在肯定主要研究结论的同时，也提出了《淮河中游的洪涝及其治理的建议——〈淮河中游洪涝问题与对策研究〉的咨询意见》。顾问组认为，这项研究成果基于当前的技术条件和对今后一个时期经济社会发展的预测，对淮河中游地区洪涝问题的治理思路和方案给出了阶段性的结论，研究工作是系统和深入的，其成果有利于解决一些历史性争议，可以指导当前和今后相当时期的治淮工作。

20世纪80年代初期，我曾在治淮委员会水情处参加过淮河流域水情预报和防汛调度等工作，以后长期在水利部及其科研机构工作，对淮河问题的复杂性、淮河治理的难度和治淮工作的紧迫性等有着切身的感受和深刻的认识。2007年淮河洪水以后，国务院先后召开常务会议、治淮会议，作出了进一步治理淮河的部署；2013年国务院批复了《淮河流域综合规划（2012—2030年）》，淮河治理工作进入了一个新的时期。现在，淮河水利委员会组织专家对这项研究成果进一步梳理、完善和提炼，在此基础上，编撰了“淮河洪涝治理”系列专著，包括《淮河中游洪涝问题与对策》《淮河流域旱涝气候演变》和《淮河流域规划与治理》三卷。该系列专著在酝酿出版之初，我就很高兴推荐其申报国家出版基金的资助并获得了成功，该系列专著成为国家出版基金资助项目。相信此系列专著的出版，将为今后淮河的科学治理提供丰富的资料，发挥重要的指导作用。

淮河流域的自然条件和黄河长期夺淮的影响决定了淮河治理的长期性和复杂性；社会经济的发展对治淮也不断提出新的要求。因此，我们还须继续重视淮河重大问题的研究，不断深化对淮河基本规律的认识，为今后的治理工作提供技术支撑。

是为序。

南京水利科学研究院院长
中国工程院院士
英国皇家工程院外籍院士　张建云

2018 年 9 月 28 日

前 言

淮河流域地跨河南、安徽、江苏、山东及湖北5省，人口众多，城镇密集，资源丰富，交通便捷。流域处在我国南北气候过渡地区，天气气候复杂多变，降雨时空分布不均；流域内平原广阔，地势低平，支流众多，上下游、左右岸水事关系复杂，人水争地矛盾突出；流域水旱灾害频发多发，洪涝和干旱往往交替发生。历史上，黄河长期侵淮夺淮，致使淮河失去入海尾闾，河流水系也变得紊乱不堪，其影响至今难以根本消除。

中华人民共和国成立后，淮河治理问题受到高度重视，1950年10月，政务院发布《关于治理淮河的决定》，掀开了全面系统治理淮河的序幕，经过60多年持续治理，淮河流域已初步形成由水库、河道、堤防、行蓄洪区、控制型湖泊、水土保持和防洪管理系统等工程和非工程措施组成的防洪减灾体系，为保障流域经济和社会发展发挥了巨大作用。

由于淮河流域特殊的气候、地理和社会条件的影响，淮河的防洪除涝形势依然严峻，特别是从2003年洪水的情况看，流域防洪除涝体系尚不完善，与流域经济社会可持续发展的要求不相适应。为此，在水利部的支持下，淮河水利委员会科学技术委员会成立了研究项目组，联合有关高校、科研和设计单位，在由钱正英、宁远、刘宁、徐乾清、姚榜义、何孝俅、周魁一等7位专家组成的顾问组指导下，开展了对相关问题的研究和论证，最终形成了《淮河中游洪涝问题与对策研究》综合报告及相关专题报告等研究成果。该成果对厘清淮河中游洪涝治理思路、形成共识、更好地协调好当前和长远的关系有重要意义。因此，2016年起淮河水利委员会又组织人员在这项研究成果基础上进行进一步补充、完善和提炼，编撰了“淮河洪涝治理”系列专著，包括《淮河中游洪涝问题与对策》《淮河流域旱涝气候演变》和《淮河流域规划与治理》三卷。

本系列专著的出版得到了南京水利科学研究院院长、中国工程院院士、英国皇家工程院外籍院士张建云，国务院南水北调工程建设委员会专家委员会副主任宁远等专家学者，国家出版基金规划管理办公室和中国水利水电出版社的大力支持。张建云院士和宁远副主任向国家出版基金规划管理办公室出具推荐意见，中国水利水电出版社鼎力支持，使本系列专著得到国家出版基金的资助；张建云院士还在百忙之中撰写了序。在此向张建云院士、宁远副主任和中国水利水电出版社表示衷心感谢！

本书是“淮河洪涝治理”系列专著之一，全书共8章，内容包括综述、淮河与洪泽湖演变研究、淮河流域旱涝灾害气候特征研究、淮河中游洪涝问题与洪泽湖关系研究、淮河干流行蓄洪区问题与对策研究、淮河中游易涝洼地问题与对策研究、淮河干流中游扩大平槽泄流能力研究、洪泽湖扩大洪水出路规模研究和淮河中游枯水问题与对策研究等。全书分析了现状和流域规划实施后淮河中下游的防洪形势，以新的治水思路，对淮河与洪泽湖的关系进行了系统研究，分析了远景降低洪泽湖和淮河干流中游水位的可能方案，探讨了河湖关系和淮河中下游进一步治理的方向。书中阐述的研究成果有利于解决一些历史性争议，部分成果已应用到淮河流域综合规划等重要规划中，为淮河中下游的长远规划和进一步治理奠定了科学基础。

本书主编由钱敏担任，副主编为汪安南、顾洪、万隆、何华松。本书综述由钱敏、汪安南撰写，第1章由谭徐明、李云鹏、王英华撰写，第2章由顾洪、程兴无、陈星撰写，第3章由万隆、洪成、虞邦义撰写，第4章由何华松、余生、洪成撰写，第5章由徐迎春、何夕龙撰写，第6章由王世龙、洪成撰写，第7章由陈彪、何夕龙撰写，第8章由沈宏、梅梅撰写。在书稿撰写的过程中，中水淮河规划设计研究有限公司、中国水利水电科学研究院、淮河水利委员会水文局、安徽省水利水电勘测设计院、安徽省·水利部淮河水利委员会水利科学研究院等单位给予了支持与帮助，对此表示衷心感谢。由于编者水平有限，不足之处在所难免，恳请读者批评、指正。

本书高程系统除特别注明外均为废黄河高程。

作者

2018年9月

目录
CONTENTS

0

综　述

淮河古称淮水，与长江、黄河和济水并称四渎，是我国七大江河之一。历史上的淮河是一条独流入海的河流，春秋时地理著作《禹贡》记载："导淮自桐柏，东会与泗、沂，东入与海"。12世纪90年代以前，洪泽湖以西大致与今淮河相似，流经今江苏省盱眙后折向东北经盐城市响水县南部的云梯关入海，当时淮河没有洪泽湖，干流河槽也较宽深。

南宋绍熙五年（1194年），黄河向南决口，从此长期夺淮入海。至清咸丰五年（1855年），黄河再次北徙改道，由山东大清河入海。在1194—1855年的黄河夺淮期间，淮河流域地形和水系发生了很大变化，淮河入海故道已淤成一条高出地面的废黄河，这条地上河将淮河流域分为淮河水系和沂沭泗河水系，古济河、钜野泽和梁山泊已消失，河床普遍淤高，形成了新的湖泊如洪泽湖、南四湖和骆马湖等。1938年抗日战争时期，国民党当局为阻止日军西进，在郑州的花园口炸开黄河南堤，黄河主流自颍河入淮河直到1947年花园口堵复上，黄河又泛滥9年之久，淮河水系又一次普遍遭到破坏。至中华人民共和国成立前，淮河水系紊乱，排水不畅或水无出路，造成了"大雨大灾、小雨小灾、无雨旱灾"的局面，成了一条灾害之河。

新中国成立之后，党中央、国务院非常重视淮河的治理，毛泽东主席发出了"一定要把淮河修好"的伟大号召，国务院多次召开了治淮会议研究治淮的重大问题。经过数十年的努力，淮河流域治理取得了巨大成绩：全流域已初步形成由水库、河道堤防、行蓄洪区、湖泊和防洪调度指挥系统等工程和非工程措施组成的防洪减灾体系框架，大大提高了重要防洪保护区及重要城市的防洪标准，为保障流域经济和社会发展作出了重大贡献。上游拦蓄能力增强，流域内建成水库5700多座，总库容约280亿m^3，其中大型水库38座，相应防洪库容67.38亿m^3。河道泄洪能力显著提高，淮河干流上游从2000m^3/s提高到7000m^3/s，中游王家坝至洪泽湖由5000～7000m^3/s扩大到7000～13000m^3/s，下游由8000m^3/s扩大到近18270m^3/s（含分淮入沂相机分泄流量3000m^3/s）。淮河上游防洪标准达到10年一遇，中下游重要防洪保护区和重要城市的防洪标准提高到100年一遇；淮北重要跨省支流的防洪标准除洪汝河防洪标准为10年一遇外，其余均提高到20年一遇。重要排水河道的排涝标准达到或接近3年一遇，部分易涝洼地的排涝条件得到改善。全流域初步建成了蓄水、引水、提水、调水的水资源配置工程体系。蓄水、引水、提水等各类水利供水工程设计年供水能力达823亿m^3，是新中国成立初期的9倍；初步建成了水库塘坝灌区、河湖灌区和机电井灌区三大灌溉体系，设计灌溉面积达1.7亿亩。

数十年的淮河治理取得了举世瞩目的成绩，但从淮河1991年、2003年和2007年发生的流域性较大洪水受灾的情况来看，淮河中游的洪涝问题仍很突出。淮河中游行蓄洪区启用标准低、撤退转移人口多、社会影响大；淮河中游高水位时间长，两岸平原受淮河高水位顶托形成“关门淹”，涝灾损失严重；洪泽湖周边滞洪圩区内人口众多、防洪标准低、区内涝灾严重、防洪安全建设严重滞后、启用后居民生命财产难以得到保障。这些问题已成为淮河防汛的热点和社会各界广泛关注的焦点，也是影响当地经济发展的重要因素。

上述淮河中游存在的突出洪涝问题，比较有代表性的观点认为，淮河中游涝灾的主要原因是洪泽湖水位顶托造成的，通过淮河干流与洪泽湖分离降低淮河干流中下游水位可彻底解决淮河中游的洪涝问题，并设想可利用溯源冲刷恢复淮河深水河床以期达到降低淮河干流沿程水位的目的。

针对淮河中游的洪涝问题，以及社会各界的高度关注，淮河水利委员会科学技术委员会组织技术人员联合有关高校、科研单位和设计单位，在水利部的支持下，从淮河与洪泽湖演变、淮河流域洪涝灾害气候特征、淮河中游洪涝问题与洪泽湖的关系、淮河干流行蓄洪区问题与对策、淮河中游易涝洼地问题与对策、淮河干流中游扩大平槽泄流能力、洪泽湖扩大洪水出路规模、淮河中游枯水问题与对策等8个方面进行了多年系统的研究。在研究过程中得到了以钱正英院士为组长的顾问组全过程的悉心指导，研究成果得到了顾问组的充分肯定，出具了《〈淮河中游洪涝问题与对策研究〉的咨询意见》(附后)，提出了淮河中游洪涝问题及治理的建议，研究成果部分已经在淮河流域规划治理中采用。

0.1 淮河流域基本情况

0.1.1 流域概况

淮河流域地处我国东部，位于东经111°55′～121°25′，北纬30°55′～36°36′，东西长约700km，南北平均宽度约400km，总面积为27万km^2，其中淮河水系为19万km^2，沂沭泗河水系为8万km^2。流域西起桐柏山、伏牛山，东临黄海，南以大别山、江淮丘陵、通扬运河及如泰运河南堤与长江流域分界，北以黄河南堤和沂蒙山与黄河流域毗邻。流域跨湖北、河南、安徽、江苏、山东5省40个市，160个县（市）。淮河流域以废黄河为界，分淮河及沂沭泗河两大水系，有京杭大运河、淮沭新河和徐洪河贯通其间。

淮河干流发源于河南省桐柏山，东流经鄂、豫、皖、苏4省，在三江营入长江，

全长 1000km，总落差 200m。淮河干流洪河口以上为上游，河长 360km，地面落差 178m，流域面积 3.06 万 km^2；洪河口至中渡为中游，河长 490km，地面落差 16m，中渡以上流域面积 15.82 万 km^2；中渡以下至三江营为下游入江水道，河长 150km，地面落差 6m，三江营以上流域面积 16.51 万 km^2。淮河上中游支流众多，南岸支流多发源于大别山区及江淮丘陵区，源短流急，流域面积在 2000～7000km^2 的有白露河、史灌河、淠河、东淝河、池河；北岸支流主要有洪汝河、沙颍河、西淝河、涡河、漴潼河、新汴河、奎濉河，其中除洪汝河、沙颍河、奎濉河上游有部分山丘区以外，其余都是平原排水河道。流域面积以沙颍河最大，近 4 万 km^2，其他支流都在 3000～16000km^2 之间。

沂沭泗河水系发源于山东省沂蒙山，由沂河、沭河和泗河组成，总集水面积近 8 万 km^2。沂沭泗河水系流域面积大于 1000km^2 的主要支流有东鱼河、洙赵新河、梁济运河、复新河、万福河、大沙河、洸府河、白马河、蔷薇河、祊河、东汶河等。

0.1.2 自然地理

1. 地形地貌

淮河流域位于全国地势的第二阶梯前缘，大都处于第三阶梯上，地形大体由西北向东南倾斜，淮南山区、沂沭泗山区分别向北和向南倾斜。流域西部、南部及东北部为山区和丘陵区，其余为平原、湖泊和洼地。流域内山丘区面积约占总面积的1/3，平原（含湖泊和洼地）面积约占 2/3。

淮河流域地貌具有类型复杂多样、层次分明、平原地貌类型极为丰富的特点。在空间分布上，东北部为鲁中南断块山地，中部为黄淮冲积、湖积、海积平原，西部和南部是山地和丘陵。平原与山地丘陵之间以洪积平原、冲洪积平原和冲积扇过渡。此外，还有零星的岩溶侵蚀地貌和火山熔岩地貌。地貌形态分为山地、丘陵、台地（岗地）和平原 4 种类型。

2. 气候特征

淮河流域地处我国大陆的东部，秦岭—淮河是我国主要的南北气候分界线，其北面有典型的华北半湿润半干旱的气候性质，特点是冬半年比夏半年长，过渡季节短，空气干燥，蒸发量大，年内气温变化大，而淮河以南则呈现亚热带湿润季风气候的特征，特点是夏半年比冬半年长，盛夏酷热，空气湿度大，降水丰沛，气候温和。淮河流域的气候基本特点是：受东亚季风影响，夏季炎热多雨，冬季寒冷干燥，春季天气多变，秋季天高气爽。

由于淮河流域位于中纬度地带，处在亚热带湿润气候向暖温带半湿润气候的过渡区，影响本流域的天气系统众多，既有北方的西风槽、冷涡，又有热带的台风、东风波，也有本地产生的江淮切变线、气旋波，因此造成流域气候多变，天气变化剧烈。夏季（6—8 月），淮河流域以偏南气流为主，这种盛行风携带了大量的暖湿空气，为淮河的雨季提供了必需的水汽来源，因而成为一年中降雨最多的时期。秋季（9—10 月），夏季风开始南退，11 月至次年 2 月，冬季风南压，盛行干冷的偏北风，导致干冷空气不断南侵，降水迅速减少。

3. 水文特征

由于淮河流域南北气候过渡带的气候类型特征，冷暖气团活动频繁，降水量变化大。淮河流域多年平均年降水量为898mm，其中淮河水系939mm，沂沭泗河水系795mm。降水量地区分布状况大致是由南向北递减，山区多于平原，沿海大于内陆。降水年际丰枯变化大，年内分布不均。据资料统计，有七成年份汛期6—9月降水量超过全年的60%，多数站年降水量最大值为最小值的2～4倍。

淮河流域多年平均年径流深为221mm，其中淮河水系238mm，沂沭泗河水系181mm。流域多年平均水资源总量799亿m^3，其中地表水资源量595亿m^3，占水资源总量的74%，地下水资源量204亿m^3，占水资源总量的26%。

0.1.3 经济社会概况❶

1. 人口

2016年淮河流域总人口1.61亿人，占全国总人口的12%左右，其中城镇人口0.81亿人，占全国城镇人口的14%。2016年淮河流域平均人口密度为596人/km^2，是全国平均人口密度的4.2倍，居全国各流域人口密度之首，其中70%左右的人口分布在淮河以北。

2. 国内生产总值

2016年淮河流域国内生产总值（GDP）为7.06万亿元，人均GDP为4.39万元，低于全国平均水平。

从整体上看，淮河流域的经济发展主要指标仍处于全国比较低的水平，淮河流域人口密度大，经济基础差，工业化和城市化水平都比较低，致使淮河流域经济总量较小，人均GDP较低，但是最近几年流域各省都采取相应的措施，充分利用淮河流域的交通、资源和区位优势，经济发展的速度超过全国平均发展速度，经济发展潜力较大。

3. 农业

淮河流域气候、土地、水资源等条件较优越，适宜于发展农业生产，是我国的主要农业生产基地之一，也是我国重要的粮、棉、油主产区之一。

淮河流域农作物分为夏秋两季，夏季主要种植小麦、油菜等，秋季主要种植水稻、玉米、薯类、大豆、棉花、花生等作物。2016年淮河流域粮食总产量为1.14亿t，占全国同期粮食总产量的近1/5。

4. 工业

淮河流域位于我国东部，地域位置优势明显，在我国国民经济中占有十分重要的战略地位。淮河流域拥有十分丰富的煤炭资源，是我国重要的火电能源中心和华

---

❶ 数据来源2016年《淮河片水资源公告》。

东地区的煤炭供应基地；淮河流域拥有丰富的粮、棉、油、鱼等农副产品资源，具有发展以农副产品为原料的食品、纺织等轻纺工业十分有利的条件；沿海地区拥有丰富的海盐、渔业等资源，同时淮河流域水陆交通十分发达，是连接我国南北、东西的重要交通枢纽。江苏、山东两省处于我国东部经济较发达地区，工业化、城镇化水平较高；河南、安徽两省紧邻我国东部沿江、沿海经济发达地区，具有承东启西的优势，属于沿江、沿海经济发达地区的辐射区域。

淮河流域工业以煤炭、电力、食品、轻纺、医药等工业为主。近年来化工、化纤、电子、建材、机械制造等轻、重及乡村工业也有了较大发展，已有郑州、徐州、扬州、济宁、平顶山、许昌、蚌埠、淮南等特大型、大型及中等城市。

0.2 淮河中游存在的主要洪涝问题

0.2.1 行蓄洪区问题

淮河流域行蓄洪区在保证防洪保护区安全方面起到了重要作用，但从1991年以来的三场大洪水行蓄洪区运用情况来看，仍难以做到及时、有效的行洪、蓄洪，存在的主要问题如下：

行蓄洪区启用标准低、进洪频繁、社会影响大。1950—2007年淮河干流共运用行蓄洪区约170个次，行蓄洪区每次进洪，不仅群众生产、生活受到影响，也引起社会各界的广泛关注，直接影响了该地区的社会稳定和发展；行蓄洪区人口增长快，区内人口密度大、居住分散，启用前组织撤退转移时间短，工作难度极大，一旦启用财产损失较为严重；大部分行洪区没有修建进洪、退洪控制工程，多以自然溃堤或人工爆破方式进洪，口门大小、进洪量和进、退洪时间难以控制，很难满足及时、适量分洪削峰的要求，往往只能滞蓄部分洪水，行洪效果不明显；部分行蓄洪区堤防堤身断面未达到设计要求，堤身单薄，险情隐患多，行蓄洪时难以保证安全；行蓄洪区内建设滞后，区内居民安全撤退和避洪设施数量少、标准低，不能满足群众安全需要，加剧了行蓄洪区使用的困难；行蓄洪区作为特殊的社会区域单元，既有防洪管理，又有经济社会活动的管理，是一个十分复杂的系统，区内土地利用、社会经济发展、人口控制等无专门管理办法，各类安全设施的管理机构不健全，致使已建的安全设施得不到必要的保护和及时维修。

0.2.2 洪泽湖周边滞洪圩区问题

按照现在的规划，一旦洪泽湖水位达到14.5m，洪泽湖周边滞洪圩区需要蓄洪，但目前区内人口众多，防洪安全建设严重滞后，启用相当困难，存在主要问题如下：

洪泽湖周边滞洪圩区缺乏全面系统的规划，流域防洪规划及流域洪水调度方案虽规定了洪泽湖周边圩区为滞洪区，但至今还没有正式批复的滞洪区专项规划，区内发展难以按滞洪区要求得到有效管理和控制，一旦分洪运用，无补偿保障措施；

区内安全建设基本未启动，工程建设、移民工作不系统，滞洪安全无保障，滞洪区内盱眙县城、泗洪县城、明祖陵、洪泽农场、三河农场及多处乡镇所在地人口密集，经济、文化重地大部分防洪安全保障性差；沿湖地势低洼地带圩区居住有几万人，滞洪时安全和撤离难以保障；无进退洪控制建筑物，一旦滞洪，只能依靠自然溃堤或人工爆破方式进洪，难以控制，加上区内情况复杂，很难满足及时、适量分洪削峰的要求，同时也加大了灾后恢复的难度；滞洪区除涝标准低，现有排涝总动力为42096kW，平均抽排模数只有 $0.35m^3/(s \cdot km^2)$，且工程老化失修，破损严重；区内人口增长较快，人口的增加又导致区内无序开发严重，存在围垦现象，难以达到设计要求的滞洪水量。

0.2.3 淮河中游易涝洼地问题

新中国成立以来，对部分易涝洼地进行了不同程度的治理，局部洼地的排水条件有所改善，除涝标准有所提高，但由于缺乏全面系统的排涝规划，淮河中游低洼地区总体除涝标准仍然较低，主要存在问题如下：

由于沿淮洼地地势低平，外河水位经常高于地面高程，导致内水无法外排，沿淮地区骨干排水泵站建设不足，形成“关门淹”，持续时间在30～60天；骨干排水河道现状排水能力严重不足，除涝标准仅达到或接近3年一遇，较低的排涝标准影响了排涝时间和汇流历时，产生了严重的涝灾；大部分易涝地区的面上配套工程很不完善，影响骨干工程的作用发挥，长期以来，虽然建设了部分大沟配套工程，但中小沟实际配套很少，小沟与中沟不通，中沟与大沟不通，大沟与河道不通，使得排水系统不通畅；洼地内建筑物大都建于20世纪60—70年代，多数规模小、结构也十分简单，阻水、损毁及围垦现象严重，人水争地矛盾突出，一些地区无序开发，存在过度围垦，许多蓄滞洪涝水的地区被开发为耕地，严重削弱了上述地区调蓄洪水的能力，导致河床缩窄，湖面减小，在一定程度上加重了洪涝灾害；工程管理手段和管理设施落后，淮河流域已建信息采集系统主要考虑的是流域防洪总调度的需要，基本上没有考虑流域洼地排涝的要求，湖洼地区的水情、工情、灾情信息采集能力都非常薄弱。

0.3 淮河中游主要洪涝问题成因

造成淮河中游洪涝灾害的原因是多方面的，既有共性的因素，也有各自的特殊性，主要有自然因素、社会因素、工程因素等方面。

0.3.1 自然因素

0.3.1.1 特殊的水文气象条件及暴雨洪水

1. 水文气象

淮河流域地处我国南北气候过渡地带，淮河以北属暖温带半湿润季风气候区，

以南属亚热带湿润季风气候区。流域内自南向北形成亚热带北部向暖温带南部过渡的气候类型，冷暖气团活动频繁，降水量变化大。

我国季风雨带从4月上旬开始由南向北推进，4—5月降水主要集中在华南。6月中旬，随着副热带高压第一次北跳，雨带北移至江淮流域，导致降水逐渐增多。7月中旬副热带高压再次北跳，江淮梅雨结束，华北进入雨季。淮河流域位于长江流域向华北的过渡地带，南部是江淮梅雨的北缘，北部及沂沭泗地区是华北雨带的南缘。由于北亚热带与南温带交界线的南北移动、年际变化、长期变化与冷暖空气活动强度都与淮河流域的洪涝密切相关。

淮河流域气候变化幅度大，灾害性天气发生频率高，降水的区域特征与长江流域和黄河流域有显著的差异。无论是年降水量还是夏季降水量，淮河流域的降水变率都是最大的，表明过渡带气候的不稳定性，容易出现旱涝灾害。1961—2006年的旱涝频率统计分析结果表明，淮河旱年为2.5年一遇，涝年近3年一遇。特别是进入21世纪以来，淮河流域夏季频繁出现洪涝，成为越来越严重的气候异常区。

2. 暴雨洪水

淮河流域洪涝灾害形成的主要原因是致洪暴雨。淮河流域暴雨特征是：一次降水过程可遍及淮河全流域、暴雨移动方向接近河流方向；暴雨主要集中在夏季（6—8月），占全年暴雨的80%；3天累计降水量区域平均值超过100mm就会造成洪涝，若超过300mm则会造成严重洪涝；致洪暴雨以梅雨型暴雨占大多数。

淮河流域多年平均降水量的分布状况大致是由南向北递减，山区大于平原，沿海大于内陆。降水年内分配不均，汛期（6—9月）降水一般占全年的50%～80%，而7月降水平均占全年的1/4。因此，淮河流域降雨年内集中以及强度大的特点容易形成洪涝灾害。

淮河流域雨季不仅有明显的年际变化，而且还有显著的年内变化。淮河流域“旱涝急转”通常出现在6月中下旬，与梅雨起始日期基本相同或略偏晚。一般年份，春季至初夏，流域无持续性明显降水，旱情抬头。雨季来临时若出现集中强降水，则极易从干旱转为洪涝。有的年份（如1991年），在洪涝结束后，又出现连续1～3个月无明显降雨，又导致涝后旱。在1960—2007年的48年里，淮河流域共有13年发生了较为典型的“旱涝急转”现象，出现频率为27%，其中20世纪60年代和70年代分别出现3年，80年代2年，90年代仅1年，但2000—2007年的8年中有4年出现“旱涝急转”。从“旱涝急转”年的降水空间分布看，前期基本上为流域大部分地区干旱，后期以南部大涝或流域性大涝为主。

研究表明，淮河流域中上游地区的日降水、过程性降水和月极端降水出现的概率比其他地区大，而且重现期短，加之致洪暴雨的天气系统组合的集中交汇区也在此地，因此雨量普遍较大，极端事件发生较严重和频繁。

根据淮河流域历史气候变化规律与洪涝灾害发生特征的关系分析，在目前全球气候变化异常的大背景下，淮河流域未来的旱涝灾害趋势依然严重，气候变化幅度增大可能引起高影响天气事件、极端天气事件和气候异常事件发生的概率增加，南北气候过渡带所具有的气候易变性、旱涝交替的高发性、年内和年际降水的不均匀性、致洪暴雨天气组合的多样性，加上淮河流域地理的特殊性，决定了淮河流域旱涝灾害存在的长期性，并且灾害的强度、频率都有加大的可能性。

因此，淮河流域特定的气候背景、水文气象条件及暴雨洪水特征极易造成流域洪涝灾害。

0.3.1.2 特殊的自然地理及河道特性

1. 自然地理

从中更新世早期（距今约100万年前）开始，黄河禹门口以下河段逐步发育，河流冲积扇逐步形成雏形。到晚更新世早期（距今约10万年前），黄河冲积扇发育最为昌盛，范围也最大，因北部受太行山前冲积、洪积物推进的影响，黄河冲积扇向南及东南方向推移。进入全新世（距今约1万年前），黄河中上游河流侵蚀加剧，使下游地区堆积速度加快，扇体不断增高，在南部地区形成向东南倾斜的地形。而同期其南部的下扬子地台内部则出现差异运动，迫使淮河干流不断南移，直致黄河冲积扇延伸到淮南隆起带北侧，这一过程基本奠定了淮河中游地带及南北纵深地区的现代地貌特征。

淮河流域西部、西南部及东北部为山区、丘陵区，其余为广阔的黄河冲积平原和为数众多的湖泊、洼地，淮河干流南北支流呈不对称的扇形分布。每当汛期大暴雨时，淮河上游及支流洪水汹涌而下，洪峰很快到达王家坝，由于洪河口至正阳关河道弯曲、平缓，泄洪能力小，加上绝大部分山丘区支流相继汇入，河道水位迅速抬高。淮南支流河道源短流急，径流系数大，但中下游河道狭小，河槽不能容纳时即泛滥成灾。淮北支流流域面积大，汇流时间长，加上地面坡降平缓，河道泄洪能力不足，淮河河槽又被淮南及淮河干流上游的洪水所占，造成了淮北和沿淮严重的洪涝灾害。

2. 河道特性

淮河干流上游比降较大，中游比降平缓，不利于洪水下泄。洪河口以上淮河干流河长360km，落差178m，地面坡降大，洪河口以下淮河干流坡降骤趋平缓，由上游的平均万分之五变缓到中游的十万分之三。由于上游30630km^{2}山水除水库能拦蓄一部分外，都要汇集到洪河口下游的王家坝。而王家坝以下河道弯曲、狭窄，无法及时下泄上游的洪水，使上游水位壅高，影响王家坝以上沿淮圩区和支流出口段两岸洼地的防洪除涝条件，从王家坝下泄的洪水又造成淮河中游平缓的河道来不及排泄的局面，加上中游河道又有沙颍河、涡河、史灌河、淠河等大支流汇入，特别是正阳关以上，几乎汇集了淮河流域所有山丘区的来水。因此淮河干流水大时，两岸洼地即受洪水顶托，涝水不能排出，造成严重的洪涝灾害。

淮河干流滩槽泄量小，高水位持续时间长，对洪涝影响大。正阳关以上河道的平槽流量约为1000～1500m^3/s，正阳关至涡河口和涡河口以下的平槽流量约为

2500m^3/s 和 3000m^3/s。河槽断面和平槽流量都较小，遇较大洪水时水位高出地面长达 2～3 个月，致使沿淮低洼地区彻底失去了自排条件，形成“关门淹”的不利局面。

因此，淮河流域特殊的自然地理及河道特性也极易造成流域洪涝灾害。

0.3.2 社会因素

0.3.2.1 水土资源过度开发，人水争地矛盾突出

淮河两岸行蓄洪区和沿淮洼地虽然经常遭受洪涝袭击，但该地区土地肥沃，人口集中，人与水争地的矛盾突出。部分群众为了生产生活的需要，自行在河滩地上圈圩种地，种植阻水植物，在湖泊周围围垦，不给水让出足够的通道和储水的地方，行洪区堤防不断被加高，行洪受阻，河水位抬高，这就使洪涝发生时灾害的程度加重。

此外，由于群众对水利工程与洪涝灾害的关系认识不足，面上已建水利工程除年久失修外，还遭到人为破坏，连续干旱几年，排水沟渠就被损坏、堵塞，一旦再遇强降雨，面上田间积水就不能及时排出，也加重了作物的受灾程度。

0.3.2.2 经济条件较为薄弱

淮河流域虽然自然资源丰富，但总体经济水平仍然较低，特别是沿淮洼地，主要靠农业。这些地区生产技术水平比较低，水土资源开发利用不合理。沿淮群众对土地依赖程度较高，主要以农业生产为主，工业发展仅集中于原料加工，缺少高科技含量、高附加值的工业项目，经济的薄弱使得洼地群众自身抗御洪涝灾害的能力也不强，一旦受水淹没，房倒屋塌，财产殆尽，恢复起来十分困难。

因此，淮河流域人类活动等社会因素加重了流域洪涝灾害。

0.3.3 工程因素

0.3.3.1 上游拦蓄洪水能力较小

淮河流域洪水主要来自山丘区，治淮以来，淮河水系建成大型水库 20 座，但控制面积仅 1.78 万 km^2，总库容 155 亿 m^3，其中防洪库容 45 亿 m^3。虽然大型水库的拦洪削峰作用十分显著，但由于控制面积还不到正阳关以上流域面积的 1/4，并且水库分布在各支流的上游，不能同时有效地发挥拦洪作用，大量洪水仍要通过河道下泄，下游地区的防洪压力仍然较大。

0.3.3.2 中游河道滩槽泄量小，高水位持续时间长

淮河干流洪河口至正阳关河道河槽窄小、弯曲、比降平缓，河道行洪能力仍不足。淮河干流中游河道行洪区使用前的滩槽流量正阳关至涡河口约为 5000m^3/s，涡河口以下约为 7000m^3/s，当洪水超过这一流量时就要使用行洪区行洪。

淮河中游遇中等洪水时，水位高、持续时间长、影响两岸排涝。2003 年、2007 年大水，在开启行蓄洪区的情况下，润河集超警戒水位（24.3m）时间为 30 天；正阳关超警戒水位（24.0m）时间为 24 天；蚌埠超警戒水位（20.3m）时间为 24 天。

由于中游高水位顶托，沿淮洼地涝水难以排出，“关门淹”现象严重。

0.3.3.3 下游洪水出路不足

洪泽湖防洪标准尚未达标。洪泽湖是淮河中下游结合部的巨型综合利用平原水库，承接上游 15.8 万 km^2 来水，设计洪水位 16.0m 时总库容 132 亿 m^3，校核洪水位 17.0m 时总库容 169 亿 m^3。洪泽湖大堤保护渠北、白马湖、高宝湖和里下河地区，总面积 2.74 万 km^2，耕地 1946 万亩，人口 1775 万人。根据防洪标准，洪泽湖的防洪标准应达到 300 年一遇，现状防洪标准仅为 100 年一遇。

淮河下游洪水主要出路有入江水道、灌溉总渠、分淮入沂和入海水道近期工程 4 处，总设计泄洪能力 15270～18270m^3/s。由于洪泽湖在淮河干流中、下游的结合部，具有调节洪水的作用，而现有出路规模较小，入江水道和分淮入沂工程由于种种原因仍存在一些问题，很难达到设计标准。

洪泽湖低水位时下游泄洪能力较小，蒋坝水位为 12.5m 时，入江水道泄流能力仅为 4800m^3/s，灌溉总渠加废黄河泄流能力为 1000m^3/s，分淮入沂和入海水道尚未达到启用条件。

0.3.3.4 面上除涝标准低且排水工程不完善

沿淮洼地面上除涝标准低。如淮北地区经过初步治理的地方，除涝标准仅 3～5 年一遇，有些支流还未列入治理范围之内，加上排水沟系不健全，配套工程建设标准低，沿淮又缺乏排涝泵站，因此遇较强降雨时，极易出现大面积、长时间的地面积水。

0.4 主要结论性意见

0.4.1 关于淮河与洪泽湖演变

本专题在采集整编大量文献和吸收前人研究成果的基础上，重点对淮河中游河湖关系、淮河与洪泽湖的河口段、洪泽湖出口、湖区水域以及高家堰至三河闸代表段的河湖特征进行了研究，其主要研究成果如下：

（1）黄河夺淮以后，在黄河河道大势的制约下，淮河中游河湖关系一直处于动态调整中，这一态势直到黄河恢复北行才逐渐趋于平缓。研究成果揭示了淮河中游河湖演变的 5 个阶段［黄河夺泗入淮至 14 世纪、明嘉靖四十四年（1565 年）、明万历七年至康熙十九年（1579—1680 年）、康熙二十年至乾隆四十九年（1681—1784 年）、乾隆五十年至咸丰元年（1785—1851 年）］、淮河中游及洪泽湖的基本形态。

（2）洪泽湖的演变可以概括为洪泽湖湖底淤积，形成湖区周边洲滩，以及淮河入湖段即浮山—龟山段江心洲和河道分汊。这一过程导致地貌改变，在浮山以下形成湖高于河底的倒比降地形特点，形成洪泽湖季节性高达 4m 左右的水位差，并大范围向中游壅水。

（3）黄河主导下的河湖演变，使淮北平原在 700 年间发生了巨大的改变。淮河中

游干支流河道由陡变缓，众多湖泊或湮灭或产生，洪泽湖从形成到湖盆地形发生根本性改变。这是现代淮河水问题的根源所在。

0.4.2 关于淮河流域洪涝灾害气候特征

长期以来围绕淮河流域旱涝灾害的一些气候问题主要包括：①淮河流域地处北亚热带和南温带的气候过渡带的气候特征及其对淮河流域的旱涝影响是什么？②形成淮河流域特大旱涝灾害的主要天气系统和大气环流背景是什么？③最主要的洪涝地区——淮河中游的气候特点是什么？④历史时期淮河流域旱涝灾害的变化规律及其与气候变化的关系如何？⑤未来淮河流域的气候和旱涝趋势将会怎样演变？等等。本专题主要研究成果如下：

(1) 淮河流域南北气候分界线的位置与夏季降水量呈明显的负相关：气候分界线向北移动，表明冷空气弱，淮河流域夏季降水量会减少；而气候分界线向南移动，则表明冷空气强，淮河流域夏季降水会增多。淮河流域过去50年中北亚热带和南温带的气候界线南北振幅变大，平均位置有北移趋势。

(2) 江淮气旋、切变线、梅雨锋、低空急流和台风组合是江淮流域降水异常的主要天气系统；以副热带高压和高纬度稳定的阻塞形势的大气环流异常是淮河流域降水异常的主要原因，副热带高压脊线在22°N～25°N附近摆动，配合北方冷空气南下，容易在淮河流域形成持续性强降水和大涝年。

(3) 淮河流域中游的严重洪涝灾害是由该区域特殊的降水气候特征决定的，导致严重洪涝的日降水、过程性降水和月极端降水在该区域都存在明显的高值区和低重现期，加之致洪暴雨的天气系统组合的集中交汇点也处于该区域，因此受江淮梅雨锋降水影响，淮河中游地区雨量普遍较大，极端事件发生较严重，而且更频繁。

(4) 淮河流域历史上经历过多次极端异常的旱涝事件，现代极端旱涝事件与历史时期具有可比性，没有超出历史时期的幅度，处在相同的变化范围内；历史和现代气候变化与淮河流域旱涝没有直接的一致性关系。

(5) 淮河流域旱涝与气候变化具有暖涝、暖旱、冷涝、冷旱四种组合。根据历史对比法、概率估计法和数值模拟方法分析结果，未来50年淮河流域仍以旱涝异常气候特征为特点，可能经历“暖涝转冷旱”的趋势，前期以暖涝及旱涝异常幅度加大为主要特征，后期可能进入偏冷和偏旱阶段。

0.4.3 关于淮河中游洪涝问题与洪泽湖关系

本专题围绕洪泽湖水位对淮河中游洪涝的影响，分析了现状工程条件下洪泽湖水位对淮河中游洪涝的影响，研究了通过扩大洪泽湖出口及下游规模降低洪泽湖水位和两种河湖分离方案（盱眙新河、一头两尾）进一步降低洪泽湖水位对淮河中游洪涝的影响、初步分析了淮河中游扩大平槽流量的可能效果及不利影响、初步研究了溯源冲刷恢复淮河窄深河道的可能性及效果，其主要研究成果如下：

（1）在现状工程条件下，淮河干流设计水面线和中等洪水水面线均高于两岸的地面，遇中等以上洪水时，淮河干流两岸涝水难以排出，且河道流量超过平槽流量的天数长达2～3个月，面上的涝水根本无法自排。淮河平槽流量小，淮河干流来水经常大于平槽流量，河道水位高于地面是两岸涝水无法排出的根本原因之一。

（2）通过扩大洪泽湖出口和下游规模，降低洪泽湖蒋坝水位，对降低淮河干流浮山以下沿程水位有一定的作用，但对吴家渡水位已基本没有影响，对解决中游特别是蚌埠以上的排涝问题作用不大。

（3）洪泽湖内开挖一头两尾河道方案和湖外开挖盱眙新河两种河湖分离方案：在淮河干流吴家渡流量为3000～9000m^3/s时，对降低淮河干流浮山以下沿程水位作用较为明显，而对降低淮河干流吴家渡附近水位作用较小；当流量大于3000m^3/s（相当于吴家渡附近影响两岸排涝的最小流量）时，吴家渡水位都高于面上排涝要求的水位，对解决面上排涝基本没有作用；遇1991年、2003年洪水时，吴家渡附近洼地“关门淹”历时基本没有变化，通过两种措施解决淮河中游特别是吴家渡以上涝灾的作用不明显。

（4）在当前淮河干流来水来沙和拟采用的河湖分离方案条件下，无论是用长系列还是短系列计算，溯源冲刷主要发生在洪山头以下河段，对中游水位的影响只到浮山附近，对中游排涝作用不明显。

0.4.4 关于淮河干流行蓄洪区问题与对策

本专题针对淮河干流行蓄洪区启用标准低、撤退转移人口多、社会影响大等问题，重点研究了淮河干流行洪区全部废弃，全部改为防洪保护区及有退有保、有平有留的调整三个方面，在此基础上提出各个行蓄洪区治理对策。其主要研究成果如下：

（1）淮河干流行蓄洪区是淮河流域防洪体系的重要组成部分，牺牲局部保全局，利用行蓄洪区蓄、行洪水是淮河防洪减灾的重要措施。行蓄洪区的蓄泄能力是淮河达到设计防洪能力不可或缺的部分，在淮河流域历次防洪规划中，行蓄洪区的行蓄洪能力均作为防洪设计标准内的一部分，而不是当作超标准洪水的应急措施，因此行蓄洪区在淮河流域防洪体系中将长期发挥重要和不可替代的作用。

（2）要解决好行蓄洪区问题，一要对现有行洪区进行调整，有的行洪区废弃还给河道，有的改为防洪保护区，有的改为有闸控制的行洪区，灵活运用、充分发挥其行蓄洪效果；二要进一步整治淮河中游河道，扩大滩槽泄量，降低淮河干流水位，减少行蓄洪区进洪机遇；三要加强行蓄洪区工程建设，改善行蓄洪区排涝条件，提高排涝标准；四要加快移民迁建及安全设施建设，把人民的生命安全放在突出位置，采取行蓄洪区集中建安全区、人口外迁等办法，解决区内人口的安全居住问题；五要加强行蓄洪区管理，控制区内人口增长，改变区内的种植结构和产业结构，耕地采取流转土地承包经营权，完善行蓄洪区社会管理的法律法规，健全社会保障机制。

0.4.5 关于淮河中游易涝洼地问题与对策

本专题全面调查收集了淮河中游各片洼地的基础资料，通过分析各片洼地具体的涝灾成因形式与特点，归纳总结不同类型洼地的涝灾成因及规律，针对各片洼地致涝成因和规律的分析结果，结合洼地的地形条件、排水条件、历年治理情况，按照因地制宜、综合治理的原则，研究各片洼地的除涝总体布局，提出相应的对策。其主要研究成果如下：

（1）淮河中游涝灾主要发生在沿淮地区和淮北平原，淮河中游涝灾具有突发性、多发性和交替性的特点，多年平均涝灾受灾面积900万亩，成灾面积600万亩。

（2）造成淮河中游涝灾严重的原因是多方面的，水文气象、暴雨、自然地理、淮河干流高水位造成的“关门淹”、治理标准低、湖泊洼地圈圩过度、面上除涝工程不配套是主要原因。

（3）涝灾治理对策必须坚持科学发展观，在实施工程措施的同时，应重视生态与环境问题，正确处理除涝与水资源利用、生态保护的关系，调整农业结构，逐步实施退田还湖和移民迁建。

0.4.6 关于淮河干流中游扩大平槽泄流能力

通过研究表明仅围绕洪泽湖做工程对解决淮河中游的洪涝问题效果不太明显，因此本专题选择研究了按3年一遇、5年一遇及10年一遇除涝标准扩大平槽泄流能力的可能效果及产生的不利影响，其主要研究成果如下：

（1）淮河干流中游按上述除涝标准扩大平槽泄量后，对降低淮河干流沿程水位、增加淮河干流泄流能力以及减少沿淮洼地“关门淹”历时、改善面上除涝的作用明显，发生设计标准洪水可不使用行洪区。

（2）淮河干流按上述除涝标准扩大平槽泄流能力，疏浚土方、挖压占地、移民等数量巨大，且涉及大量环境问题，代价太高，难以实施。

（3）淮河干流扩挖后，主槽面积扩大较多，河道流速会显著下降，水流挟沙能力减弱，主槽难以维持；产汇流条件将发生很大改变，但淮南山区洪涝水下泄较快，迅速抢占河槽的特点没有发生改变，对面上除涝的作用难以评估；入湖洪水过程将发生很大变化，对淮河现有防洪除涝体系带来巨大影响。

0.4.7 关于洪泽湖扩大洪水出路规模

针对淮河下游洪水出路规模偏小，洪泽湖中低水位时泄洪能力不足，洪泽湖周边滞洪区防洪基础设施建设滞后，难以及时启用等诸多问题开展研究。主要研究成果如下：

（1）现状工况下，遇100年一遇洪水，洪泽湖最高洪水位为15.52m，洪泽湖周边滞洪区需滞洪总量为32.4亿m^3，影响人口约69万人；遇1954年洪水，洪泽湖最高洪水位为14.50m，周边滞洪区需滞洪总量为3.2亿m^3，影响人口约4万人；遇1991年、2003年洪水时，洪泽湖最高水位分别为13.64m、13.95m。

（2）如兴建入海水道二期（行洪规模7000m^3/s）、三河越闸工程后，遇100年一遇洪水，若控制洪泽湖最高水位不超过14.50m时，周边滞洪圩区只需滞洪约8.0亿m^3；遇300年一遇洪水时可以避免渠北分洪，可使泽湖最高水位降至15.52m；如将入海水道二期规模扩大至8000m^3/s（启用水位13.50m），遇100年一遇洪水、蒋坝最高水位可不超过14.50m，能避免洪泽湖周边滞洪圩区滞洪。

0.4.8 关于淮河中游枯水问题与对策

本专题针对淮河中游枯水年水资源供需形势，对经济社会的影响进行了分析，并研究提出解决淮河中游缺水问题的对策。主要研究成果如下：

（1）淮河中游枯水年缺水严重。淮河中游水资源的特点是人均水资源量少，年内分配不均、年际变化大。根据分析，淮河中游到2030年，在强化节水的主题下，考虑利用洪水资源利用工程及南水北调东、中线工程实施完成运行后，在一般干旱年份缺水仍达到6.8亿m^3，其中安徽省缺水达5.8亿m^3；特枯年份缺水达到20.8亿m^3，其中安徽省缺水达17.6亿m^3。水资源短缺将制约本区域经济社会的可持续发展，对淮河流域乃至全国的粮食安全生产产生巨大影响。

（2）淮河中游当地水资源挖潜难度大、特枯年增加供水量有限。根据分析，通过沿淮蓄洪区洪水资源利用及采煤塌陷区蓄水，多年平均可增加供水量约4亿m^3。对解决一般枯水年淮河中游的缺水问题起到一定的作用，但在特枯年尤其连续特枯年，其作用较小，增加供水量不足2亿m^3。

（3）从南水北调东、中线的规划布局来看，供水范围未覆盖安徽省蚌埠闸以上的淮北地区与闸下和豫东的部分地区。跨流域调水是解决淮河中游淮北平原缺水问题的根本途径。从流域水资源配置的工程布局看，引江济淮工程是解决淮河中游枯水年及特枯水年缺水问题的有效措施。

0.5 治理淮河的建议

（1）继续加强流域防洪除涝体系的建设。1991年国务院治淮会议确定的治淮19项骨干工程完成后，流域防洪体系已基本形成，防洪除涝标准有了较大提高，但是防洪体系仍然存在一些薄弱环节，行蓄洪区使用频繁、代价大，低洼易涝地区范围广、排涝标准低、涝灾损失重等问题比较突出。近些年来在水利部的组织下，淮河水利委员会相继完成了《淮河流域综合规划》《淮河流域防洪规划》《淮河干流行蓄洪区调整规划》《淮河流域重点平原洼地除涝规划》《进一步治理淮河建设规划（2009—2013年）》等规划，对流域防洪除涝体系中的突出问题进行了研究，提出了治理措施，下一步应当按照各项规划的安排，加快流域防洪除涝体系建设，以巩固和完善

治淮骨干工程的建设成果，解决好关系民生和社会长期稳定的突出问题。当前要加快淮河干流行蓄洪区调整和建设、洼地排涝建设、巩固扩大洪泽湖下游洪水出路等工程的建设。

另外，淮河流域平原广阔，地势低平，现有耕地 1.91 亿亩，土地肥沃，水土、光热资源对发展农业生产极为有利，是我国重要的商品粮基地。但是由于水利基础设施不完善，防洪除涝标准低，洪涝灾害较为频繁，制约了农业发展和粮食生产的稳定。淮河流域是我国农业生产极具潜力的地区，通过加强淮河流域防洪除涝体系和跨流域调水工程的建设，改善水利条件，对保障农业和粮食生产的稳定增长，保障国家粮食安全具有重要意义。

(2) 建立稳定高效的投入机制。防洪除涝工程是公益性的事业，要发挥政府投资的主渠道作用，中央和地方各级财政应当逐步增加对防洪除涝工程建设的投入，建立长期稳定的财政投入机制。

淮河流域地处鄂、豫、皖、苏、鲁五省的经济欠发达地区，经济发展水平相对落后，各地方可用于水利建设的财力有限，同时各地水利建设任务都较重，地方配套投资压力较大，困难不少，建议适当调整地方配套投资政策，加大中央投资在淮河治理工程中的比重；同时根据淮河流域的具体情况，中央投资应向低洼易涝地区治理等农村水利基础设施建设给予倾斜。

采取有效措施，对目前用于农村基础设施的各渠道投资进行整合。当前各个部门都在不断加大农村基础设施的投入，其中国土部门土地整理资金、财政部门的农业开发基金等资金使用对象主要是农村水利设施，需对各种投资作用进行整合，形成合力，避免浪费，充分发挥资金使用效益。

重视水利工程管理问题，特别是落实好水利工程日常管理、运行和维护经费，确保各类水利工程持续发挥作用。

(3) 推进淮河治理工作要充分发挥各有关部门的作用，形成合力。淮河流域特殊的地理、气候和社会条件决定了淮河治理不是一个单纯的水利建设问题，而是涉及多个部门的一项系统工程。行蓄洪区、低洼易涝地区的治理均涉及国土资源的利用、农业种植结构的调整、城乡发展的总体安排等诸多方面，这些问题并非水利一个部门能够解决。因此在淮河的治理工作中除了加强水利工程建设外，还需要充分发挥各部门之力，采取综合措施。

(4) 在加强淮河流域防洪除涝体系建设的同时要加强供水安全体系建设。淮河中游是淮河流域粮食的主产区，也是重要的能源基地。淮河中游人均拥有水资源量为 530m^3，仅为全国平均的 1/4，远低于人均 1000m^3 的国际水资源紧缺标准，属于水资源短缺地区。经分析，现状枯水年尤其特枯年份淮河中游水资源短缺达 43 亿～75 亿 m^3。预测到 2020 年，在实施洪水资源利用工程和南水北调东、中线工程后，淮河中游缺水仍有 23.7 亿～28.8 亿 m^3，其中安徽省缺水达 16.6 亿～19.2 亿 m^3。需通过实施引江济淮等跨流域调水工程，才可以基本解决淮河中游枯水年及特枯水年缺水问题。

（5）建议加强淮河水污染研究，加大污染源治理力度，减少入河排放量，改善淮河中下游水质。淮河流域水污染防治工作虽然取得了一定的成绩，但从主要污染物入河排放量超标情况和水质状况来看，淮河各支流水质污染还很严重，沙颍河和涡河污染尤为严重，两条支流的入河排放量均远超过限制排污总量的要求，淮河流域水污染形势仍然比较严峻。

（6）不断深化对淮河基本规律的认识。淮河是一条极为复杂的河流，淮河流域特殊的气候、自然地理和社会条件以及黄河长期夺淮的影响决定了淮河洪涝灾害频繁的必然性；社会经济的发展也不断产生新的问题、提出新的要求，对淮河的认识是一个长期的和逐步深入的过程。本次淮河中游洪涝问题与对策研究工作仅仅是初步的、先导性的研究，今后应继续高度重视淮河重大问题研究，不断吸纳科学技术发展的新成果，采取新技术、新方法逐步深化对淮河基本规律的认知程度，特别要重视和深化对淮河中游洪涝关系、淮河干流演变和整治方向、河湖关系等问题的研究和认识，使得不同时期的治理措施在与当时经济社会发展水平和要求相适应的同时，也更加符合河流自身的基本规律。

附《淮河中游洪涝问题与对策研究》的咨询意见

淮河中游的洪涝及其治理的建议

——《淮河中游洪涝问题与对策研究》的咨询意见

（2009年11月12日）

淮河是我国著名的多灾河流。在地质历史上，淮河水系的形成和黄河下游冲积扇的形成和发育息息相关。近700多年来，自12世纪黄河夺淮，于1855年北徙至现行河道，又经1938年在花园口再次决黄入淮，1947年堵复花园口使黄河重归故道，淮河已形成的水系屡遭破坏；江苏段淮河下游失去单独的入海通道，堵塞成“南四湖”；泗水的支流沂河和沭河失去经泗水入淮的通道，洪水在鲁南和苏北的洼地漫流；淮北平原的排水体系遭受全面破坏。到新中国成立前夕，淮河流域的豫东、鲁南、苏北和皖北已成为全国的缺粮重灾区，尤以皖北最为严重。1949年新中国刚成立，皖北的淮北平原由于冬季雨雪，小麦五种五淹，“大雨大灾，小雨小灾，无雨旱灾”的苦难，使全国震惊。1950年淮河发生大洪水，皖北再次受灾惨重，促使中央做出在抗美援朝的同时，启动大规模治淮的决策。

经过近60年的持续治理，淮河流域的面貌已经发生重大变化：在河南的淮河支流，建设了控制洪水的水库和灌区，结合平原的引黄灌溉、机井建设以及相应的排水工程，建成了我国重要的粮食生产基地。在鲁南和苏北，开辟了新沂河和新沭河以及淮河入海水道，建成了洪泽湖和南四湖的控制工程和江水北调工程，初步形成了兼有防洪除涝、灌溉供水的新的水利体系，根本改变了历史上多灾低产的状况。在安徽，建成了以临淮岗水利枢纽和淮北大堤为主体的防洪体系，开辟了淮北平原的茨淮新河、怀洪新河、新汴河、内外分流等分洪排涝骨干河道，淮南山区丘陵区建成了支流水库和淠史杭灌区等工程，保障了经济社会的发展。

现在看来，治淮的各项措施总体上是有效的，在多个地区需要的是继续完善。但相对说来，在淮河中游地区，洪涝问题还不能说得到了根本性解决，对治理的思路和方案依然存在分歧意见，影响了治淮的进程，也影响了这一地区经济社会的更快发展。为比较彻底地解决这一历史性问题，在水利部的支持下，淮河水利委员会科学技术委员会联合有关大学和科研机构，以《淮河中游洪涝问题与对策研究》为课题，进行了系统的研究，取得了重要成果。我们作为顾问，参与了这项研究，同意他们提出的结论。当然，这次研究是在目前技术条件和对今后一个时期经济社会发展预测的条件下进行的；将来技术更进步，经济社会更发展，相应问题的研究还可以继续进行，但作为阶段性的结论，是可以指导当前和今后相当时期的治淮工作的。

现综合阐述我们的意见和建议。

一、淮河中游当前的洪涝问题主要在行蓄洪区、易涝洼地和洪泽湖周边圩区

淮河的行蓄洪区原是淮河行洪滩地或滞蓄洪水的洼地，长期以来成为人与水争地的场所。20 世纪 50 年代治淮时，正式设为不同标准的行洪和蓄洪区，发展至目前，中游淮河干流共有行、蓄洪区 21 处，总面积 3148km^2，内有耕地 265 万亩，人口 134 万人；如能充分运用，17 个行洪区可排泄相应河段设计流量的 20%～40%，4 个蓄洪区有效库容 63.1 亿 m^3，调蓄正阳关 50 年一遇 30 天洪水总量的 20%，是淮河防洪体系中不可或缺的组成部分。此外，在淮河的一些重要支流上还有 5 座蓄、滞洪区，也是各自防洪体系的重要组成。

淮河中游的易涝洼地多分布在淮河两岸、支流河口和分洪河道的两侧，总面积约 1.91 万 km^2，耕地约 1831 万亩，人口约 1472 万人。其中沿淮约 0.54 万 km^2、淮北平原约 1.3 万 km^2，其余在淮河南岸支流的河口附近。

随着洪泽湖的演变和人口繁衍，湖周边地区形成“水落随人种，水涨随水淹”的状态。20 世纪 50 年代，为安置蓄水移民，进行了圈圩工程，之后逐步发展，现洪泽湖周边已有圈圩 389 个，加上未封闭圈圩的坡地，自蓄水位 12.5m 至校核洪水位 17.0m 之间区域，总面积 1884km^2，耕地 155 万亩，并有一些工矿企业，人口约 105 万人。洪泽湖周边圩区是法定的滞洪区，在洪泽湖设计水位 16.0m 时，滞洪库容 41 亿 m^3，是洪泽湖及其下游地区达到 100 年一遇防洪能力的重要组成部分。

在淮河中游，上述三类区域的洪涝最为频繁和严重。淮河干流行蓄洪区的标准很低、进洪频繁，由于区内人口众多，运用难以及时，常引发矛盾。洪泽湖周边圩区启用困难，内涝严重。中游淮北平原的易涝洼地更是淮河流域的重灾区，在历年洪涝灾害统计中，涝灾面积均占 2/3 以上，受涝历时长，成灾最为严重。

二、淮河中游洪涝致灾的成因

淮河的洪涝灾害，过去一般归咎于黄河夺淮后洪泽湖的形成。本项目经过全面分析，认为中游的洪涝灾害固然有洪泽湖的影响，但主要是由淮河流域特殊水文气象形成的暴雨洪水以及流域形态、河道特性、社会经济和水利工程状况的综合作用而造成。

淮河流域地处南北气候过渡带，气候温和，雨量相对丰富，“风调雨顺”时可以连年丰收，有“走千走万，不如淮河两岸”的美名。但气象极不稳定，灾害性天气发生的频率高，降水变率在诸大江河中是最大的，旱涝灾害都很频繁，其中洪涝灾害尤为严重。

在地貌形态上，淮河中游是由黄淮平原的排水系统与淮南大别山区的山洪系统共同组合而成的水系。干流的右岸紧临山区丘陵，左岸面对广阔的平原，形态极不对称，加上凤台县峡山口、怀远县荆山口和五河县浮山口等三个山口的约束，形成主槽狭窄弯曲（每 10km 有一弯道），辅以两岸众多行洪滩地和蓄洪洼地的河道形态。

而两岸的筑堤，却围垦了几乎全部行、蓄洪的滩地、洼地。在此情况下，暴雨时山区洪峰汹涌而下，很快充满干流河床，抬高了水位，继而北部支流洪水源源而来，迫使行蓄洪区频繁使用；由于干流水位长时间高出地面，顶托支流及洼地的排水，形成“关门淹”的严重涝灾；随着洪水持续进入洪泽湖又不能及时下泄，导致周边的洪涝威胁，并在一定范围和一定程度上顶托了中游来水。

从社会经济的角度考察，造成淮河中游洪涝灾害的根本原因，是长期以来对淮北平原土地资源的无序开发。考察历史，淮北平原大规模的农业开发，始于1000多年前的魏、晋时期，当时以上游的淮北平原为其战争需粮的基地，有大规模的移民屯垦。到东晋末期，灾荒和战乱使人口大量死亡。隋唐时期，又发动新一轮更大规模的移民开荒，然后又经历了灾荒、旧的皇朝衰亡和战乱，人口大量死亡，新的皇朝兴起和再次移民垦荒。如此周而复始，淮北平原经历了宋、元、明、清的朝代更替，人口经过轮番减少和移民扩大，淮北平原的开发从上游逐步扩展到中游。据查考，蚌埠以上的淮北大堤在200年前开始局部修建，至1931年大水后基本形成现在的框架；而同一时期，淮河中游南岸堤防也相继修筑，随着大量堤防的修建，过去行洪、蓄洪的滩地和涝洼地区，都开辟为耕地，形成人水争地的格局。

总体看来，淮北平原由于战略地位适中、土地资源相对丰富而水文气象条件极不稳定，致使人口在灾害频繁和激烈变动中不断膨胀。截至现在，淮河流域每平方千米有623人，密度为中国各流域之最，沿淮河和淮北平原地区更是达到每平方千米800多人。因此，人口密度大，人与水无序争地，对洪涝灾害缺少调节的空间，是中游淮北平原至今多灾低产的主要原因。

面对中游淮北平原人水争地的突出矛盾，治淮工程的力度仍显不足：上游水库的蓄洪库容不足，中游河道的平槽泄量不足，下游的洪水出路不足，面上排水系统的除涝标准偏低等，是目前仍不能摆脱多灾低产的工程因素。

三、洪泽湖与淮河分离并不能从整体上解决淮河中游的洪涝问题；扩大河道泄量是必需的，但单一的扩挖河槽成本高昂，效果还难以确定

16世纪中后期，洪泽湖基本形成。一直有观点认为，根治淮河中游的关键在于洪泽湖，洪泽湖水位的顶托是淮河中游洪涝致灾的主要原因，利用溯源冲刷恢复淮河深水河床，可彻底解决淮河中游的洪涝问题。因此，河湖分离应该是治淮的主要和关键措施，可以“一招制胜”。质疑者则认为，淮河中游洪涝问题成因复杂，需要全面分析，洪泽湖水位顶托作用有限，淮河中游蚌埠以上的河道并没有受洪泽湖的影响，溯源冲刷无以“恢复”深水河道，对于可否在中游通过大规模挖河扩大泄量，解决洪涝问题，也有不同看法。

由于缺乏数据，各执不同理念的定性争论，难以得出令人信服的结论。为此，这次研究进行了定量的分析计算，并涵盖了历来提出的六种设想方案。分析计算的结果显示如下：

（1）淮河中上游来水流量大于河道平槽流量，河水位高于两岸地面，且历时长，是影响排涝最为主要的原因。

（2）降低洪泽湖水位，对于浮山以下河道水位有影响，但其影响至蚌埠河段已接近消失。淮河中游总长490km，其中蚌埠以下河长约200km，浮山以下河长仅约110km，而主要行蓄洪区及易涝洼地均在蚌埠以上。因此，河湖分离对降低淮河浮山以下河段水位有一定作用，但对蚌埠以上河段基本不起作用，遇中等以上洪水时，“关门淹”的问题仍很严重。

（3）溯源冲刷主要影响的河段约80km，对中游水位的影响也仅止于浮山附近。

（4）淮河中游干流河槽的狭窄弯曲，是其固有的天然形态，并非洪泽湖所造成。如开挖深大河槽，对于增加泄量，减少沿淮洼地“关门淹”历时是有效果的，但投资巨大、移民众多。由于改变了淮河的固有形态，河床能否稳定，淮北地区汇流条件将如何改变，对上下游的影响如何，都有大量不确定因素。

研究结果表明，仅围绕洪泽湖做文章，效果有限，不能从整体上解决淮河中游的洪涝问题；以扩挖河道为主要手段，代价巨大，效果难以确定。淮河中游的洪涝问题，其根本原因并非由于洪泽湖的形成或天然河道被淤积缩小，而是由于多年来低洼地区的无序开发和缺乏相应的水利等综合措施。自1991年以来的治理措施，经21世纪几场洪水的实测数据对比表明，同流量的水位有明显下降，同水位的流量明显增大，说明是有效的。因此，解决淮河中游的洪涝问题，还是要因地制宜，有针对性地采取综合措施。

四、因地制宜，综合治理，减少淮河中游的洪涝灾害

淮河的行蓄洪区是历史形成的。当前的问题在于频繁的行蓄洪与区内人口安居乐业之间的关系如何平衡，以及行蓄洪区建设滞后与行蓄洪区有效使用之间的矛盾如何解决。过去的一些时期，为以较小的代价尽快解决紧迫的淮河洪水问题，更多地强调小局服从大局，以行蓄洪区人民牺牲部分利益来保证淮河流域总体的安全和发展，这是当时的条件和形势决定的，是一种阶段性选择。在经济社会条件已发生很大变化并继续在发生变化的当前和今后，有必要调整思路，照顾行蓄洪区人民的生存和发展要求，在行蓄洪区运用与其建设之间寻求新的平衡。为此，可以从四个方面着手，研究相关措施并加以实施。

（一）对行蓄洪区适当调整。结合河道整治，扩大行洪能力，减少行洪区的数量并提高行洪区的使用标准。这次研究中提出的，在洪泽湖设计洪水位从16.0m降低至14.5m的情况下，使中游河道分段形成7000～8000～10500m^3/s的洪水通道，将淮河中游现有17个行洪区改造为有闸控制的6个行洪区和2个蓄洪区，其余或还河，或改为防洪保护区的布局，总体上是可行的。今后还可研究在一定标准洪水时，如何适当控制沿程水位。

（二）在新的格局下，进行行蓄洪区的工程建设。

（三）加快移民迁建和安全设施建设。

（四）加强非工程措施并有效管理。

对于支流的蓄滞洪区，也应采取相应措施。

经过多年的建设，淮河流域包括中游，已经初步形成防洪减灾体系，中游低洼地区的治涝，应在防洪体系的基础上，区别不同情况，有针对性地采取综合措施加以推进。工程措施方面，对于沿淮沿湖洼地，重点是建设一批泵站，提高抽排能力；对于淮北平原洼地，主要是治理骨干河道增加排水能力，疏通面上排水沟洫，形成比较完善的分区排涝体系；对于淮南支流洼地，重点是加固圩区堤防，配套涵闸和排涝站，并在岗畈高地分流，实现高水高排。治理的标准，过去由于经济力量的限制，许多地方的除涝标准不足3年一遇，这次研究提出：淮北支流河道以除涝5年一遇、防洪20年一遇，泵站抽排5～10年一遇，圩堤10～20年一遇作为规划的目标。在加强排涝工程的同时，应考虑有条件的湖洼增加蓄水；调整产业结构和农业内部的结构；结合城镇化进程和新农村建设，引导和帮助洼地人口向集镇转移。

洪泽湖周边圩区问题与行蓄洪区相似，但由于缺少规划且多年未有运用，区内情况更为复杂，需要结合扩大洪泽湖的洪水出路，统筹治理措施。对于高程12.5m以下圩区，应退田还湖。通过实施入海水道二期工程和三河越闸工程，使洪泽湖遇100年一遇或更大洪水时水位控制不超过14.5m，使圩区在设计条件下少进洪甚至不进洪，同时减少对中游河道洪水位的影响。

研究表明，按以上思路制定的方案，目标明确，框架清晰，效果明显，投入适中，便于实施，是必要和可行的。

五、实施引江济淮，结合洪涝治理，提高当地水资源利用的效率和效益，根本改变淮河中游地区水资源和水环境条件

淮河流域的水患，不仅是洪涝，还有干旱，统计资料显示，近60年间，较重洪涝级和大旱级的年份各占8年，一年之内洪涝与干旱之间急转的情况也经常出现。

淮河流域的苏北和皖北，历史上都是水患多发地区，经济社会发展水平相差不多。但从20世纪80年代以来的情况看，苏北地区水旱灾情明显减轻，发展水平也有领先，除其他因素之外，江苏省内提引长江水北调工程的建设和不断扩展，起了决定性作用。低洼地区改种水稻，有明显的滞涝作用并能获取高产，问题是种稻需要水资源的稳定。淮河流域的特点是年际和年内洪涝和干旱交替发生，水源不足且不稳定，特别是育秧栽种时高峰用水难以保障。苏北的湖泊蓄水结合梯级泵站建设，使当地水源充分利用并不断扩大外来水源补充，输水河道扩挖和泵站建设还可提高排水除涝标准，并可向城市工业供水及发展航运，使苏北地区的水资源利用和水环境状况得以根本改变。皖北沿淮的有些地区，也曾试行过稻改，但因水源不足尤其是水源不稳定，未能坚持下来，也从另一方面提供了教训。

因此，结合洪涝治理，在湖洼增加蓄水，同时引江济淮，洪涝旱兼治，可以从根本上改善淮河中游地区缺水状况和水环境，保障和促进这一地区的发展。

六、几点建议

（一）以解决淮河中游洪涝问题为重点，进一步推进淮河的治理

近代以来的导淮治淮一直是社会各个方面关注的大事；新中国建立以后，淮河又是首先进行全面治理的大河。治淮总体上已取得巨大成就，但就淮河中游而言，洪涝灾害仍经常发生，严重影响着当地的安定和发展，应加快推进治理，从根本上改变淮河中游的面貌。

这次研究对一些历史性的争议给出了结论，使治淮的方向和重大措施更为明确。近年来，针对相关问题，已形成了一些规划阶段的成果，建议在这些工作的基础上，将淮河中游综合治理列为国家重大项目，以结合河道整治、对行蓄洪区进行调整和建设，低洼易涝地区治理以及扩大洪泽湖下游出路为重点，进一步推进淮河的治理。

（二）将洪泽湖设计洪水位降低至14.5m，并使洪泽湖具有提前腾空库容的能力

解决洪泽湖周边圩区问题，尽量减少洪泽湖对中游洪涝一定程度的不利影响，都需要考虑将洪泽湖设计洪水位由16.0m降低至14.5m（1954年洪水蒋坝水位15.23m），并结合预报尽早腾空库容，主要措施应该是扩大下游洪水出路。

（三）实现引江济淮，统筹解决淮河中游的洪涝和干旱缺水问题

淮河中游洪涝问题的解决，仍需蓄泄结合，兼顾解决干旱缺水问题，引江济淮是关键措施之一，建议在已有工作基础上推进和完善相关规划，尽早开展建设。

（四）加快治污步伐，实现淮河治污目标

淮河污染防治是我国重点治污项目，已经取得重要进展，尤其是东线南水北调工程沿线，治理效果明显，应该加快治理步伐，全面实施流域治理目标。

（五）发挥有关部门的作用，合力治淮

当前形势下进一步治理淮河，已不是单纯的水利工程建设问题，涉及国土资源利用、产业布局、农业结构调整、城乡发展安排等多个方面，需要有关部门发挥作用，形成合力，共同推进淮河治理。

（六）召开治淮工作会议

经验表明，治理淮河需要中央的领导和统筹，过去治淮工作的每一次阶段性推进，都是国务院召开治淮会议发动和部署的。建议国务院在今年召开治淮会议，部署进一步治理淮河的工作。

（七）整理、发表和宣传本次研究的成果

对于淮河中游洪涝问题及其对策的研究，这次工作是系统和深入的，其成果有利于解决一些历史性争议，为淮河中游的治理提供科学基础。建议水利部和淮河水利委员会对相关成果进行整理和完善，给予发表，使治理淮河进一步形成共识，并指导实际工作。

顾 问 组 名 单

组长： 钱正英　（中国工程院院士、全国政协原副主席）

成员： 宁　远　（国务院南水北调工程建设委员会办公室副主任）

刘　宁　（水利部总工程师）

徐乾清　（中国工程院院士、水利部原总工程师）

姚榜义　（水利部原南水北调办公室主任）

何孝俅　（水利部水利水电规划设计总院原副总工程师）

周魁一　（中国水利学会水利史研究会会长）

1

淮河与洪泽湖演变研究

1.1 概述

20世纪50年代以来，淮河治理经过半个多世纪的持续努力取得了举世瞩目的成就，基本形成了流域防洪除涝与水资源利用相结合的工程体系。由于淮河流域气候和地理条件的特殊性，淮河流域洪涝灾害问题依然非常突出。其中黄河夺淮的影响究竟如何，各方意见不一，因而有必要加强对这一问题的研究。

在黄河夺淮的700多年间，黄河泥沙对淮河中下游干支流水系的全面干扰，以及元、明、清三个朝代为确保漕运畅通而进行的大规模水利建设及工程运用，共同造就了今天淮河与洪泽湖的关系。本专题以淮河流域重大演变为节点分为两部分开展研究：

(1) 以南宋建炎二年（1128年）黄河改道经泗水入淮为界，研究黄河夺淮前后淮河中游及淮北平原各水系的河流特性和自然环境，以及在黄河改道和堤防建设影响下，淮河及主要支流湖泊的演变进程。

(2) 以明万历七年（1579年）高家堰兴建和洪泽湖形成为界，研究洪泽湖区在此前后的自然特征，研究洪泽湖的演变进程，以及这一进程中黄河、淮河、洪泽湖及运河四者在清口区域相互制约、相互作用的关系。

本专题研究涉及水利、地理、历史、地质、考古等多个领域，采集了自汉代至明清时期数百种文献、档案，民国期间关于淮河流域的勘测调查资料，并广泛吸收了现有研究及考古成果。

1.2 黄河夺淮前淮河状况

淮河与江（长江）、河（黄河）、济（济水）并称“四渎”。淮河中下游平原水利开发的历史与中华文明的起源几乎同步。战国时期，淮河中游是诸侯国分布最密集的区域。西汉至隋唐，无论是国家统一还是割据政权时期，淮河中游都是主要水利区，这里的陂塘水利、运河工程都在国家或区域经济中具有支撑地位。

南宋以前，黄河东北流注渤海，河道迁徙主要发生在今黄河以北地区。鸿沟水系是黄河与淮河沟通的水道，其间时有黄河经由鸿沟水系涡、颍、汴等河南泛入淮，但因上游有圃田泽、孟渚泽等湖泊存在，黄河南泛洪水，经过这些湖泊的泥沙沉淀，对整个淮河水系并不构成改变河势的影响。淮河水系相对稳定，干流独自入海。北魏著名地理学家郦道元在其所著《水经注》中对淮河及其支流的记载反映了黄河南泛前淮北区河流的基本情况（图1.2-1）。

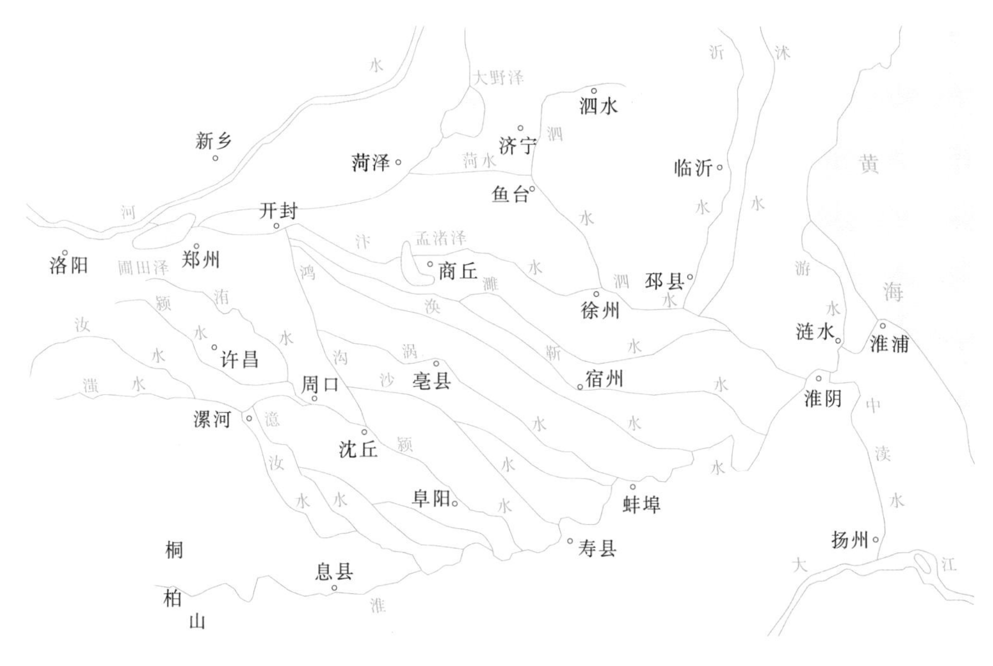

图1.2-1　至魏晋南北朝以前独立入海的淮河及其支流

1.2.1　干流及支流的自然特性

1.2.1.1　干流经行与海口

淮河干流在南宋建炎二年（1128年）以前是一条稳定的河流，没有过改道的记载。战国和东汉年间的相关文献记载可以印证这一点。

1. 干流

《禹贡》："导淮自桐柏，东会于泗沂，东入于海。"❶《汉书·地理志》南阳郡条："《禹贡》桐柏大复山在东南，淮水所出，东南至淮浦入海。"❷ 桐柏即今桐柏山，淮浦在今江苏省涟水县，是汉代淮河的入海口，明末清初时移至江苏省响水县云梯关，淮河改道前入海口已经推移至江苏省滨海县东北约50km入黄海（图1.2-2）。这两

❶（清）阮元．十三经注疏．北京：中华书局，1979：152。
❷（汉）班固．汉书（卷28，地理志）．北京：中华书局，1962：1564。

图 1.2-2 淮河入海口“古云梯关”碑（在今江苏省响水县境内，卫爱玲摄于 2013 年）

条史料所描述的就是先秦至西汉时淮河干流的流路及入海口所在的地理位置，这条水道一直维持到 1128 年黄河夺淮前。

2. 河口

淮河河口的向外推进速度直接受黄河泥沙的影响。北宋神宗十年（1077 年），黄河分为南北两股，南股由汴河入淮河。此后，黄河泥沙开始在淮河入海口堆积。据研究，黄（淮）河的推进速度以康熙至乾隆年间（1662—1796 年）最快，平均每年延伸 1～2km。黄河夺淮的 700 多年，平均延伸速度为 85m/年。[1] 根据海岸线的推进速度可以算出，黄河夺淮前淮河入海口距今海岸线约 80km，在今江苏省响水县以西。由此推测，淮河独流入海时期，下游河道呈深水河槽，水流顺直。

1.2.1.2 淮河与汴河、里运河的连接

盱眙—泗州—淮安间是淮河与汴河和里运河（即淮扬运河）相汇的区段。根据记载，宋代在泗州至淮安段的淮河运道每年损失的漕船超过 170 艘。[2] 唐宋时期曾在淮河—汴河、淮河—里运河相交的运口段不断兴建避淮工程的史实证明，该区段淮河干流水流迅急。

清嘉庆十年（1806 年）立，位于今江苏盐城响水县，其地距汉代入海口淮浦已经向前推移了 60 多 km。至道光末年（1850 年）河口已在云梯关以外 50 多 km 处，至滨海县东北入海。

1. 淮河的感潮河段

唐宋时期有很多文献记载表明，黄河夺淮前淮河的感潮河段直至今盱眙。本次研究发现，淮河的感潮河段在盱眙以上仍有上溯。

这条资料原文是“（唐贞元八年，淮渎）平湍七丈，浮寿逾濠（治钟离，今凤阳东北），下连沧波。东风驾海，潮上不落，两水相逆，溅涛倒流，矗缩回薄，冲壅淮泗。”[3] 海潮逆流而上与淮河洪水相遇，泗州至濠州为洪水所淹。当然，这或许是稀见个案，但是这也表明淮河干流的感潮河上溯至盱眙以上的可能。

---

❶ 水利水电科学研究院《中国水利史稿》编写组．中国水利史稿（下册）．北京：水利电力出版社，1989：129。

❷ （元）脱脱．宋史（卷 96，河渠六）．北京：中华书局，1977：2382。

❸ （唐）吕周任．泗州大水记．见：全唐文（卷 481）．北京：中华书局，1983：4911。

2. 里运河的感潮河段

淮河与里运河交汇于今淮安东北的末口。唐宋时有很多文献记载，盱眙至淮安间的运道需凭借潮水实现淮河与汴河、里运河之间的衔接。唐元和四年（807年），李翱在他的《来南录》中记载了由汴渠入淮，在盱眙借淮河潮水进入里运河的经历。“庚申，下汴渠入淮，风帆及盱眙。风逆，天色黑，波水激，顺潮入新浦。”❶ 新浦是唐代里运河北端的运口。唐宋时里运河与淮河相交的运口段有五堰，漕船至此，如重载皆卸粮而过。北宋雍熙元年（984年），淮南节度使乔维岳在楚州（今淮安）运口建西河闸。西河闸为上下闸，“两门相距逾五十步，复以厦屋，设悬门积水，俟潮平乃泄之。”❷ 潮水所达到的高度，即为淮河与里运河的高差。为尽量减少淮河行运的风险，宋代先后开沙河、龟山运河，将里运河与淮河的衔接口门延伸至今盱眙附近。唐宋时期，通过在运口段设置闸，使上溯潮水成为济运水源。这些都初步说明唐宋时期运道盱眙段淮河低于汴河、高于里运河的地形特点。

3. 汴河的感潮河段

宋代还有资料表明，淮河汛期感潮河段可从淮安汴河口一直上溯至虹县（今泗县）。南宋绍兴时（1131—1162年），枢密院楼炤由临安至长安，途中曾在虹县停留，在对汴渠虹县段进行考察后，建议于泗州汴渠口建闸，引淮河潮水入虹县万安湖济运。“（虹）县以东水接淮口，淮地卑，而县西北隅有湖，曰万安，东西百里，北南半之。（刘）豫贼引湖拥城，而东南出其流于隋（渠）。又淮潮可登三十里，与湖水接，通小舟。若置闸于泗，以时入潮，又略治碍塞。”❸ 楼炤所见海潮由淮河入汴（时亦称隋渠），沿汴渠上溯直达虹县万安湖。自泗州以上，汴河潮水上溯约15km。

1.2.2 支流水系

淮河中游汇入的支流众多。左岸支流多由淮北平原自北而南汇入，以黄河为水源；右岸支流自南而北汇入，多数为流短水急的山区河流。主要支流及其特性可归纳如下。

1. 汝水

汝水在民国时期始称洪汝河、洪河，上游位于伏牛山暴雨中心，是淮河洪水的主要来源之一。南宋后汝水下游受黄河泛流的影响，为颍水所夺。今颍河的北汝河、沙河、灰河、澧河等都曾是古汝河的支流。今汝河是洪河的支流，两河在河南新蔡县合流后称大洪河。今洪河入淮口，即为古汝口。

汝河是淮河古水系中的五大支流之一，在《尔雅·释水》《山海经》和《水经注》中都有记载。它发源于河南境内的伏牛山，东北流经汝阳、临汝、襄城、郾城、上

---

❶ （唐）李翱．来南录．见：李文公集．四部丛刊初编集部（159）．上海：上海书店，1989：78。

❷ （元）脱脱．宋史（卷307，乔维岳传）．北京：中华书局，1977：10117。

❸ （南宋）郑刚中．西征道里记．扬州：江苏广陵古籍刻印社，1983：1-2。

蔡、汝南、新蔡，至淮滨县入淮。沿途接纳湓水（沙水）、沣水（沣河）、潕水（小洪河）等。汝河上游伏牛山植被良好，在唐宋文献记载中它是一条含沙量很少的清水河流。

2. 颍水

颍水，是淮河中游最大的支流，长约600km，今称颍河。上游有三源，汇于河南周口：主源发源于嵩山西南；北源即贾鲁河，发源于嵩山东麓，因元代贾鲁治河得名，为鸿沟水系之一，南宋以来是黄河南泛的主要水道之一；南源为沙河，发源于河南鲁山县西尧山，东流与北汝河汇，至河南周口入颍河。颍河过周口后在安徽阜阳接纳泉河、茨河，经颍上至正阳关入淮河。黄河夺淮以前，颍水是清水河流，水质清澈。宋代苏轼、欧阳修都曾任颍州知府，以“清颍”来指称颍水。

宋代以前，颍水水量大而稳定，可通较大的船只，是淮北平原重要的水运河流。唐代一度以颍水为漕运水道。隋唐时颍水流域还有发达的灌溉工程，其中唐代蔡州息县（今河南息县）玉梁渠“溉田三千余顷”，[1] 始建于隋代，唐开元年间（713—741年）重建。在颍水下游颍州下蔡县（今安徽凤台县）还有大量引颍陂塘，如大漴陂、鸡陂、黄陂、湄陂等。

3. 鸿沟

战国时魏国开鸿沟，引黄河入渠，下通淮河、泗水。汉代以后，鸿沟又称浪荡渠，自北而南与淮北平原颍水、汝水、沙水、涡水等河相互连通，构成淮北平原以鸿沟为骨干的水运网。北魏时鸿沟水系发生了很大的变化，在今河南淮阳以下称沙水。沙水又分为两支，分别入颍水和淮河。宋代鸿沟水系演变为蔡河，水运地位完全被汴河取代。黄河南泛后，鸿沟被黄河泛道所夺而湮废。

4. 涡水

由鸿沟分出，源出黄河，至怀远入淮河，今称涡河。其河口段的北岸，有北肥水自西北注入。北肥水即今北淝河，下游已改流东注淮河。与淮河其他支流一样，涡河在黄河南泛前也是清水河流，还曾经是淮河中游的通航水道。

5. 涣水

由鸿沟分出，《水经注》称涣水出沙水，经陈留（今开封陈留）北、雍丘（今杞县）南，又东南至今亳县东北，沿今浍河至虹县（今五河西北）入淮。

6. 睢水

即今濉河，为黄河南泛的主要水道之一，其流路南宋以后已有很大的改变。《水经注》有：睢水在陈留西北出沙水，东南流经雍丘之北，又东南至睢阳（今商丘县）南、栗县（今夏邑）北，又东南经竹邑城（今宿县符离集）南，折而东流至睢陵（今睢宁）北、下相（今宿迁西）南，东注泗水入淮水。

[1] （宋）欧阳修．新唐书（卷38，地理二）．北京：中华书局，1975：989。

7. 泗水

源于山东泗水县，汇集曲阜一带山泉及溪流，在今济宁纳汶水经鱼台东南至徐州东北，与汴水一支汇合后，折而东经邳县与沂沭汇后至泗口（约在今宿迁）入淮河。自北而南的泗水具有沟通南北水路的便利。战国时吴王夫差开菏水，东起鱼台，西至定陶，沟通泗水与济水。南宋以前泗水与汴、淮、河构成江淮及黄河间的水运网。泗水在徐州东南约25km处有徐州洪和吕梁洪险滩，是通航的障碍。两洪绵亘约20km，礁石林立，"悬涛崩湃，实为泗险，孔子所谓鱼鳖不能游。又云悬水三十仞，流沫九十里"。[1] 东晋太元九年（484年），谢玄用工9万人，在洪中筑埭7处，以缓水流。泗水河道的极大落差和迅疾水流一直持续到明成化时（15世纪80年代）。

8. 沂水与沭水

二水发源于山东沂蒙山，自北而南入泗水。黄河走泗水河道后，沂沭河出路逐渐受阻，下游折而东流，大致沿今新沂河流路入黄（淮），或独流入海。

9. 汴水/通（广）济渠

汴水原是东汉黄河决口后留下的分支，北魏时称汳水。汉代汴水西起孟州河阴县圃田泽（今河南郑州西北，泽以黄河为水源），经浚仪（开封）东至彭城（徐州）入泗水。隋开通济渠，开封以上沿用汴水水道，开封分为南北两支。北支仍入泗水，南支经陈留、宋城（今商丘）、永城、宿州、灵璧至泗州汇入淮河。唐改名广济渠，宋代称汴河。南宋黄河夺淮，主流经汴河夺泗水至淮阴。隋唐宋时期汴河南支成为沟通黄淮的重要航运水道，自江淮北上的漕粮经汴河到达开封、洛阳，因此举国家之力经营这条水道。

黄河夺淮以前，汴河在中游以上经常决口，但全河基本行水通畅，下游则水流湍急。汴河下游自虹县（今泗县）至泗州段长约75km，因为水流迅急，需要用牛拉竹索拖船上下。黄河夺淮后，汴河成为主要泛道之一，北支演变为黄河干流，南支维持到清前期。

10. 肥水及淮河南侧诸水

淮河中游南侧各支流发源于淮河以南山区，自南而北入淮，一般都源短流急，因为不受黄河的影响，大多是清水河流。肥水即今瓦埠河。[2] 淮河南侧的其他支流，多是自南而北直入于淮。支流上多有灌溉陂塘，如淠河上有春秋时楚国修建的安丰塘，丰河（今沣河）上有穷陂等。[3]

---

[1] （清）杨守敬．水经注疏（卷25）．南京：江苏古籍出版社，1989：2148。

[2] 在西汉至北魏的地理著作中，鸿沟水系分流别派。另外，在淮河的北侧也有肥水，《水经·淮水注》："夏肥水东南至下蔡入淮。"夏肥水即今西淝河，是鸿沟的下游分支。

[3] 丰河，北魏时称穷水，北宋又称丰水。《水经·淮水注》："（穷）水出六安国安风县穷谷……流结为陂，谓之穷陂。堰塘虽沦，犹用不辍，陂水四分，农事用康，北注于淮。"穷陂建于北魏前。（清）杨守敬．水经注疏（卷30），江苏古籍出版社，1989。

综上所述，黄河夺淮前，淮水及其有自己发源地的支流，基本都是清水河流。这些支流中下游流量稳定，基本都是可以通航的天然水道（图 1.2-3）。以黄河为水源的鸿沟、汴河以及部分受水于黄河的颍水、涡河、泗水等支流尽管有高含沙水流进入，经过沿途的分流和沉降，对淮河干流的影响不大。

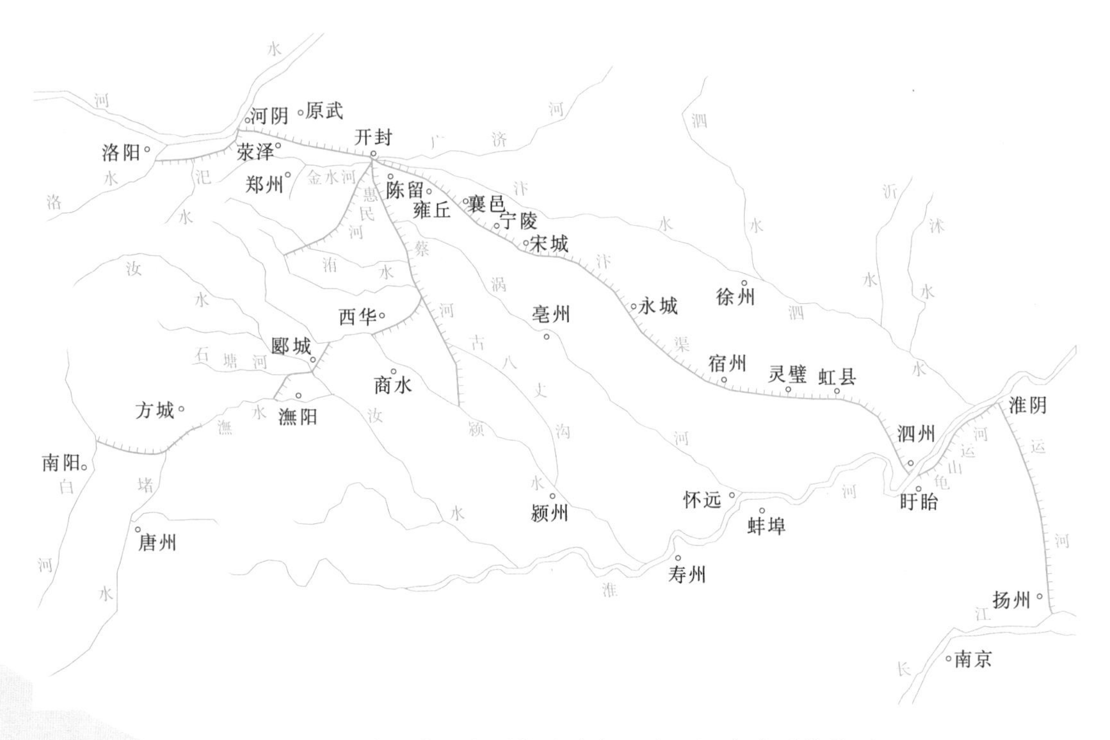

图 1.2-3 隋、唐、宋时期淮水与河水、泗水水系的关系

1.2.3 淮河流域的湖泊分布

黄河夺淮对淮河中游的影响程度，可通过湖泊分布的前后对比分析得到清晰的认识。本研究选取了文献记载较为翔实的两个时期——魏晋南北朝时期（220—589 年）和唐至北宋时期（618—1127 年）作为时间代表段，揭示黄河夺淮前淮河流域湖泊的基本情况，并探讨它们在近 1000 年来的演变。

1.2.3.1 魏晋南北朝时期湖泊分布

根据《水经注》的记载，公元 5 世纪时淮河中游干支流分布着众多的湖泊洼地。这些湖泊中既有天然湖泊，也有汉代以来依据地形筑堤和开渠引水形成的“陂”或“塘”。淮河中游颍水与汴水之间的主要河流睢水、涡水、沙水等多源出鸿沟，东南注入淮河。诸水之间的河间洼地中发育有次一级的河流，如睢水与涣水之间的蕲水、涣水与涡水之间的北肥水、沙水与颍水之间的夏肥水和细水等，许多湖沼、陂塘便在这些河间洼地中发育或利用地形筑堤成湖。表 1.2-1 所载杞县至太和等县皆位于本区，区内共有湖沼 31 个，其中天然湖沼 8 个，陂塘 23 个。这些人工陂塘大多分布

在睢水与颍水之间的次一级河流间，如夏肥水沿途有高陂、大漴陂、鸡陂、黄陂、茅陂，蕲水沿岸有潼陂、徐陂，细水沿程则有阳都陂和次塘。较大的人工陂塘当推寿县境内的芍陂，根据《水经注》的记载，"陂周百二十里"。天然湖沼多集中于睢水与汴河之间。表1.2-1反映了5世纪前淮河中游湖泊的分布情况，这些多数是有灌溉之利且得到管理的水利工程。

表1.2-1　　《水经注》记载的淮北平原湖沼分布情况

今所在地	湖　沼　名	备　　注
杞县	白羊陂、奸梁陂	方四十里
商丘	逢洪陂、蒙泽	睢水于城南积而为逢洪陂；蒙泽在县东
虞城	空桐泽	在虞城东南
砀山	砀陂	陂中有香城，城在四水之中
萧县	梧桐陂、郑陂	郑陂为沛郡太守郑浑所筑
泗县	潼陂、徐陂	
固镇	解塘	
亳县	白芍陂	
灵璧	乌慈渚	在县西南
蒙城	瑕陂、泽薮	瑕陂为北肥水积成
郸城	阳都陂	
沈丘	新阳堰	在颍水上
利辛	大漴陂、高陂、鸡陂	
阜阳	江陂、焦陵陂、鲖陂	
凤台	黄陂、茅陂	
怀远	湄湖	淮水左迤为湄湖
寿县	熨湖、东台湖、芍陂、香门陂	芍陂在县南八十里，陂周百二十许里
界首	泽渚	
太和	次塘	细水积而为陂
临颍	青陵陂、狼陂	青陵陂纵广二十里
商水	汾陂	方三十里许
上蔡	黄陵陂、蔡塘	
平舆	葛陂、三丈陂	葛陂方数十里
临泉	富陂	
新蔡	横塘陂、青陂	
阜南	高塘陂	

续表

今所在地	湖　沼　名	备　　注
正阳	鸿郤陂、南陂、土陂、北陂、燋陂、窖陂、上慎陂、下慎陂、壁陂、马城陂、中慎陂、鲷陂、太陂	
项城	平乡陂	
息县	西莲陂、申陂、东莲陂、墙陂、青陂	

注　资料来源：①（北魏）郦道元．水经注（淮水注）．成都：巴蜀书社，1985；②张修桂．中国历史地貌与古地图研究．北京：社会科学文献出版社，2006：386－387。

颍淮之间淮河上游地区受黄河影响较少，临颍至息县等县属于本区，区内共有湖沼 30 个，几乎全是人工陂塘。其中 20 个陂塘集中于今正阳、息县和新蔡三县之间，也就是汝水下游与淮河之间的洼地中。其余陂塘则分布于颍水与汝水之间的河间洼地中，其中汝水支流澺水流域陂塘较多，而方圆几十里的葛陂又是最大的陂塘（图 1.2－4）。

图 1.2－4　公元 4 世纪前后淮河中游涡水与颍水之间的支流及湖泊分布

1.2.3.2 唐代淮北平原的湖沼分布

根据《新唐书·地理志》的记载，唐代淮北平原分布的湖沼陂塘大多是有灌溉效益的水利工程。唐代淮北平原主要的湖泊陂塘分布情况见表1.2－2。

表1.2－2　　唐代淮北平原主要的湖泊陂塘分布情况

所在州县（今所在地）	工程名称	备　注
汴州陈留（河南开封）	观省陂	灌田百顷
汴州开封	湛渠	引汴注白沟，通曹兖
	福源池，本蓬池	
颍州汝阴（安徽阜阳）	百尺堰	县西北一百里
	椒陂	县南三十五里，灌田二百顷
颍州下蔡（安徽凤台）	大漴陂、鸡陂、黄陂、湄陂、茅陂	隋末废，唐恢复，灌田数百顷
郑州管城（河南郑州）	广仁池	池周回十八里
郑州新郑（河南新郑）	灌颍渠	以洧水（今双洎河）为渠首
汴州砀山	孟诸泽	周回四十三里
郑州中牟	大鹄、小鹄、大斩、小斩、大灰、小灰等24陂	圃田泽溢而北流为24陂
许州长社（河南许昌）	堤塘	节度使高瑀立以溉田，堤长一百八十里
陈州箕城（河南西华县）	邓门陂	引颍水灌田
宿州符离（安徽宿县）	牌湖堤	隋代修，唐显庆年间重修，灌田五百余顷
宿州虹县（江苏泗县）	潼陂（万安湖）	县北五里，周回二十里
蔡州新息（河南息县）	玉梁渠	县令薛务增浚，灌田三千余顷
蔡州汝阳	鸿隙陂	县东十里
蔡州平舆	葛陂	县东北四十里，周回三十里
曹州考城（河南民权县）	戴陂	县西南四十五里，周回八十七里
光州固始县	茹陂	县东南四十八里
濠州钟离郡（安徽凤阳）	千人塘	乾封（666—668年）修以溉田

注　资料来源：①（唐）李吉甫．元和郡县图志．北京：中华书局，1985；②（宋）欧阳修，新唐书·地理志．北京：中华书局，1975。

如果将唐代文献中记载的淮北平原上的湖泊与《水经注》中的记载加以对比，就会发现，从5世纪至10世纪的500年间，虽然淮北平原的湖沼陂塘有部分消失，有部分面积缩小，但湖沼的整体数量与地域分布基本一致，说明汉代至唐代约1000年间淮北平原的自然环境变化不大。

1.3 黄泛影响下淮河中游及淮北平原自然环境的演变

南宋建炎二年（1128 年），宋王朝为阻止金兵南下人为决河，黄河由泗入淮。[1]此后直至清咸丰五年（1855 年），黄河不再东北流注渤海，而是改流东南夺淮入海。独流入海的淮河干流水道自淮安以下黄淮合流，成为黄淮共有的下游入海水道。

黄河改道后经过 100 多年的泛流，逐渐形成以泗水下游河道为主的流路，但中游河道南北决口分流的状况仍持续到 1855 年铜瓦厢改道恢复北流。在确保漕运畅通的治水目标下，元、明、清三代进行了大规模的水利工程建设和洪水调度，从而维持了黄淮运交汇区域河道的稳定。其间，对淮河中游自然环境和河道水系影响最大的水利工程是徐州以下的黄河大堤和高家堰。13 世纪以来，随着黄河大堤的不断加高，以及黄河频繁的北决和堵口，最终造成沂沭泗河与淮河的分离；而 16 世纪中期高家堰的建设和运用则形成了洪泽湖。17 世纪以后，随着黄河频繁倒灌洪泽湖，洪泽湖湖盆地形地貌发生了根本变化，最终造成黄淮分离。咸丰元年（1851 年），高家堰礼坝决口，淮河自此改道入长江；4 年后，黄河改道恢复北行。洪泽湖是在黄河影响下演变最为迅速的一个湖泊，其对中游的影响随着演变的发展而逐渐增大，在淮河改道前 100 年显著加快。近 700 年黄河改道背景下淮河中游的演变，与黄河南行河道和洪泽湖的演变三者之间相互关联、相互作用。

1.3.1 黄河夺淮南泛河道形成及沂沭泗河水系演变

黄河南徙后经历了多支漫流、南北分流到主流河道形成、淤积、行水功能退化直至废弃的过程。其间，被黄河侵占的泗水河道及其水系亦发生了极大的变化。

1.3.1.1 黄河南行主河道的形成

南宋建炎二年（1128 年），黄河改道南行。其后的数十年间，黄河分成多支，其中一支向东南泗水泛流，形成了自李固渡（今滑县西南）经濮阳、郓城南，在鱼台入泗水，由泗水故道经徐州至淮安入淮，黄淮合流东注黄海的干流流路。40 年后，黄河在李固渡决口，分成三支，干流经今山东东明、定陶、单县折而南，自今安徽砀山、萧县北折东，至今江苏徐州泛流入淮。金明昌五年（1194 年），黄河在河南阳武决堤，仍分为三支：主流由封丘改道，东南经陈留、通许、杞县、太康，由涡水入淮；北支沿汴水流路至徐州汇泗入淮；南支夺颍水，经尉氏、洧川、鄢陵、扶沟等南下入淮。颍水流域是黄河冲积扇的西南界，黄河夺颍入淮，是黄河夺淮发展至极限的标志。1194 年以后的流路维持了 100 多年。元至元中期（约 1300 年前后），黄河

[1] 关于黄河夺淮的时间，目前学术界有两种意见，即北宋建炎二年（1128 年）和金明昌五年（1194 年）。两者的依据分别是：①《宋史·高宗纪》：“（建炎二年）是冬，杜充决黄河，自泗入淮，以阻金兵”；②《金史·河渠志》：“八月，河决阳武故堤，灌封丘而东。”

向颍水、涡水的泛流逐渐减少，主河道趋势基本确定。元至元二十五年（1288年）贾鲁治河后，黄河主流大致沿汴水故道，经徐州与泗水汇，至清口与淮河干流合，史称“贾鲁河”。

明前期即15世纪初，黄河决口地点下移至开封、徐州间，呈南北决口的形势。主流北行则冲断山东运河；南下则自涡河、汴河、濉河入淮。明永乐至弘治（1403—1505年）的100年间，为保证京杭运河的安全，明朝需解决的问题主要有两个：一是防止徐州以上黄河河道北决冲断会通河；二是保证运道黄河段水量（时清口至徐州段黄河为漕运水道）。为此，对于北向决口则予以封堵，南流分支则以疏浚为主，并持续兴建黄河北堤。到16世纪初（约明弘治末年）建成了山东阳谷至江苏徐州段黄河北堤，即太行堤。自此东行的主流形成，向南分流的大势确定。

明嘉靖末年（约1560年前后）以来，为保泗州明祖陵，开始修筑清江口以上黄河南堤。黄河南堤的建设持续到清康熙二十年（1681年）左右。16世纪后的300年间，黄河基本固定在今废黄河一线，这条河道维持到清咸丰五年（1855年）黄河大改道（图1.3-1）。

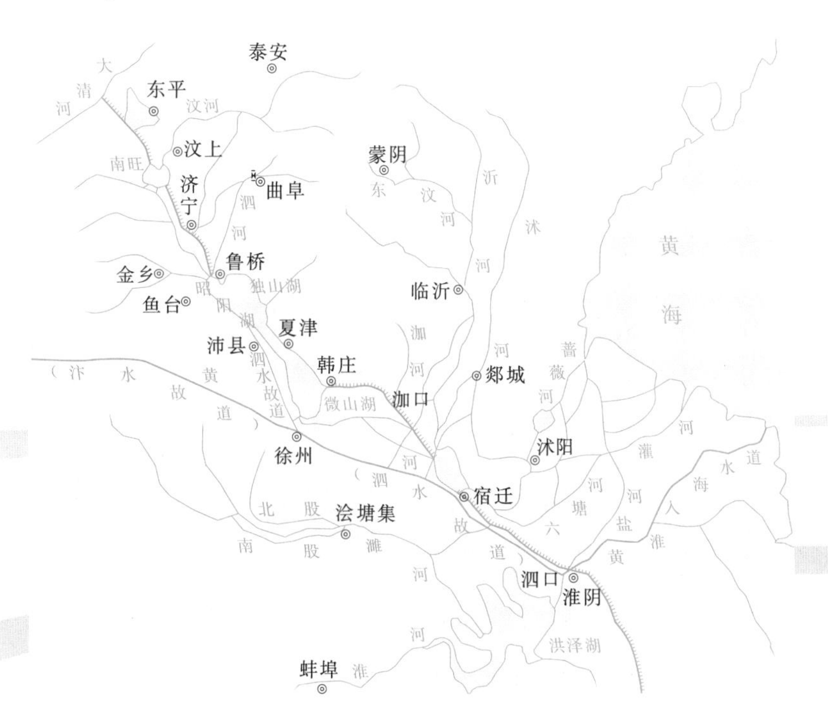

图1.3-1 黄河夺淮期间黄河与泗水水系（1855年以前）

1.3.1.2 黄河徐州宿迁段河道及泗水下游的蜕变

明弘治六年（1493年），黄河北岸太行堤建成。太行堤起滑县，经长垣、东明、曹州、曹县抵虞城县界，长三百六十里。在大堤的约束下，黄河主流归于兰阳、考城、归德、徐州一线。自此黄河主流在徐州夺泗水水道至清口入淮。在黄河夺泗最初的200年间，泗水水道还没有较大的改变，保持着较陡的纵比降。明前期曾有诗描述当时船只过徐州洪之难："南船北上九牛挽，北船南下如飞鸿"；吕梁洪则礓石林立，水势汹涌，"截流巉离巨石，森若虎豹存歌侧。洪波中射势怒激，鸣声喧豗万鼓击。"[1] 明永乐时（1403—1424年）多次大举兴工，治理徐吕二洪。正统时（1436—1449年）在傍河开凿月河，并在洪口两端建闸，引水入月河，避开徐吕二洪。

黄河河道泥沙淤积的影响从明嘉靖中期即16世纪50年代开始显现出来，河道淤积速度明显加快。隆庆三年（1569年），黄河北决山东沛县，徐州至宿迁黄河断流，漕船2000多艘阻滞于邳州。此后漕船经常受阻徐州、邳州间。万历三十二年（1604年）开泇河，企图避开徐邳间因决口而经常枯涸的黄河运道。开泇河后会通河不再至徐州入黄河，而是由台庄南下邳州东直河口入黄河。嘉靖四十四年（1565年），黄河再次北决沛县，冲断运河，洪水泛流于昭阳湖一带，汇集后归于泗水南下徐州。至此，徐州洪、吕梁洪全部淤平，"而河变极矣"。[2] 清康熙二十五年（1686年）靳辅开中运河，北接泇河，经骆马湖至宿迁窑湾过黄河，此后黄河不再行漕。"河行漕运"的终止是黄河（即泗水下游）淤积由量变到质变的转折点，后黄河在邳州以下频繁向南决口或自清口倒灌洪泽湖。洪泽湖—清口区域南高于北的形势开始逆转。

1.3.1.3 黄河影响下新沂沭泗河水系的形成

泗水是淮河重要的支流之一，黄河夺泗入淮后，今微山湖以下河道成为黄河北决泛道之一。随着黄河泥沙的堆积，地形抬高，河道逐渐淤积湮废。泗水南下受阻后，潴水汇集，加上黄河北泛洪水的补充，在济宁以南形成了昭阳、独山、微山等湖泊。元代将这段泗水河道改造为运河，使之成为会通河的南段。清康熙时在微山湖南端筑坝，湖以南泗水故道完全湮废。

沂河、沭河原入泗河道下游，随着黄河河道的抬升而逐渐受阻潴水，形成骆马湖。明万历时开泇河，清康熙时开中运河，将沂沭泗等河纳入其中，构成了以运河为通道的沂沭泗河水系。运河出骆马湖后至杨庄过黄河，骆马湖东又分出一支，称"六塘河"，为泗沂沭入海新水道，与淮河完全脱离，今统称沂沭泗河水系。黄河影响下沂沭泗河水系自然环境发生极大的改变。今黄淮故道以北广大地区即苏北区频繁的洪涝灾害就是这一改变的后果。

1.3.2 黄河南泛影响下淮北地区地形地貌的演变

自黄河夺淮（1128年）至黄河恢复北行（1855年）的700余年间，黄河洪水漫流几乎遍及整个淮北平原。淮北平原地貌的改变与黄河决口的地点、次数有关，与泛流时间、水量有关，总体呈现出自北而南堆积的形态，淤积层厚度北多于南，以及沿淮河以北支流两侧和黄河河道两侧发展的特点。

---

[1] （明）王琼．漕河图志：卷7．点校本．北京：水利电力出版社，1990：318。

[2] （清）张廷玉．明史：卷83．河渠志．北京：中华书局，1974：2038。

1.3.2.1 考古资料揭示的淮北平原淤积情况

明山东定陶城（今山东省定陶县西北2km）地处黄河夺泗水水道的上游，约在黄河改道100年后，该城逐渐被黄河泥沙掩埋。20世纪50年代在遗址地下5m处发现了故城东南城的旧砖，在今地下8m处发现了县城寺院塔基。

今河南开封城曾七次遭受淹城之灾，在城市上形成了多层淤积，每一层都很厚，最厚的有2～3m。1989年，在对明清开封城东西城墙勘探时发现了北宋时期的城墙，在北宋城墙下则叠压着唐代汴州城的城墙遗址。开封外城护城壕，宽约40m，距地面11m左右。如按护城河深度2m计，可推断，宋代东京城地面约在今地下9m左右。[1]考古勘探资料表明，明代开封城距现在的地表3～5m，清代的约在地下2～3m处。

河南淮阳城防洪堤外，因黄泛泥沙淤积而层层升高，形成淮阳城外高内低的地形。据地质探测资料，护城堤外淤土层次分明，总淤厚在3m左右。1956年修建北关蔡河桥时发现，桥基西北角距地面3m以下有一拱券桥洞，经考证为古蔡河桥，埋深与堤外黄泛淤深相吻合，堤外若除去淤积层，河床与原地面平行。[2]

商丘城墙建于1511年，现遗存的城门高地面1m左右，城门外坡高出城内地面5m。这是黄河洪水袭击时紧闭城门，城外地面被黄河泥沙淤高的结果。[3]根据1950—1951年间黄河故道文物考察，河南西华、扶沟宋元时期墓碑淤积厚度约为3m；尉氏县旧南门沉积层厚度在2m以上。清末有人记载了尉氏县曾被黄河泥沙淤为平地的情景："尉氏近城地多沙，居民落落如晨星，间有茅舍，皆新更易者。柳大数围，高仅及肩。村庙短垣，半没泥淤中。平畴一带弥望沙碛，麦生亦不蕃，皆郑州决河所至。"[4]

安徽灵璧县位于汴河下游，临近淮河干流。黄河改道后，汴河成为黄河向南分流的主要河道。灵璧县靠近黄河的地方，普遍的淤积厚度也在1m以上，在决口附近一次过水淤积厚可达1.3～1.7m。[5]

1.3.2.2 地勘资料揭示的淮北区淤积情况

根据第四纪淮北区地貌图，黄河夺淮对淮北平原的淤积主要分布于河流两侧，在安徽淮北地区的堆积厚度最厚约15m。沉积共分3层，其中最上面一层为棕色、棕褐色黏土层，在黄河故道中发育最厚，被认定为黄河泥沙堆积物。对安徽萧县黄河故道的钻探发现，原河道内黄土淤积为10m左右，黄河故道外地区的淤积在4m左右。受黄河南泛的影响，濉河两岸外有广泛的黄河泥沙堆积，其中南侧约15km宽。

---

[1] 北宋古都东京城面貌初步揭开，黄河史志资料，1988（1）：71。

[2] 杜欣．抚摸千年龙湖．见：周口晚报，2005年8月22日。

[3] 史念海．历史时期黄河流域的堆积与侵蚀．见：河山集二．上海：三联书店，1981。

[4] 韩围钧．随轺日记．光绪二十五年（1899）刊印本。

[5] （清）贡震．乾隆朝灵璧县志略．中国地方志集成安徽府县志辑30．南京：江苏古籍出版社，1998：21。 原文为："至北乡逼近黄河之地，前年（乾隆十九年）张家马路决口，淤高四五尺，虽系冬底寒沙，日久当成沃壤。"

河床中部的沉积厚度达到 5m 以上，两侧滩区较薄，为 1～2m。在安徽阜阳境内，颍河泛滥堆积带宽度达到 9km，棕红色黏土的厚度在 1～2m。在安徽灵璧的淤积也十分可观，特别是在汴河、淮河和浍河的周边地区，部分地段淤积厚度甚至在 1.5m 左右（图 1.3-2）。❶

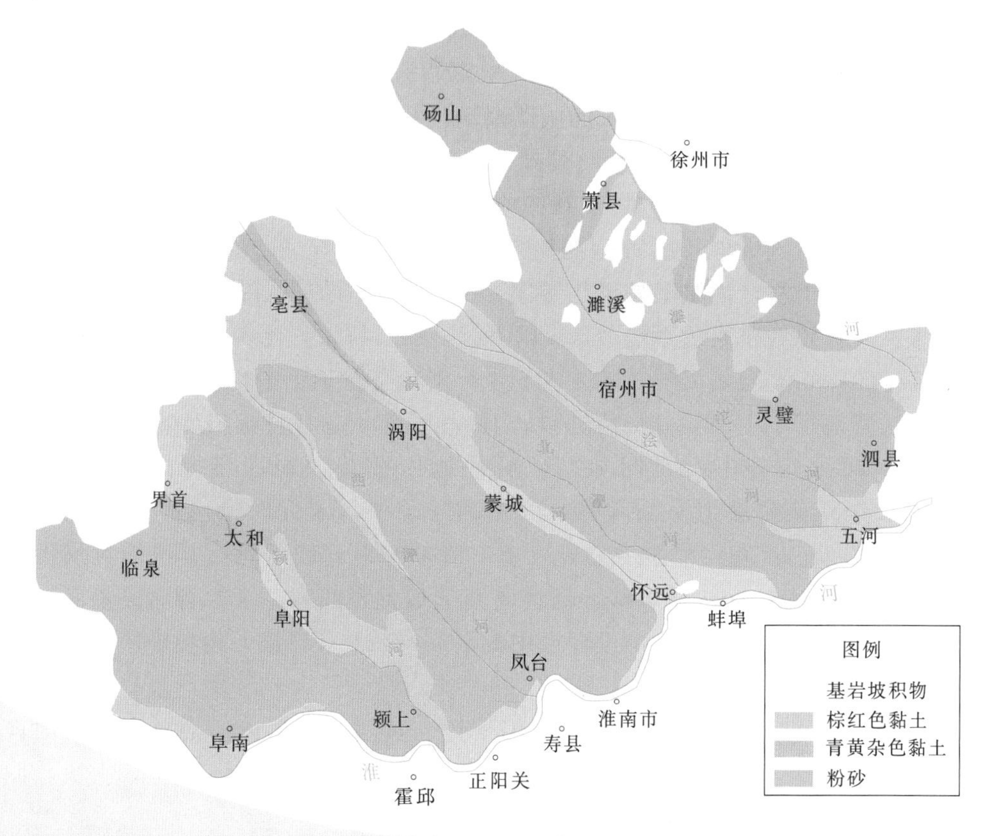

图 1.3-2 安徽淮北地区的第四纪地质地貌图

黄河泥沙的淤积带向南逐渐缩小，至安徽宿县、涡阳以南基本消失，淤积主要沉积于淮河、颍河、淝河、涡河、濉河、浍河以及黄河故道。

1.3.2.3 1938—1947 年最后一次黄泛的淤积情况

1938—1947 年黄河进行了为期 9 年的南泛。通过对此次泛流在淮北平原造成的淤积的研究，有助于对 700 多年黄河南泛的后果形成直观的认识，有助于分析黄河南泛对自然环境的影响。

1938 年 6 月 13 日，为阻止日本侵略军向郑州进犯，国民政府决开郑州花园口黄河大堤。黄河自决口南泛，全河夺淮，直到 1947 年 3 月堵口。与 700 年夺淮相比，黄河此次南泛影响的范围和时间要小得多，黄泛区主要集中在河南、安徽两省，总面积为

❶ 张可迁．试论安徽淮北冲积平原的形成和地质结构问题．中国地质，1962（6）：10-17。

15000km²。但是，仍然造成500万人受灾，40万～50万人死亡的严重后果。[1]

此次南泛主要集中在颍河、涡河和贾鲁河流域，入淮后进入洪泽湖，经由三河入里下河，见图1.3-3。南泛的顶端在中牟以上，由于流速大，淤积不严重，9年间淤积厚度平均在2m左右；往南至尉氏、扶沟和太康县境内，泛流扩散，流速降低，大量泥沙落淤，淤积厚度明显增加。尉氏县东关外兴国寺塔层高为3.5～4m，底层完全被淤积在泥沙之下，淤积厚度在4m左右。扶沟县“凡主流经过之处，淤高三至四米”。[2] 扶沟县南的丁庄淤深2～3m，城东南的王营寨淤厚5m，城南20km处的晋桥、陈家等处淤积在3m以上。再往南的西华县，城北淤积厚度为2m，城南为3m。

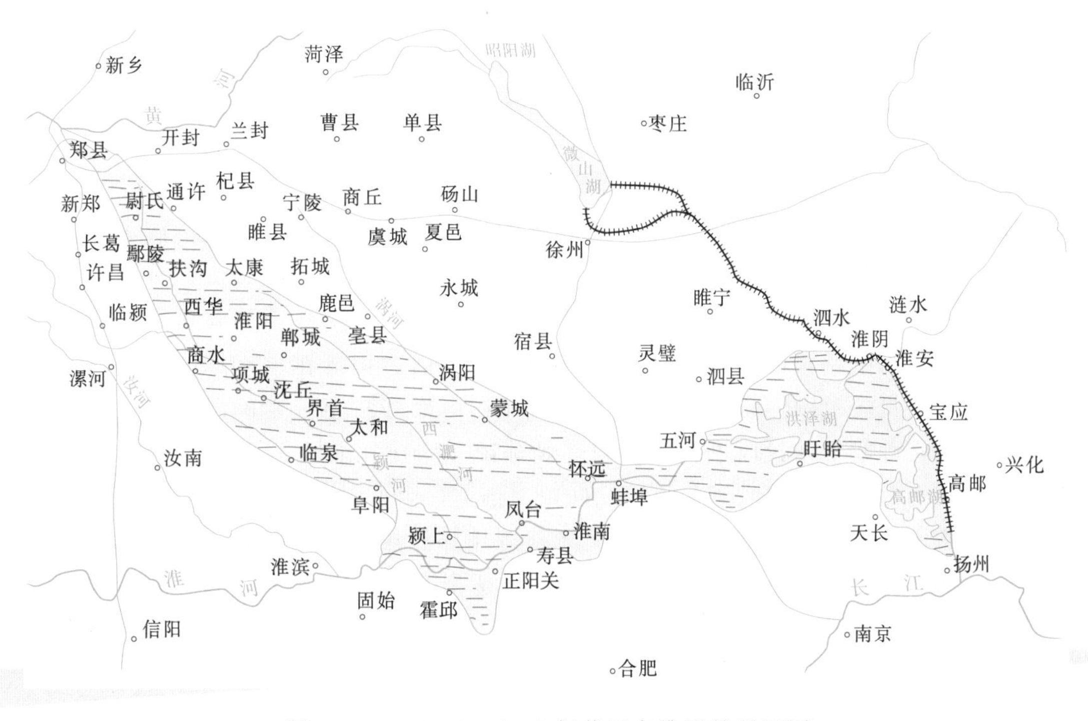

图1.3-3　1938—1947年黄河夺淮后的泛区图

由于泥沙在尉氏、扶沟和太康县境内已经大量落淤，至安徽境内含沙量降下来，淤积厚度逐渐变薄。在安徽界首县、太和县以北，淤积层厚度一般为0.5～1m，最厚的太和李兴区和界首光武区淤积厚度也仅为1.5～2m，界首北地势平衍，新沉积为0.4～1m。

在颍河和涡河流域，淤积主要集中在河道中下段及湖泊、洼地中。安徽亳县、涡阳和蒙城一带，厚度为1～2m。在周口市黄泛区，表面较普遍地覆盖着一层厚度达40cm左右的浅红色粉砂壤土。位于正阳关的安徽淮河与颍河交汇点沫河口附近的田

---

[1] 王质彬．一九三八年黄河决口夺淮略考．见：淮河水利史论文集．淮河水利委员会刊印，1987：39-47。关于这次南泛造成的灾害有多种说法，这里采用的是其中一家之言。

[2] （民国）扶沟县志。

地、湖泊大部分为黄泛所淹，淤积厚度达 1～4m，而较高地区的淤积厚度一般不到 20cm。[1] 仅 1938—1947 年黄泛所造成的淤积就如此严重，长达 700 多年黄河多次夺河的淤积所造成的影响可想而知。

1.3.3 黄泛南支影响下的淮河支流水系

黄河改道南行后，经过 200 多年的泛流和整治，逐渐形成主流河道。元至正十一年（1351 年）贾鲁治河后，形成由鸿沟水道入淮南支（即贾鲁河）和经由汴水夺泗至淮阴与淮汇的北支（即主河道）。明弘治七年（1494 年）刘大夏筑太行堤，黄河主河道基本固定于大堤之间，形成经延津、长垣、定陶、鱼台、萧县，至徐州汇泗水，南至清口入淮的水路。与黄河干流水路同时存在的还有一些西北—东南向分支，如贾鲁河、沙河等，这些来自黄河的泛流经过冲淤逐渐形成稳定河道，下游分别汇入颍河、涡河和汴河。黄河全河改道，或部分改道洪水所带来的巨量泥沙对淮北平原地形地貌，以及淮河支流的自然特性影响最大。

黄河固定河道形成后，仍然存在着两支或三支分流，或全河改道，或部分分流的局面。分流的地点因决口后人为堵口，或泥沙淤积断流而变化较大，分支水道的行水时间也是数年或数十年不等，但最终都是向南泛流，汇入淮河支流，然后由支流入干流。黄河南泛入淮的水道主要有 3 条：①颍河，黄河在河南原武（今郑州东北）开封间决口，由颍河入淮；②涡河，一般在河南开封至仪封间决口，由涡河入淮；③汴河，一般在开封以下向南决口，经陈留、商丘、永城、宿州、灵璧、泗州，由汴河入淮河。黄河泥沙的淤积由西北向东南推进，由上游向下游推进。

16 世纪后期即明万历以后，随着洪泽湖运用和湖底淤积的发育，淮河入湖口位置自下而向上推进，洪泽湖对淮河中游的影响逐渐显著，形成了淮河中游新的侵蚀基点。在黄河泥沙淤积的作用下，300 年间淮河中游干流、各支流、洪泽湖形成了相互关联的演变机理，淮河干流自王家坝以下的三个峡口（峡山口、荆山口、浮山峡）成为影响泥沙沉积形态的节点。受此影响，淮河干流河道纵比降呈阶梯形变缓，各段在支流入淮端因水流不畅而受阻，因末端各支流滞水而形成新的湖泊。

1.3.3.1 淮河中游支流演变

根据 20 世纪 30 年代对淮河中游的调查成果，可大致得到淮河中游支流在黄河夺淮 700 多年后的情况，在此基础上对淮河中游洪涝灾害的形成机理当有更深层次的认知。

1. 洪汝河

洪汝河是淮河的北支。洪河源出河南舞阳荆山，长 400 多 km，至淮滨县东南洪河口入淮河。汝河源出河南泌阳北山，至新蔡县入洪河。20 世纪 30 年代时，冬春季

---

[1] 黄孝夔，汪安球．黄泛区土壤地理．地理学报，1954（3）：61－79。

节水运由洪河口可上至新蔡；汛期“淮涨时，倒流洪河数十里。低洼之处几无居民。”❶

2. 史灌河

史灌河是淮河的南支。史河源出河南商城东南，经固城东北至三河尖入淮河。灌河源出商城南，于固始入史河。史河内的竹筏运输冬春可上至固始，汛期通至上游霍山之金家寨。

3. 沣河、淠河

沣河是淮河的南支，宋代称丰水，❷ 明清至民国时作“澧河”。沣河源短流急。北魏时，霍邱县城西沣河入淮尾闾处有陂塘，后湮废。清代时，受淮河汛期水位的顶托，在低洼地区积水，形成湖沼。淠河是淮河南支最大的支流，经安徽霍山、六安至正阳关入淮河，民船可沿淠河上溯 120km 至二河口。清雍正八年（1730 年），霍邱县开始筑堤护城。至迟在嘉庆初年，沣河入淮尾闾形成城西湖，淠河尾闾形成城东湖。

4. 颍河

颍河是淮河的北支，黄河南泛的西南边界，黄河南泛被夺河道之一。黄河夺淮泛流南道流经河南西华、沈丘，安徽太和、阜阳，沿途接纳了沙水、茨水、汝水等，在正阳关北注入淮河。颍河有 5 源：①荥阳水，源于黄河渗水，源头在河南荥阳，与黄河仅一堤之隔，经中牟南至周家口入颍河；②主流源出河南登封，至西华县合汝水，东南至周家口汇贾鲁河、沙水。于阜阳纳洪汝河分支南沙河，至正阳关入淮河；③汝水，源自河南嵩县伏牛山，一支入洪河，另一支于西华县入颍河；④沙河，源出河南鲁山县尧山，于周家口入颍河；⑤南沙河，于上蔡县从洪河分出，东经阜阳入颍河。明洪武二十四年（1391 年），黄河在原阳西北决口，主流经淮阳入颍水，这是黄河主流首次全河由颍水入淮，此次黄河主流夺颍长达 20 年，直到永乐九年（1411 年）人工挽河，黄河主流才回归故道。永乐九年至景泰六年（1411—1455 年），黄河仍有分支入颍河，时间长达 45 年，分流量约占总水量的 30%。❸ 此后，黄河入颍的势头逐渐减弱。明崇祯十五年（1642 年），明军为阻止李自成农民军进入开封，扒开开封西北 17 里的朱家寨黄河堤防，与此同时，李自成决河开封马家口，二口相距 30 里，导致黄河主流夺颍。不过决口很快自然封堵，这说明黄河南徙 500 年后颍河上游流域地面已普遍淤高。清代黄河五次主流夺颍入淮，但都发生在颍河下游，时间也都不长。

黄河南行以后，颍河长期接纳黄河泛流汇集而下的洪水，逐渐演变成半地上河，下游出口受阻，汛期受淮河干流水位顶托，颍上县至正阳关附近的河底形成倒比降，滞水难以下泄，在下游形成季节性湖泊沼泽。

---

❶ 宗受于．淮河流域与导淮问题．南京：中山书局，1933：23。

❷ （宋）乐史．太平寰宇记：卷 129. 见：丛书集成初编影印本．北京：商务书局，1936：9－10。

❸ （清）张廷玉．明史：第 7 册．卷 83. 北京：中华书局，1974：2018。

5. 涡河

涡河是淮河的北支，是黄河南徙期间的主要泛道。源自河南中牟，又名惠济河，黄河大堤升高后以黄河渗水和区间地表水为源。南分一支为贾鲁河，下入颍河；主流经开封、杞县、柘城，西南入安徽境称涡河，经鹿邑、亳州、涡阳，至怀远东南岫峡口（又名荆山口）入淮河。淮河干流在此有荆涂两山，是淮河收束的关键。

1234年，蒙古军决开封城北黄河堤，导致全河夺涡入淮。黄河夺涡河的口门位于开封、杞县之间，经鹿邑入涡河。黄河夺涡入淮，自元代开始，到明代日渐频繁，且决口逐渐向下游迁移。

根据涡河沿线鹿邑、亳州、蒙城及怀远县志的记载，黄河夺涡河的时间以明代最多，主要集中在嘉靖以后。清代，黄河夺涡入淮事件主要发生在康熙元年（1662年）、乾隆二十六年（1761年）、乾隆四十三年（1778年）、嘉庆三年（1798年）、嘉庆十八年（1813年）、道光二十一年（1841年）、道光二十三年（1843年），时间都不长，大多在当年或次年春天即被堵复。涡河原是纵比降较大的河流，明清时黄河多次全河或部分夺涡，导致河床严重淤积，河道纵比降减少，上游河道经常改道；下游河道尾闾则有潴水，后演变为季节性湖泊。

6. 西淝河、北淝河和芡河

三河都是淮河的北支，涡河的分支，后均以黄河以南渗水和地表径流为源。西淝河上承宋代沙水流路，与颍水、涡水同为鸿沟支流。自河南鹿邑南流入安徽亳县，经凤台至峡山口入淮河。河长250多km，其中160km在安徽境内。北淝河出河南永城龙山湖，在涡河东与涡河平行，然后折而南入淮河，河长200多km。下游尾闾低于淮河，清末在河口建闸，以御倒灌，淮河涨水时内水不得出。

芡河在涡河与西淝河之间，三河分支彼此相通，河长约130km，在怀远县西南入淮河。芡河尾闾滨淮地低，淮涨倒灌入河。

7. 濉河（汴河）、沱河、安河

濉河原源于黄河分支沙水，在开封分出东南流，至宿迁小河口入泗水。黄河夺泗入淮后，濉河自宿县濉溪口以上河道淤失无存。濉溪口以下分为三股，汇集地表径流由归仁堤入安河洼后再入洪泽湖。嘉庆后因河淤积，潴水而成沱湖，又分出岳河、潼河出五河口入淮。嘉庆时，淮涨时倒灌沱湖，濉河无所泄，或入沱河，或停滞于宿县、灵璧、泗县之间，清末这一区域无岁不灾，民国时各县为开泄水通道或筑坝阻水而频年械斗。濉河河道替代汴河，与淮河干流东西流向基本平行，黄河堤以南众水皆由濉入洪泽湖，濉河以南各水则由淮入洪泽湖。时濉河下游，淮濉合流，河湖不分。1915年开河导流入安河洼，泗县、灵璧间涸出土地70多万亩。黄河北徙后，淮河、濉河间的滞水状况有所改善。

安河源分别始自睢宁和宿迁，汇集黄河以南地表水，沿黄河堤东南流，合归仁堤以上黄河泛流入安河洼，是黄河泥沙入洪泽湖的口门之一。根据1933年的调查，安河尾闾淤沙厚度超过5m。

沱河与濉河同为受黄河南决泛流影响较大的河道，两河水道相互贯通。沱河水路在汴河、浍河之间，经五河县入淮河。受黄河、汴河洪水泛滥的影响，沱河在清道光时下游河道已经淤积，水路不畅。当时沱河淤垫0.5～1.6m，河宽7～10m，每遇夏秋汛期，两岸湖洼与河相连，渍水不下，淹没民田无数。至迟在道光时，即19世纪30年代，由于行水不畅和淮河水位的顶托，沱河、濉河下游出现面积较大的季节性湖泊。

8. 浍河、岳河、漴河、潼河

浍河、岳河、漴河、潼河都是淮河北支，都是濉河的支流，是汇集黄河泛流而形成的河流。民国时漴河淤失，浍河并沱河、潼河等河，下游分出一支，经永城、固镇，至五河入淮河；另有一支汇入天井湖，出浮山入淮河干流。浍河等原为汴河、泗河的分支，黄河夺淮后成为南泛河道，大约形成于16世纪末（明万历时）。黄河在单县黄固口决口，历久不塞，全河改道南下，由浍河趋固镇入淮。后决口淤高，水源来自黄河徐州至邳州段南岸和汴河决溢的泛流。由于接纳黄河洪水，浍河下游河道逐渐淤积，18世纪中期即清乾隆初期时已影响行洪，汛期因淮河水位顶托浍河，自五河县城至固镇水深可达1m以上。据当时人记载，“浍河两岸高滩中有沙洲数处，皆黄水经过所致，父老犹有知其故者。每岁夏秋水发，淮涨于下，则浍涨于上，固镇桥面水深三四尺，河湾洼地被淹，下流顺河集一带，渐近五河口，淮水倒漾，受害尤甚，然无法可治，惟俟其消退而已。”❶

潼河上承睢水，汇唐河等至下草湾入洪泽湖溧河洼。汛期淮河大涨时，自浮山对岸巉石山倒灌潼河，淮河可挟潼河而上至天井湖。淮河在这一段有两条支流自南而北汇入，受洪泽湖影响，形成女山湖（池河）和七里湖（白沙河）。

综上所述，淮河干流北侧支流，在黄河南行700多年间，都有为黄河所夺的历史，河道也曾频繁改道，因此由清水河流演变为多沙河流。一般而言，距离黄河主河道越近的河道变化越大，如汴河在灵璧以上河段至清道光年间（1821—1850年）基本淤为平地，涡河和颍河下游河道出现长期滞水区，但河道经行比较稳定。

1.3.3.2 黄泛影响下淮北平原的湖泊演变

在黄河南徙巨量泥沙的作用下，首先是靠近黄河干流的湖泊消失，如黄河以南著名的湖泊圃田泽（位于今河南中牟县）、孟诸泽（位于今河南商丘县）、大野泽（位于今山东西南）至明代全部堙灭。❷ 其次是在作为黄河泛道的淮北平原各支流的下游，因行水不畅，洪水渍涝累年不消，产生出新的湖泊。

与黄河夺淮前淮北平原湖泊分布完全不同的是，夺淮以后形成的湖泊主要分布在支流与淮河干流交汇的区域。这是淮北平原黄泛泥沙自北而南堆积的结果，也是

---

❶ （清）贡震．乾隆朝灵璧县志略．中国地方志集成安徽府县志辑30．南京：江苏古籍出版社，1998：127。

❷ 史念海．河山集（二集）．北京：三联书店，1981：61。

淮河干流发生淤积行水不畅的产物。新湖泊的形成有一个过程，根据淮河下游各县地方志中的灾害记录可知，至迟在道光年间淮北平原新湖泊的形成速度明显加快。

1. 淮河干流南北支流尾闾的主要湖泊

黄河夺淮以后，因黄河泥沙的南泛，淮河北岸地势北高南低，各支流入淮口处地势尤其低洼。由于淮河水的顶托，在支流入淮尾闾形成季节性潴水区或湖泊。分布在淮河两岸支流末端的主要湖泊和沼泽主要有洪河濛洼，史河城西湖，汲河城东湖，东淝河寿西湖和瓦埠湖，西淝河焦岗湖和董峰湖，润河及颍河间的邱家湖、姜家湖、唐垛湖，洛河的洛河洼，芡河荆山湖，小溪河花园湖，浍河香涧湖，沱河沱湖，池河女山湖等。这些湖泊沼泽的范围都较大，后来演变为现代淮河的蓄滞洪区。主要湖泊分述如下：

（1）濛洼。在安徽阜南县东南，高程为26.5～23.0m，总面积为181km^2，高程25m以下面积占88%。清光绪时，濛洼由于汛期淮河倒灌而成为季节性湖泊。民国时被垦殖为田，并筑有堤圩。圩堤的修筑引起了洪河上下游的矛盾。可以认为，淮河干流高水位顶托对洪河有显著的影响。

（2）城西湖。地处沣河尾闾的安徽霍邱城，地面高程为19～27m，总面积为550km^2。清嘉庆中期（1815年前后），由于淮河水位抬高，沣河河口淤积，水流不畅，形成城西湖。[1] 地方志记载了城西湖成湖的过程：霍邱西北沿淮一带，“水之发源，一自西山众流汇于高塘，一自南山众流汇于两河口，两镇之水皆合于沣。由沣以绕城西四十里至任家沟而入淮。每当淮水涨溢及山水发时，南北合流，一望无际，上下百里，悉为泽国……嘉庆二十年后，河道日淤，其由沣而西者，则自陈家铺以至关家嘴。由沣而东者，则自沣河桥以至临淮冈。五十余里，咸与地平。湖之水无以达于沣，沣之水无以达淮，而城西遂成巨浸。夫沿淮筑堤所以御水患也。沣河不浚则霍邑西南半壁之水有蓄而无泄，是外患虽去而内患未去。”[2] 城西湖成湖300年前，即明万历年间，已出现关于淮河间有倒灌沣河的记载。嘉庆以后，湖区水域逐渐稳定，演变而成城西湖。1936年曾经筑堤垦湖，兴建入淮涵闸，时垦殖10万亩，连获3年丰收。1938年黄河南泛，正阳关淮河水位受到顶托，洪水又进入城西湖。1951年辟城西湖为滞洪区。

（3）城东湖。在霍邱城东，汲河下游。随着淮河中游河床的增高，汲河入淮口淤积，尾闾不畅而成湖。1949年以前，当地居民曾在湖南筑堤，保护耕地8万多亩。因地势低洼，丰水年一般都会破堤，造成沿淮区域长达数月的渍水内涝。

（4）瓦埠湖。位于东淝河中部，跨安徽寿县、长丰两县和淮南市郊区，高程25m以下的面积为784km^2。瓦埠湖成湖时间较晚，在清光绪十五年（1889年）成书的

---

[1] 汪移孝．沣河常浚议．见：（民国）霍邱县志．455－456。

[2] （清）陆鼎敩．同治霍邱县志：卷11．中国地方志集成安徽府县志辑20．南京：江苏古籍出版社，1998：455－456。

《寿州志》图中今湖区还是瓦埠镇。至清末（约1908年前后），随着瓦埠镇淝河末端水面的扩大开始成湖。1928年武同举所著《淮系全图》中，瓦埠湖的面积尚小于城西湖和城东湖。1938年黄河泛滥后，东淝河河口淤塞，瓦埠湖向南延伸达到30km。最近50年，湖面仍有扩大。

上述这些洼地湖泊总面积超过2000km²，多数在19世纪初形成，陆续演变成淮河洪水滞洪的场所，为现代淮河干流蓄滞洪区的开辟创造了条件。1950年淮河大水后，先后加以利用，并兴建工程，使之成为淮河蓄滞洪区或行洪区。

2. 淮河中游湖泊的分布与演变分析

根据明清时期纂修的淮河中游各县地方志的记载，黄河夺淮后尤其是明代以来，在淮河中游出现的湖泊汇总见表1.3-1。

表1.3-1　地方志记载的14世纪以来淮河干流中游的湖泊

河段	湖　泊　名	备　　注	来　　源
上段（洪河口至峡山口）	大业陂、枣林塘、和陂塘、高塘、无溪塘	霍邱县	《（成化）中都志》
	大业陂、洪塘陂、枣林塘、板门连二塘、和陂塘、大陂塘、高塘、洪塘湖、无溪塘、渣湖、姑陂塘、厂陂塘、蒋陂塘、马陂塘、棘陂塘	霍邱县境内，湖泊数量比50多年前《中都志》记载数量有较多增加	《（嘉靖）寿州志》
	大业陂、洪塘湖、大陂湖、鹭鸶湖、大白湖、张湖、西湖、茶湖、龙池湖、彭塔湖	霍邱，共有10处	《（康熙）凤阳府志》
	枣林塘、洪塘湖、板门连二塘、上詹陂塘、下詹陂塘、洪陂塘、大陂塘、丰陂塘、姑陂塘、水门塘、孤陂塘、小官塘、无溪塘、大北塘、高塘、龙陂塘、斜陂塘、关坊塘、阿陂塘、马陂塘、杨住塘、芦陂塘、朱回塘、柳陂塘、芒陂塘、鹭鸶湖、大陂湖、大白湖、张湖、西湖、茶湖、龙池湖、涧头湖、陇头湖、邱湖	霍邱县，湖泊、陂塘数量比此前显著增加	《（乾隆）霍邱县志》
	板门连二塘、上詹陂塘、水门塘、孤陂塘、大官塘、小官塘、大北塘、胡陂塘、关坊塘、卢陂塘、朱回塘、马陂塘、丰陂塘、大陂塘、姑陂塘、洪塘湖、鹭鸶湖、大陂湖、西湖、茶湖、龙池湖、润头湖、陇头湖、邱湖、黄泥湖、双白湖、村子湖、蒋家湖、厂湖、格辰湖、平湖、青湖、施冈湖、彭塔湖、朱家湖、天净湖、侯家湖、史冈湖、前湖、涧湾湖、台家湖、后湖、塘家湖、东湖	湖和陂塘继续增加	《（同治）霍邱县志》

续表

河段	湖泊名	备注	来源
中段（峡山口至荆山口）	湄湖（又名汤渔湖）	“周三十余里，湖水东行十四里至尹家沟，折而南行一里注入淮”	《（嘉庆）怀远县志》
	上盘塘、郭陂塘、孔册湖、白龙塘、下盘塘（雍正时淤废）、化陂湖、马场湖、平阿湖、芦塘湖、峁塘湖、满金池、钱家湖、穆杨湖（以上湖泊在清朝基本淤废）		
	荆山湖（怀远）	“荆山湖长亘三十余里，西南首部最宽处一里许，东北尾部渐束”	《安徽省通志》（第四册）
下段（荆山口至浮山）	白湖	凤阳	《（成化）中都志》《（康熙）凤阳府志》
	月明湖	临淮县	《（成化）中都志》
	天井湖、南湖、蔡家湖、曹水湖、洪塘湖、车网湖	五河县	《（成化）中都志》
	天井湖、南湖、沱湖、车网湖（干涸）、三冲湖、项家湖、汪家湖、蔡家湖、欧家湖、香涧湖、三家庄湖、刘家湖、曹水湖（干涸）、東家湖	约17世纪中期五河县湖泊显著增加，且集中在县西	《（康熙）五河县志》
	陵子湖、杨疃湖	《（乾隆）灵璧县志略·河渠原委》：“今杨疃、陵子诸湖，皆明时有粮之地，睢河淤断，潴而为湖。”	《（乾隆）灵璧县志略》
	沱湖、天井湖、香涧湖、三冲湖、汪家湖、三家庄湖；洪塘湖、丁家湖、蔡家湖、关子湖、戴家湖、王家湖	部分湖泊延续至今	《（光绪）五河县志》

从表1.3-1可以看出，淮河中游湖泊主要集中在洪河口至峡山口段，即淮河干流中游的上段。根据地方志的记载，明初即15世纪末，霍邱城西湖区已出现面积不大的众多塘泊，至清嘉庆、道光时逐渐合并成淮河中游较大的湖泊。城东湖的发展与此类似。[1] 焦冈湖区域原为洼地，清初于此设闸，并垦殖成田。至嘉庆、道光年

[1] 韩昭庆．黄淮关系及其演变过程研究．上海：复旦大学出版社，1999。

间，随着淮河河床的抬高，又废田成湖。

淮河中游中段地势较低，至清代已分布有较多的季节性湖泊。受洪泛淤积的影响，18世纪后淮河怀远以北的地势渐渐抬高，一些湖泊逐渐淤废。

根据成书于明成化年间（1465—1487年）地方志的记载，时淮河中游下段分布有大大小小的湖泊。200年后即清乾隆年间，一些原有的湖泊消亡，同时产生了一些新的湖泊，而总数量有所增加。例如灵璧，“湖名以百数，杨疃、土山、陵子、孟山、崔家是为五湖，其最著已。他如固贤里之青冢湖、申村里之末沟湖、鸭汪湖、邱疃里之石湖、范隅里之老营湖，皆周回数十里，积水经年不涸。其他洼地之名为湖者，不可胜数也。”❶ 陵子湖和杨疃湖是濉河淤断后潴水成湖的，至迟形成于清道光年间（1821—1850年）。

16世纪时淮河干流中游两岸由于河道高水位顶托，开始出现季节性渍水区域。此后约200年间，随着淮河干流淤积的发展，现代淮河干流河床纵比降及两岸各支流尾闾面积较大且较稳定的湖泊逐渐形成。

3. 20世纪中期淮河中游的主要湖泊

明清时期淮河中游形成的湖泊大多遗留至今，成为现代湖泊或开辟为蓄滞洪区。根据1950年淮河水利总局等的调查，❷ 淮河中游的主要湖泊及其基本情况见表1.3-2。

表1.3-2　20世纪中期淮河中游的主要湖泊及其基本情况表

名称	所在位置	常水位水面、水深
濛洼湖群	阜南县南，淮河北	西起洪河口东至南照集，面积 $400km^2$，区内有十二里湖、黄家湾湖、官沙湖、黄湖、程家湖等
城东湖	霍邱县东，淮河南	南北长35km，东西宽5km
城西湖	霍邱县西，淮河南	南北长25km，东西宽5～10km
唐垛湖	霍邱县北，淮河北	东至正阳关与淮河通，西北至垂冈岭，水面不常
姜家湖	霍邱县北，淮河北	南北长约8km，东西长约7.5km，洪水时深达6.5m
邱家湖	霍邱县北，淮河北	面积约为 $55km^2$，洪水期间水深可达到5.5m
焦冈湖	寿县正阳关东北，淮河北	淮河与颍河、西淝河三河间的洼地，东西长12km，南北宽5km，湖面最大为 $60km^2$
寿西湖	寿县城西，淮河南	南北长约16km，东西宽约6.5km，面积 $104km^2$
孟家湖	寿县正阳关西南，淮河南	南北长8km，东西宽3km，洪水时期水深6.5m
瓦埠湖	寿县东	南北长70km，宽3km
姬沟湖		长约20km，宽2km

❶ （清）贡震．乾隆朝灵璧县志略．中国地方志集成安徽府县志辑30．南京：江苏古籍出版社，1998：21。

❷ 淮河中游查勘队．淮河中游查勘报告．治淮汇刊（第一辑），1951：127-178。

续表

名称	所在位置	常水位水面、水深
董峰湖		位于峡山口上游，原为淮堤以西的洼地，黄泛后淤积为湖
汤渔湖		又名湄湖、里湖，西接黑河、泥河
荆山湖		汤鱼湖的北延部分，长 18km，在 1950 年时面积达到 $130km^2$
天河湖	怀远	南北长 15km，宽 1～2km
孔津湖	怀远	长约 6km，宽约 4km，面积约 $24km^2$
燕鸣湖		又名月明湖，位于临淮关东南，长 3km，宽约 0.5km
方邱湖	太平集西南	东西长 12km，南北宽 2km
香涧湖		东西长 18km
沱湖	五河县西	长约 10km，宽约 2km
天井湖	泗县南	汛期水面宽 5km，长 15km，面积为 $20km^2$

以上湖泊多数分布在淮南，呈狭长形，是入淮河流蔓延聚集而成。此外，与黄河夺淮前中游湖泊的分布特点不同的是，湖泊在洪河口和正阳关一带较为集中，且面积较大，除地形地貌因素外，显然与淮河中游淤积坡降趋缓有关。

1.3.4 黄泛影响下的淮河干流演变

淮河干流中下游的演变，是多重因素相互制约的结果：①淮北区黄泛及通过北侧支流决溢造成的淤积；②洪泽湖湖盆的淤积；③黄河主河道淤积和黄河堤防不断加高，导致泗水水系与淮河分离。在淮河中下游峡谷束水以及这三种因素的作用下，形成了以河道纵向峡口为节点的阶梯状淤积形态。

淮河从洪河口到洪泽湖为中游。自洪河口至蚌埠约 270km，南侧有史河、淠河，北侧有柳沟、小涧河、颍河、沣河、涡河、淝河、茨河等支流入淮，支流水量超过干流上游来水。其中三河尖至正阳关河长 88km，落差 2.35m，河宽 105～200m，河道弯曲，且比上游狭窄，加之下游节节阻扼，汛期水位居高不下，经常溃堤决口，淮水倒灌，两岸民间筑堤，而内水高涨，近河湖沼最多。该段还有峡山口和荆山口两处峡口。蚌埠以下至五河县长约 60km，南支有濠水汇集山溪入淮河，北支有浍河、岳河、漴河等汇入。自五河以下入江苏境至盱眙龟山入洪泽湖，长约 81km。该段淮河在双沟转向南流，至花园嘴转向东南。南侧有池河等入淮河，北支有沱河、潼河汇入。其中，池河口至盱眙段，沙洲密布，河湖不分。该段还有浮山峡，其峡谷段河道为淮河最深处，海拔为 8m 左右。

淮河中游的三个峡口为三个节点，其中峡山口为石英砂岩，荆山峡为砂砾岩，浮山峡为砂砾岩和砂岩。黄河夺淮对淮河的影响，难以做到定量分析。然而，根据淮河干流沿岸湖泊的形成和季节性积水的发生时间可初步推知，在黄河泥沙和峡口束

水的作用下，淮河河流特性的演变大致可分为两个阶段：一是明万历时期，即16世纪，这一阶段以霍邱城东湖、城西湖渚水塘泊的出现为淮河中游开始淤积的标志；二是嘉庆时期，这一阶段以支流下游或入淮口门湖泊的普遍出现为淮河干流淤积进一步发展的标志。淮河干流的演变一直持续到清道光末期。三个峡口加剧了淮河干流河道的淤积、深潭的形成和水位的变幅。

1. 峡山口以上

峡山口古称峡石口，位于八公山西北，淮河流经的峡谷东称霸王山，西为禹王山，峡长300m。峡山口以上，淮河左岸主要有洪河、颍河、西淝河，右岸有瓦埠河、淠河等支流汇入。在1994年拓宽前，峡谷上下水位落差约为6m，峡口以上阻水形成的壅水远至霍邱。汛期淮河干流洪水倒灌两岸各支流，在两岸支流尾闾形成众多的湖泊。

至迟在明万历年间（约16世纪初），淮河干流两岸汛期已出现漫溢的现象，这是干流滞水顶托所致。《（同治）霍邱县志》记载了明万历年间淮河在霍邱县境内关洲口漫溢的情况。清雍正八年（1730年），霍邱县开始筑堤护城。据《（同治）霍邱县志》记载，18世纪中叶汛期淮河倒灌霍邱附近的沣河尾闾，“（淮）河一涨，则诸沟俱灌，沟一入则四溃奔流，霍邑西北乡之被淹者每不下三十保。”[1] 乾隆二十二年（1757年），霍邱县境内沿淮河修筑大堤。霍邱县城护城堤和淮河大堤修筑后，霍邱城西湖逐渐形成。

在峡谷束水等多重作用下，自清乾隆时期以来，寿县以上八公山以西至淮滨县开始出现季节性潴水区。在这一区段，遇淮河、西淝河并涨，两河之间的田庐往往尽成泽国。1820年以后，正阳关以上至临淮岗淮河左右岸开始出现间断的堤防。淮河大堤最初出现在支流入淮的河口，多是在地方政府主持下修筑的护城堤。如寿县西湖堤位于瓦埠河下游，用来保护寿县城。这反映出乾隆末至嘉庆年间由于淮河中游区段性的河床抬升而使内涝沿各支流河口上行。较长时期的积水和沉积，导致淮河各支流入淮口的膨大，寿县瓦埠湖（瓦埠河）、寿西湖（淠河），霍邱县城东湖（淠河）、城西湖（沣河），阜南县濛洼（洪河）等潴水区先后出现。清嘉庆末年至道光初年，即1820年前后，御史谭言蔼奏请疏浚峡石、荆山、浮山三口，称临淮岗以下至蚌埠每年淹浸数月。道光年间（1821—1850年），季节性湖泊出现，如安徽寿县的寿西湖。时霍邱县城西湖每当夏秋淮河涨漫时水深达3m以上。

2. 荆山口以上

荆山口又名岫峡口，在怀远县南，由淮河左岸的荆山和右岸的涂山组成。涡河在怀远县东入淮河，河西有池河、洛河等自北而南入淮。荆山和涂山是淮南平原的孤山，受黄泛的影响，淮河两岸地形平衍。汛期淮河洪水一般倒灌涡河、芡河15km左右。清嘉庆二十三年（1818年），淮河左岸涡河口筑起长12.5km的土堤，用以保

---

[1] （清）陆鼎敩．同治霍邱县志（卷2）．中国地方志集成安徽府县志辑20．南京：江苏古籍出版社，1998：28。

护怀远城。清道光以后，涡河、茨河下游入淮口形成荆山湖，洛河入淮段形成洛河洼。此外，小河口、庐家沟口、柳沟口、尹家沟口等都是因淮河倒灌而形成的潴水区。1926年沈豹在《勘淮笔记》中曾这样记载："峡山口位于禹王、伯王二山之间……惟夏秋淮涨至此骤束，寿县等处皆蒙倒灌之害，往来舟楫均由峡山口至下洼以达凤台之南关。该处原有河槽，今已淤为平地，清宣统元年，江家套一带水深愈三尺，民国5年亦二尺有奇。"❶ 迄今为止，没有发现20世纪以前这一区段淮河倒灌的记载。

3. 浮山峡以上

由浮山和潼河山形成的浮山峡，连绵数十里，峡内淮河宽180m，河床高程4m，是淮河中游最低地段，现代地质构造运动依然比较频繁。峡口以下有潼河（今怀洪新河）、石梁河等；以上左岸有淝河，右岸有小溪河、濠河等入淮河。因为有较长的峡谷，距离洪泽湖最近的峡口，受洪泽湖水位的影响最大。浮山峡以上花园湖（小溪河、板桥河），沱湖（唐河）、香涧湖（浍河，今怀洪新河）、天井湖（潼河）等可能是清乾隆以后形成的季节性湖泊。

安徽五河县位于浮山峡以上，浍河、唐河在县城西南汇合入淮河。淮河倒灌支流的现象在这一段出现的时间最早。明嘉靖二十五年（1546年），在县城南门外修筑云头坝。清康熙二十二年（1683年）时已有关于五河县淮河汛期倒灌沿淮农田的记载。时五河县筑有四坝防洪，保护县南农田。为保护县南临淮的150顷（约合今制10万亩）农田，知县郑鼐制定了四坝岁修制度，每年按亩按户摊派维护工费和劳动力。据县志记载："（郑鼐）相度地势，知淮水涨由蒋家沟入南原，百顷腴田尽为泽国，乃捐俸为倡，兴役筑坝，并河岸一带长堤十里，监筑完固，岁免水患"。❷ 1790年前后，四坝失修。1800年前后，浮山至临淮关淮河左岸民间自行筑有断断续续的土堤，以保护沿岸农田。

19世纪初，浮山以下从五河县至盱眙间淮河干流长约70km范围内，汛期受洪泽湖顶托的影响，冯家滩河宽由不到2km展宽到10km，河、湖与滩不分。随着水位的上升，水面可漫至山麓。

洪泽湖湖底淤积的发展和高水位运用，抬高了淮河中游的河流侵蚀基准面，使淮河干流水位不断抬升，河流汛期延长。淮河各峡口的阻水则延长了干流高水位时间。有记载表明，清嘉庆年间（1796—1820年）洪泽湖回水影响达到上游200km以远的颍河口和小涧河："（颍上县八里垛）自嘉庆十六、十九等年黄水漫灌，下游荆口、洪湖淤垫顶阻，常致逆流。""小涧河来自阜阳南十里……流长约百里，其西北十里之北湖及五汊沟湖之水亦藉此为去路，淮涨则倒灌至四十里黄冈寺，淮退则挟冈湖之水以俱下。"❸

---

❶ 沈豹. 勘淮笔记. 中华民国十五年刊印本（1926）：96。

❷ （清）孙让，李兆洛. 光绪重修五河县志. 中国地方志集成安徽府县志辑31. 南京：江苏古籍出版社，1998：464。

❸ 沈豹. 勘淮笔记，中华民国十五年刊印本，1926：79。

19世纪以后，清嘉庆时，淮河中游河道淤积的后果逐渐显现。淮河干流河道淤积导致水位居高不下，过流能力下降。而中游峡谷束水河道阶梯状的淤积，随着清道光以来洪泽湖水位的抬升、淮河入湖口门受淤积影响向上游推移而加快。黄河泛道通过淮北平原水系向淮河干流输送泥沙，洪泽湖淤积对淮河中游侵蚀基点的影响，共同造就了现代淮河中游河道特性。

1.4　黄河夺淮对淮北区域社会经济的影响

1.4.1　夺淮前淮北平原区域经济简史

先秦时期，淮北平原是诸侯国最密集的区域，各诸侯国的都城形成了淮北平原最早的城市。春秋的陈（都今河南淮阳）、睢（都今河南商丘）等国是当时的区域经济中心。战国后期，淮北平原为楚国疆域，是中原强国之一。两汉三国时淮北平原集聚国内财富的庄园经济持续数百年。西汉时颍川郡人口密度为192人/km^2，陈留郡为124人/km^2，淮阳国为147人/km^2，是当时人口密度最高的区域[1]，集中了陈、大梁（今河南开封）、睢阳、彭城（今江苏徐州）、陈留、谯（今安徽亳州）、相（今安徽淮北）等经济发达的城市。三国魏晋南北朝时，各割据政权相继在淮北屯田，主要的屯田区位于颍水、涡河及淮河两岸。隋唐至北宋时期，淮北平原既是经济中心，又为政治中心。唐天宝八年（749年）国内十道，时河南道包括今山东省西南、河南省东南及安徽省淮河以北区。其中河南道正仓、义仓和常平仓的储粮总量占全国的27%。十道之中，河南道田赋位列第1。[2]

淮北地区在北宋时为开封府、京东路和京西路的南部以及淮南路的西北部。其中淮南路田亩数高居诸路前列。北宋元丰初年今淮北地区所在的淮南路、京西路、开封府、京东路等四地区的农业税分列全国的第4、第5、第6、第8位。

1.4.2　黄河夺淮后淮北平原的洪涝灾害

1.4.2.1　淮北水灾的时空特征

淮河流域洪涝灾害的情况，可按时期划分为三个阶段：①1194年黄河夺淮以前。这一时期，淮河流域的洪涝灾害主要来自淮河水系，其次才是黄河洪水灾害。②1194—1855年黄河夺淮期间。这一时期，淮河流域的洪涝灾害主要来自黄河洪水，其次是淮河水系的洪涝灾害。③1855年黄河北徙自大清河入海以后。洪涝灾害主要来自淮河水系，黄河洪水灾害较少。[3]

另外，地理学家曾依据5—20世纪中期淮河中游主要支流的决溢统计数据绘制出

---

[1] 葛剑雄．西汉人口地理．北京：人民出版社，1986：100-101。

[2] 吴海涛．淮北的盛衰．北京：社会科学文献出版社，2005：45-46。

[3] 王祖烈．淮河流域治理综述．水利电力部治淮委员会《淮河志》编纂办公室内部发行，1987：21。

淮北平原决溢频度—时间图（图 1.4-1）。据此可以看出，自南北朝至金代以前淮河以北各支流的决溢没有趋势性的变化，元明清时期决口频率急剧增加，清末至民国时期决口频率又大幅度降低。这一变化与黄河夺淮的影响基本一致。❶

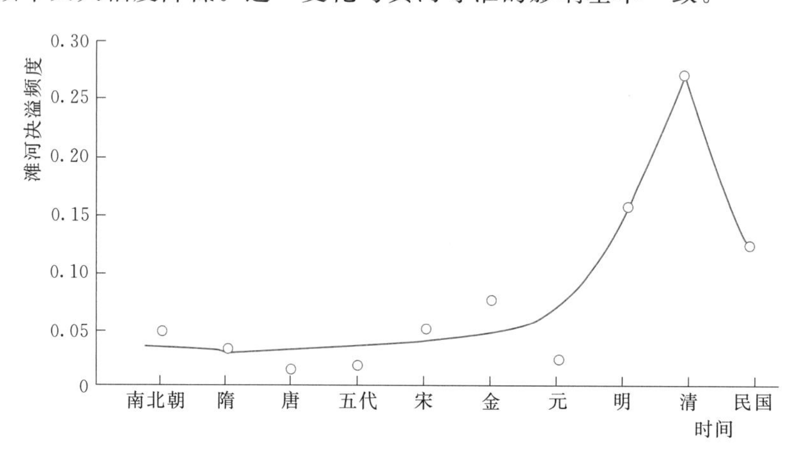

图 1.4-1　淮河决溢频率随时间的变化

可以说，1194 年黄河夺淮后，黄河频繁向南决口，中游淮北区频受其灾。此外，黄河还屡屡夺占涡河、颍河、濉河等淮北支流的河道，使它们也频繁决口泛滥。大量泥沙的进入导致淮北支流河道特性的改变及淮北平原自然特性的改变。黄河夺淮后，加剧了淮北平原的洪水灾害。

淮北平原洪涝灾害发生的区域与黄河决口位置有关，越靠近决口和决河上游，灾害越严重。然而，受河道淤积的影响，黄河下游决口位置变化频繁。据统计，明代黄河决口位置主要分布于商丘和徐州之间，清嘉庆以前主要分布在徐州和宿迁之间，道光至光绪时则决口位置上移，主要发生在郑州、商丘黄河北岸（表 1.4-1）。❷ 决口位置的改变与黄河河道萎缩密切相关的。

表 1.4-1　1566—1855 年黄河决口的空间分布特点

时　间	特　点
1566—1590 年	决口地点由徐州分别向上游和下游移动
1590—1620 年	决口地点自上向下移动
1620—1645 年	决口地点自下游向上游移动
1646—1680 年	决口地点自上往下游移动（决口地点主要在商丘以下）
1680—1725 年	决口地点从下游向上游移动

❶ 许炯心．历史上洪泽湖大堤的修建对淮河中游湖泊及其河流环境的影响见：淮河水利史论文集．水电部治淮委员会刊印本，1987：157-162。

❷ 王守春．黄河下游 1566 年后和 1875 年后决溢时空变化研究．见：人民黄河，1994（8）：53-59。

根据《清代淮河流域洪涝档案史料》，对1736—1911年淮北各地洪涝灾害发生的场次统计可以看出（表1.4-2），靠近黄河、淮北各支流的区域，遭受的洪涝灾害明显多于其他地区。[1] 内涝已经成为淮河中游最为频繁的自然灾害。

表1.4-2 1736—1911年淮北各地洪涝灾害空间分布表

地点	次数	地点	次数	地点	次数	地点	次数
泗州	116	阜阳	79	萧县	86	商丘	41
灵璧	104	沛县	77	砀山	84	鹿邑	40
宿州	98	亳州	52	睢宁	81	祥符	38
五河	97	永城	50	夏邑	36	涡阳	16
怀远	95	颍上	48	蒙城	34	新蔡	14
凤台	93	菏泽	43	太和	33	许州	13

具体而言，18世纪前，黄河决溢主要发生在徐州至砀山河段以及清江口河段。原因主要在于，徐州至砀山河段是明清时期窄河段的上端，遇上大水，在过流能力不足的情况下，容易漫溢和漫决；清江口为黄淮交汇处，遇黄淮并涨，会自然发生漫溢。1700—1820年，漫决和漫溢的地点不仅向下游延伸，且上延至铜瓦厢以上，这说明很多河段因河道淤积已过流能力不足。1820年，河南、江苏大堤普遍加高后，中下游河道的漫溢和漫决普遍减少。

1.4.2.2 黄河夺淮后淮北平原的社会经济状况

1194年黄河夺淮后，淮北平原的洪涝灾害主要源于黄河泛道漫流的洪水。在黄河洪水的袭击下，运河改道、都城迁移，以及频繁的战乱和唐宋以后长江流域的开发，11世纪以后淮北区域农业经济中心地位不在。

元代连年水灾和频繁治河劳役，使这一区域民不得安居，人口数量始终没有恢复。其间归德府之徐州、宿州、邳州、亳州有部分属县因人口过少而被废。金元之间黄河以北曹州路、东平路被废的县最多时占了1/4。

明代淮北平原大部分区域属南直隶，由于洪涝灾害仍然频繁，加之宗室豪强对土地的兼并，致使这一区域田亩数自洪武至万历不升反降，其中徐州下降30%，而位于淮北地区中心的凤阳府更减少85%。地亩下降的结果必然是粮赋下降。据资料统计，凤阳府、徐州、开封府、归德府四府州合计仅占全国粮赋的4.3%。

清代淮北地区凤阳、颍州、泗州、陈州、归德等州府丁口数只占全国的4.4%，地亩占3.6%，粮赋占3.3%。据道光年间户部尚书王庆云《石渠余纪》记载的关于道光二十八年（1848年）、二十九年（1849年）各省赋税情况，当时淮北地区赋税总

[1] 水利电力部水管司，水利水电科学研究院．清代淮河流域洪涝档案史料．北京：中华书局，1988：70-130。

额大约相当全国的2%。据道光年间成书的《皖省志略》资料统计，当年淮北地区经济发展水平在安徽省位居中下等。

以各时期财政资料为依据，将唐宋与明清经济发展水平做一比较，可以大致看出夺淮前后淮北地区的经济演变脉络：唐宋时期淮北地区田赋在全国位居前列，既为政治中心也是经济发达区域；元明清时期淮北地区的田赋在江苏和安徽位居末位，农业经济滞后与黄河泛区环境蜕化有密切关系。

1.4.3 水环境蜕化下的城市状况

在黄河洪水和泥沙的影响下，淮北平原的整体环境产生了极大的蜕化，而明清大规模的水利活动又加剧了这种蜕化趋势。为保漕运，各朝代重视黄河北堤修防，而南决则往往任其泛滥，致使黄河南泛频频夺颍河、涡河、濉河等淮河支流。黄水过后，往往水淤沙压，地貌发生变化，致使渍涝经年不退，流域环境发生蜕变，进而使淮北城市发生极大的改变。如明嘉靖十六年（1537年）黄河决口，归德府一带滞涝长达4年才退。泥沙对淮北平原城市的影响尤其突出。淮北平原的城市多数是春秋战国时期形成的。城市原本完善的护城河和城墙，在黄河洪水袭击下，转而成为保护城市安全的屏障。黄河泥沙在城外的堆积逐年淤高，至迟在明嘉靖初（1520年左右）已经形成众多城市小盆地或洼地。“滨河郡邑护城堤外之地，渐淤高平，自堤上视城中如井然”。❶ 如黄河南岸兰阳县（今河南兰考）宋城墙高达8.3m，到明代嘉靖年间被淤沙埋没，遗址难寻。❷ 开封城内几经黄河决口改道，洪泛淤积层厚7～15m不等。❸ 明天启二年（1622年）河决徐州小店，水深丈余，沙淤数尺。❹ 而在豫东、皖北地区分别有数层至数十层冲积砂土层。明清时虽然很多城市毁后重建，但均未恢复此前的规模和建制。开封、徐州、曹县、成武等城市都曾灾后重建过，但每次重建城市规模都在缩小，人口也相应减少。

由于淮北平原洪水渍涝累年不消，明清时期淮北地方政府曾将开挖沟渠排涝作为主要的工作之一。明正德五年（1510年），疏浚贾鲁河与亳州河渠，以分消水势，并修筑长堤，阻止黄河南徙。明隆庆年间，砀山县城南开新汇泽渠泄水。万历年间中牟县开河57条，开渠139条，筑堤13道，疏浚境内方圆20多里的多年积水。清代地方政府的排涝工程更多。但是，在黄河屡屡南泛的状况下，区域生态环境持续恶化的趋势难以遏制。直至1855年黄河恢复北行水道后，淮北区自然退化的因素才消失。

---

❶ （明）刘天和．问水集．中国水利工程学会，中华民国25年。

❷ （明嘉靖）兰阳县志（卷九）．遗迹志。

❸ 史念海．河山集（二集）．北京：三联书店，1981：66。

❹ （清）贡震．乾隆朝灵璧县志略（卷四）．中国地方志集成安徽府县志辑30．南京：江苏古籍出版社，1998：77。

1.5 洪泽湖的形成

1.5.1 自然概况

洪泽湖地处淮河中游江苏省西北，湖东为洪泽湖大堤——高家堰，其余三面为天然湖岸。高家堰东北起江苏淮安市码头镇，南至江苏盱眙县张庄，全长67.25km，堤高19.1m。洪泽湖接纳淮河及其支流安河、濉河、汴河、潼河、池河等入湖。淮河经洪泽湖调蓄后分别由三个出口入江或入海。入江之水出湖南端的三河闸，经金湖县，过高邮湖、邵伯湖，在扬州市东南的三江营入长江；入海通道一为今苏北灌溉总渠，进口在大堤北高良涧闸，东至扁担港入黄海；一为二河闸，在高良涧闸以北，为淮沭新河进水口，下与新沂河相连，东入黄海。

洪泽湖是呈西北高东南低的碟状宽浅湖盆，现代湖底高程10～11m，在防洪控制水位12.5m时，湖面南北长65km，东西宽55km，面积1597km^2，容积30.4亿m^3，在我国淡水湖泊中居第4位。现代洪泽湖不同水位条件下的湖区主要特性指标见表1.5-1。

表1.5-1　现代洪泽湖的湖泊特征指标（以废黄河为零点高程）

水位/m	11.0（死水位）	12.5（汛限水位）	13.0（蓄水位）
面积/km^2	1120	1597	1613
容积/亿m^3	8.6	30.4	38.5
最大水深/m	3.0	4.5	5.0
平均水深/m	0.77	1.90	2.40
长度/km	45	65	65.5
最大宽度/km	24.9	55	55.5
平均宽度/km	20	24.6	24.6
岸线周长/km	273	387	391

表中的数据来源于1958年洪泽县水利局1∶5万洪泽湖湖盆地形图、1972年江苏省水电局水利工程总队勘测队1∶5万洪泽湖湖盆地形图和1984年江苏省水利厅勘测设计院绘制的1∶1万洪泽湖湖盆地形图。

1.5.1.1 湖区地形与地貌

洪泽湖地处淮河中游与下游交汇段，是我国五大淡水湖之一，位于江苏省西北部，分属江苏省淮安市的盱眙、洪泽、淮阴和宿迁市的泗阳、泗洪五县（市）。洪泽湖区东部为平坦的苏北平原，西部、西南部和西北部是低山和岗阜，西南为淮河入湖口门，湖区洲滩30多个，东部为洪泽湖大堤。洪泽湖西纳淮河，南入长江，东通黄海，呈西南北三面高，东向低的地势。湖区地形地貌可分述如下：

（1）洪泽湖东部。与苏北平原相接，东部蒋坝—洪泽—淮安—宝应之间地形高程为12～8m，向东逐渐降低。洪泽至淮阴武家墩，是湖区地形上的“簸箕口”，底高程为8～10m。武家墩以北是黄河故道冲积扇的一部分，地形较高，呈西北东南向的地隆，以武家墩为最高，高程在16m左右。洪泽湖大堤——高家堰修筑在簸箕口上，堤顶高程约17m，南北长55km，宽50m。历史时期曾利用这一地形布置高家堰减水坝。

（2）洪泽湖西部。淮河在盱眙—故泗州城间呈南北向流入洪泽湖。淮河入湖处是不对称的口门，北岸是与淮北平原相连的缓坡，高程为14～15m；南岸所在区域为石灰岩地貌，地质构造作用下，盱眙城以东周围诸山都是山势较陡向西倾斜的孤山，最著名的为龟山，山体最大的是老子山。这些山体组成了洪泽湖的西南边界。

（3）洪泽湖南部。蒋坝至盱眙为洪泽湖地形的最高点，与盱眙、六合间台地相接。南面地形越来越高，海拔由30m逐渐升高至100m以上。洪泽湖大堤终于蒋坝，在老子山与蒋坝之间有天然深槽，是洪泽湖泄洪的天然通道。

（4）洪泽湖北部。洪泽湖北部自西向东排列有四道低冈、三道浅洼，由北向南倾斜。第一道冈从马林山脉延伸，止于管镇，冈东是溧河洼，洼长40km，宽10～15km，高程从20m降至12m。第二道冈从归仁集至陈圩，冈东为安河洼，长35km，宽10km，高程由16m降至12m。第三道冈在曹庙至龙集一线，冈东为成子洼，也称“成子湖”，由于洼地高程大多在10.0～10.5m之间，常年有2.5～3.0m深的水，是现代洪泽湖的主要水域。成子湖长25km，宽7～14km，湖底平坦，倾度为零。成子湖东为第四道冈，冈东为黄河故道。“三洼四冈”在地形上表现为洼地皆由北向南降低，地势又由西向东斜倾，这限制了黄河向南的进犯。

（5）洪泽湖湖盆。洪泽湖区中部即为“洪泽湖凹陷”，湖区内为老子山—洪泽—武家墩—码头—成子湖中部—鲍集之间，这一凹陷构成了湖盆的主体。

1.5.1.2 水系及水文特性

洪泽湖位于淮河中游进入下游的节点，出湖口以下淮河为下游。它汇集淮河及其支流诸河，又是淮河入里运河、入江、入海的起点（图1.5-1）。洪泽湖水位主要受泄流量与来流量的影响，一年完成一次循环。年出湖径流量342亿m^3约为正常库容的11倍，换水率非常高。实测最高水位16.25m（1931年）、15.23m（1954年），最低水位9.68m（1966年）、10.2m（1978年）。

1. 主要入湖河流

洪泽湖上承河流主要在湖西，湖南仅维桥河，湖北河流多在成子洼以东，有高松河、黄码河、赵公河；承泄水主要为废黄河以南、成子洼以东、张福河以西的雨水和灌溉流失水。湖西从南到北依次为淮河、怀洪新河、新汴河、濉河、徐洪河、民便河，其中新、老汴河以航运为主，徐洪河兼有航运、泄洪双重作用。

（1）淮河。黄河夺淮前，淮河至盱眙县东北斜穿洪泽洼地，在故淮阴县城北接纳泗水后，迤逦东下，自今连云港云梯关入海。筑高家堰形成洪泽湖后，淮河自盱眙入

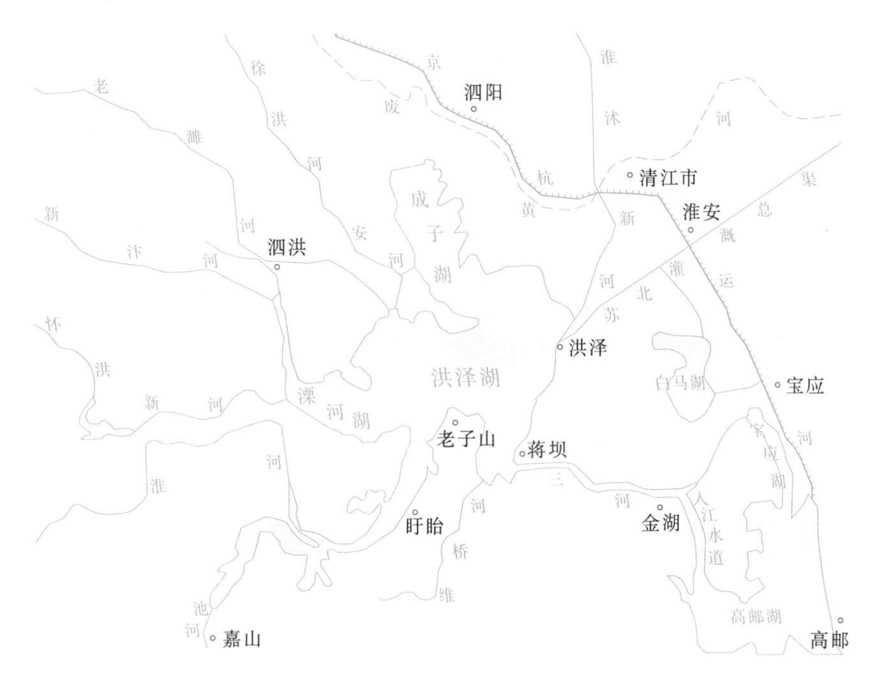

图 1.5-1 现洪泽湖水系

湖，出清口与黄河汇合，是为“蓄清刷黄”。以下黄淮共用水道，直达出海口。后水道淤积，淮河出清口不畅，清咸丰元年（1851 年），淮河改道自高家堰南端礼坝出湖，经宝应、高邮诸湖，与运河汇合，南下扬州三江营入江。淮河从发源地到三江营长约 1000km，其中洪泽湖以上长 830km，占总长度的 83%。淮河流域面积 19 万 km^2，其中洪泽湖以上 15.8 万 km^2，占总面积的 83%。淮河最大入湖流量为 26500m^3/s（1931 年），多年平均入湖水量 320 亿 m^3，占湖区总水量的 75%左右。淮河总落差约 200m，平均比降 0.2‰。

（2）怀洪新河。汇集浍河、唐河、沱河等支流，全长 124km，流域面积 1.57 万 km^2，最大入湖流量 2410m^3（1954 年 8 月 13 日），多年平均入湖水量 26.17 亿 m^3。

20 世纪 50 年代初将原黄河泛道改造为泄洪河，后多次改造，最后一次 2000 年竣工。泄洪河上起安徽怀远涡河口，下入洪泽湖溧河洼。泄洪流量最大 4710m^3/s，排涝流量 1650m^3/s，比降 0.14‰。

（3）新汴河。1970 年在黄河泛道基础上改造而成。起于安徽省宿县西北七岭子，经泗县徐岗入泗洪县上塘乡，下入洪泽湖溧河洼，全长 127.1km，流域面积 6562km^2，最大流量为 801m^3/s（1974 年 8 月 13 日），多年平均入湖水量 3.69 亿 m^3。

（4）老汴河。即隋唐汴河，黄河夺淮后的主要泛道之一，至明代基本废弃。现代汴河特指从安徽省青阳镇至临淮的河段，在青阳镇接纳濉河，东南至临淮头入洪泽湖，全长 34km。整治后，可通航 100t 级船舶。

（5）濉河。由安徽省泗县境流入泗洪县，在青阳附近分为二支：一支由安河注入湖，另一支入老汴河。全长 268km，流域面积 0.66 万 km^2，最大入湖流量新濉河为 $624m^3/s$，老濉河为 $272m^3/s$（均为 1974 年 8 月 13 日），多年平均入湖水量 9.31 亿 m^3，平均比降 0.10‰。

除淮河外，洪泽湖入湖河流大多原是黄河泛道，河道变化频繁，今天多改造为淮北平原的排涝水道。

2. 出湖河道

洪泽湖下泄通道以经由洪泽湖大堤南端三河闸的入江水道为主，其次为苏北入海水道和灌溉总渠，再次为经二河闸的淮沭新河，以及洪泽湖入里运河的张福河。

（1）淮河入江水道。上起三河闸，下至三江营入长江，全长 156km，最大泄洪量 $15000m^3/s$（1921 年），比降 0.036‰。

（2）淮河入海水道，西起洪泽湖二河闸，东至扁担港入黄海，全长 162.3km，2002 年汛期最大分洪流量 $2070m^3/s$。

（3）苏北灌溉总渠。上起高良涧进水闸，下至扁担港入黄海。1952 年开挖，全长 168km，汛期最大泄洪流量 $968m^3/s$（1969 年 5 月 8 日）。1998 年扩建，排洪能力接近 $12000m^3/s$。

（4）淮沭新河。1958 年利用原高良涧减水河道开挖。南起二河闸，北达连云港，全长 172.9km。其中二河闸至新沂河段长 97.6km，汛期可泄洪 $3000m^3/s$，平时灌溉流量 $440m^3/s$。

洪泽湖主要水系及近 50 年来最大洪水见表 1.5－2。

表 1.5－2　　洪泽湖主要水系及近 50 年来最大洪水

流向	河名	站名	实测最大流量 /(m^3/s)	发生时间 (年-月-日)	设计保证流量 /(m^3/s)
入湖	淮河	蚌埠	11600	1954－8－5	13000
	池河	明光	2610	1954－7－7	
	怀洪新河（漴潼河）	峰山	2410	1954－8－13	
	新汴河	团结闸	1320	1982－7－25	
	濉河	泗洪	624	1974－8－13	
	安河	金锁镇	738	1974－8－13	
出湖	入江水道	三河	10700	1954－8－6	12000
	灌溉总渠	高良涧闸	1020	1975－7－19	800
	淮沭新河	二河闸	1170	1974－5－29	3000
	入海水道	二河闸	2020	2007－7－9	2270（近期）

注　资料来源：①淮河水利委员会编．治淮汇刊（第九辑），1983：87；②江苏省水利厅.《江苏省防汛手册》。

1.5.2 湖区地质与社会简史

1.5.2.1 地质史

洪泽湖地区的地质构造受苏北地质断裂带的控制，由中生代晚期燕山运动产生的东北—西南向的郯庐、淮阴两组断裂作用形成，构造形态呈菱形凹陷，即洪泽湖凹陷（图 1.5－2）。洪泽湖凹陷区北缘自东北至西南向的淮阴至响水断裂与泗洪隆起带为界；南缘以东北至西南向老子山至石坝断裂与洪泽至建湖隆起地带为界。次要断裂带有与主断裂带斜交或直交的北西向断裂，造就了洪泽湖区西南高、东北低的簸箕状地形。洪泽湖区众多的构造带迄今仍有活动，湖区的地震烈度为Ⅶ度。

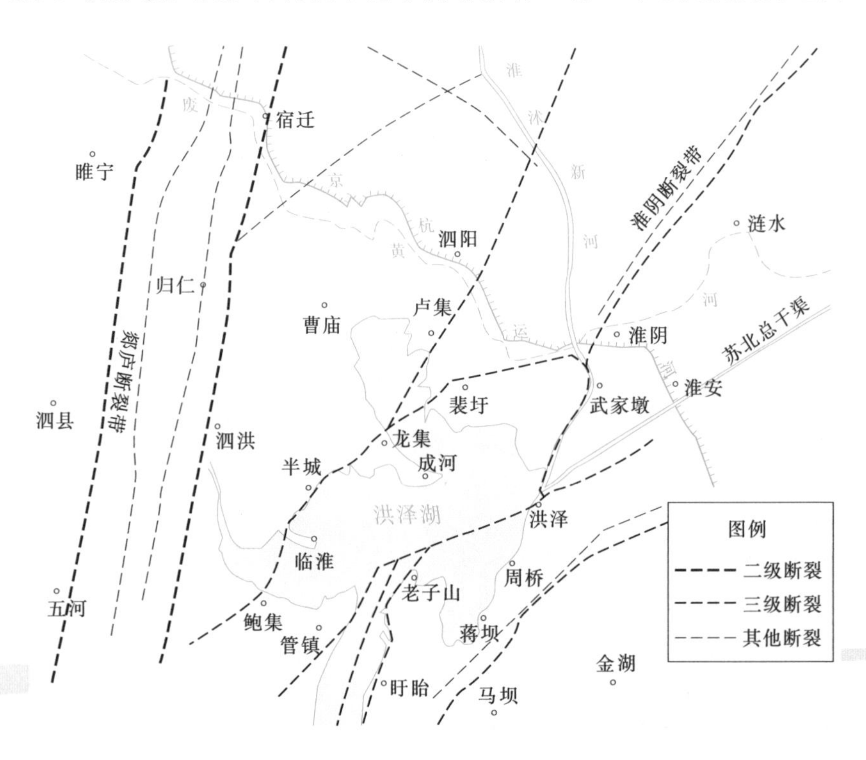

图 1.5－2 洪泽湖凹陷区地质构造略图

由于持续构造运动，洪泽凹陷一直处于沉降中，形成凹陷内第三纪的碎屑沉积。全新世以来，以洪泽湖为中心的凹陷区持续下沉，在洪泽湖外围产生环湖分布的由贝壳和铁锰结核砂组成的湖积贝壳堤。洪泽湖西岸贝壳堤顶最高处高程为 15m，而湖的东岸、南岸则较低。这反映出全新纪洪泽湖西岸地区相对上升、中东部地区相对沉降的自然史特征。

洪泽湖北岸呈“三洼四冈”的地形，湖中部古淮河河道斜穿，现代洪泽湖行水主槽底部最低高程在 8.5m。湖区内高程 10.5m 以下的区域完全被泥沙填平，表现出宽带状的淤积。湖区中部在黄河夺淮期间，平均每年淤高约 1.5cm。据统计，黄河北徙后，在淤积速率大大降低的水沙条件下，20 世纪 60 年代及 70 年代平均每年淤积 276.5 万 t，相当于全湖淤高 1mm，但是同期洪泽湖湖盆每年大约下降 1mm。❶ 目前尽管洪泽湖的淤滩还在发展，但湖区总容积一直处于相对稳定的状态（表 1.5-3），这也证明洪泽湖区地形呈下陷态势。

表 1.5-3　　洪泽湖水位-面积、水位-容积关系

水位/m	20 世纪 30 年代		20 世纪 70 年代	
	面积/km²	容积/亿 m³	面积/km²	容积/亿 m³
10.5	730	2.3		
11.0	1165	7.0	1160	6.4
11.5	1385	13.3	1484	13.2
12.0	1613	20.8	1809	21.5
12.5	1790	29.3	2069	31.3
13.0	1950	38.8	2152	41.9
13.5	2058	48.9	2232	41.9
14.0	2170	59.4	2296	64.3
14.5			2339	75.9
15.0			2360	87.6
15.5			2378	99.5

注　资料来源：①1930 年导淮水利委员会，《导淮工作计划》1/10000 地形图。20 世纪 30 年代萧开瀛《说洪泽湖》、许心武《洪泽湖之水理》研究当时的洪泽湖库容，数据出入不大；②江苏省革命委员会水利局水文总站编．江苏省水文手册．1976。

1.5.2.2 社会简史

今洪泽湖沿湖有淮安市盱眙县、洪泽县、淮阴区，宿迁市宿城区、泗阳县、泗洪县等 6 个区县。1851 年淮河改道前，淮河西自盱眙老子山镇入湖，东至淮安码头镇出清口与黄河汇后东流入海。

公元前 16 世纪至前 11 世纪时，洪泽湖一带是部落民族淮夷的领地。春秋时期，基本以淮河为界，南有吴越，北有齐鲁，春秋后期大部为吴国的疆域，战国时楚国控制了大部分地区。春秋后期吴王夫差开邗沟，沟通了长江与淮河，淮河与黄河的联系，加上淮河支流泗水，洪泽湖区成为江淮间重要的经济区。秦时洪泽湖区属泗水郡，西汉时分属临淮郡、泗水国。东汉时，湖西南为下邳国，东北部属广陵郡。

3 世纪以来洪泽湖地区成为南北政治经济区的过渡区，或为南北政权对峙的区域，或为漕运北上的交通枢纽。三国时，魏吴以长江为界相互对峙，淮泗水路成为魏国进攻吴国的必由之路，吴国则常由淮泗北上攻魏。魏国在洪泽湖区的军事屯田一直延续到南北朝，形成以淮阴为中心的水利屯田区。东晋南北朝时，淮河成为南北割据政权的天然分界，淮阴、盱眙为当时的军事重镇。

---

❶ 地壳形变与地震，1984，1（1）。

隋代淮南大部分地区属江都郡，淮北则属下邳郡。唐代淮北为泗州，淮南为楚州。唐开元二十三年（735年），泗州移治临淮（今盱眙）。唐楚州治山阳（今淮安），属县有淮阴（治今码头镇）、山阳（治今淮安）、安宜（今宝应）、盱眙。今洪泽湖区在唐泗州和楚州境内。隋代至唐代前期，经过全面整治后，以洛阳为中心的南北和东西向大运河形成。洪泽湖区域有两条重要的水路与淮河交汇：一是沟通黄淮的汴河，在淮河左岸泗州城以北入淮河，由淮河转道在淮阴入淮扬运河；一是天然水道泗水，在淮阴入淮河，下与淮扬运河相遇。重要的交通枢纽地位，使洪泽湖区域的重要性再度提升。

宋代，淮河先后成为宋朝与金元对峙的边界，和平时期则是双方物质交流的集散地。运河北上过蜀冈后需要溯流而下，至淮阴入淮河，借淮河行运后至泗州入汴河。北宋时开龟山运河，以减少淮河行船的风险。龟山运河东起楚州（治今淮安）末口西南，西至泗州龟山镇（今盱眙东北）。龟山运河上建有五堰，用以调节航道水深。龟山运河开通后，促进了楚州、泗州的经济繁荣，成为北宋的粮食和货物集散地。

南宋先后与金、元以淮河为界，出现了类似南北朝时期南北对峙的局面。绍兴十年（1140年），南宋与金签订绍兴和议，以淮河中流为两国边界。南宋在金的泗州（今江苏盱眙北洪泽县境内）对岸置盱眙军（治今县），金在寿州（今安徽凤台县）对岸置安丰军（治今安徽寿县），还在宋息县置息州（治今河南息县）。双方在边境城市设置榷场互市，金的泗州、南宋盱眙军成为南北交通枢纽和两国邦交的门户，往来使臣在此渡淮。❶ 金的泗州在金大定时（1161—1189年）每年征税5万余贯，承安元年（1196年）时超过10万贯。南宋的盱眙每年也有4万余贯税收。❷

元代，白水塘再兴屯田。至元年间（1264—1294年），江淮行省昂吉儿建议调遣江淮一带的降元汉军来洪泽、寿春屯田。❸ 元世祖采纳了这一建议，向洪泽调遣数千人。至元二十三年（1286年），江浙左丞郑温在白水塘一带屯田，主要劳动力来自新附汉军1.5万人，在洪泽设南北3屯，3个万户府。至元三十一年（1294年）合为“洪泽屯田万户府”，三屯总面积约合今2000km^2，遍及今洪泽湖东、北、东南的平原及部分湖区。❹ 元贞二年（1296年）十一月，分别从洪泽、芍陂屯田军中调拨1万人北上修大都城（今北京），洪泽屯田因此受到影响。大德六年（1305年），征调犯人补充，洪泽屯的士兵和夫役总数当不少于2万人。洪泽屯田期间，白水塘为主要灌溉水源。明代，随着屯田的终止，白水塘逐渐失于维护。

---

❶ （宋）范成大．渡淮．见：石湖居士诗集（卷12）．四部丛刊初编（251），上海商务印书馆缩印爱汝堂刊本．北京：北京国际书店，1955：61。

❷ （元）脱脱．金史（卷50，食货志）．北京：中华书局，1975：1114。

❸ （明）宋濂．元史（卷100，兵志）．北京：中华书局，1976：2566。

❹ （明）宋濂．元史（卷100）．北京：中华书局，1976：2566。根据记载：“（至元）三十一年（1294年）罢三万户，止立洪泽屯田万户府以统之”。其置立处所，在淮安路之白水塘，黄家疃等处，“为户一万五千九百九十四名，为田三万五千三百一十二顷二十一亩”，折合今制约2300km^2。

黄河南决后，泛流由泗入淮，黄河、淮河、运河（以下简称“黄淮运”）在清口（今江苏淮阴市）交汇。至金代，因汴河淤塞，运船渡淮后，经泗州北上后须转陆路。而对岸的盱眙则因拥有北上水路的优势，其重要性日渐凸现。

在元明清三代南粮北运的500多年间，黄淮运相交的洪泽湖因关系漕运通畅大局而成为关键区域。明代，洪泽湖区有泗州、盱眙、山阳、清河、桃源等县，分属南直隶凤阳、淮安、扬州三府（图1.5-3）。清康熙六年（1667年）时，凤阳府属安徽，淮安府归江苏，洪泽湖区分属两省，这一状况延续至1950年。康熙十九年（1680年），泗州城被洪水淹没，[1] 乾隆时将泗州迁治虹县（今泗县）。清代，淮安因地处淮河、运河交汇处而成为当时中国经济最繁荣的城市之一，运河淮安钞关设在这里，税收位居清代各钞关前列。江南河道总督（简称“南河”）驻清江浦，建衙门于清江闸附近。洪泽湖沿湖的商贸重镇有清河县清江浦镇、淮阴码头镇、盱眙老子山镇等。

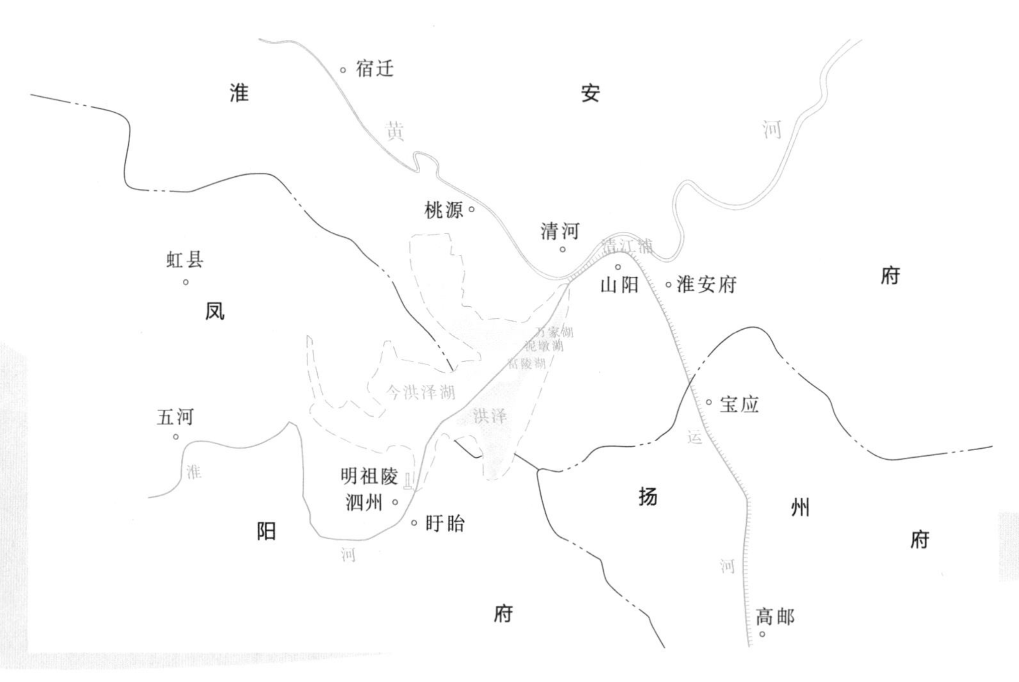

图1.5-3 明代洪泽湖区域行政区划

1.5.3 洪泽湖形成前的白水塘一带河湖形势

白水塘是一个地理区域，它包括淮河盱眙至清口河段，淮河以东白水塘等诸多塘泊洼地，高家堰水利枢纽工程建成和运用后成为洪泽湖。白水塘区域是淮河、运河和汴河汇合地方（图1.5-4），也是河湖水系与人工水道交织的南北水路交通枢纽。

---

[1] （清）傅泽洪．行水金鉴．见：文渊阁四库全书（581）．台北：台湾商务印书馆，1983：121。

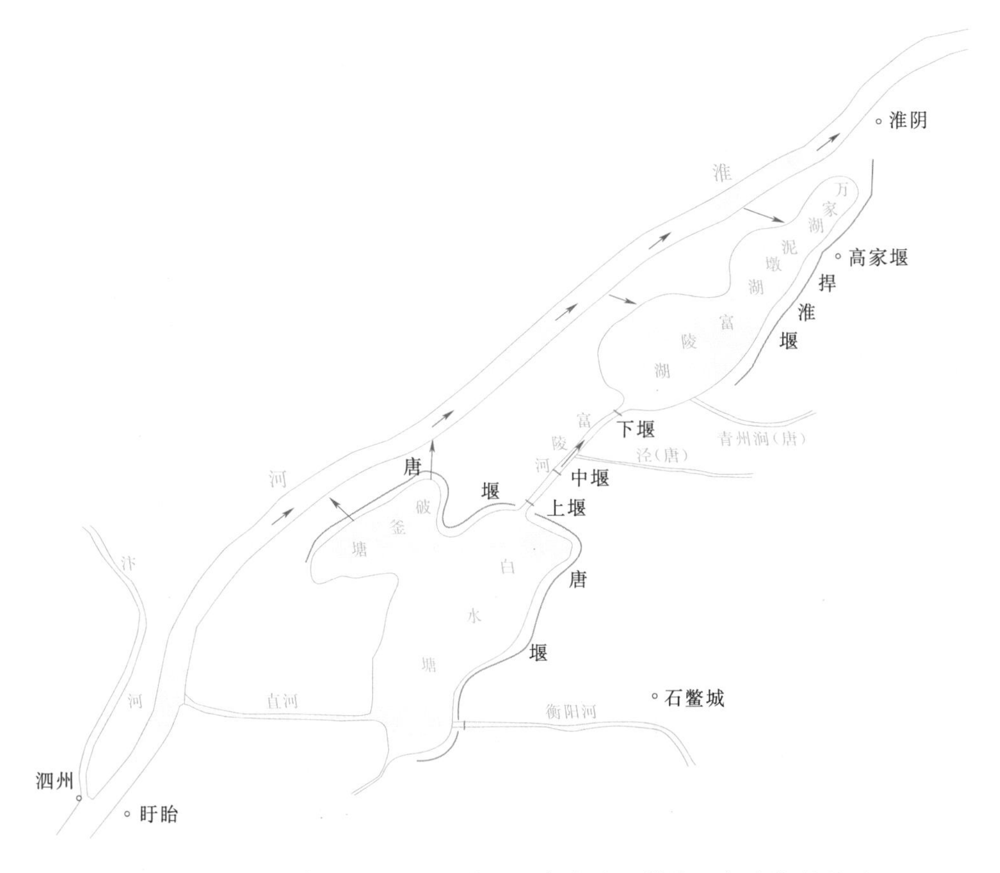

图 1.5-4　宋代（约 10—12 世纪）白水塘一带淮河与诸湖的关系

1.5.3.1　白水塘诸塘与淮河的关系

唐代的有关资料表明，白水塘一带淮河是下切河道，这一带地形高于淮河。《元和郡县图志》记载：“大业末破釜塘坏，水北入淮，白水塘因亦竭涸，今时雨调适，犹得灌田。”[1] 破釜塘溃决后湖水入淮，此处因名“洪泽浦”，这是“洪泽”之名的由来，也反映出这一时期河湖之间的高程关系。

古淮水流经的洪泽湖区域，是当时淮河感潮河段的中部（图 1.5-5）。感潮河段的末端可上溯至盱眙。唐宋时由淮扬运河入淮河通常需要候潮开启闸门，借潮水平衡运河与淮扬运河的高差。北宋雍熙元年（984 年），淮南节度使乔维岳在楚州（今淮安）淮扬运河运口建造了著名的西河闸。南宋人杨万里描述他在光宗、绍熙年间（1190—1194 年）自盱眙乘舟，经淮河自渎头入淮扬运河时于闸前候潮的情景，“早潮已落水入淮，潮水不来闸不开，借问晚潮何时来，更待玉虫缀金钗”，[2] 这也是宋

[1] （宋）乐史．太平寰宇记（卷 16，泗州临淮县下）．北京：中华书局，2000。

[2] （宋）杨万里．至洪泽．见：诚斋集二（卷 30）．四部丛刊初编（253），上海商务印书馆缩印日本钞宋本．北京：北京国际书店，1955：282。

代淮河、运河和湖泊互不通连的最好佐证。

白水塘塘泊区地形南高北低，水源来自今洪泽湖西南老子山、龟山一带的区间汇流。清代早期的资料记载："（白水塘）源出自塘山，在盱眙之南，山盖因塘得名。此山冈阜重叠，溪流萦纡四十里，水自高而下乃至刘家渡入富陵河。而白水塘三堰，一曰潭头下堰，二曰河中堰，三曰刘家上堰。下堰至中堰十二里，中堰至上堰五里。其上又有螳螂堰在塘内。盖三堰既制，则唐山间四十里内之水得入富陵，然后东汇为白水塘"。[1] 今洪泽湖大堤周桥至蒋坝段大部分建在原白水塘范围内。

1.5.3.2 淮河与泗州及运河的关系

明万历以前，泗州城与白水塘湖区之间还有一段距离，常水位时彼此相安无事，泗州城主要受淮河洪水顶托的影响。由于当时淮河是独立入海的河流，淮河水位受潮汐上溯的影响变幅极大。淮河两岸的泗州和盱眙恰好位于淮河感潮河段，根据对旧城遗址东门的勘测，当时泗州的地面高程为 6.7m 左右。在与泗州仅一河之遥的盱眙的县志中记载了水淹泗州城的事件。据《(光绪）盱眙县志稿·祥祲》记载，唐宋元三代，淹没泗州城的大水至少有 6 次，城内水深超过 2m。其中有两场大水曾给泗州城以毁灭性的打击：一是唐贞元八年（792 年）六月的大水，这场洪水的特征是十几天连降大雨，又适逢天文潮期，海潮逆流而上直抵泗州。城墙被冲溃，全城被淹，高水位持续 20 多天才开始消退。"淮水溢，平地深七尺，没泗州城"，[2] 水深约合今 2.2m。按泗州地面高程 6.7m 推算，则大水时淮河水位在高程 8.9m 左右。大水中百姓死伤无数，幸存者四处逃亡，灾后仅剩一座空城，州衙临时迁至虹县，一年多以后泗州城才恢复重建。[3] 二是北宋开宝七年（974 年），再次发生淮水暴涨入城，水淹全城数十日不退的惨剧。这场大水摧毁城内民舍五百余家，泗州城几乎全毁。

北宋景祐四年（1037 年），在泗州城防堤的基础上修筑环城堤，堤长约 5898m，堤高达 11m。堤为土质，外用青石包砌。[4] 防洪堤达到了预期的目的，20 年后即嘉祐二年（1057 年）七月大水，淮水大涨，因有护城墙，洪水未能入城。此后泗州多次为洪水所包围，但城池仍能安然无恙。明泗州城堤周长九里三十步。今天，遇洪泽湖干涸时，仍能在今盱眙县城对岸发现已掩埋于洪泽湖淤沙之下的城池遗址。据现场调查，宋代泗州城高程约 6.7m，而今天遗址的地面高程在 10.5～11.0m 之间。[5] 泗州城位于今淮河入洪泽湖口处，也就是说，宋代至今，淮河入洪泽湖口处的地面淤积高达 5m 左右。

---

[1] （清）孙云锦，吴昆田，高延第．光绪淮安府志（卷六）．见：中国地方志集成．江苏府县志辑第 58 辑．南京：江苏古籍出版社，1991：76。

[2] （宋）欧阳修，宋祁．新唐书（卷 36，五行志）．北京：中华书局，1975：932。

[3] （唐）吕周任．泗州大水记．见：全唐文．北京：中华书局，1983：492。

[4] （明）潘季驯．河防一览．见：文渊阁四库全书（576）．台北：台湾商务印书馆，1983：217。

[5] 张卫东．洪泽湖水库的修建［硕士毕业论文］．1986：40

1.5.3.3 白水塘一带的水资源开发

洪泽湖区有关陂塘水利的最早记载是东汉元和三年至永元六年（公元86—94年）徐县下邳郡的蒲阳陂。蒲阳陂陂宽20里，长近100里，在今泗洪县南洪泽湖西。郡守张禹建水门引湖水溉田万顷，收谷一百多万斛。❶ 同时期的还有章和元年至永元二年（公元87—90年）广陵太守马棱在郡内复兴的陂湖，溉田2万余顷。时广陵郡境北即今洪泽湖区东部。❷ 东汉初平时（190—193年），徐州典农校尉陈登"尽凿溉之利，杭稻丰积"。❸ 他所兴修的灌溉工程也在洪泽湖区内。

三国至魏晋南北朝时，魏在淮南、淮北大兴屯田，引白水塘、石鳖塘种稻。这两处塘泊分布在洪泽湖东南。三国魏将邓艾屯田规模最大，有屯49所，塘上开8水门，灌溉田1.2万顷。《晋书·荀羡传》："永和五年（349年），荀羡北镇淮阴，屯田于东阳（治今盱眙东南）之石鳖"。北齐乾明时（560年），修石鳖等屯，岁收数十万石，自是淮南军防粮廪充足。❹ 这一时期的文献记载表明，在白水塘附近的破釜塘也是一处有水利设施的塘泊。破釜塘与白水塘彼此相通，因破釜塘溃决后湖水入淮，此处因名洪泽浦。这也反映出这一时期河湖之间的高程关系。

唐代在洪泽湖区大兴屯田，证圣元年（695年）修复白水塘（其时又称白水陂）、羡塘。洪水时，羡塘与其南面的白水塘、盱眙城东北的破釜塘水域彼此相连，在淮河右岸形成一个长五六十里的大湖，水大时与淮河相通，枯水期则退缩为各自分离的塘泊。白水塘东距宝应县40km，北距古淮阴（今码头镇附近）44km，西距盱眙县35km，约在今洪泽县周桥以南、蒋坝以东。大历三年（768年），楚州山阳县置洪泽、射阳官屯，由国家经营，所获直入国库。唐中期长庆时（821—824年），调扬、徐、青三州丁役开青州泾、徐州泾、大府（扬州）泾、竹子泾、棠梨泾等渠。各泾大体为东西渠道，自北往南依次为青州、徐州、大府、棠梨。青徐二泾在宝应县西南20km，即今吕良附近。最南的棠梨泾在淮阴县南45km，这些渠道与白水等塘连通。❺ 20世纪50年代古泾尚有遗迹存在，后来，白水塘一带诸泾成为洪泽湖汛期泄洪的水道。

北宋人记载的白水塘长33km，有水门8处，面积约220km^2。❻ 今白水塘一带地面高程10.5m左右，按蓄水深1.5m计，水位可达到今马狼冈以南12m等高线，并可计算出白水塘库容3亿m^{3}左右。

---

❶ （南朝宋）范晔．后汉书：卷74 张禹传．北京：中华书局，1965：1497-1498。

❷ （南朝宋）范晔．后汉书：卷24 马棱传．北京：中华书局，1965：862。

❸ （西晋）陈寿．三国志：卷7 陈登传．北京：中华书局，1959：230。

❹ （唐）房玄龄．晋书：卷75 食货志．北京：中华书局，1974：1981。

❺ （宋）欧阳修，宋祁．新唐书：卷41．北京：中华书局，1975：1052-1053。

❻ （北宋）乐史．太平寰宇记：卷124．光绪八年金陵书局；张卫东．洪泽湖水库的修建［硕士毕业论文］，未刊稿，1986：222-223。

南宋时白水塘东南的塘泊湮废。[1] 但是白水塘依然存在，大体相当于今洪泽湖以东、运河以西、三河以北除白马、宝应诸湖以外的整个区域，灌溉范围有1.2万顷。嘉定六年（1213年），有人建议扩大白水塘，以抵御金兵南下。南宋《嘉定山阳县志》："白水塘周围一百二十里，地涉山阳、盱眙两县……塘下临衡阳阜二十里、三角村三十里。果系向来边兵经行，横趋大仪之路，可决而灌之。至于楚州城去塘百里"。[2]

与白水塘同属一个水系的还有富陵湖。富陵湖（又名阜陵湖）由富陵河演变而来，与白水塘同源，位于白水塘下游，今洪泽湖东北大堤以西。西汉时属临淮郡富陵县，东汉废，东魏置，北齐时又废。富陵湖中多陵阜，有泉水出露补给，与淮河一岸相隔。宋代及明清傍湖开运河，运用时间较长的有北宋的龟山运河和明清的清江浦，主要用来避淮河行船之险。淮河高水位时，淮河水注于湖，水退时湖涸，缩为零星小塘。南宋黄河夺淮后，获得黄淮的补充，湖面扩张。明代与淮河已有很多相通的水道，政府开始课鱼税。明嘉靖时这种状况开始发生变化。先是淮水入富陵湖，成为洪泽湖最早的一部分。到洪泽湖淤积到一定高程，白水塘又成为其中一部分。万历以后，白水塘逐渐与洪泽湖融为一体，时间约在16世纪末17世纪初（图1.5-5）。

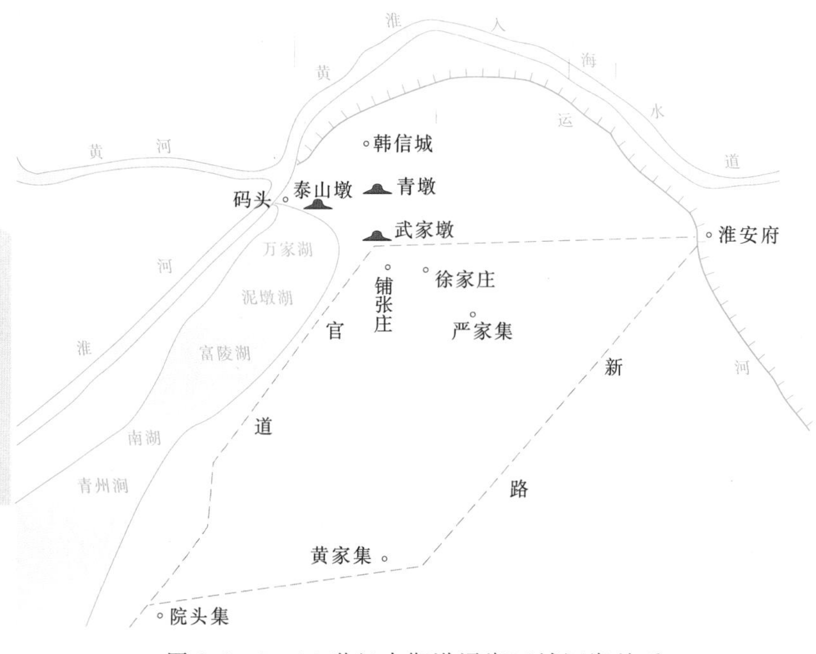

图1.5-5　16世纪中期洪泽湖区域河湖关系

[1] （清）顾祖禹．读史方舆纪要：卷23．上海：上海书店出版社，1998：185．宝应县条："（白水塘）在县西百里，东西长六里，南北一里，旧筑大堰于此，以蓄泄白水塘之水"。

[2] （明）顾炎武．天下郡国利病书（第十一册，淮徐·山阳，p4），上海涵芬楼影印昆山图书馆藏稿本．见：四部丛刊三编（史部21）．上海：上海书店，1985。

黄河夺淮前，淮河具有自然河流的河相特征，中下游河道表现为水涨漫滩，水落归槽。干流河道以外分布的湖塘以淮河自然堤为界，通常情况下与淮河不发生水流交换。淮扬运河北端的清江浦运口段和运河穿淮河的工程措施证明了当时洪泽湖区及淮河的河相特征。

1.5.4 洪泽湖的形成

黄河夺淮对淮河水系的影响是渐进的，与之相比，洪泽湖的形成和演变却较为激进。它是黄河河道淤积到一定程度，加上高家堰的壅水而形成的人工湖泊。在利用清口枢纽进行洪水调度的过程中，洪泽湖区迅速完成了其扩张，从宽浅型的自然水域过渡到具有一定调控功能的平原湖泊。这一过程始于明万历六年（1578 年）大规模实施高家堰加高加固工程，终于清康熙十九年（1680 年）泗州城沉没于湖底，历时 103 年。

1.5.4.1 明万历前（1403—1572 年）清口的黄淮运形势

自南宋建炎二年至明洪武元年（1128—1368 年），黄河夺淮已 240 年。随着黄河河道泥沙淤积的日渐积累，河道纵比降变缓，河口外推。在黄淮泗相汇的清口形成了沿岸带状淤沙，曾经黄淮合流的清口，淮河行水不再通畅。15 世纪初即明永乐初年，运河与淮河相交的口门段出现了淤积。[1] 时运河在淮安城西北入淮，漕船沿淮河逆行 20 里至清河入黄河。因运口淤塞，漕船出入淮河需盘坝。永乐二年（1404 年），平江伯陈瑄开清江浦，由淮安西管家湖至鸭陈口入淮，移运口于清河县对岸，即为清口。时清口三河汇合处仍保持着淮河高于黄河、高于黄河以东诸湖的形势。黄河在这一段的淤积仅限于运河口门，还没有出现倒灌入淮河的情况。

明弘治六年（1493 年），黄河北岸太行堤建成，堤起滑县，经长垣、东明、曹州、曹县抵虞城县界，总长 360 里。黄河主流自此归于兰阳、考城、归德、徐州、邳州一线，出徐、邳后，经泗水故道至清口入淮，其间经徐州洪、吕梁洪两处险滩。[2] 明正德十三年（1518 年）成书的《淮安府志》淮安府疆域图中，淮河与洪泽、阜陵等湖尚各自分离，与此前洪泽湖区淮运湖并存的形势没有大的区别。时北宋所筑“范公堤”距海岸线不远，这说明海岸线没有明显的推进。

明嘉靖后期，黄河对淮河的影响开始显现。由于淮北平原的普遍淤高，黄河失去了上游的沉沙池，输往河口的泥沙开始快速增加。嘉靖三十年（1551 年）、三十一年（1552 年）、三十四年（1555 年），黄河屡屡倒灌入淮，淮安田地因此淤沙。嘉靖四十四年（1565 年）黄河大涨，邳州浅房山决，徐州洪、吕梁洪全部淤平。隆庆三年（1569 年），2000 多艘漕船被阻邳州，此后黄河行运日渐困难。万历二十五年（1597 年）开泇河，将黄河北岸运口下移至邳州直河口。后来运口不断下移。清康熙十九年（1680 年）开中运河，使运河由淮安清口直接过黄河，至宿迁杨庄入中运河，

---

[1] （清）张廷玉．明史（卷 85）．北京：中华书局，1974：2081。

[2] （明）王琼．漕河图志．姚汉源，谭徐明，点校．北京：水利电力出版社，1990：47。

经骆马湖与山东运河相接。

1.5.4.2 高家堰的修筑与洪泽湖的形成

淮河在泗州、盱眙间进入地势低洼的湖盆区域，盆地以东自北而南的高地和天然缺口，构成了蓄水空间和泄洪通道。当黄河在清口一带的淤积达到一定程度后，水道下行受阻，致使盱眙清口一带的水位抬高，原来分散的塘泊洼淀汇集成水域较大的湖泊。如此，造成淮河在明隆庆年间（1567—1572年）屡次大决。顺河集至高家堰间的天然缺口就成为淮河暴涨时的泄洪通道，即大涧、小涧、汤恩、绿洋等（均在今高家堰南北），其中大涧口最大最深。淮河从各决口倾泻而出，使高堰以西湖区水位下降，黄河乘势倒灌入湖。隆庆、万历年间，黄河洪水过后，清口西南几十里范围内几乎全部淤成平陆。清口淤沙堆积，逐渐成为淮河的“门限”，当受黄河水位顶托时，淮河便难以全出清口，只好经由淮河以东自高家堰各涧行水（图1.5-6、图1.5-7）。时每年东出各涧入海的淮河水量几乎占全河的一半。在黄强于淮的形势及确保漕运的需求下，打通清口，使淮河清水出清口，以保证运河穿黄，显得更为迫切。这种情况下，隆庆年间潘季驯“蓄清刷黄”方略一经提出，便得到明王朝的认可，高家堰的建设很快付诸实施。

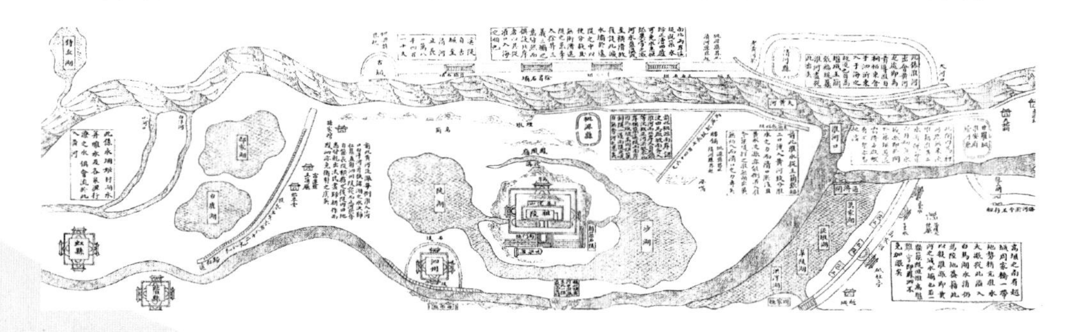

图1.5-6 万历清口河湖关系

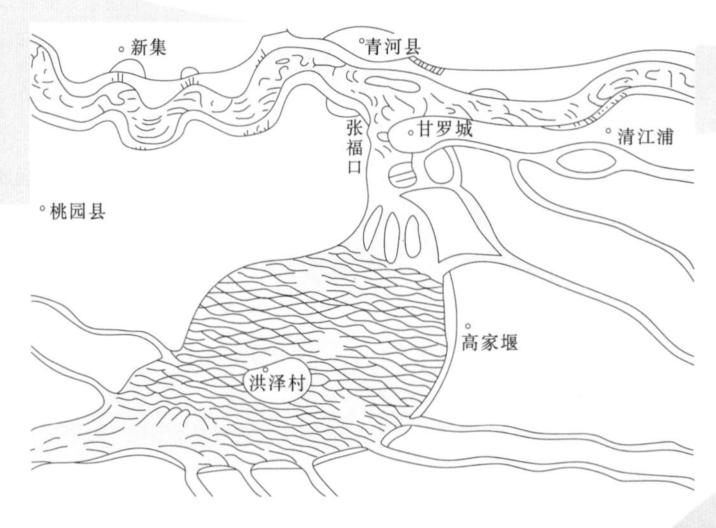

图1.5-7 康熙时清口河湖关系（据《（天启）淮安府志》）

高家堰的建设过程就是清口水利枢纽和洪泽湖形成的过程。高家堰北段北起武家墩，南至阜宁湖，原为长约13km的天然地隆，汛期阻挡淮河洪水东泛淮安。明隆庆以前，高家堰有间断土堤。[1] 隆庆以来，随着清口一带淤积的日益严重，淮河被逼向高家堰一线寻找出路，这段堤防由此屡屡冲决，堵口工程越来越艰巨。万历元年（1573年），总督漕运兼巡抚王宗沐主持修筑了自武家墩至顺河集老堆头段大堤，共长5400丈（约合17.28km），堤高1丈（3.2m），顶宽5丈、底宽15丈。耗费白银6000余两，比原计划节省近一半。这次由漕运总督组织、地方政府出资兴建的堤防应视为高家堰建设之始。大堤位于洪泽湖区东缘台地的脊线上，也是历代盱眙至淮安的"官路"。明万历至清康熙时，高家堰沿大堤的轴线不断向南延伸。

高家堰的建设，维系了扩大后的白水塘水域的稳定，即形成了早期的洪泽湖。明末清初学者顾炎武（1613—1682年）曾记载了早期洪泽湖的一些自然特征：自青墩北至韩信城南长五里，淮水穿阜陵湖（或作富陵湖），自此漫入。相应筑堰遏之，以护运道及清江浦民居……堰西为阜陵湖，湖西为淮，每淮溢入湖。湖东有堰，则从西北马头口低处入淮者，其常道也。马头口隘，出之不及，从东南青州、高梁（或名高良）二涧而溢，循汊河入洪泽湖、白马湖、衡阳湖、宝应湖小小一枝耳。东南地高，二涧在湖边，其口虽阔，至地上仅有尺寸，非湖流之正道，故无害。[2]

从"堰西为阜陵湖，湖西为淮，每淮溢入湖。湖东有堰，则从西北马头口低处入淮者，其常道也"这段文字可以看出，明末清初，洪泽湖区域的地形仍是南高北低，淮高于湖。洪泽湖与淮河青墩以西的码头相通，常水时河湖分离，洪泽湖受黄河影响尚不直接。在洪泽湖南有青州涧和高粱涧（后称高良涧）与宝应诸湖通，是汛期泄洪的通道。高家堰正好处于南北向的低台地，地面高程在10～11m之间。[3]

1.5.4.3 "蓄清刷黄"方略的实施及高家堰运用下的洪泽湖

明万历五年（1577年），"河决崔镇，黄水北流，清河口淤淀，全淮南徙，高堰湖堤大坏，淮、扬、宝应、高邮间皆为巨浸"。万历六年（1578年），总理河漕潘季驯在考察了黄淮运相交的清口地区和入海口的河势后，建议令淮河专出清口，全力稳定淮河河势，黄淮合一同流于海，以解清口淤高、泗州和里下河频年渍水成灾的困境，自此"蓄清刷黄"治河方略趋于明确。自万历六年高家堰开始加高加固，尤其是万历八年改为砌石工，相应的泄洪节制工程不断增加完善后，洪泽湖的蓄水位开始上升。三年后实施"蓄清刷黄"的调度措施，又刺激了洪泽湖的扩大。

明万历八年（1580年）潘季驯离任后，继任总河凌云翼在此后的三年间将武家墩南长约9.95km堤段的迎水面改为砌石堤。高家堰加高加固后，越城、周桥15km长的

---

[1] （天启）《淮安府志·河防》记明永乐时堤防长二十六里二分。

[2] （明）顾炎武．天下郡国利病书（第十册，淮·高家堰图说，p54），上海涵芬楼影印昆山图书馆藏稿本．见：四部丛刊三编（史部21）．上海：上海书店，1985。

[3] 张卫东．洪泽湖水库的修筑——17世纪及以前的洪泽湖水利．南京：南京大学出版社，2009。

沟涧成为洪泽湖的非常溢洪通道，洪泽湖的调蓄功能提高。这些沟涧的进口在高程10.0m左右，这意味着洪泽湖的调洪空间在高程10.0m以上。通过工程措施抬高的湖水位被用于清口冲淤。万历十年（1582年）修筑武家墩、高良涧、周家桥三处减水坝，并开坝下减水河和永济河。此后直至万历二十三年（1595年），在总河潘季驯的主持下，洪泽湖大堤不断被加高加长。“蓄清刷黄”的清口运用原则，加快了洪泽湖扩展的速度。日益扩大的湖区和快速上升的水位，使泗州城洪水灾害日趋严重。据《明史·河渠志》的记载：二十二年（1594年）黄河大涨，清口淤塞，“淮水不能东下，于是挟上源阜陵诸湖与山溪之水，暴侵祖陵，泗城淹没。”[1] 在保明祖陵和泗州城的压力下，次年上任的总河杨一魁为降低洪泽湖水位，采取分黄入海、导淮入黄、导淮入江、分淮入海等一系列工程措施：“开桃源黄河坝新河，起黄家嘴至安东五港灌口，长三百余里，分泄黄水入海，以抑黄强。辟清口沙七里，建武家墩、高良涧、周家桥石闸，泄淮水三道入海，且引其支流入江。”[2] 至此，洪泽湖拥有完善的控制性工程：蓄水工程（高家堰）、节制工程（武家墩等减水闸）、分洪工程（引支流入江，用以保障运道和泗州城防洪安全），湖泊的调节水量功能提高，现代水库所有的工程特性基本具备。

至16世纪中期，清口依然保持了淮高于河、高于湖的形势。

17世纪后期洪泽湖湖口与黄河已经不再连通，淮河经引河出清口与黄河汇流。淮高于河的形势开始改变。

潘季驯的“蓄清刷黄”方略在一定时期和局部区段获得成功。高家堰的运用加速了洪泽湖的形成，但对淮河流域环境的影响却是全局性的、长期的。高家堰修建后，淮河部分泄洪通路被堵断，而清口的冲淤依然不平衡，清口的淤积使出水总量逐年减少，洪泽湖水域不断扩大。明万历十九年（1591年）后，迅速发育的洪泽湖壅水已上溯至上游泗州，一到汛期，泗州被洪水包围，城外积水数月不退。明祖陵遭遇的洪水也越来越频繁。尽管由于武家墩、高良涧、周家桥等处频繁决口，汛期湖中的水量有所下降，但湖区水位上升的总体趋势已经难以遏制。

根据文献记载，万历时（约16世纪90年代）洪泽湖以西的泗州境内拥有塘泊数十个，高家堰东有洪泽、富陵、泥墩、万家诸湖，大水时整个洪泽湖区汇为一片（图1.5-8）。万历十九年（1591年）九月，淮河大洪水，明祖陵与泗州均被淹。淮河由金水河入泗州，“淹及御路仪卫底座三四寸深”。[3] 这是关于万历年间洪泽湖西部最高水位的记载。“仪卫”即石刻群，其底高程为11.23～12.06m，[4] 加上三四寸（合今

---

[1] （清）张廷玉．明史：卷84 河渠二．北京：中华书局，1974：2057。

[2] （清）张廷玉．明史：卷84 河渠二．北京：中华书局，1974：2062。

[3] （明）潘季驯．河防一览（卷14）．见：文渊阁四库全书（576）．台北：台湾商务印书馆，1983：500。

[4] 张卫东据（明）刘天和《问水集·议处黄河水患疏》以及实地考察、地形图分析得出。《问水集》原文为：“又据匠役王良等量得，自淮河现流水面至岸地，比水高七尺。又自岸至陵南湖水平面，比水亦高七尺。自湖水平面至下马桥边，地高八尺四寸。桥边地至陵门地高六尺。陵门地至陵地高一尺七寸。共高二丈三尺一寸。”资料来源：（明）刘天和．问水集．见：四库全书存目丛书（史221）．济南：齐鲁书社，1996：314。

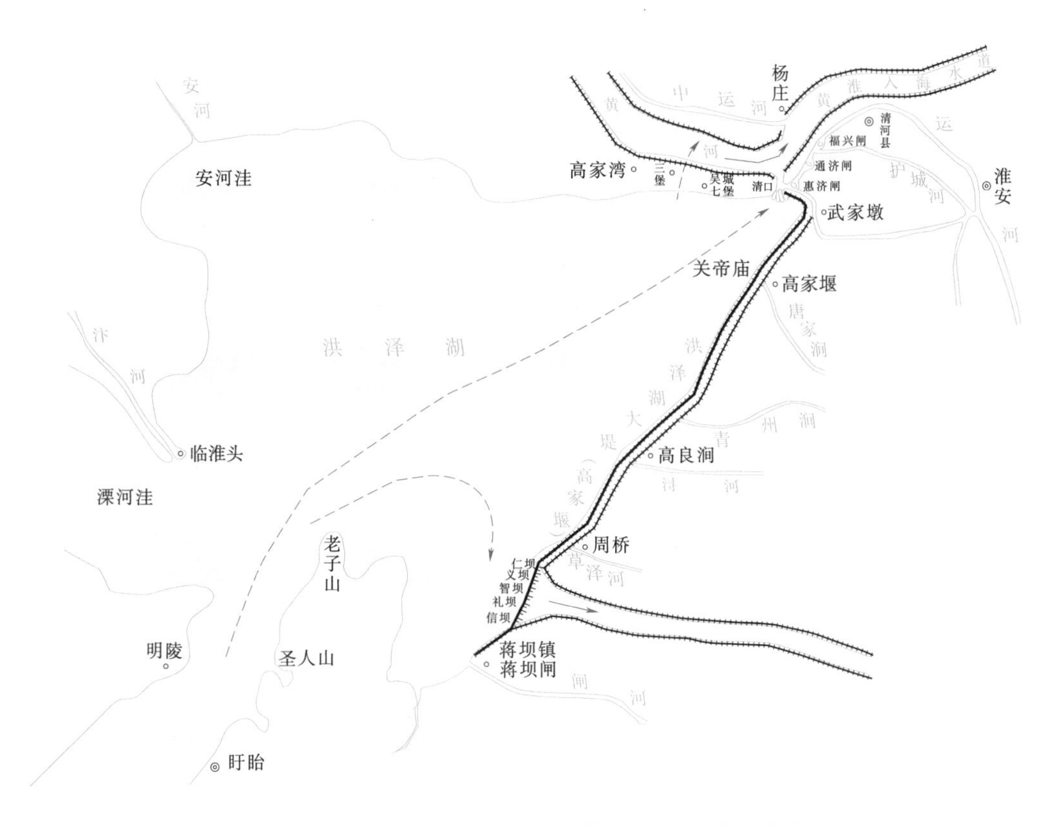

图 1.5－8　高家堰洪水调度工程体系（据《淮系年表》）

0.10～0.13m）水深，则洪泽湖西部水位高程最高时达 11.2～12.2m。考虑到水力坡降及天然沟涧溢洪的影响，东部拦河坝前的水位应略低，估计在 11.0m 左右。根据万历《盱眙县志・建置》的记载："富陵湖在彭城乡，接清河县境"。彭城在蒋坝东，据此可知时洪泽湖水域最大时东南已达今蒋坝一带（图 1.5－6）。

1966 年江苏省测量总队曾做过湖区地质调查和测量，在淮河大桥基础处发现已废弃的泗州城东门城墙基础。据测量，泗州城的地面高程为 6.7m 左右，高堰镇一带高家堰堰底的地面高程在 8.0m 左右。淮阴县水利局在进行野外钻探勘测时，测得高家堰大涧决口深 1 丈（3.2m），底高程为 4.8m。在决口高程 6.05m 处钻探发现砌石，按砌石石厚 1 尺（0.32m）且按一层考虑，则洪泽湖中部的原地面平均高程约为 5.73m。根据文献资料分析，高家堰刚筑成时，富陵湖与高家堰之间有民田、村庄及小民堰，富陵湖底较堰西农田低，冬春时节水浅时淮河船舶难以直接进湖。时湖区低水位与淮河枯水位差不多，应在 6m 左右，枯水期最浅水深约 0.27m。

1.6　洪泽湖的演变及其对淮河中游的影响

洪泽湖形成后，随着水位逐年抬高，形成了汛期洪水出清口冲刷河道的局面，使清口维持了十余年的通畅。但是，黄河洪水巨大的含沙量造成清口段河道的沉积，很快抵消了清口运用的冲刷效果。清口段河床自明中期开始快速抬高。明万历二十四年（1596年）清口出现长7里的门限沙，清康熙十五年（1675年）前后清口自洪泽湖20里淤成平陆，湖口至清口仅有深0.6～2m、宽30～60m不等的小河相通。[1]康熙时，开始出现黄河自清口倒灌洪泽湖，淮河不能全河出清口而东决高家堰，经自淮安清水塘东南而下，由宝应、高邮湖改道入江的趋势。

清代不再有明祖陵防洪的束缚，确保漕运成为洪泽湖运用的唯一目标。关系黄淮运三者的清口洪水调度，对洪泽湖演变的影响至关重要。康熙十五年靳辅出任河道总督，他不仅认同明潘季驯“蓄清刷黄”的方略，并付诸大规模的工程措施。继续加高高家堰，封堵决口和涧口，在高家堰上修筑减水坝，使之在低水位时可以蓄积更多的清水，汛期又可以泄洪。通过靳辅的治理，洪泽湖得以“节宣有度，旱不至于阻运，而涝不至于伤堤也。”[2] 正是“旱不至于阻运”的水量调度原则，使这一时期洪泽湖水位上升，湖区向西扩大。

康熙十六年（1677年），在洪泽湖口至清口间开烂泥浅等5条引河，导淮出清口；康熙十九年（1680年）泗州城沉没，乾隆时湖区西北的安河、成子、溧河等塘泊成为洪泽湖的一部分，标志着在“蓄清刷黄”的治理方略下，淮河—洪泽湖进入了演变的新阶段：湖口后退，湖区西移和水域扩大，淮河大改道的趋势开始孕育。

1.6.1 17世纪时黄淮运与洪泽湖的关系

明万历至清康熙时，黄河下游河道的溯源淤积已经接近清口，在河道纵比降日益趋缓的情况下，徐州至清口开始频繁向南决口（图1.6-1）。万历至康熙中期，洪泽湖以北的归仁堤成为黄河倒灌洪泽湖的主要通道之一。到康熙后期至乾隆年间，黄河则多从清口倒灌洪泽湖。黄河倒灌加快了洪泽湖西北区域湖底的淤积速度。

康熙十五年（1676年），黄河清口以下河道淤垫，黄河水倒灌洪泽湖，高家堰决口34处，运河被冲断，漕运严重受阻，淮扬七州县被淹，这是清代以来最严重的黄河倒灌事件。面对黄河冲断运河北上之路的危险，康熙下决心进行治理。次年调安徽巡抚靳辅任河道总督。自康熙十六年至二十六年（1677—1687年），靳辅继续潘季驯的“蓄清刷黄”方略，针对清口黄河的淤积，他疏浚河道，加固堤防，使河宽深；针对洪泽湖清口口门地面的普遍淤高，开清口烂泥浅等7条引河（图1.6-2），加大淮河的入黄流量；继续加高高家堰；堵塞高家堰以南周桥至翟家坝决口34处；深挑清口至清水潭段运道，修筑运河东西两堤。康熙二十六年（1687年），在黄河

---

[1] 湖口至清口连通的河道，康熙十九年后被改造成引河。时任河道总督的靳辅曾如此描述当时的清口：“洪泽下流自高堰至清口约二十里，原系汪洋巨浸，全淮会黄之所。自淮东决，黄内灌，一带湖身渐成平陆。止存宽十余丈，深五六尺至一二尺之小河，淤沙万顷，挑浚甚难。”资料来源：（民国）赵尔巽．清史稿（卷128）．北京：中华书局，1976：3796。

[2] （清）靳辅．治河要论．见：贺长龄，魏源．清经世文编（卷98）．北京：中华书局，1992：2403。

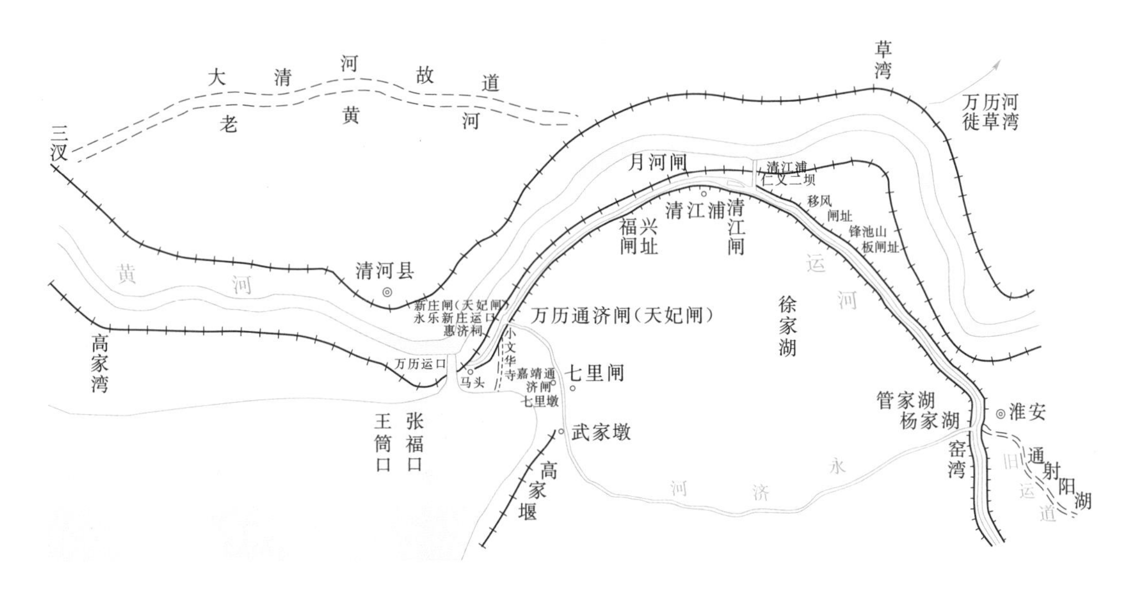

图 1.6-1　明万历时期的清口

以北开中运河，自骆马湖开渠，经宿迁、桃源至清河仲家庄出口。使南来粮船北上出清口后，行黄河数里即入中运河，从而避开黄河行漕 90km。至此，运河与黄河分离。靳辅面临的局面比潘季驯时期更为严重，在任十年，进行了一系列的工程修建，使黄河、运河和淮河相交处频繁决溢的局面一度缓和，从而延缓了黄淮分离的时间。

清代黄河泥沙在河槽中的堆积呈快速增加的趋势。康熙十六年（1677 年）黄河入海口在云梯关外 60km，康熙三十五年（1696 年）末延伸到 100 多 km。20 年中黄河入海口向外延伸 40 余 km，平均每年延伸 2km。从康熙三十六年到乾隆二十一年（1697—1756 年），60 年时间黄河入海口又向外延伸 40km，平均每年向外延伸 0.65km。根据当时的分析，这一速度比宋神宗至明末 700 年中平均每年延伸 0.085km 快 7.6 倍。[1]

随着河线的不断延长，黄淮合流清口以下的河床容蓄和宣泄洪水能力日益降低。靳辅治河后，清口只维持了十几年的小安局面。这一时期，洪泽湖湖区因淤积而从清口西移，随着水位的提高，明代湖区以外的塘泊也成为湖的一部分。乾隆中后期，黄河倒灌入湖已经成为常事，淮河南行由宝应、高邮诸湖归江的趋势开始明显。

---

[1] （清）黎世序．续行水金鉴（卷 13）．河库道署，清道光 12 年（1832）。乾隆二十一年大学士陈世倌指出："自宋神宗十年（1077 年）黄河南徙，至今仅七百年，关外淤滩，远至百二十里。此言俱在可考。今自关外至二木楼海口，且二百八十余里。夫以七百余年之久，淤滩不过百二十里，靳辅至今仅七十余年，而淤滩乃至二百八十余里。"

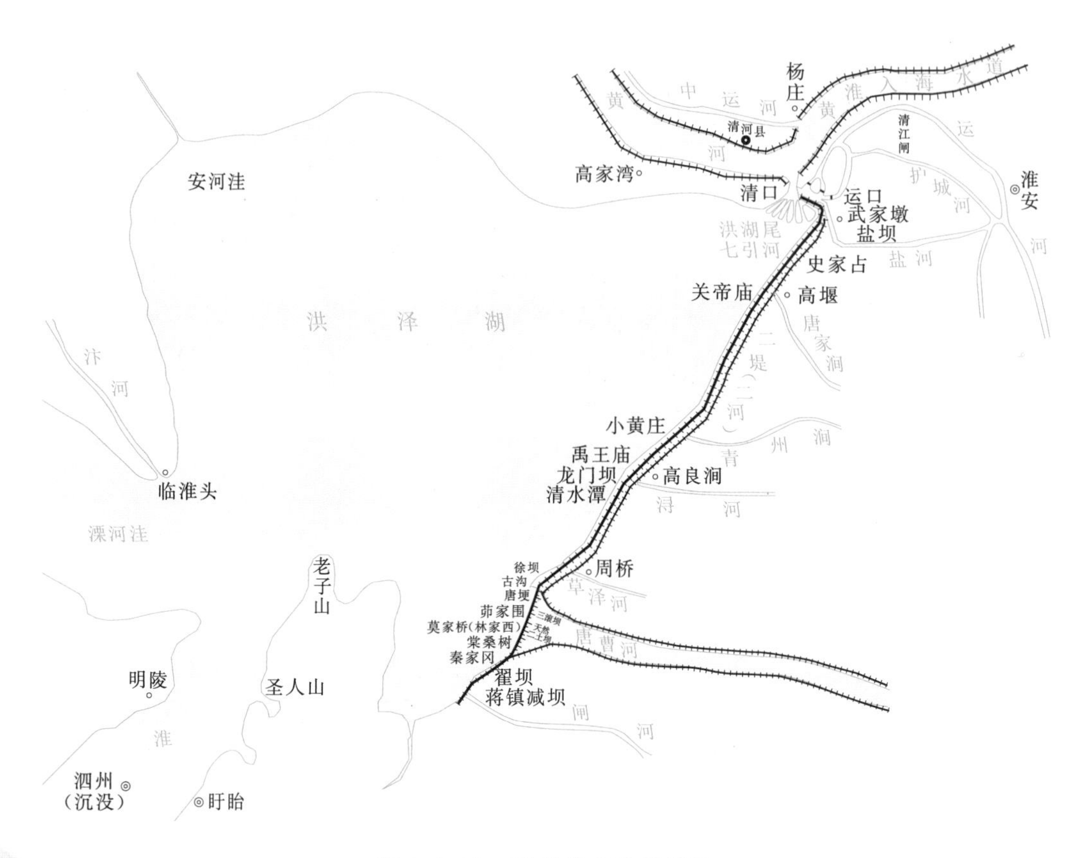

图 1.6-2　清康熙中期的清口

1.6.2　明、清时期洪泽湖水域的演变

明万历七年（1579 年）高家堰建成后，在大堤壅水的作用下，洪泽湖水位抬高，水域扩张，湖底淤积速度加快。洪泽湖开始向西移动。淮河入湖的河口上移，盱眙与泗州城之间特有的地形阻水作用，使现代淮河入洪泽湖的河口开始形成。清口泥沙淤积的趋势持续发展并逐步加速。万历二十四年（1596 年）前后洪泽湖自清口后退 7 里，至清康熙十六年（1677 年）时洪泽湖口至清口间的淤滩长约 20 里，时称“烂泥浅”。与洪泽湖水域西移的同时，洪泽湖水位持续上升，康熙十九年（1680 年）泗州城沉于洪泽湖底，乾隆时西北地势较高的溧河洼、安河洼和成子洼成为洪泽湖的一部分（图 1.6-3）。在明末清初的 80 年间，淮河—洪泽湖发生了很大的变化：一方面湖口至清口之间的距离延长；另一方面洪泽湖水域西移，水域扩大，水位上升，湖底抬升。

1.6.2.1　泗州城的沉没与淮河入湖河口的演变

明万历七年（1579 年）高家堰建成以后，洪泽湖的径流调节作用加强，在“束水攻沙”调度原则下，高水位持续时间延长，湖区壅水，致使上游出现大范围的淹浸。泗州

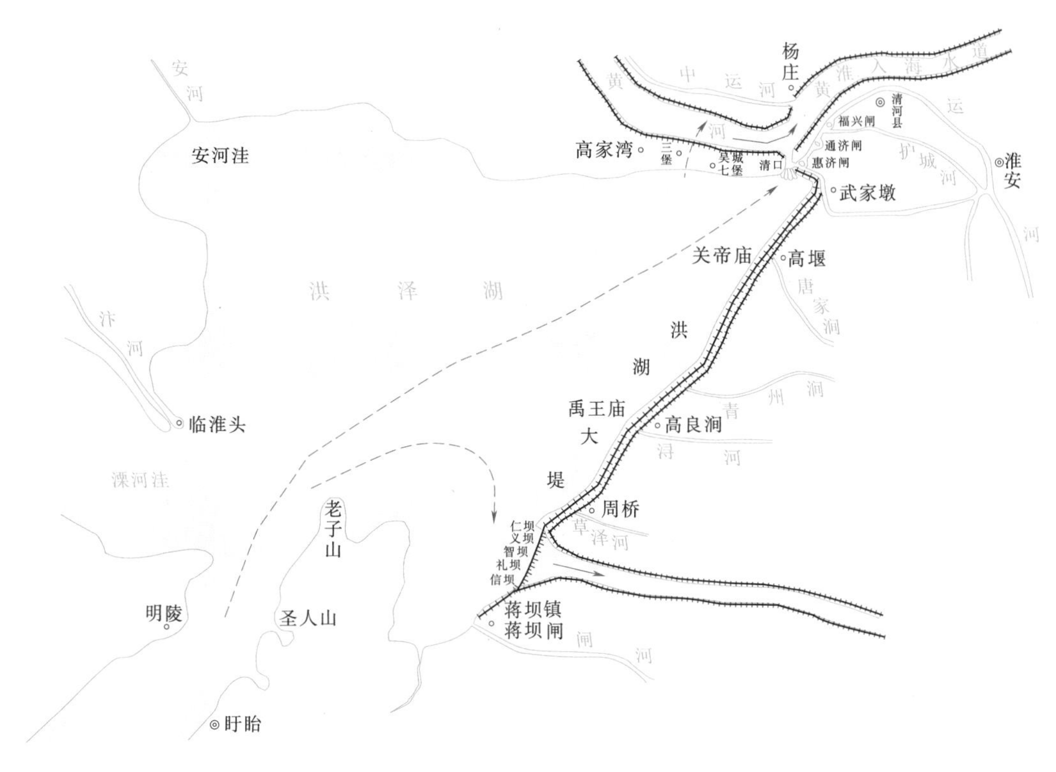

图 1.6-3 乾隆中期的洪泽湖与黄淮运的关系

城、盱眙县城以及沿淮两岸的区域经常被淹没，许多农田常被泡在水中。❶ 万历十九年（1591年）夏，泗州大水，外城被洪水包围，城内积水不消，至九月，“公署、州治水淹三尺”。❷ 根据勘测资料，泗州城地面高程为6.22～7.05m，时洪泽湖水位应为10m。在保祖陵的压力下，万历末年在高家堰南端陆续兴建高良涧等减水坝3处，开辟泄洪通道，加上原有的天然减水河，企图借此控制洪泽湖水位。然而，随着清口淤积的加重，洪泽湖水位的上升和范围的不断扩大，泗州城更是经常处于洪水包围之中。

清初，明祖陵已失去确保的必要。清顺治六年（1649年）六月，淮河大水，泗州城东南溃决，水灌入城，水深超过3m。至十月，积水才缓慢消退，城内房屋一半倒塌。此后，居民开始放弃泗州城，陆续外迁。康熙十九年（1680年），淮安南北连续70天阴雨，“淮水暴涨，坏泗州城郭，公私庐舍漂没无算。”这场大水中，泗州城被破坏殆尽，从此沉没水底。❸ 1680年大水，使洪泽湖水位达历史最高，在湖西双沟至半城滨湖岗地分布有贝壳、砖瓦陶瓷碎片等成分的堆积沙堤，这应当是泗州城淹

---

❶ （明）李上元，等.（万历）盱眙县志（堤坝志）.万历二十三（1595）年刻本。

❷ 台湾中央研究院历史语言研究所，校印.明神宗实录（卷240，万历十九年九月戊辰条）.1982：4460。

❸ （清）傅泽洪.行水金鉴（卷65）.见：文渊阁四库全书（581）.台北：台湾商务印书馆，1983：121。

没时的湖岸线所在。据此可知，时洪泽湖水位达18m，相应的湖面面积应在4000km²以上。

泗州淹没后，一度寄治盱眙。乾隆时，州治又迁到虹县，后虹县改名泗州（1912年更名泗县）。明祖陵虽地势较高，但也逐渐被上升的洪泽湖所淹没。现在泗州城的地面高程为12～13m，较万历时上升了5～6m，明祖陵泥沙覆盖厚约2m。1963年以后，随着洪泽湖水位的降低，明祖陵的正殿、神路经常高于湖面。1966年、1977年，国家曾两次组织修复，并在明祖陵四周筑堤防护。

康熙初年，泗州城外、洪泽湖内的大多数村镇已经湮废，但洪泽镇中还有几十户人家居住在湖中高地上。康熙十五年（1676年），洪泽镇也全部没于湖。至此，淮河自盱眙入湖。洪泽湖水域扩展，水深增加，冬季水深一般维持在1～1.3m，夏秋涨水时水深一般为4m左右。❶ 泗州城被水包围后，泗州知府曾修筑城堤，并将公署建在外堤上，设牛车排水，招抚流亡百姓，期望能够挽救城池。时任知州的莫之瀚则建议在盱眙圣人山下向东开禹王古河，分淮入江，减少汛期淮河入湖水量，从而拯救泗州。该建议在康熙三十五年（1696年）由河道总督王新命上奏，廷议被否后，康熙令再议。❷ 但是，此后朝廷上下再无提及。10多年后，泗州州治寄居盱眙，全城沉于洪泽湖中。

1.6.2.2 溧河洼、安河洼及成子洼的成湖过程

明万历初年黄河屡决崔镇，万历七年潘季驯筑归仁堤障遏睢黄入湖，堤东北接黄河南缕堤，西南至归仁集。❸ 清康熙十九年（1680年）靳辅在归仁上段建五堡减水坝，将濉河、黄河汛期洪水引入洪泽湖，企图增加洪泽湖水量，以"助清刷黄"。这一举措，显然加快了洪泽湖北部的淤积。20年后，河道总督张鹏翮（康熙三十九年至四十七年在任）将归仁堤改为石工，沿堤建利仁闸、安仁闸、归仁闸并疏浚入湖水道——安河。明万历初潘季驯筑归仁堤障遏睢黄入湖，目的是保护明祖陵，减少入湖水量。到康熙时靳辅、张鹏翮建闸引濉河、黄河水入湖，反映出当时黄河淤积的发展，与洪泽湖的高差减少的趋势加快。"助清刷黄"这一举措，显然加快了洪泽湖北部的淤积和水位上升，溧河、濉河入湖前河湾，逐渐扩展形成了溧河洼、安河洼及成子洼，成为洪泽湖北界。

洪泽湖西北部的溧河洼、安河洼及成子洼，原是高低相间的冈阜—洼地地形，由南向北分别为西南冈，起于欧冈、止于管镇，长40km，宽3～15km；溧河洼，长

---

❶ （清）傅泽洪．行水金鉴（卷70）．见：文渊阁四库全书（581）．台北：台湾商务印书馆，1983：177。原文为："康熙二十二年，伏秋大涨之际，高堰水深一丈二尺有余。迨隆冬消落，则深七尺有余。方其大涨之时，石工顶上水深数寸或一二尺不等。"

❷ （清）傅泽洪．行水金鉴（卷66）．见：文渊阁四库全书（581）．台北：台湾商务印书馆，1983：125-126。

❸ 台湾中央研究院历史语言研究所校印．明神宗实录（卷308，万历二十五年三月己未条）．1982：5774。

40km，宽 10～15km，地面高程由 20m 降至 12m；濉汴冈，起于归仁集，止于陈圩，长 40km，宽 1～7km；安河洼，长 30km，宽 10km 左右，地面高程由 16m 降至 12m；安东冈，起于曹庙、迄于龙集，长 35km，宽 3～10km；成子洼，长 25km，宽 7～14km，高程 10m 左右；成子洼东侧还有一条冈陇，长 10km，高 21～15m。在冈地的约束下，古代溧河、安河及成子河都是东南入淮河。清顺治、康熙时，黄河不断南决于睢宁、桃源归仁堤，直接将水沙从西北输送到洪泽湖。高家堰的加固、加高和延伸，促使洪泽湖向西扩展。三洼归入洪泽湖的时间应在乾隆后期至嘉庆 30 多年间。其演变的进程大致如下：

（1）溧河洼。溧河发源虹县山区，明代其下游在泗州城北约 35km 处入塔影湖。塔影湖长约 30km，宽 25km。溧河西北入湖，湖东接汴河，下流自高家沟入淮。❶ 万历时，塔影湖成为洪泽湖的一部分。随着洪泽湖水位的上升，至迟在乾隆时溧河洼成为洪泽湖西北的一部分。明万历年间汴河淤积后，原汴河水系的睢水、浍塘河等都转而入溧河洼。根据成书于乾隆五十三年（1788 年）的《泗州志》的记载，溧河洼位于洪泽湖西，尾水可上溯至周家桥、秦家桥。❷ 溧河洼成为洪泽湖的一部分至迟在乾隆五十三年之前。

（2）安河洼。安河洼又名“安湖”，曾是黄河泛道。自徐州南归仁堤以东，接纳沙河、太平沟等东入洪泽湖。明万历以前，黄河在徐州一带的泛流多经安河入淮河，后逐渐成湖。清康熙时，随着洪泽湖水位的上升，安河洼成为洪泽湖的一部分。清乾隆时，安河尾闾又名“陡门河”，汇睢水后归洪泽湖。❷随着黄河的倒灌入湖，洪泽湖湖底上升，陡门河逐渐淤浅。乾隆二十二年（1757 年），曾疏浚陡门河，以通濉河。❷但是，河道尾闾很快与湖底淤滩相接。乾隆末，安河入湖段已经芦荻丛生，与洪泽湖成为一体。

（3）成子洼。成子洼位于洪泽湖西北端。黄河南泛时期呈多支自西北而东南流，成子河汇集古山河、高松河等河流自洪泽湖北岸入湖。乾隆后期，受清口淤积以及洪泽湖湖口不断后退的影响，地势低洼的成子河尾闾逐渐成为湖区的北部水域。

1.6.3　洪泽湖清口的淤积与湖区水域的演变

洪泽湖形成后成为淮河新的侵蚀基准面，随着水位的不断上升和湖口淤积的向西推移，湖区沿淮河上溯，盱眙附近的水面宽由清康熙时的 500m 左右至嘉庆、道光时发展到约 15km，龟山以上至浮山已经河湖不分，沿淮河出现了池河、田村、韩家、十八里、马过、七里、女山、天井等众多大小不等的湖泊。根据地方志的记载，道光时，洪泽湖的回水区上游已经达到了安徽阜阳的颍河口，距洪泽湖中心区域远

---

❶ （明）曾惟诚．帝乡纪略（卷三，舆地志）．明万历二十七年（1599 年）刊行本。

❷ （清）叶兰．乾隆泗州志（卷 1）．见：中国地方志集成 江苏府县志辑第 30 辑．南京：江苏古籍出版社，1991：172。

达 200 多 km。

1.6.3.1 明清清口淤积的演进

受清口淤积扇形发育的影响，洪泽湖区域地形的演变首先表现为洪泽湖湖口后退、湖区水域西移，以及洪泽湖水位的大幅上升。

“清口”原指古淮水与古泗水交汇的地方，泗水又称清水，清口由此而得名。汉代已有“淮泗口”之名[1]，根据北魏郦道元《水经注》的记载，淮泗口在今安河洼附近入淮。明清清口在今淮阴码头镇对岸。黄河夺淮后，黄河由泗达淮，淮清而黄浊，“清口”的含义发生变化。明隆庆、万历时清口专指淮河入黄河口门，即黄淮交汇口。清康熙十九年以后，淮河后退至盱眙入洪泽湖，清口又特指洪泽湖的出湖口。

万历以前，清口黄淮合流处，水分两道，黄河在左，清河在右，清浊分明。清口以东是运河穿黄的运河口（简称“运口”），这段河道为左转弯。明永乐时建有 4 座运河闸，平时不许同时启放，黄河涨水时闭坝下闸，拒黄河浑水靠近闸口，被视为“泥沙不停，风浪不及”的内河港口。[2]

嘉靖初年，黄淮合流地点上移，运口也相应上移。在新运口建通济闸，开三里新河，新运口维持近 20 年。隆庆三年（1569 年），清口至通济闸及淮安府城西淤者 30 余里。隆庆四年（1570 年），清口淮河口淤 10 余里，通济闸淤废，因将运口重新改回新庄闸旧运口，重新使用新庄，并于该处建天妃闸。此后船只从天妃口出运口入黄河。汛期关闸防淤。万历初年，黄河在崔镇决口，桃源至清口只剩一条小沟，淮河也从高堰等处决口改道，清口至淮安淤浅，行人可趟水过往。时里运河经过长期淤积，已形成“运渠高垫，舟行地面，昔日河岸，今日漕底”的状况。[3] 洪泽湖东北与黄河邻接。自清口向西，淮河口依次有张福口、王家口、马厂口，这些地方汛期则成为洪泽湖湖区。清口北为黄河，时淮河高于黄河的形势已经不再，二者平均水位差不多，淮河大水时大部分出清口与黄河汇合，还有部分从张福口、王家口和马厂口入黄河。黄河泛滥时也从这些口倒灌淮河。潘季驯于万历八年（1580 年）将王家等口筑堤堵塞，企图迫使淮河全由清口与黄河汇合。10 多年后，黄河南决由清口入洪泽湖，至此清口淤积加快。

明末清初清口处黄河倒灌时有发生，明万历二十三年（1595 年）时清口外有黄河阻遏，内有淤沙横截，淮河出清口处仅剩沙上之浮流，被逼上壅之水长达 50 多 km。[4] 清口附近拦门沙的发育已经达到封堵淮河的程度。所幸淮河有时强于黄河，

---

[1] （西汉）司马迁．史记（卷 106，吴王濞列传）．北京：中华书局，1959：2831。

[2] （明）顾炎武．天下郡国利病书（第十册，淮·淮南水利考）．上海涵芬楼影印昆山图书馆藏稿本．见：四部丛刊三编（史部 21）．上海：上海书店，1985：23。

[3] （明）潘季驯．河防一览（卷 8）．见：文渊阁四库全书（576）．台北：台湾商务印书馆，1983：273。

[4] （清）傅泽洪．行水金鉴（卷 64）．见：文渊阁四库全书（581）．台北：台湾商务印书馆，1983：103－104。

加上常年进行规模宏大的疏浚，淮河出清口的局面一直维持到清乾隆时。但是，由于淮旁泄于高家堰，黄河倒灌日多，洪泽湖湖口向西移的趋势，无论实施何种措施都难以逆转。

明万历二十四年（1595 年），清口门限沙的范围不过 3km 多。[1] 清康熙十五年（1676 年），靳辅的清口淤积的上疏反映出清代清口淤积的状况："洪泽下流，自高堰西至清口约二十里，原系汪洋巨浸，为全淮会黄之所。自淮东决，黄内灌，一带湖身渐成平陆，止存宽十余丈，深五六尺至一二尺之小河。淤沙万顷，挑浚甚难。"[2] 靳辅还指出："清口与烂泥浅（原淮河出清口故道）尽淤，今洪泽湖底渐成平陆矣"[3] 反映出清口黄淮形势已经出现了质的改变。据估计洪泽湖口的淤积范围南北长 5～10km，东西 10 多 km，至少普遍淤高 2m，实际上洪泽湖口已至少西移 10km。靳辅所指洪泽湖至清口之间那条"止存宽十余丈，深五六尺至一二尺之小河"，在康熙、乾隆时曾作为开引河的基础。康熙十六年至二十三年（1677—1684 年）在靳辅的主持下，自洪泽湖向清口陆续开出 4 条引河，形成导淮入黄的形势。乾隆初再向西南后退，湖口至清口间的距离已达 20 多 km，引河最多时增加到 7 条。其中右侧引河与运河相通，漕船必须在引河中行驶一段距离才能出清口。

康熙十六年（1677 年）靳辅所开 4 条引河，自东至西分别是三岔河、烂泥浅、裴家场和帅家庄引河。淮河年均流量约 $1330m^3/s$，按其 1.5 倍估计洪水流量，则为 $2000m^3/s$。靳辅曾对引河断面进行过规划："面宽六丈，底宽三丈，深五尺。"[4] 如此，引河断面呈梯形，后来施工时引河的断面应小于这些尺寸。即使按靳辅的规划建设，如果全河自清口入黄，流速可达 19.6m/s，这显然不可能。时洪泽湖已普遍淤高，汛期超过 50%的流量是从高家堰减水闸坝排走的，或南下入高邮等湖。20 年后，总河张鹏翮"导淮以刷清口"，开引河 7 道：三岔、烂泥浅、裴家场、张家庄、张福、天然、天赐。据称，工程完工后，"十余年断绝之清流，一旦奋涌而出，淮高于黄者尺余。"[5] 据此可以推测，靳辅所开引河后来并不通畅，清口淤积和洪泽湖后退仍处于持续发展中。乾隆时，引河口已经建有清口束清坝，黄河泛涨时用以防止倒灌，洪泽湖水位高时则开闸放水。

---

[1] （清）张廷玉．明史（卷 84）．北京：中华书局，1974：2062。原文为：万历二十四年"十月，河工告成……是役也，役夫二十万，开桃源黄河坝新河，起黄家嘴，至安东五港、灌口，长三百余里，分泄黄淮入海，以抑黄强。辟清口沙七里，建武家墩、高良涧、周家石闸，泄淮水三道入海，且引其支流入江。于是泗陵水患平，而淮扬安矣。"

[2] （民国）赵尔巽．清史稿（卷 128，河渠志）．北京：中华书局，1976：3796。

[3] （清）靳辅．靳文襄公奏疏（卷 1，河道敝坏已极疏）．见：文渊阁四库全书（430）．上海：上海古籍出版社，2003：455。

[4] （清）靳辅．靳文襄公奏疏（卷 1，挑浚清口）．见：文渊阁四库全书（430）．台北：台湾商务印书馆，1983：462。

[5] （民国）赵尔巽．清史稿（卷 128，河渠志）．北京：中华书局，1976：3797。

1.6.3.2 高家堰及减水闸运用对洪泽湖的影响

由于洪泽湖清口枢纽、高家堰及减水闸坝的运用，洪泽湖实际上已成为具有平原水库特征的吞吐湖。湖流受控于洪泽湖的水量平衡，而水量平衡则取决于入湖水量、出水口位置和运用方式。来自淮河的入湖水流，出水主要通过位于东北部的清口和东南部减水坝。因此，洪泽湖在19世纪前拥有横贯全湖的强度较大的呈S状的东北方向吞吐流，这时湖流的主流东出清口汇黄河后入海；其中一股折而西南，通过高家堰南端各减水坝出湖，在高家堰堤前湖滨形成边滩。直至乾隆时，洪泽湖中类似的湖流依然显著。随着黄河不断倒灌清口，以清口为原点的淤积使东北向的湖流减弱。湖流的减弱致使湖流动力降低，从而使淤积速度加快。为提高洪泽湖水位，实现“束水攻沙”的目标，加高加长洪泽湖大堤。但是，清口淤积仍不断向湖中部推移，黄河越来越频繁倒灌入湖。清嘉庆以来，湖水出清口越来越困难，高家堰减水坝也不断向南移建。由此，在洪泽湖湖底普遍淤积的情况下，频繁开启减水坝，致使清口出水日渐减少，最终导致洪泽湖的湖流发生根本的变化，演变为东南部季节性吐流，形成了现代淮河入洪泽湖的河口三角洲，以及北高南低的湖区地形。

高堰志桩位置与零点位置的相对变化较小，研究此段大堤的加高过程及堰前滩地的发育，可大致得出高家堰运用对湖区的影响。高家堰志桩的始设年代不详，至迟建于清康熙末年，因为康熙时已有关于洪泽湖水位的记录。乾隆时志桩设在高堰（村庄名）关帝庙，后来高堰淤为平陆。咸丰五年（1855年），移志桩至高良涧禹王庙。1924年“以高良涧临湖地面淤滩渐高，改周桥迤南之黄堽寺，就洪泽湖大堤刻志测水……黄堽寺湖滩亦高，遂专以蒋坝镇志桩为标准。”[1] 高家堰志桩的位置沿高家堰自北向南迁移（图1.6-4），反映出洪泽湖洪水调度的重点由清口向周桥至三河口转移的过程，也反映出湖区东部淤积向南推移的过程。

清乾隆至民国年间，高家堰志桩虽几经迁移，但保持了志桩零点高程的一致性。民国时期测得的蒋坝志桩零点高程为9.41m，而零点的位置与禹王庙的旧志桩是一致的。由此，自乾隆元年以来志桩附近有关工程的记录和水位记录对于研究洪泽湖演变具有重要的参考价值，是洪泽湖洪水调度的重要依据，更是洪泽湖淤积的见证。以康熙时减水坝的开坝记载为例，考察明万历七年（1579年）至1949年前洪泽湖淤积深度的变化：“洪泽湖北滚坝一座，长七十丈，由身高六尺八寸。康熙四十五年（1706年）七月十八日开放时，量高堰关帝庙前水深一丈三寸，新石工高出水面三尺七寸，北滚坝外水深六尺九寸，由身过水一寸。每年水大开放验高堰关帝庙前新石工，出水三尺七寸为则。”[2]

---

[1] 武同举．淮系年表全编（第4册）．两轩存稿，1929：55。

[2] （清）傅泽洪．行水金鉴（卷70）．见：文渊阁四库全书（581）．台北：台湾商务印书馆，1983：180。

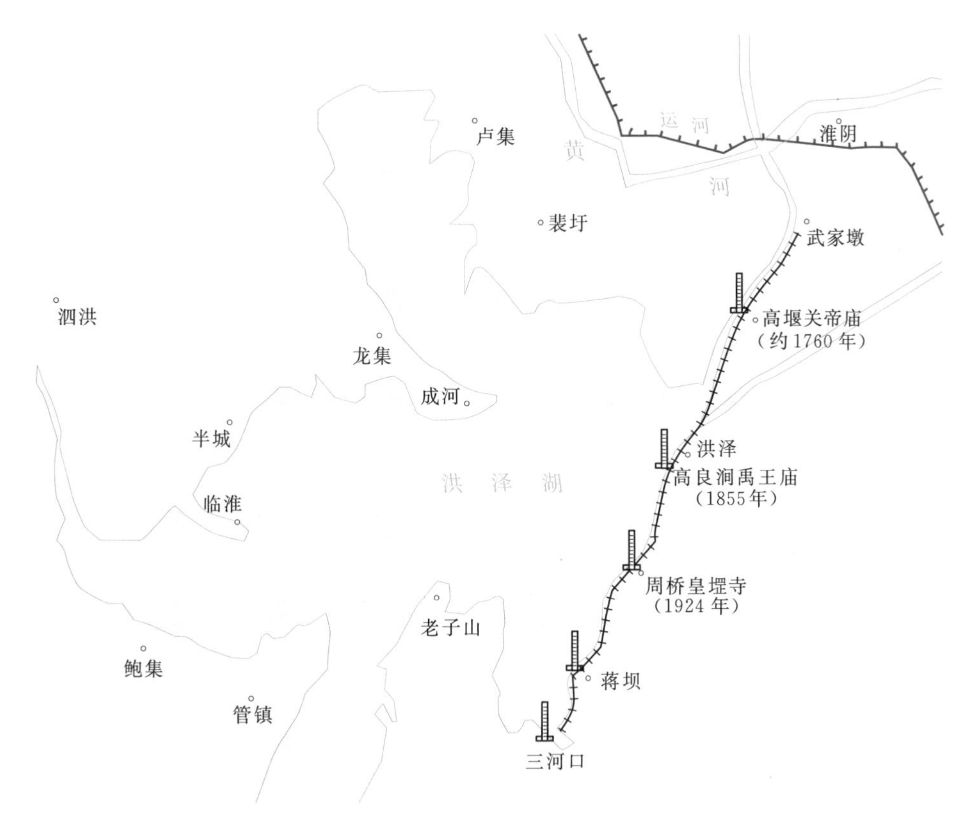

图 1.6-4 清代至民国时期洪泽湖志桩位置

将高堰关帝庙志桩零点作为相对高度指标，按清营造尺（1尺=0.32m）计算，可知康熙四十五年时高堰处塘堰顶高程为14.75m，较之万历七年已经淤高1.18m。[1] 咸丰时高堰高程为17.0m，仍以高堰关帝庙前水深一丈三寸为泄水闸启用的标准，则高堰较康熙四十五年加高2.25m，即淤积增加了2.25m。如此可知万历七年潘季驯修高家堰后直至清代，高家堰共加高9m，洪泽湖东北部淤高约3.43m。

明万历七年（1579年）时所修高家堰减水坝底的高程为10.4m，其后清代也曾修筑高家堰减水坝。康熙十九年（1680年）坝底高程为11.7m。现代发掘资料表明，清中后期（1820年前后）减水坝底高程为12～13m。明末至清前期淤积速率为1.29cm/年，清前期至中后期为0.71cm/年。高家堰减水坝坝底高程的演变反映出洪泽湖湖区中部区域淤积减少的趋势，即清口淤高以后，湖区后退，黄河泥沙对洪泽湖的影响有所减轻，湖底淤积速度放缓。

---

[1] 高家堰旧石工高程：9.41+13×0.32=13.57m；康熙十八年靳辅修高家堰，发现高家堰一带石工已经低了超过1m，估计上述记载中的新石工是康熙时新建的。如此则淤积高度应为新增石工高度3.7×0.32=1.18m；康熙四十五年后的高家堰堰顶高程：9.41+（13+3.7）×0.32=14.75m。新增石工高度1.18m，这一高度可以理解为明万历七年（1579年）潘季驯修高家堰石工以后至康熙四十五年（1706年）即堰前的淤积深度1.18m。

1.6.4 湖区水域形态的演变

1.6.4.1 黄淮影响下的水域平面形态

清嘉庆至道光年间，洪泽湖水位上升最为显著。除受淮河来水的影响外，洪泽湖水位主要受洪泽湖淤积的作用。就黄河而言，黄河倒灌依然是清口淤积的主要动力；就淮河而言，随着清口处出水的减少，高家堰泄水坝运用对淤积形态的影响逐渐显著。清口扇状淤积日益壮大，与此同时不受淮河吞吐影响的湖心滞水区出现并日益扩展，逐渐形成现代淮河入湖河口段的三角洲。

洪泽湖淤积平面上变化最大的是清口，淤沙东起码头，西超过吴集。按目前所能得到的地形资料推测，自明代黄河倒灌以来，淤滩面积已达 200km² 上下。[1] 明万历中期清口淤沙七里，清康熙二十年时靳辅开清口引河，时洪泽湖常水位或中低时水面已退至武家墩以南、高堰以北，常水位下湖区距清口超过 10km。康熙前期至咸丰的 170 多年中，黄河倒灌不断发生。至 1855 年黄河改道前，清口淤滩的前缘已达今洪泽湖二河闸附近，常水位下的湖面自清口后退 20km（图 1.6－5）。

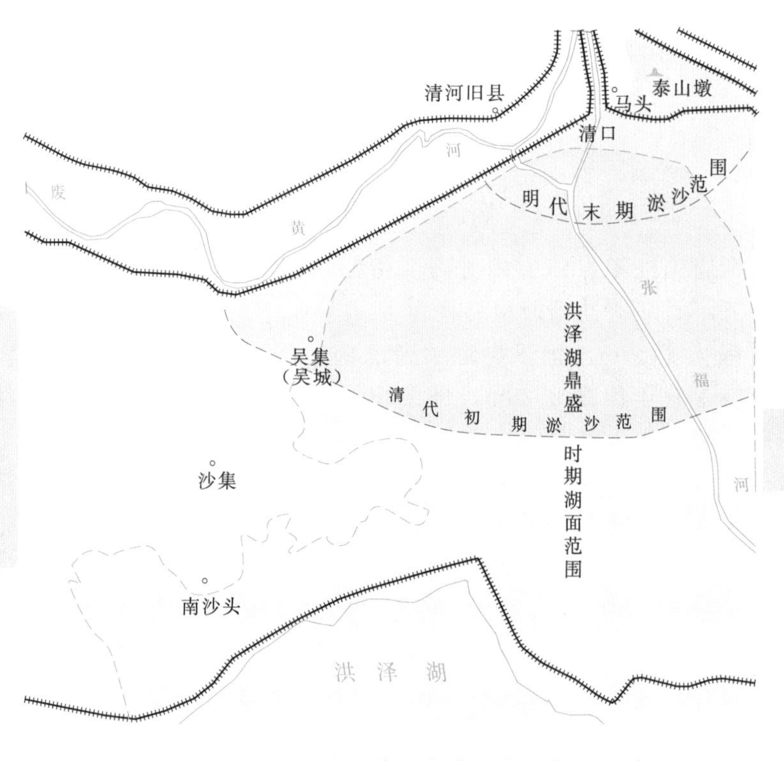

图 1.6－5　16—18 世纪洪泽湖清口淤积推进示意图

---

[1] 张卫东．洪泽湖水库的修建——17 世纪及以前的洪泽湖水利．南京：南京大学出版社，2009：81。作者根据十万分之一地形图量算，洪泽湖东北淤滩上吴集以东应为洼地，在 15m 等高线内，控制面积约 190km²，12m 等高线控制约 230km²，高程 11m 以上者约 260km²。

洪泽湖平面淤积变化另一个较大的区域是淮河入湖口的河口。南宋以来，黄河泛流由淮河中游各支流入湖，到黄河河道归于徐邳泗水故道，400多年来由淮干支流入湖，大量的泥沙随径流进入河道，为淮河入洪泽湖河口三角洲的发育提供了泥沙来源。淮河入洪泽湖河口原系河谷地带，在地形上呈向下游逐渐展宽的喇叭口状，泥沙很容易在这里落淤。明万历时，淮河入湖河口宽1～5km，形成很多浅滩。清康熙十九年泗州淹没后，洪泽湖水位大幅度的升降和大范围的回水，有利于河口江心洲的形成和河道分汊。道光年间（1820—1850年），河口洲滩逼近老子山。同治光绪时，河口段宽60km，长75km。❶

1.6.4.2 洪泽湖湖区淤积立面形态的演变

洪泽湖中部原是淮河故道，目前淮河两岸滩地高程10.5m以下已完全被泥沙填平，湖流主槽高程最低也在8.5m。现代洪泽湖中心区位于东南部，湖区西北东南向倾斜，这与洪泽湖形成前的地貌已完全不同。

黄河泥沙通过黄河倒灌、泛流汇入淮河支流，进入洪泽湖。清口和减水坝的运用在一定程度上减少了淤积量，但工程运用的影响是有限的。至清康熙十九年（1680年）靳辅治河时，将清口引河开深五尺（约1.6m）即可束水攻沙，即清口内外常水位高差在1.6m左右。道光末期，洪泽湖水已经不能出清口，1680—1830年150年间湖口至清口东北部淤积深度至少为1.6m。

对东北部清口，钻孔发现码头镇西北黄河夺淮前，淮河旧河床多在高程2.1～2.2m，洪泽湖形成后明万历末即17世纪初，湖底高程至少在6m以下，而湖东部原地形较高的地隆码头镇东南基础高程在9m左右。洪泽湖床发展到现在平均高程为10.5m，盱眙至老子山一带从当时高程7m以下发展到现在的12m左右。如果对1855年以后的淤积忽略不计，❷ 洪泽湖普遍淤高4.5～5m。若以淮河河槽为洪泽湖最低部，则淤积最深处约7m。从黄河倒灌逐渐频繁的万历七年（1579年）起，湖中心区域平均每年淤高1.5cm左右。

1.6.5 淮河大改道与近代洪泽湖（嘉庆元年至1949年）

清中期嘉庆至咸丰元年（1796—1850年）的50多年间，黄河对淮河和运河的影响主要表现在两方面：一是清口淤积继续发展，淮河出清口日趋困难，导致道光年间“蓄清刷黄”的终结，及咸丰元年（1851年）黄淮的分离，即淮河全河改道入长

---

❶ 王锡元，高延第．光绪盱眙县志稿（卷2）．见：中国地方志集成 江苏府县志辑第58辑．南京：江苏古籍出版社，1991：21-22。

❷ 根据20世纪50年代的调查资料，1938—1947年黄河南泛期间，洪泽湖最大淤积厚度为1.2m，平均淤高0.6m，增淤量约3.6亿m^3。见：《治淮汇刊》第三辑，第57页）。又有资料表明，整个湖盆每年大约下沉1mm（见：《地壳形变与地震》，1984年，第4卷，第一期）。由于现代洪泽湖仍处在较活跃的地质构造时期，尽管湖区仍有淤积，但总容积处于相对平衡的状态。

江；二是洪泽湖湖区淤高速率加快，康熙末年至嘉庆末年共抬升3～4m。[1] 随着河道和洪泽湖的淤积，淮河入洪泽湖的河口继续上移，逼近浮山，形成七里、女山等新的回水湖。至此，现代洪泽湖形态的塑造基本完成。

1.6.5.1 清中期以来的黄淮运的关系

在淮河即将改道入江之前的100年间，黄淮运形势已经发生重大变化：洪泽湖北高于南的形势日渐显著，清口段淤积为黄淮分离创造了条件，淮河主流南下入江的河势基本形成（图1.6-6）。

为维持运口的通行，自清乾隆二年（1737年）开始，运河河口段不断得以改造，以维持运河与黄河的衔接，减轻淮安洪水威胁。具体改造措施：一是开新河，二是筑堤防止洪泽湖洪水东溃。乾隆二年（1737年），南河总督高斌移天妃运口于旧口以南300m处。因黄河向南移，距运河惠济闸仅一堤之隔。为避开黄河决堤之险，自惠济闸北开新河7km，穿过原永济河，至庞家湾接运河，并在运口建通济、福兴、正越闸，连同惠济形成连续三组通航闸。乾隆四十一年（1776年），开陶庄引河，使黄河

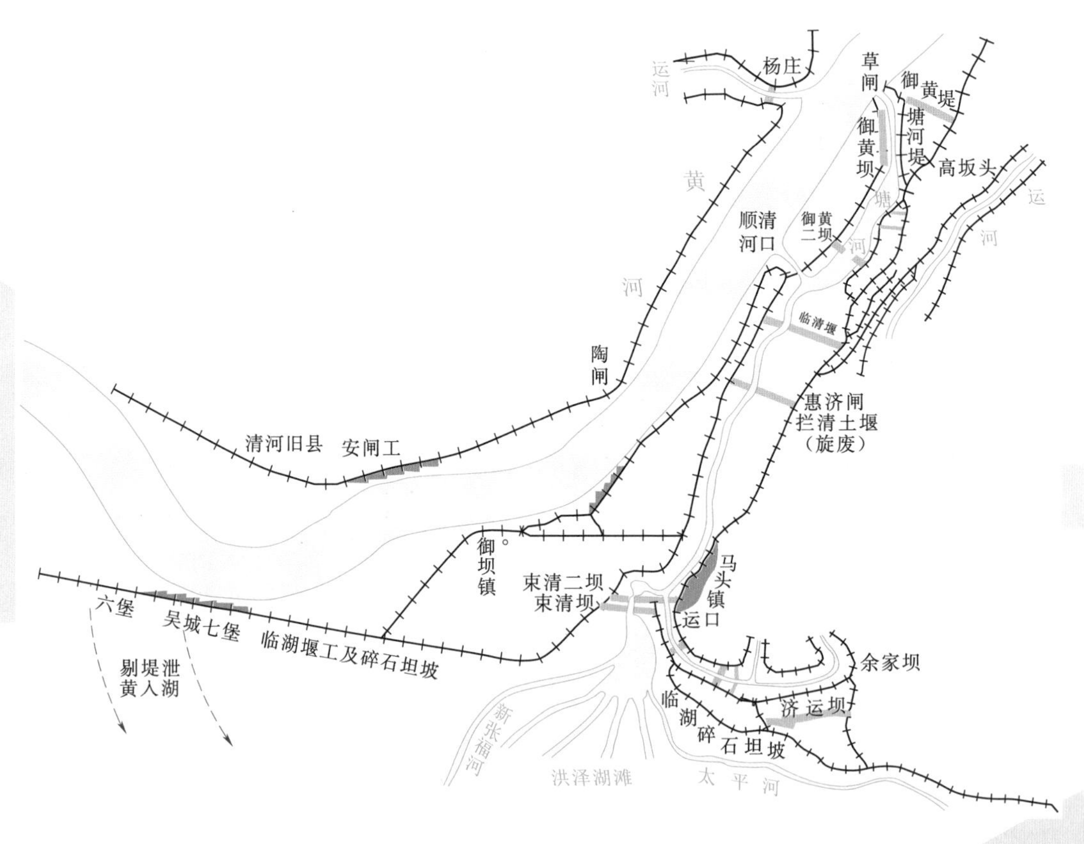

图1.6-6 嘉庆道光时期的洪泽湖北界与黄淮运关系

---

[1] 王庆，陈庆余．洪泽湖和淮河入洪泽湖河口的形成与演化．见：湖泊科学．1999，11（3）：238-244。

主流北移。清口引水渠延长后，惠济等六闸所在的运河段出天妃闸后，呈 180°的大弯道。时黄河已淤高，运河河道上的大弯平缓了运口段的坡度，使船只得以顺利出清口过黄河。为了防止洪泽湖洪水东冲运河，乾隆后开始修筑运河堤，运口段运河由自然状河道逐渐变成约束与堤防之内的渠道。

乾隆末年黄河倒灌清口、运河，造成运口段河道的严重淤积。嘉庆、道光时，在洪泽湖出清口的引河上修筑一系列季节性临时坝，于清口引河和黄河之间形成可以控制的口门，如此既能抵御黄水的倒灌，又能输清水冲刷河槽。临清口的坝称束清坝、临清堰；临黄河堤称御黄坝。嘉庆、道光时，几乎每年都展束御黄、束清二坝来调整清口淮水出流和防止黄河倒灌，同时通过高家堰减水坝的启闭来调整洪泽湖的水位。但是，淮河出清口水量日渐减少，黄河倒灌则趋于经常。两江总督铁保曾这样描述嘉庆八年（1803 年）前后清口一带黄河的淤积状况，“嘉庆七、八、九年，河底淤高八九尺到一丈不等，是以清水不能外出。”❶ 这一时期，运口同样淤高 3～4m 不等，原来 100～200m 左右的河宽，至此最窄仅 3m，最宽 20m 左右。深则由 2m 左右淤浅至 1m 左右。❷ 明万历以来形成的洪泽湖—高家堰—清口水利枢纽“蓄清刷黄”的功能和黄淮运交汇的格局至此终结。

道光年间，清口淤积严重，无法行船，不得不永久性封堵御黄束清两坝的口门，在二坝之间形成封闭的狭长水道。水道两端建草闸。过船时引清水灌入水道，船入束清坝；再关闭草闸，船驶向御黄坝，开坝口草闸出船。这时，两坝闸间所存清水为高水位，如高于黄河水，开闸后清水流出，直至内外水位齐平；如二者相当，则清水把黄水挡在门外。时清口运口段犹如一座大船闸，称“塘河”。以清黄二坝为“闸首”，以草闸为闸门，以二坝之间为闸室，这座“船闸”不仅有节蓄清水的作用，还有阻挡黄河水以免泥沙淤积的作用。这一工程措施被称为“倒塘济运”或“灌塘济运”。清黄四道坝启闭频繁，须动用大量的人力物力。塘河是船只的停泊地，漕粮运输时间集中，船只可以成批过塘，开闭一次可以有很大的通过量。倒塘济运是在不得已情况下使用的措施，塘河建成后，漕船几乎年年都要依靠灌塘济运，才能过黄河。

乾隆末期至嘉庆时，清口段黄河淤积速度达 12.2cm/年，清口以下至入海口河道纵比降接近零。❸ 随着黄河河床的不断淤积抬高，洪泽湖水位与黄河水位的差距越来越小，汛期黄河水位甚至高过洪泽湖水位。黄河越来越频繁的倒灌，使得嘉庆、道光时不得不在清口运河过黄河地段施行“灌塘济运”，即在运河入黄河的运口筑“御黄坝”，防止黄河倒灌，并筑“临清堰”，与御黄坝形成塘河；在运河与淮

---

❶ （清）铁保．筹全河治清口疏．见：（清）贺长龄，魏源．清经世文编（卷 100）．北京：中华书局，1992：2459。

❷ （民国）赵尔巽．清史稿（卷 127，河渠二）．北京：中华书局，1976：3786。

❸ 颜元亮．清代铜瓦厢改道前的黄河下游．见：水利史研究室五十周年学术论文集．北京：水利电力出版社，1986：188-192。

河汇合的清口筑“束清坝”，导淮入运口。如此，一方面防止黄河洪水入运河，另一方面接纳淮河清水入塘河，当黄低淮高时，开坝放船，使漕船出运口穿黄入对岸中运河。

1.6.5.2 淮河大改道

乾隆五十年（1785年），为阻止或减轻黄河倒灌入湖，堵闭清口张福河等4条引河。清口堵闭后仅10多年，至嘉庆年间，清口段黄河河床淤高超过洪泽湖口。道光时，淮河清口出路基本淤废，洪泽湖水难以自流入黄河。同治年间，随着黄淮的分离，运口引湖水济运的塘河也淤成平陆。道光二十九年（1829年）时，清口5条引河中仅存张福、太平二引河，不久太平河亦淤，在张福西冲开新河。时洪泽湖水域北距清口已经三十余里，高家堰前的淤积向湖心推移，随着高家堰南段减水坝的频繁启闭，“全湖大溜改趋蒋坝镇三河口”。❶

乾隆五十年（1785年），淮河流域大旱，洪泽湖干涸，黄河倒灌入湖。是年闭清口张福河等4条引河，修清口束清坝，淮河改自惠济祠入运口，至此淮河主流不再经清口与黄河合流。嘉庆元年（1796年），“湖水弱，清低于黄者丈余，淮遏不出”。闭清口只有11年，清口段黄河河床淤高就超过洪泽湖口。此后黄河几乎连年倒灌洪泽湖。道光末年，淮河清口出路基本淤废，在灌塘济运工程措施运用十几年后，淮河最终全河改道。咸丰元年（1851年），洪泽湖在礼坝（今三河闸）决口，淮河全河改道。此后礼坝一直没有修复，淮河经洪泽湖出礼坝下入白马湖，或东经运河进入里下河，或经高邮诸湖南下，在邵伯与运河合流后自江都三江口入长江，下游全程长185km。4年后，黄河亦改道恢复北行水道。黄河北徙后，洪泽湖淤积速度减缓。但是，洪泽湖700年的淤积，彻底改变了淮河中游以上河道水文和水动力学特性，以及淮河中游流域的自然状况。

1.6.5.3 淮河改道后的洪泽湖及其对淮河中游的影响

在明万历七年至清咸丰元年（1579—1850年）洪泽湖形成后的270多年里，随着湖区水位的不断升高，洪泽湖成为淮河中游河道的河流侵蚀基准面。淮河洪峰峰形趋缓，洪水位抬高，汛期延长。道光年间曾有11月、12月（即农历十月、十一月）淮河和洪泽湖水位不落反涨的记载。❷ 清口扇状淤积带的发展，使湖区中心移至蒋坝、盱眙间。盱眙淮河入湖湖口的湖面宽由清康熙时不足50m，发展到道光时宽约15km，光绪时则达到60km，❸ 湖区回水可上溯至涡河口附近，龟山以上至浮山段

---

❶ 武同举．淮系年表全编（第四册，全淮水道编）．两轩存稿本，1929：55。

❷ 河道总督孙玉庭道光二年十月十四日奏疏，河道总督张井道光六年十一月十九日奏疏．再续行水金鉴（黄河卷1）．武汉：湖北人民出版社，2004：125-126，348-349。

❸ 王锡元，高延第．光绪盱眙县志稿（卷2）．见：中国地方志集成 江苏府县志辑第58辑．南京：江苏古籍出版社，1991：21-22。当时人曾记载：“咸丰元年铜瓦厢决，河北徙，清口入海道虽存，而高仰不能东下，又为沂泗之水所隔。今洪泽湖受全淮之水，入淮之水全人焉，长130里，阔120里。下游由之他东七十里之礼字河东流入宝应湖……一自张福口东北流入运口。”

河湖不分。现代洪泽湖以盱眙至龟山为湖区前部，淮河入湖河口最终稳定于盱眙—黄岗之间。在淤积的作用下，道光时淮河河口常水位时断面宽达50km，河口段出现大量江心洲滩，形成牌坊滩、旗杆滩、城根滩、炮台滩等。洪泽湖以上形成了池河、田村、韩家、十八里、马过、七里、三城、女山、峰山、天井等湖泊。汛期它们与洪泽湖连为一体，冬春则缩为大小不等的塘浦。现代洪泽湖在淮河入江前后逐渐完成了其最后阶段的演变。

1938—1947年黄河短暂的南泛，使这些洲滩进一步发育。洪泽湖东南边界前缘至老子山以下，湖盆底平均高程约10.5m。汴河入淮段完全淤平后，睢水替代汴河功能下入溧河洼。溧河洼东接洪泽湖，常水位时最宽约10km，中部底高程高于洪泽湖约3m。安河承归仁集以上睢宁县龙河、白塘河和沙河诸河及汴河支流，最宽处约20km，底高程高于洪泽湖3m左右。安河洼以北是成子洼，最宽处约20km，洼中部高于洪泽湖4m。洪泽湖最北端天然河和张福河是淮河出清口最后的引河。天然河在西，道光时已经淤浅。

张福口至里运口为湖区后部，张福河是洪泽湖进入里运河的通道。张福河在洪泽湖的进水口宽100m，入运口宽约50m，底高程高于洪泽湖仅0.7m左右。洪泽湖以东的三河口是咸丰元年以后湖水东出入江的湖口。清代以来修筑的仁、义、礼、智、信减水五坝，是洪泽湖洪水调度的主要工程设施。三河口是其中礼坝以下的减水河，下入宝应湖。三河以下是高程低于9m的里下河。由于高家堰的挡水，在洪泽湖中东部形成大堤前的滩地。湖中部平均淤积厚度为5m，近岸为0.7～1.0m，整个湖底地貌不是盆状而是呈平碟状。平碟状的湖区地形使得洪泽湖的蓄滞洪能力极为有限，汛期在高程14.00m左右时，入湖水量和总泄量几乎持平（表1.6-1），使洪泽湖以下淮河下游入江和入海水道的泄洪压力加重。由于历史时期洪泽湖的淤积，以运河堤为界，造成运河东西高差悬殊，从而加重了里下河区的渍涝灾害。

表1.6-1　现代洪泽湖防洪能力特性指标

年　份	1954	1956	1963	1965
最大30天入湖水量/亿m^3	293.40	202.60	218.08	207
汛期入湖总量/亿m^3	646.60	646.50	576.90	360.60
湖泊滞蓄量/亿m^3	23.00	27.90	22.40	0
汛期总泄洪量/亿m^3	625.30	618.90	553.80	360.60
相应最高水位/m	15.30	14.35	14.48	14.17

注　以各典型年实测洪泽湖泄洪流量还原计算在相应流量状况下，现代治淮工程实施（即20世纪50年代以前）前的洪泽湖的各项相关指标。

数据引自：淮河水利委员会．中国江河防洪丛书（淮河卷）．北京：中国水利水电出版社，1996：437-438。

1938年，黄河在花园口决口，再次改道。1947年，董庄堵口后回复故道。黄河由多支泛道入淮，经洪泽湖入运河，经运河入长江。这一时期，黄河事实上成了长江的支流。黄河9年南泛，使洪泽湖湖底进一步淤高。20世纪30年代，洪泽湖中心尚未形成大的淤滩。黄河入淮9年，使湖中大部分区域被淤滩占据。据1950年、1951年的调查，洪泽湖大堤内湖滩宽达1km至数千米不等，部分滩地被开垦成田，更多滩地和近湖区域则成为沼泽，马狼岗沙嘴向湖中心延伸（图1.6－7）。淮河出入洪泽湖的主流有两条：一由盱眙入湖，折而东南经老子山由蒋坝三河口出湖；一由成子河南下蒋坝三河口。两股主流在马狼岗以东会合。高家堰堤前滩地向湖内延伸，天然河和张福河已经淤为平地。湖底高程反比中游蚌埠市河段河底高出2m多，泊岗以下淮河底出现明显的倒比降。中游河身抬高，各支流入淮口淤塞，从而加剧了淮河

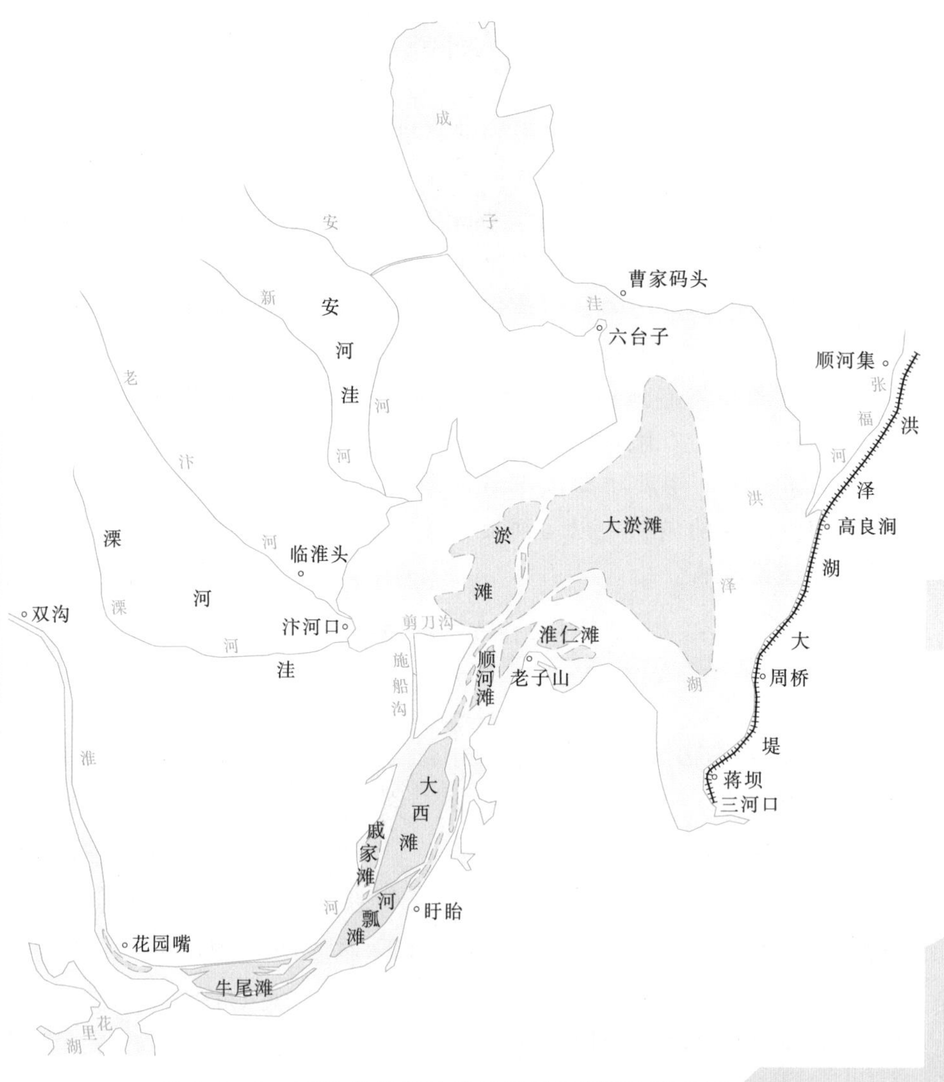

图1.6－7　1851年淮河改道后的洪泽湖湖区淤积分布

中游一系列湖泊洼地的形成和扩大。每遇汛期淮河大水，这些湖泊洼地洪水横流，成为天然滞洪地区。而淮河中游又地处我国中原腹地，两岸人口稠密，土地紧张，不得不向河滩要地要粮。黄河北徙后，汴口淤滩露出水面。20世纪初，洼地周边已经围垦成田。民国时期，这些行洪湖泊洼地都先后筑有标准不一的矮小堤防，以保护居民耕地，一般年份能保证麦收。20世纪50年代以来，为了保障淮北平原1000万亩耕地，及沿淮城市和津浦铁路的防洪安全，治淮委员会提议利用淮河两岸大部分湖泊洼地蓄洪、滞洪、行洪。至此，开始在淮河干流正式启用行、蓄洪区调度洪水。

咸丰元年（1850年），洪泽湖在礼坝（今三河闸）决口，淮河全河改道，其对洪泽湖和淮河中游河湖关系的重大影响主要反映在以下两个方面：

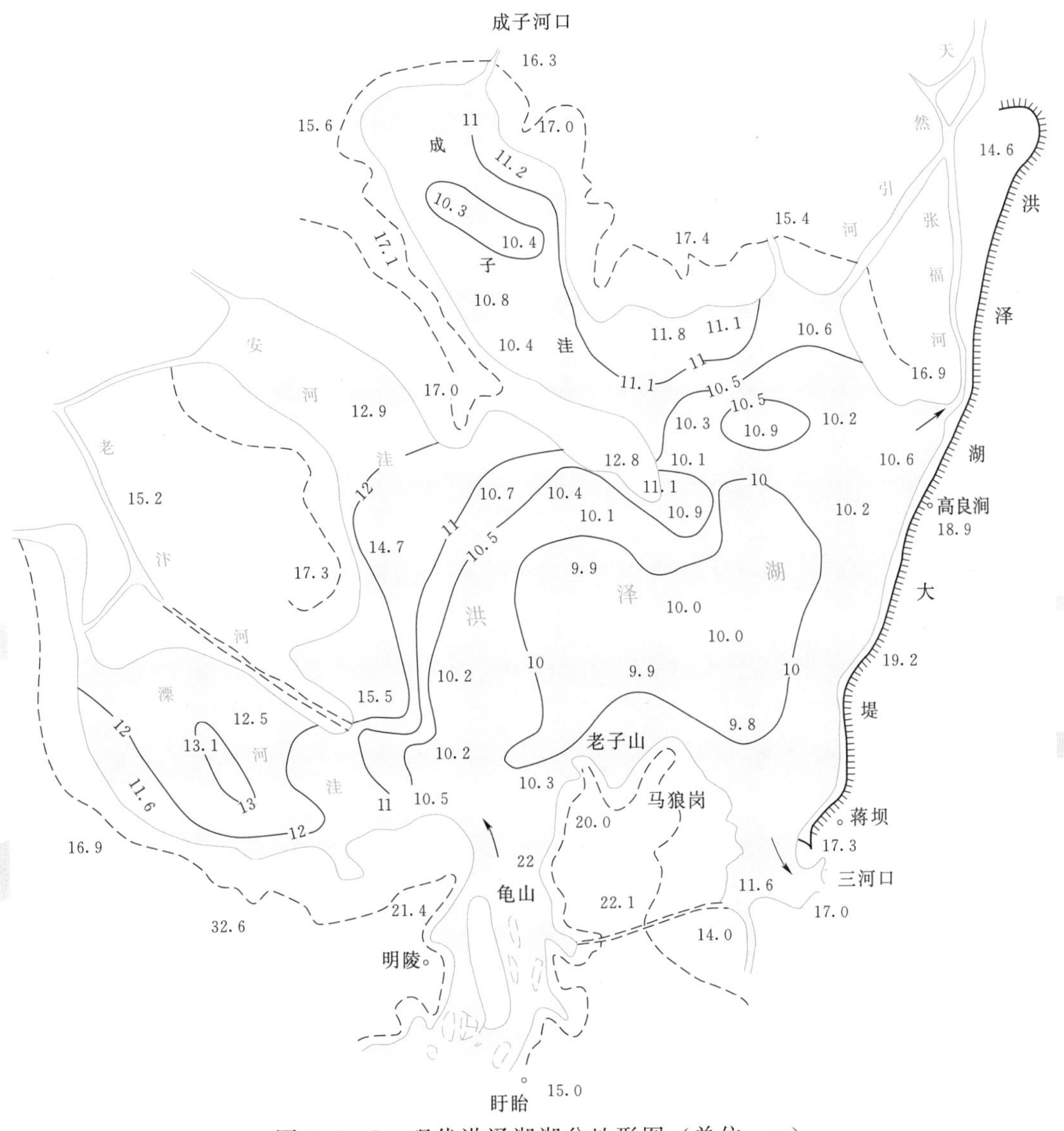

图1.6-8 现代洪泽湖湖盆地形图（单位：m）

（1）清口淤积的发展，导致洪泽湖地形由形成前的南高北低，演变为南低北高。淮河入湖的河口和洪泽湖入黄河的湖口相应后退；洪泽湖湖区中心南移至蒋坝以东位置，而洪泽湖的回水可上溯至接近浮山处。这一时期的淤积最终形成洪泽湖区北高南低的地形，从而奠定了现代洪泽湖的基本形态。

（2）淮河大改道使洪泽湖成为中游的侵蚀基点，且由于洪泽湖湖底地形的改变，致使洪泽湖基本失去蓄滞洪水的功能。汛期高水位对淮河中游产生顶托，洪水对里下河形成威胁，从而改变了淮河中游的河道特性。现代淮河中游蓄滞洪区，就是这一时期形成的洪涝积水区发展演变而来的（图1.6-8）。

1.7 结论

黄河夺淮的700年间，在黄河河道演变的主导下，在大规模水利活动的推动下，淮河中游河湖发生了巨大的变化，这在世界江河演变自然史中可能是绝无仅有的（图1.7-1～图1.7-5）。黄河、淮河和洪泽湖三者在其演变的进程中相互作用，共同造就了现代淮河和洪泽湖的自然特性，这也是现代淮河水问题产生的根源之一。

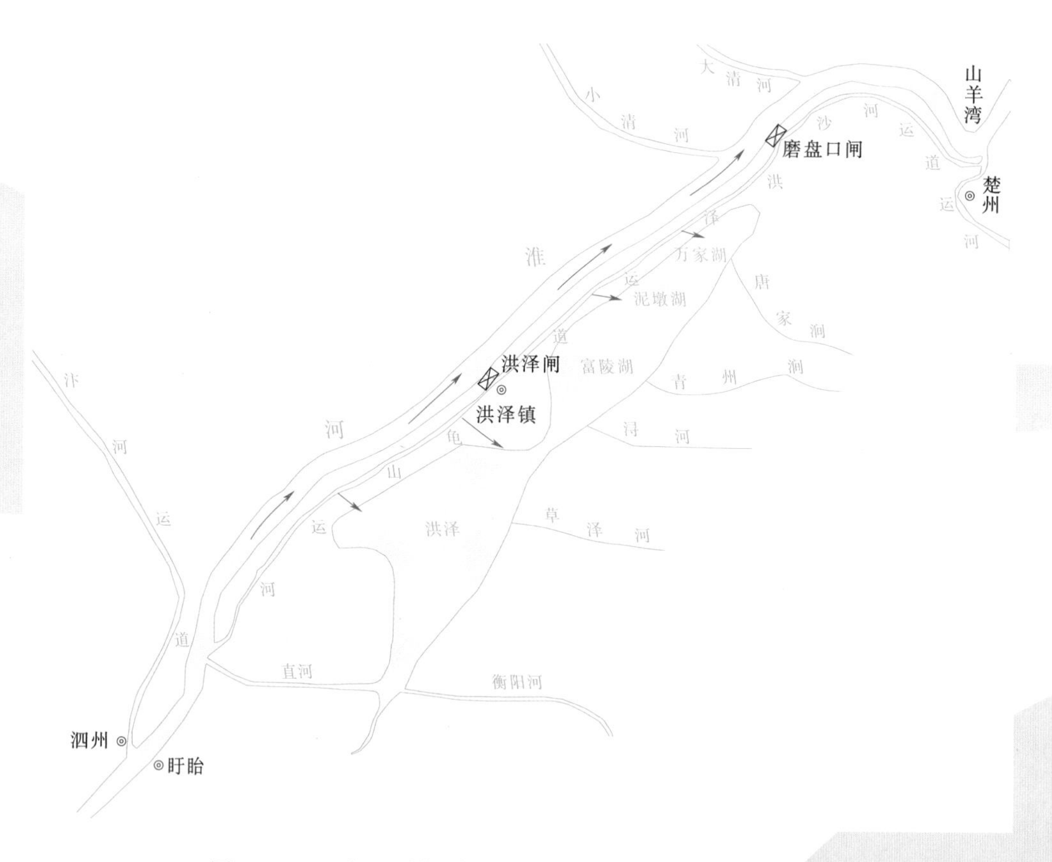

图1.7-1　宋元时期洪泽湖区域河湖关系（14世纪前）

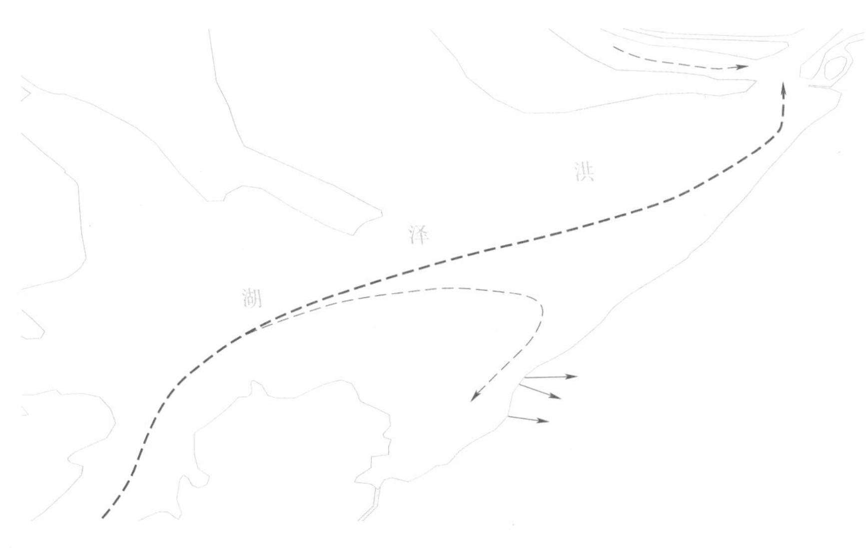

图 1.7-2　明万历七年至康熙十五年洪泽湖区域
河湖关系（1579—1676 年）

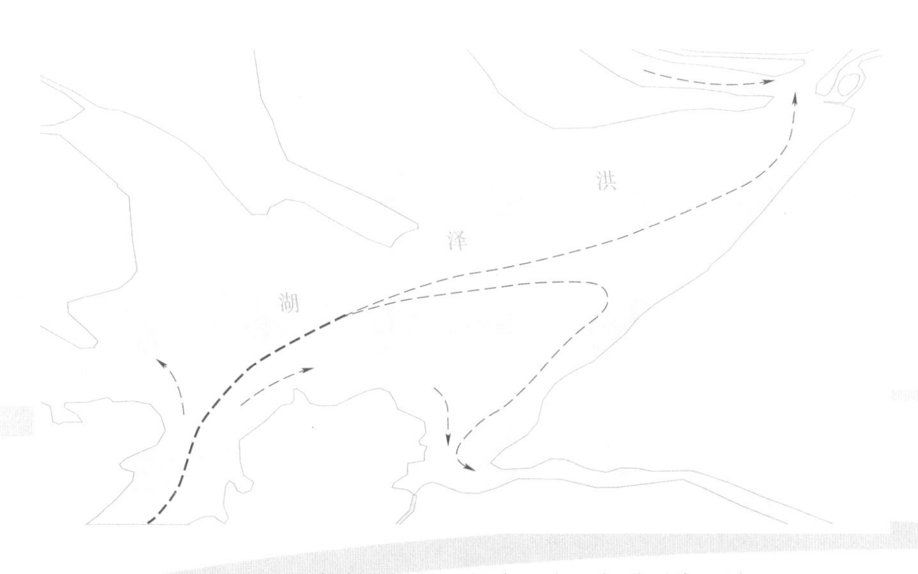

图 1.7-3　康熙十六年至乾隆四十一年洪泽湖区域
河湖关系（1677—1776 年）

本研究在采集整编河工档案、文献资料、地质勘测资料，以及现场考察的基础上，在吸收前人研究成果的基础上，重点对淮河中游河湖关系、淮河入洪泽湖的河口段（盱眙—泗州）、洪泽湖出口（清口）、湖区水域，以及高家堰至三河闸代表段的河湖特征进行了研究，尽可能对各时期河湖自然特性提出定量分析结论。但由于地勘基础资料的不足，以及历史文献定量记载的缺陷，很多分析结论还只能是定性的。

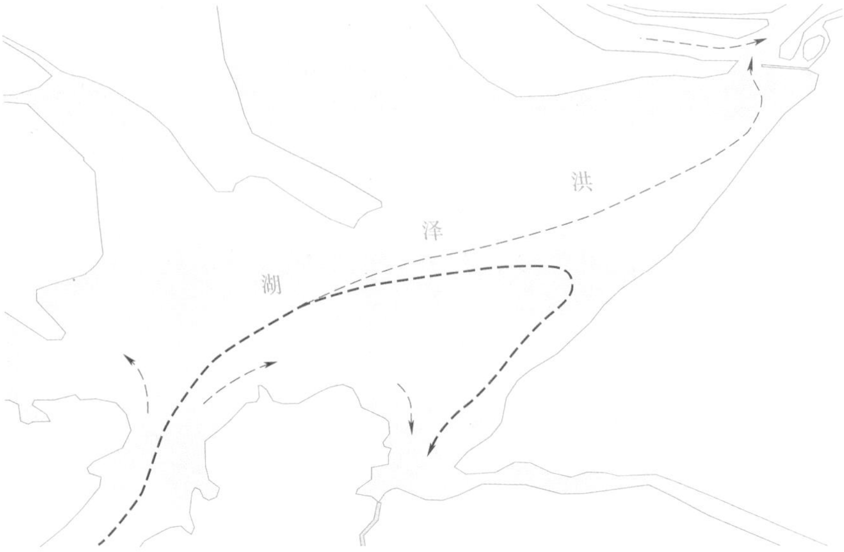

图 1.7－4　乾隆四十二年至道光三十年洪泽湖区域河湖关系（1777—1850 年）

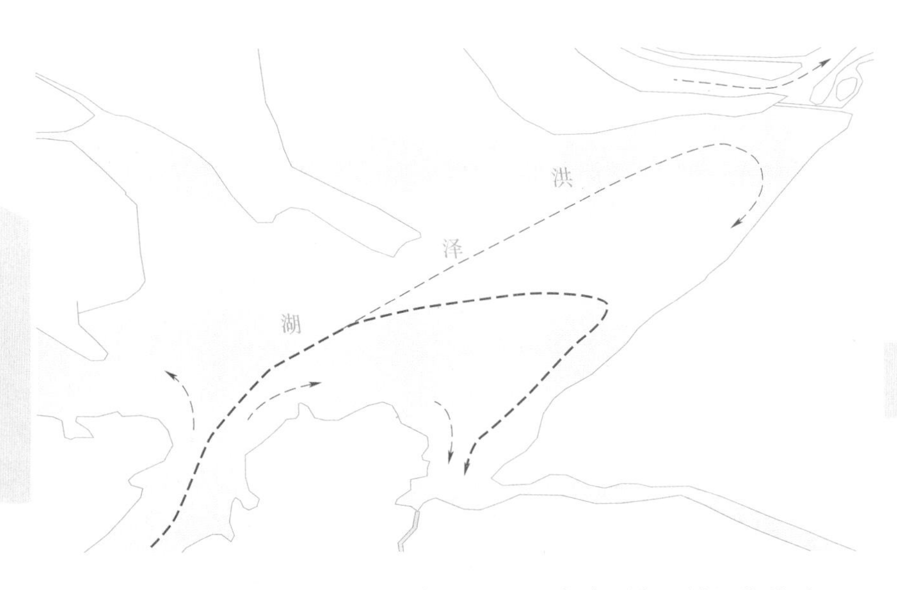

图 1.7－5　咸丰元年（1851 年）至 1953 年湖泽湖区域河湖关系

1.7.1　各历史时期淮河中游及洪泽湖的基本形态

黄河夺淮以后，在黄河河道大势的制约下，淮河中游河湖关系一直处于动态调整中，这一态势直到黄河恢复北行才逐渐趋于平缓。

600 年间淮河中游的河湖演变可以分为 5 个阶段：

（1）从黄河夺泗入淮至 14 世纪，在黄河主河道没有形成前，呈南北多支泛道，或南入淮，或北经山东运河自大清河入海。至明中期即14世纪末才逐渐稳定于原泗水下游水路，经由徐州、邳州至清口入淮。这一时期逐渐兴建的黄河干流堤防对黄淮合流入海的下游水道和淮河中游支流的演变，尤其是洪泽湖的形成具有重要的影响。

（2）明嘉靖四十四年（1565年），徐州以下徐州洪、吕梁洪淤平，这是黄河中下游淤积由量变到质变的转折。淮河高于运河，运河高于黄河的形势开始逆转。在确保漕运的目标下所进行的高家堰建设和运用推动了洪泽湖的形成。同时，泗水水系演变加速。微山湖、骆马湖等湖泊的形成，加快了泗水水系与淮河的分离，加剧了淮北平原的洪涝灾害，从而使淮河的治理更加复杂化。

（3）明万历七年至清康熙十九年（1579—1680年），这一时期潘季驯、靳辅在“束水攻沙”“蓄清刷黄”方略指导下对黄河堤防、高家堰进行了建设，从而在淮河中游末端形成洪泽湖。至此，淮河中游新的侵蚀基点开始形成。淮河中游各支流被黄河部分或全部夺河，致使淮北平原地形地貌发生较大的改变。泥沙淤积自北而南的推移，使隋唐宋时期仍然存在的黄河和淮河流域的湖泊逐渐消失。以1579年高家堰兴建为洪泽湖形成的标志，以1680年泗州沉没为洪泽湖水域扩张到历史时期最大的标志，全盛时期的洪泽湖最高年平均水位达到18m，相应洪泽湖湖区面积达到4000km^{2}或以上。同时洪泽湖湖口至清口的淤积从明万历二十三年（1595年）的3.5km延长到清康熙十六年时的5.0km。

（4）康熙二十年至乾隆四十九年（1681—1784年），淮河中游各支流尾闾季节性湖泊陆续出现。归仁集以下黄泛入湖水道成为黄河倒灌洪泽湖的主要通道之一，导致了淮河支流汴河、濉河、潼河等河道逐渐淤废或频繁改道，在其下游则形成新的入湖水道，成子河、安河、溧河等入湖口门扩张，成为洪泽湖的一部分。现代淮河入洪泽湖河口形成，宽约25km。至此淮河中游新的侵蚀基点基本形成。

经过黄河改道后400多年的淤积，至19世纪初，黄河河底高程已高于洪泽湖底2～3m，黄河在清口倒灌洪泽湖成为常态。乾隆中期洪泽湖湖盆北高南低的地形形成，并导致淮河河口不断向上游延伸。时汛期洪泽湖水位仍能高于黄河水位，至乾隆后期二者间的高差日益缩小。洪泽湖面常水位的水域退至距清口10km处，高家堰堤防前端淤积自码头延伸至黄罡段。乾隆初年，洪泽湖高家堰水利枢纽已较为完善，成为当时中国规模最大的水利工程，砌石堤全长65km，最高17m，设有溢流行洪闸坝分泄洪水。随着淮河出清口水量的减少，主流自湖东南或向东穿运河入海，或南下高邮、宝应诸湖自运河归江，淮河大改道的趋势开始出现。

（5）乾隆五十年至咸丰元年（1785—1851年），随着黄河河道淤积的积累，黄淮分离的趋势加快。从淮河不能出清口、运口塘河形成到淮河改道，还不到80年。乾隆中后期黄河日益频繁倒灌洪泽湖，至道光初戛然而止，这一阶段洪泽湖出口日渐萎缩，清口高家堰洪水调度影响逐渐减弱。至咸丰元年，高家堰礼坝决口，淮河最终改道自长江入海。

黄河倒灌洪泽湖，直接的后果是湖底淤积，盆地北高南低地形继续发展。洪泽湖的演变导致淮河中游干流和支流比降发生很大变化，汛期洪泽湖高水位顶托可上至霍邱，淮河中游干流新生湖泊扩大，现代淮河形态基本形成。

1851—1950年，咸丰元年淮河改道，咸丰五年黄河改道，随着淮河最重要的影响因素黄河泥沙的退出，淮河中游和洪泽湖进入了形成后的稳定时期。至此，淮河中游完成了在黄河和洪泽湖影响下的演变过程。尽管1938—1947年黄河入淮9年，但时间较为短暂，对淮河中游的总体影响不大。

(6) 在黄河演变大势的影响下，淮河干流、支流及湖泊的演变不是孤立的，它们形成了河湖互为作用、互为制约的演变态势。自1851年淮河大改道至1953年三河闸建成前，洪泽湖湖区沼泽化趋势显著，呈自然态平原河道特性。洪泽湖承受全淮之水，主流经宽约60km、长65km的口门，由礼河东流入宝应湖；少量水量则自张福口东北流入里运河运口。淮河入湖河口在淤积作用下，常水位时断面达到50km，河口段大量江心洲滩出现。近代因为洲滩的发展，湖区大规模的围垦，西南部的溧河洼被围垦近70%。

1938—1947年黄河短暂的南泛，促使洲滩进一步发育。洪泽湖东南边界前缘至老子山以下，湖盆底平均高程约10.5m。汴河入淮段完全淤平，睢水替代汴河功能下入溧河洼。溧河洼东接洪泽湖，常水位时最宽约10km，溧河洼的中部底高程高于洪泽湖约3m。安河洼承归仁集以上睢宁县龙河、白塘河和沙河诸河及汴河支流，最宽处约20km，底高程高于洪泽湖3m左右。成子洼最宽处约20km，洼中部底高程高于洪泽湖4m。洪泽湖最北端天然河和张福河是淮河出清口最后的引河。

由于高家堰的挡水作用，洪泽湖中东部成为大堤前的滩地。湖中部平均淤积厚约5m，近岸0.7～1.0m，整个湖底地貌不是盆状而是呈平碟状。平碟状的湖区地形使得洪泽湖的蓄滞洪功能基本丧失。自1851年淮河改道至1953年修三河闸期间，洪泽湖基本呈自然河道形态与淮河中游相连。

1.7.2 关于河湖演变机理的探讨

黄河夺淮期间，高泥沙含量的洪水对淮河流域河湖的影响主要从两条路径发生作用：①在徐州以上黄河夺淮主要流经泗水、汴水河道，时有黄泛洪水全河或部分夺中游涡、颍等支流，汇入淮河干流进入洪泽湖。这一路径的影响程度与决口地点有关，越接近黄河主流，影响越大，表现出淮北区黄河淤积层厚度由北而南递减。湖泊的消失和新生同样反映出黄河的这一作用。②自归仁堤清口段倒灌入湖，这是洪泽湖形成和演变的主要成因。黄河倒灌洪泽湖的进程与黄河河道的淤积密切相关。明万历末年至清顺治时，黄河倒灌还是偶然事件，只发生在黄河丰水年的汛期。随着黄河河道淤积的发展，康熙、乾隆时倒灌逐渐频繁，乾隆末年至嘉庆时几乎年年倒灌，倒灌速率随时间呈逐渐加快的趋势。然而，至道光时倒灌次数陡然减少，甚至不再发生。原因在于，黄河河道的普遍淤积最终使黄淮在清口分离，黄河和淮河的大改道几乎同时发生。以淤高的黄河为界，淮河的支流沂沭泗河被分割成独立的流域。

黄河巨量泥沙随洪水源源不断地进入洪泽湖，湖区地形相应发生改变，最终湖底被充填成平底。洪泽湖淤积的发展和湖底地形的演变，不断影响淮河中游干流和支流。淮河浮山至龟山段河谷首当其冲，成为淮河干流中游和湖区地形演变的节点。浮山峡口是淮河中游河谷基岩束窄段，河床受束深切。峡谷以下至龟山段受两岸地形约束，呈向洪泽湖逐渐展宽的喇叭口，淮河至此流速减缓。河湖相交段的水动力和边界条件有利于江心洲发育和河道分汊。江心洲的发育反过来又推动了三角洲向湖中的推进，并改变了淮河入湖后的水动力条件，使淮河入湖后的主流发生向右的偏转，经老子山直抵洪泽湖的最低处礼坝，最终导致淮河全河改道，以及洪泽湖河道化。这一过程中，水利工程的兴建和运用强化和推动了河湖演变的进程。对洪泽湖区域演变的内在因素（湖盆地形、地质条件）和外在动力（黄河影响和工程运用等），归纳如下：

（1）黄河泥沙入侵与水利工程运用的影响。黄河洪水进入洪泽湖的通道主要有4条：黄河改道初期，经淮河支流入淮河干流，再进入洪泽湖。自南宋建炎二年至明弘治末年（1128—1505年），黄河泛流主要经由汴河、颍河、涡河、濉河、泗水等入淮，这一阶段汴河被黄河泥沙淤废。经过明永乐以后的治理和黄河大堤的修筑，黄河逐渐稳定到原泗水河道，经砀山、徐州、睢宁、桃源，至清口汇淮入海。黄河在这条河道上经常自毛城铺、王家山、峰山等处减水坝闸分流入湖，或向南决口，经归仁堤减坝进入安河后再入洪泽湖。这条流路从明中期一直延续到清咸丰五年（1955年）黄河改道北徙前。清代黄河更多的是从桃源向南决口，破归仁堤后入湖；还有一条通道就是由清口倒灌入湖，这一通道从明末持续至清嘉庆时。黄河经由淮河支流的洪水泥沙沿程沉积，散布各支流及淮干，使淮河中游及淮河以北各支流淤高，对洪泽湖泥沙的贡献则相对较少。黄河自桃源、清口倒灌的路径是入湖泥沙的主要来源。依靠高家堰的运用来束水攻沙，延缓了淤积的进程。但是，清口黄淮合流段，泥沙淤积仍然远大于冲刷，至乾隆后期洪泽湖北高南低的地形形成，淮河难出清口，越来越多地经运河入宝应、高邮诸湖。嘉庆、道光时，淤积加速，黄淮最终分离。

（2）泥沙淤积与湖区形态的相关性。历史时期黄河入淮导致现代洪泽湖呈现出湖容积低，湖泊河道化，河道多汊等特点。就洪泽湖全湖而言，因受黄流内灌，泥沙散淤湖中，整个湖盆的变化相当显著。根据高家堰志桩的记载，17世纪时洪泽湖最高水位为12.88m，与现代13.0m的控制水位接近。若以记载的高家堰志桩存水一丈二尺五寸为当时湖水深度的平均值，则平均水深为4m，现代洪泽湖在13.0m高水位时平均水深为2.4m，则湖盆300年来平均抬高1.6m。估计多年的平均淤积速率在1cm/年左右。湖盆垂直淤积厚度，平均在3m以上。原湖深3.5m左右的为1～1.3m，据20世纪40年代的调查，洪泽湖汛期面积约为2400km^2，而常水时面积约1200km^2，如果忽略1938—1947年短暂淤积的影响，常水时湖中和沿湖的淤滩占总面积的50%。1938—1947年一次由支流入湖的黄泛，在洪泽湖中产生的最大淤滩高为 1.2m，面积达 200km²，造成的湖区平均淤积为 0.6m，新增淤积总量约 3.6 亿 m³。[1] 洪泽湖中部原是淮河故道，淮河两岸滩地在高程 10.5m 以下已完全被泥沙填平，湖盆最低处高程也在 8.5m 左右。现代洪泽湖中心区位于东南部，湖区西北东南向倾斜，这与洪泽湖形成前的地貌已完全不同。洪泽湖的东岸高家堰大堤内滨湖滩地的成长由北而南。这是在 400 多年间，清口运用、黄河倒灌、高家堰南端高良涧等减水坝和减水河泄洪的共同作用下形成的。

清口本是淮河自中游进入下游的起点，黄河夺淮成为黄淮运合流的起点。在高家堰堤建成前已经发生淤积，明嘉靖时开引河 3 里，淮河由引河出清口。康熙四十年有 7 条引河，河长 7 里，乾隆时增至 30 里，至道光时仅存天然河、张福河。洪泽湖东部地形以张福河口附近的顺和集为节点，向北至码头，地面高程 16m 左右；向南至三河口，地面高程 10.0～10.2m。洪泽湖形成后，清口成为高家堰枢纽调度洪水，实施“蓄清刷黄”的重要口门。黄河倒灌洪泽湖，致使清口湖滩南扩，泥沙淤积由西北向东南推进，滩地首先沿湖的北部和西部发展，并成为现今该湖滩地发育的基础。黄河倒灌是洪泽湖淤积的主要原因，在地形上形成距清口越近，淤积越厚的平面和垂直淤积形态。乾隆以前湖高于清口 2.3～3.3m，嘉庆以后清口逐渐淤垫。

16 世纪末，淮河入湖河口在盱眙—泗州城处，河口宽 1～5km。同治、光绪时，淮河入湖河口段宽 60km，长 75km。[2] 根据 1920 年的调查，至迟在 1850 年时，淮河入湖三角洲顶点已经上溯至浮山口附近。

洪泽湖形成前，淮河经由盱眙、泗州间河谷进入白水塘。这一区域呈南高北低，西高于东，湖高于河的地形特点。淮河与淮扬运河之间必须通过工程措施（运河或闸、坝等工程措施）来平衡两者的水位差。

明万历七年（1579 年）潘季驯在黄河溯源淤积临近清口时，为维持运河与黄河交汇段的水道畅通，制定“蓄清刷黄”的方略，筑高家堰，并封堵了淮河向东泄水道，企图以淮河清水冲刷黄河河道，洪泽湖由此形成。万历二十四年（1596 年）杨一魁建高家堰南武家墩、周家桥和高良涧减水闸坝，洪泽湖调节功能进一步完善。洪泽湖的运用受明祖陵防洪安全的制约，其间最高水位 8～9m（泗州附近）。

清康熙十六年（1677 年）靳辅加高高家堰，湖区向西向南扩展。这一时期淮河入湖后，主流呈 S 状，经由洪泽湖自清口黄淮合流入海，汛期小股湖流在高家堰中段形成环流，部分经由泄水坝东入宝应、高邮湖。两股湖流在清口和高家堰前形成淤滩。

随着清口淤积，横贯全湖的湖流主流减弱。嘉庆时清口淤滩快速发育，湖流演变为辐射状吞吐流。在高家堰武家墩、周家桥和高良涧辐射状吞吐流逐渐汇合南偏后，高家堰前形成带状滨湖滩地，主流折向南端三河出口，淮河全河改道条件成熟。

---

[1] 淮河中游治导工程查勘报告，第三版，治淮委员会工程部技术丛刊，1950，第二种。

[2] 王锡元，高延第．光绪盱眙县志稿（卷 2）．见：中国地方志集成 江苏府县志辑第 58 辑．南京：江苏古籍出版社，1991：21－22。

清咸丰元年（1851年），洪泽湖在三河决口，洪泽湖淤积速度减缓。淮河入湖后形成Ω状湖流，形成湖区自西北向东南滨湖淤积，以及众多湖心洲滩。黄河北徙后，1938—1947年黄河短暂夺淮，在入湖河口形成多个江心洲滩。洪泽湖的溧河洼、安河洼及成子洼的形成，与淮河支流濉河、黄河南泛入湖有关，与明清归仁堤及减水闸的兴建和运用有关。自明万历七年潘季驯筑归仁堤障遏濉黄入湖，到清康熙时建归仁堤各减水坝（闸），将濉河、黄河汛期洪水引入洪泽湖，反映出洪泽湖与黄河高差减少的趋势加快。在清口淤积发展的推动下，洪泽湖区西移，使溧河、濉河入湖前河湾逐渐扩展形成溧河洼、安河洼及成子洼，成为洪泽湖北界。

咸丰元年（1851年）前200多年洪泽湖平均水位以3～5cm/年的速率快速上升，水域范围沿河上溯，由此导致淮河中游基准面上升，使淮河入湖三角洲上溯至浮山口，形成浮山以下大柳巷滩、鲍家滩、寇家滩、冯公滩、赵公滩。1938—1947年黄泛后又有大淤滩、淤滩、顺河滩、淮仁滩等形成，其中位于原湖心的大淤滩面积达200km²，老子山以上河道也有新的洲滩形成。淮河河口入湖三角洲的发育，又使河口向湖中推进，现代淮河入洪泽湖三角洲形成。

综上所述，洪泽湖的演变可以概括为：洪泽湖湖底淤积，形成湖区周边洲滩，以及淮河入湖段即浮山—龟山段江心洲和河道分汊。这一过程导致地貌改变，在浮山以下形成湖高于河的倒比降地形特点，即洪泽湖中部高程10～11m，淮河入湖的河口老子山处高程9～10m，浮山段河底高程5～6m，高差4～5m，形成洪泽湖季节性高达4m左右的水位差，并大范围向中游壅水。

1.7.3 洪泽湖对淮河中游的影响

近400年洪泽湖清口和高家堰水利枢纽的运用、黄河高含沙水量的入侵，使洪泽湖湖区水文地质发生了极大的改变，形成了淮河蚌埠以下至盱眙河湖过渡带湖高于河的地形差。地形高差对淮河中游干流行水的影响直至今日。

洪泽湖演变对淮河的影响可从以下三方面进行归纳。

1. 从洪泽湖对淮河中游平面形态的影响

洪泽湖北高南低的扇状淤积，造成湖区中部滞水，以致洪水下泄路径迂回。洪泽湖水只有少量入运河（20世纪50年代后苏北灌渠建成，21世纪初入海水道建成后，情况略有改变），主流折向东南部的三河口，湖流平面上呈Ω状，从而延缓了洪水出湖的时间，导致洪泽湖水位居高不下，湖区以上淮河中游回水区域水位较长时间内持续高水位。随着水位的上升，淮河入湖河口不断扩宽。盱眙附近水面明万历时尚不到500m，光绪时已宽达15km，“清康熙以前与泗州城仅隔一淮，今则瞻顾苍茫，水天一色。”[1]

峡石、荆山、浮山是淮河中游三处峡口，各峡口段南北淮河干流都没有分泄洪

[1] 武同举．淮系年表全编（第四册，全淮水道）．两轩存稿本，1929：51。

水的通道，峡口阻水抬高了河道洪水位。清乾隆以后在洪泽湖湖区南移，湖底普遍淤高的情况下，洪泽湖进入高水位运用时期。不能顺利下行的淮河洪水向入淮各支流倒灌，道光时开始形成沿淮各支流入淮口门段数月乃至经年积水不退的季节性滞水塘泊，是为现代淮河中游的蓄滞洪区的前身。

淮河洪河口以下至洪泽湖为中游，流经地形平缓的平原。洪泽湖高水位顶托对淮河中游潴水的影响范围如何？从清代后期记载中可以发现，洪泽湖淤积南移导致淮河壅水快速上移，回水已经到达中游第一个峡口，即峡石口以上。这一现象的发生时间应该在清嘉庆末年道光初年，即1820年前后。道光元年（1820年），御史谭言蔼奏请疏浚峡石、荆山、浮山三口，其时临淮岗以下已经“岁涝，每有淹浸之患”。[1] 中游的渍涝问题凸现出来，季节性湖泊开始出现。如安徽寿县的寿西湖，在光绪时城西每当夏秋淮河涨漫，城西便汇集成湖，水深在3m以上。根据20世纪20年代对淮河中游实地考察推测，时洪泽湖壅水可能上溯涡河口附近。20世纪30年代时，以淮河中游三处峡口为界，沿淮河干流各区段的主要积水水域如下[2]：

（1）峡石口。峡石口今名峡山口，位于八公山西北，淮河流经的颍河峡谷东称霸王山，西为禹王山，峡宽300m。峡山口以上，淮河左岸主要有洪河、西淝河，右岸主要有瓦埠河、淠河等支流汇入。淮河大涨时，在淮河上游来水、洪泽湖高水位顶托、峡谷束水等的多重作用下，寿县以上至淮滨县形成季节性潴水区。在这一区段，淮河、西淝河并涨时，两河之间田庐尽成泽国，沿淮两岸冬春季节水深仍达1m上下。较长时期的积水和沉积，导致淮河各支流入淮口的膨大，形成寿县瓦埠湖（瓦埠河）、寿西湖（淠河），霍邱县城东湖（淠河）、城西湖（沣河），阜南县濛洼（洪河）等潴水区。

（2）荆山口。荆山口又名岫峡口，在怀远县南，由淮河左岸的荆山和右岸的涂山组成。涡河在怀远县东入淮河。荆山和涂山是淮南平原的孤山，受黄泛的影响，淮河两岸地形平衍。汛期淮河洪水一般倒灌涡河、芡河15km左右。清道光以后在涡河下游入淮口形成荆山湖，在洛河入淮段有洛河洼。此外，小河口、庐家沟口、柳沟口、尹家沟口等都是淮河倒灌形成的潴水区。

（3）浮山峡。浮山峡由浮山和潼河山形成，连绵数十里，峡内淮河宽180m，河床高程4m，是淮河中游最低的地段，现代地质构造运动依然比较频繁。峡口以下有潼河（今怀洪新河）、石梁河等入淮，峡口以上左岸有淝河，右岸有小溪河、濠河等入淮。因为有较长的峡谷，距离洪泽湖最近的峡口受洪泽湖倒灌的影响最大。浮山峡以上花园湖（小溪河、板桥河）、沱湖（唐河）、香涧湖（浍河，今怀洪新河）、天井湖（潼河）等应该是清乾隆以后形成的季节性湖泊。

浮山以下从五河县至盱眙间已经河湖与滩不分，淮河长约70km，宽由不到2km

---

[1] 中国水利水电科学研究院水利史研究室编校．再续行水金鉴（淮河卷）．武汉：湖北人民出版社，2004：3－4。

[2] 武同举．淮系年表全编（第四册，全淮水道）．两轩存稿本，1929：28－51。

至冯家滩展宽到10km，汛期水位上升，水面可漫至山麓。潼河上承睢水，汇唐河等至下草湾入洪泽湖溧河洼。汛期淮河大涨时，可自浮山对岸巉石山倒灌入潼河，并挟潼河而上至天井湖。淮河在这一段有两条支流自南而北汇入，受洪泽湖影响，形成了女山湖（池河）和七里湖（白沙河）。

2. 从洪泽湖湖底与淮河河底的纵向关系

在洪泽湖区域地形湖高于河倒比降逐渐演进的过程中，对淮河中游的影响日渐显现（图1.7-6）。由于黄河倒灌造成洪泽湖湖盆3m以上的垂直淤积，原来起伏不平的河—涧—湖地形，演变成平碟状的湖床地形。淮河干流盱眙以上至蚌埠底高程低于湖底。据20世纪30年代的调查，湖底高程10m；盱眙淮河入湖段淮河底高程9.23m（低于湖底高程0.77m）；上溯至五河县，淮河底高程7.94m（低于湖底2.06m）；上溯至临淮关，淮河底高程3.30m（低于湖底6.7m）；上溯至蚌埠，淮河底高程7.71m（低于湖底2.29m）；上溯至正阳关，淮河底高程12.49m（高于湖底高程2.49m）。[1] 淮河蚌埠以下至盱眙湖口长约150km的河道，河底低于湖底0.77～6.7m不等。湖底与河底如此大的反比降，导致淮河中游洪水既难下泄，洪泽湖又不能蓄的被动局面。

清嘉庆末年，洪泽湖水位对淮河中游的影响已经远至蚌埠以上。嘉庆二十三年（1818年）淮河回水上至怀远，从怀远大三岔至沫河口形成长约30km，宽1～2km，水深2～6m不等的滞水带。道光二年（1822年），由于洪泽湖及淮河正阳关水位居高不下，至十月仍难以封堵礼河口和智字坝。[2] 时人曾指出："淮之下流不能畅，遂则上游滨淮州县之水无所归，而淮不可治。"[3]

黄河夺淮，多支泛流侵犯淮河支流，使淮河中游的河相特征发生很大的变化。与淮河河道发生重大演化的同时，洪泽湖没能通过"蓄清刷黄"的工程措施达到既定目标，也没能阻止黄河高含沙水流对夺淮水道的淤废，最终导致淮河自洪泽湖以下的大改道。黄河泥沙使洪泽湖的区域地形也发生了根本的变化，由南高北低，河湖分离的形势，改变为北高南低的平碟状。

3. 洪泽湖水位与淮河中游水位的相关性

1851年，洪泽湖高家堰南端礼坝决口，淮河主溜由此南下，至此再未回复故道。1953年在礼坝大决口处建成三河闸，三河闸底板高程7.5m，这是河道化的洪泽湖死水位以下的最低高程。在此期间，洪泽湖水位受淮河来水的影响，呈平原河道的自然特征。这一时期的河湖关系可以代表洪泽湖水位降至最低点即河道化状态下的河湖关系（图1.7-6）。

---

[1] 武同举．淮系年表全编（第四册，全淮水道）．两轩存稿本，1929：52。

[2] 中国水利水电科学研究院水利史研究室编校．再续行水金鉴（淮河卷）．武汉：湖北人民出版社，2004：12-13。道光二年十月十四日，孙玉庭，黎世序奏："据正阳关具报，淮水有长二尺余寸。是以湖水不见消，复又报长三寸。所有智字坝、礼字坝尚应缓堵，以资分泄。"

[3] （清）黎世序．续行水金鉴（卷63）．上海：商务印书馆，1937：1409。

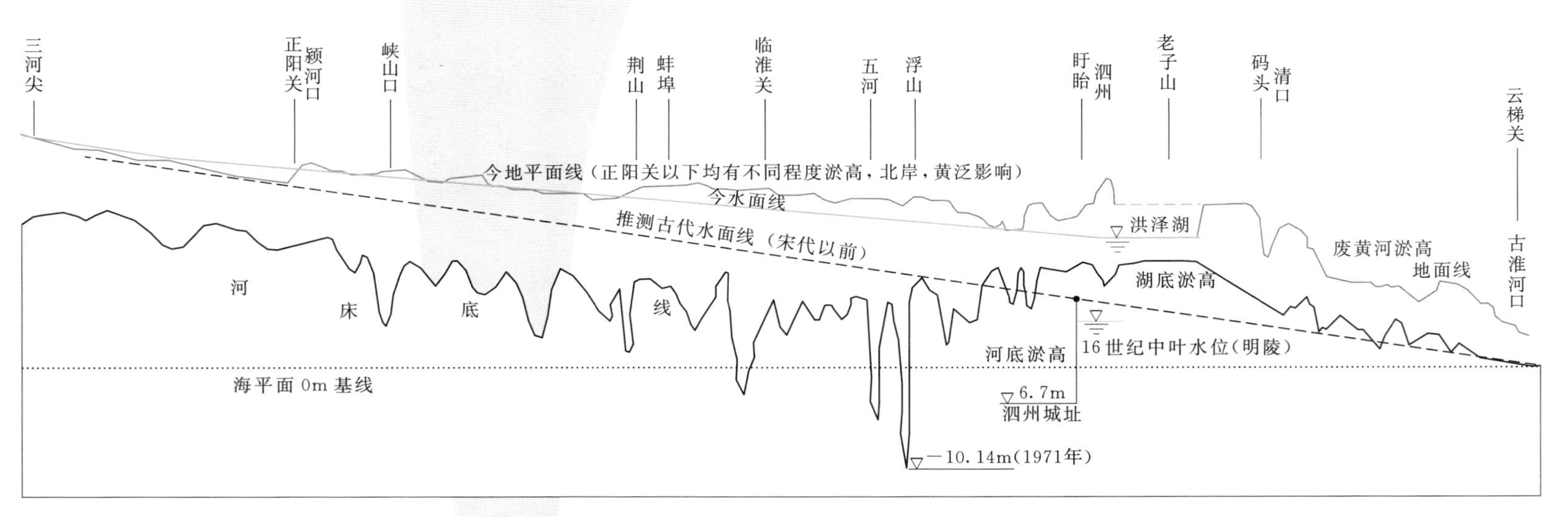

图 1.7-6　淮河中游至洪泽湖纵断面演变图

注：1. 图据《治淮会刊》（第三辑），徐近之，《淮北平原与淮河中游的地文》文中淮河两岸地面高程图（p45）改绘。

2. 16 世纪中叶水位，据（明）刘天和《问水集》记载，1534 年祖陵高于淮河常水位 2.31 丈（约 7.4m）。

1851—1950 年的 100 年是淮河改道归江后，淮河中游及洪泽湖恰好处于自然状态的时期。1736—1801 年洪泽湖多年最高平均水位为 12.99m，1802—1850 年多年平均最高水位为 15.01m。这反映出，在洪泽湖淤积发育过程中，湖区水位上升，而调蓄的功能却同步衰减。表 1.7-1 反映出在淮河改道后的 100 年间，自然状态下的洪泽湖水位 3 次超过 16.00m；在三河闸建闸前后，汛期洪泽湖水位变化对淮河中游影响并不显著。

表 1.7-1　典型场次洪水淮河中游与洪泽湖水文特性指标比较

年份	淮河中游（蚌埠站）			洪泽湖（蒋坝站/中渡）			备　注
	时间	水位/m	流量/(m^3/s)	时间	水位/m	流量/(m^3/s)	
1921	8 月 19 日	20.09	15000	9 月 7 日	16.00	14600	20 世纪历时最长，120 天洪量最大洪水，开放归海坝，保全了里运河东堤
1931	7 月 15 日	24.76	16957	8 月 8 日	16.26	11112	黄河北徙后洪泽湖最高水位。开放归海坝里运河溃口 80 多处，死亡 75000 人，20 世纪灾害最重
1950	8 月 24 日	21.15	8900	8 月 10 日	13.38	12770	暴雨洪水历时较 1921 年、1931 年短，但水量集中。洪泽湖以上，淮水倒灌花园湖
1954	8 月 2 日	22.18	11600	8 月 16 日	15.22	10700	淮河中游行蓄滞洪区进洪拦洪 217 亿 m^3，灾区集中淮河中游

注　本表数据引自：①淮河水利委员会编．淮河规划志．北京：科学出版社，2005；②淮河水利委员会编．中国江河防洪丛书（淮河卷）．北京：中国水利水电出版社，1999。

黄河主导下的河湖演变，使淮北平原在 700 年间发生了巨大的改变。淮河中游干支流河道由陡变缓，众多湖泊或湮灭或产生，洪泽湖从形成到湖盆地形发生根本性改变。这是现代淮河水问题的根源所在。当代淮河流域规划、水利建设、水利工程运用正是在这样特定自然地理环境背景下进行的。未来治淮也同样是在认知自然、适应自然的基础上，通过科学规划和工程建设达到完善和改造自然的目标，实现流域的人水和谐。

2

淮河流域旱涝灾害气候特征研究

2.1 概述

淮河流域是我国旱涝灾害最为严重的地区之一。从淮河形成以来，由于其特殊的地理和气候环境，几乎每年都不同程度地受到洪涝和干旱灾害的影响，给人民生活和社会经济带来严重损失。然而，作为造成淮河流域严重旱涝灾害的气候背景和特征，却一直缺乏系统全面的研究。现在，全球气候变化和气候灾害受到世界各国和全社会的高度关注，气候变化带来的极端事件频繁发生，影响越来越大。因此，为了有效地预防淮河流域的旱涝灾害，把淮河旱涝灾害的损失减轻到最低程度，保障流域社会经济的可持续发展，必须对淮河流域的若干气候问题进行研究，得出较为明确的认识。

长期以来，围绕淮河流域旱涝灾害的一些气候问题主要包括：①淮河流域地处北亚热带和南温带的气候过渡带的气候特征及其对淮河流域旱涝的影响是什么？②形成淮河流域特大旱涝灾害的主要天气系统和大气环流背景是什么？③最主要的洪涝地区——淮河中游的气候特点是什么？④历史时期淮河流域旱涝灾害的变化规律及其与气候变化的关系如何？⑤未来淮河流域的气候和旱涝趋势将会怎样演变？这些问题必须回答，但却又相当复杂。这里，根据“淮河流域旱涝气候特征研究”课题组几年来的工作，经过整理文献、分析研究结果及综合前人的有关成果对上述问题从六个方面加以论述，给出简要的结论。

2.2 淮河流域历史气候变化

中国近代气象学家、历史气候变化研究的开拓者竺可桢利用中国历史文献中自然物候与灾害记载首次建立了过去2000年的中国东部地区温度变化曲线，他认为过去2000年以来中国气候总体呈转冷趋势，秦汉、隋唐时期明显温暖（比现今高1～2℃），魏晋南北朝及宋、元、明、清时期气候寒冷。

淮河流域是中国历史上农耕文化发达地区，这里人类活动历史悠久，人口稠密，

历史文献记载丰富。20世纪80年代以来，中国许多气象和气候研究学者利用史料所重建的这一地区有代表性的历史温度变化序列有8条，均具有年代际分辨率，长度达500年以上。葛全胜等（2011年）又对序列部分时段的温度距平值加以修正，归纳了近2000年以来的东中部地区的冷暖变化特征（图2.2-1）。

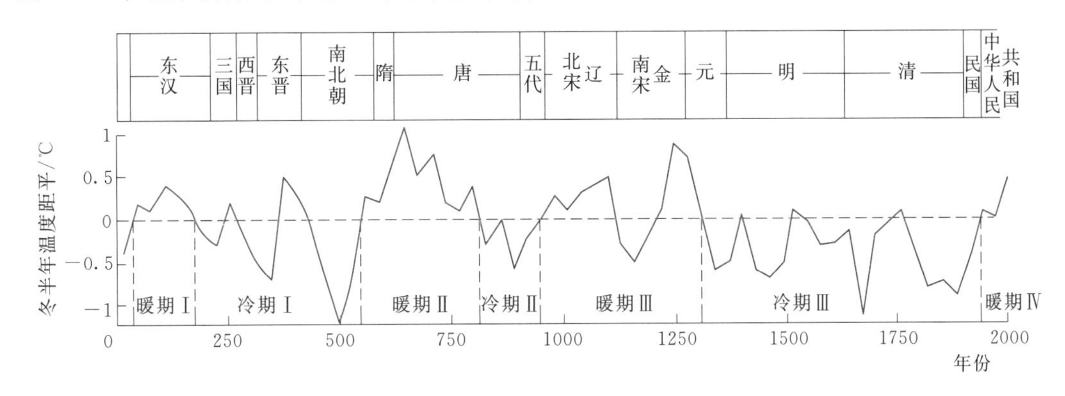

图2.2-1　中国历史朝代与气候变化

（《中国历朝气候变化》，葛全胜等，2011年）

2.2.1　冷暖变化特点

从中国历史上的东汉朝代以来，在2000年的历史长河中，中国中东部地区（涵盖了淮河流域）经历了3次暖冷的变化周期，冷暖变化主要有以下七个阶段。

第一阶段（公元前210—公元180年），大致对应秦朝至东汉—后汉后期，气候相对温暖，冬半年平均温度较今高0.27℃。

第二阶段（181—540年），大致对应东汉末、三国、两晋、南朝梁时段，气候总体寒冷，冬半年平均温度较今低0.25℃以上。

第三阶段（541—810年），大致对应南朝陈至中唐这一时段，气候总体上为持续温暖态势，冬半年平均温度较今高0.48℃，其中最暖30年出现在631—660年，其冬半年平均温度较今高1℃。

第四阶段（811—930年），大致对应唐后期至五代前期，气候总体寒冷，冬半年平均温度较今约低0.25℃。

第五阶段（931—1320年），对应五代后期、南宋、北宋至元代中期，气候相对温暖，冬半年平均温度较今约高0.18℃。这一阶段冷暖波动幅度较大，最暖30年（1231—1260年）较今高约0.9℃，最冷30年（1141—1170年）则较今低0.5℃，二者相差1.4℃。

第六阶段（1321—1920年），对应于元代后期、明、清及民国初期，气候相对寒冷，冬半年平均温度较今低约0.3℃。

1420—1520年，淮河流域气候偏冷。史料中关于华中、华东地区气候寒冷事件的记载逐渐增多，淮河、汉水、太湖等河流湖泊都曾出现多年次的结冰现象，甚至出现海冰现象。据史载，1453—1454 年冬，“淮东之海冰四十余里”，淮河结冰，“凤阳八卫二三月雨雪不止，伤麦”。弘治六年（1493 年），江苏淮安县“自十月至十二月，雨雪连绵，大寒凝海，即唐长庆二年海水冰二百里之类”。孢粉、泥炭与石笋等自然证据也证明 15 世纪气候十分寒冷。

1530—1550 年，淮河流域气候偏暖。华中地区气候已回暖至近乎明朝初期的程度。1560—1690 年，淮河流域气候寒冷。1560 年冬至 1561 年春，华中、华东各地大范围出现严重的冰雪灾害，淮河出现封冻。淮河流域周边各地江湖结冰现象以及异常初、终霜雪记载增多。1620 年冬至 1621 年春，安徽、江西、湖北、湖南四省出现长达四十余日的冰雪天气，淮河下游、汉水及洞庭湖严重封冻；江苏涟水县在 1637 年和 1642 年分别出现“四月大雪杀禾”和“立夏大霜”的极端天气。该时段内我国东中部地区最冷十年（1650—1660 年）冬季温度较 1951—1980 年低 1.3℃。1653 年冬，“大雨雪四十余日，烈风沍寒，冰雪塞路，断绝行人，野鸟僵死，市上束薪三十钱，烟爨几绝”“烈风沍寒，冰雪塞路四十余日，行旅断绝”“冬，淮冰合”。

1700—1770 年是气候相对温暖期。其间最冷的年代出现在 1720 年，东中部地区冬季温度较 1951—1980 年平均偏低 0.2℃；最暖年代出现在 1700 年和 1760 年，东中部地区冬季温度较 1951—1980 年平均暖 0.3℃。

1780—1900 年，淮河流域气候寒冷。1870—1880 年是最冷的十年，我国东中部地区冬季温度较 1951—1980 年平均低 1.4℃，此后温度呈现快速上升趋势，1870 年是气候由冷向暖的转折时期。

第七阶段（1921 年至今），气候温暖，且在波动中逐渐增暖，从过去气候千年尺度变化自相似特征及百年冷暖的自然波动过程看，该阶段正处于时长 200～250 年的重现暖周期中。1981 年以来的增暖幅度已接近过去 2000 年中温暖时期升温的最高水平。虽然 20 世纪的增暖情形在过去 2000 年中并不是唯一的，但如此大的升温幅度在历史上也是极为少见的。

2.2.2 干湿变化特点

淮河流域地处东亚季风区，旱涝记载十分丰富。利用历史文献资料，我国东部季风区的干湿、旱涝变化研究取得了很大进展（郑斯中等，1977；王绍武，赵宗慈，1979；张德二等，1997)。《中国历朝气候变化》对淮河流域的干湿变化作了较为详尽的论述。

东汉至魏时期（公元 1 世纪初至 260 年）的干湿以年代际波动为主要特征：西晋时偏湿，东晋时偏干，南北朝初（约 430 年）转湿，中后期持续转干；隋至唐偏湿，但年代际波动极显著；五代至北宋初（约 990 年）仍总体湿润，仅五代后期（约 10 世纪 40 年代）较干；北宋前期至南宋中后期（约 13 世纪 20 年代之前）在波动中逐渐趋干；南宋后期至元末（约 14 世纪 50 年代之前）总体偏湿。

明初时（1400—1420 年）淮河流域偏湿，最湿润的时段出现在 1420 年。1430 年前后转干，1545 年后转湿，淮河流域旱涝交替变化，存在年代际的波动，但总体而

言该时段偏干，史载1433年春“以两京、河南、山东、山西久旱，遣使赈恤”。1550—1600年淮河流域偏湿，期间出现了两次长的连涝期1564—1571年和1573—1580年。1610年至明末则偏干，期间出现一次长的连旱期1638—1643年。明末这次连旱事件有可能是中国东部地区过去2000年最为严重的一次持续性旱灾。清代（1650—1900年）总体上淮河流域偏湿，降水变化相对稳定，干湿变率均较小。其中1730—1760年、1820—1840年和1890—1900年降水十分丰沛；1780—1800年相对于湿润期有些偏干，1860—1870年略偏干。清朝文献中记载了大量的洪涝事件。如乾隆二十年（1755年），自夏至秋大水，山东、江苏、浙江、安徽、湖北、湖南、云南和广东等地受其影响，禾苗尽淹，农业歉收，民大饥。江苏“自二月雨，至八月止。八月江溢，九月海溢”；山东“秋七月，大风雨，伤禾稼，房屋倾塌者半”，“水，秋禾尽没”。期间也发生了罕见的旱灾，即1877年的“丁戊奇荒”，干旱地区覆盖直隶、山西、陕西、河南以及山东等省。清末（1910年后）起转干，20世纪50年代后转向湿润，但20世纪末起又转干。

2.3 淮河流域现代60年气候变化

研究资料选取淮河流域内近170个气象站逐日温度、降水观测资料，资料年限为1951—2010年。淮河流域径流等水文资料来源于淮委水文局历史水文数据库。本专题研究分析方法主要采取气候统计理论等，对降水、温度和径流量等进行时间序列资料的趋势和周期性分析。*Z*指数法分析流域降水的旱涝分布，EOF（经验正交函数）方法分析流域降水、温度的空间分布特征。

2.3.1 降水变化特点

根据1951年来的降水量资料统计分析，淮河流域多年平均降水量为898mm，在地区分布上，南部多北部少、山区多平原少、沿海多内地少。降水量的地区变幅为600～1400mm，南大北小。流域内有6个降水量高值区，其中大别山区最高，降水量在1400mm以上（图2.3-1），佛子岭和响洪甸水库上游达1500mm以上；桐柏山和伏牛山区次之，降水量为1000～1200mm；沂沭河中下游降水量为900mm。平原与河谷地带为降水量相对低值区，淮北平原沿黄地区降水量仅600～700mm。最大24小时点降水量均值变幅为80～140mm，南大北小；伏牛山区是大于140mm的高值区，局地150mm以上。“75·8”暴雨中心河南省泌阳县林庄，最大24小时降水量高达1060.3mm，流域西北部局地小于80mm。流域降水量的年际变化大，如最大年降水量1282mm（2003年）是最小年降水量578mm（1966年）的2.2倍。

按照季节划分看，淮河流域四季降水各不相同，总体情况是夏季降水量最大，冬季最小，呈现明显的季风型气候降水特点。降水的空间分布上一个共同的特点是南多北少。

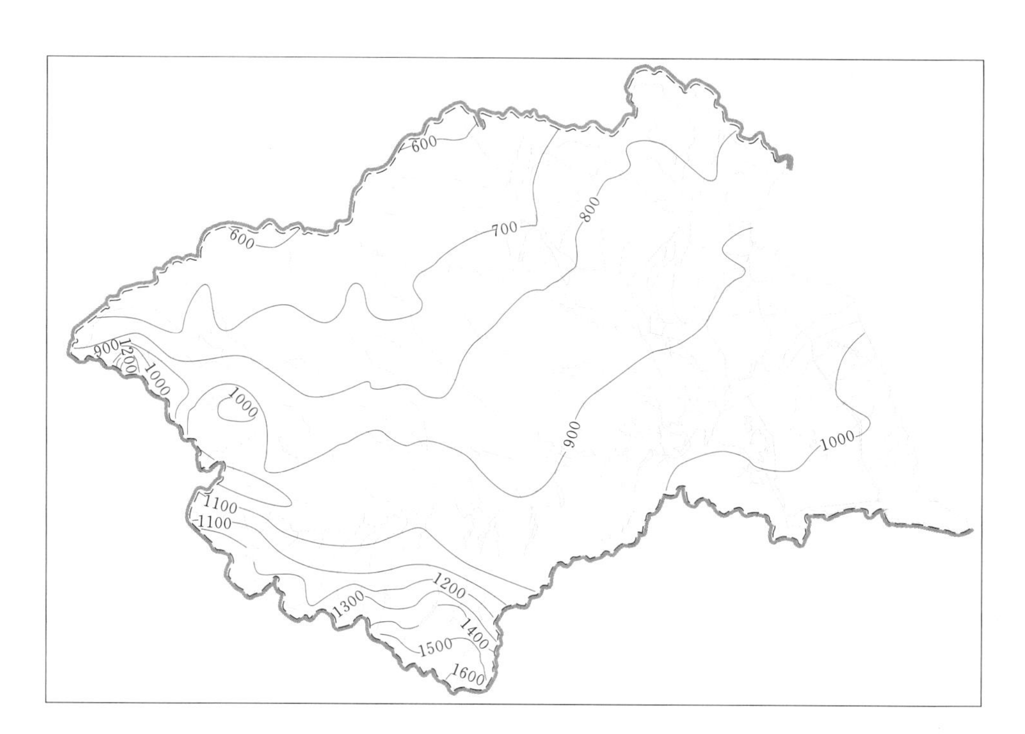

图 2.3-1 淮河流域多年平均降水量分布图（单位：mm）

图 2.3-2 为淮河流域春季（3—5 月）多年平均降水量分布图，可以看出沙颍河中上游、涡河中上游和沂沭泗河流域多年平均降水量为 100～150mm，其他地区为 150～300mm。

图 2.3-2 淮河流域春季多年平均降水量分布图（单位：mm）

图2.3-3为淮河流域夏季（6—8月）多年平均降水量分布图。图中显示，淮河流域东部和西南部多年平均降水量为500～700mm，其他地区为300～500mm。其中以7月降水量为全年最多的月份。

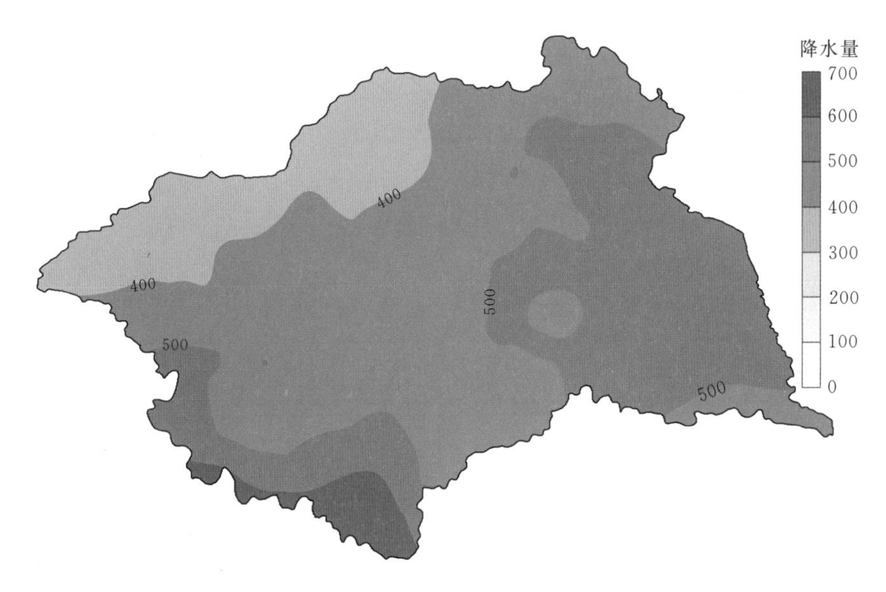

图2.3-3　淮河流域夏季多年平均降水量分布图（单位：mm）

图2.3-4为淮河流域秋季（9—11月）多年平均年降水量分布图。沙颍河中上游、涡河中上游和沂沭泗河流域大部多年平均降水量为100～150mm，其他地区为150～270mm。秋季降水与春季降水分布有些类似，但降水量不及春季多。

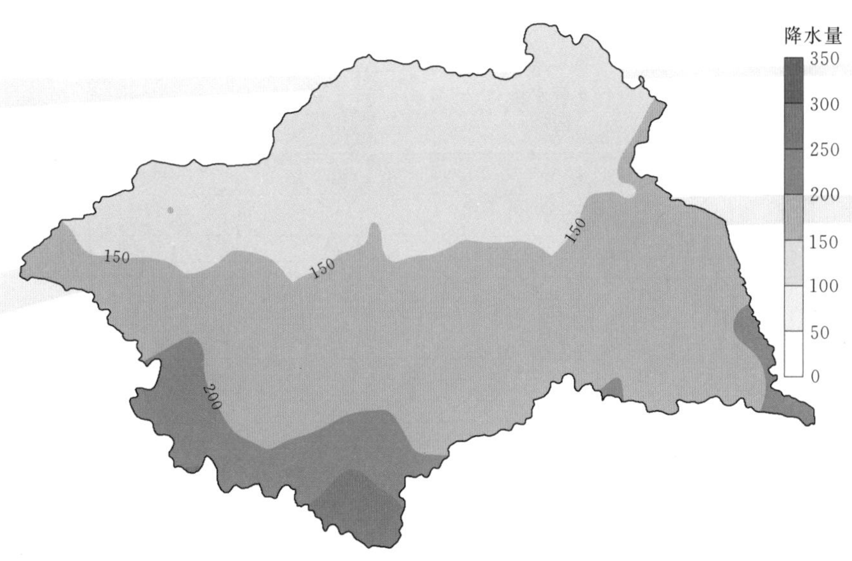

图2.3-4　淮河流域秋季多年平均降水量分布图（单位：mm）

图 2.3-5 为淮河流域冬季（当年 12 月至次年 2 月）多年平均降水量分布图。可以看出，降水自北向南递增，流域北部平均降水量为 20～50mm，中部为 50～100mm，南部为 100～160mm。

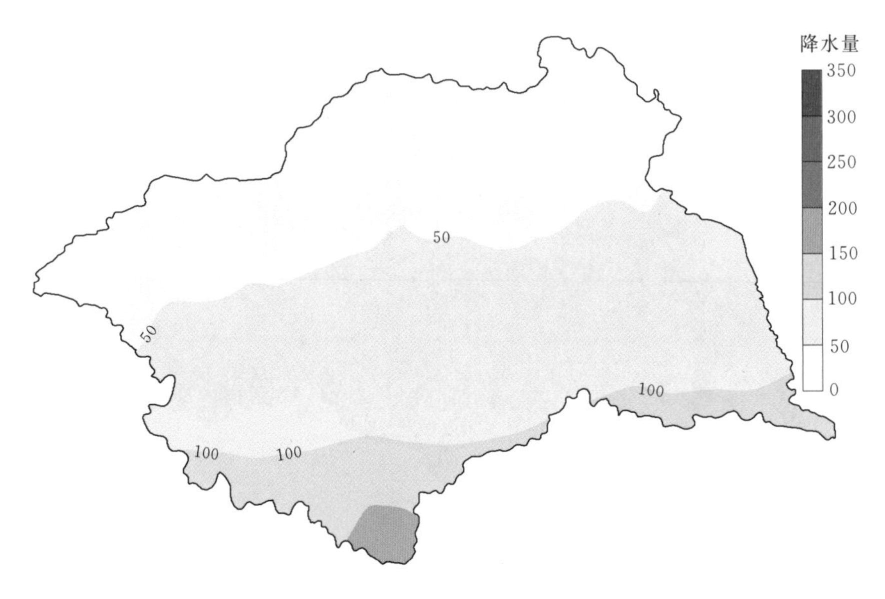

图 2.3-5　淮河流域冬季多年平均降水量分布图（单位：mm）

从历年降水的时间分布上分析（图 2.3-6），降水最多的为 20 世纪 50 年代，年降水量均值为 952mm，其次为 60 年代为 907mm，近 20 年年降水均量为 872mm，比常年均值（898mm）偏少约 2%，21 世纪前 10 年平均年降水量为 916mm，比常年均值偏多约 2%。

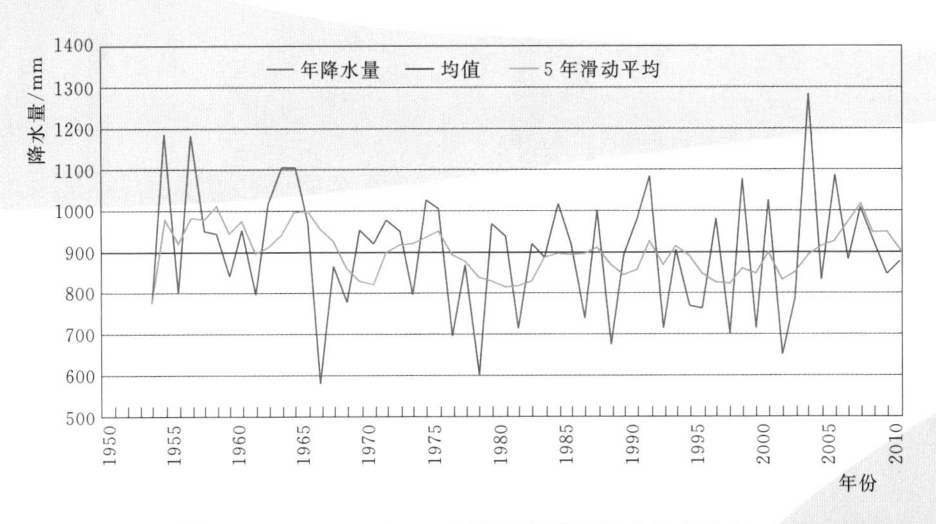

图 2.3-6　1950—2010 年淮河流域年降水量变化图

淮河流域汛期（6—9月）平均降水量为569mm，占全年降水均量（898mm）的63%。流域汛期降水最多为842mm（2003年），最少为277mm（1966年）（图2.3-7）。根据气候统计理论分析，由于降水量多服从Γ分布，可由Z指数（指标略）反映流域降水旱涝等级，通过Z指数分析近60年汛期降水，发生于旱年份有13次（占22%，$Z<0.842$），发生洪涝年份有13次（占22%，$Z>0.842$）。旱涝年份所占比率基本相同。

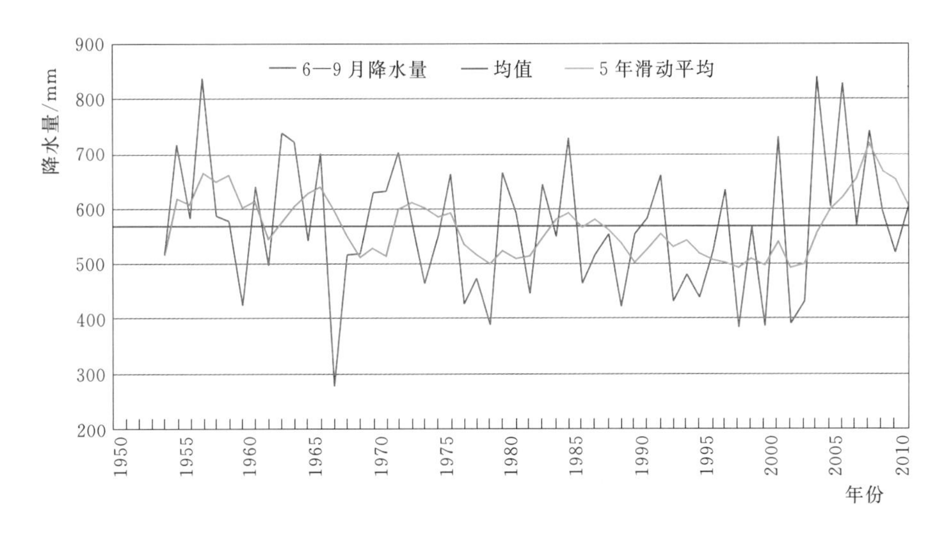

图2.3-7 淮河流域历年汛期（6—9月）降水量变化图

从降水的年代际背景分析，1952—1963年和2003—2009年处于相对多水的年代际背景，1992—2002处于相对少水的年代际背景，20世纪70年代和80年代则处于相对平稳时期。通过波谱分析，其结果显示，淮河流域汛期（6—9月）降水有着准10年和2年的降水周期。

1. 淮河水系降水变化特点

淮河水系年降水量为940mm，最大年降水量为1331mm（2003年），最小年降水量为584mm（1978年）。1953—1965年为降水持续偏多年份，1966年降水量585mm，处于降水极小值，此后年降水量有所上升，至1978年，年降水量仍处于偏少年份，20世纪70年代末到90年代初年降水量均值接近常年，1992年以后又转为持续偏少，2003—2007年进入降水偏多阶段（图2.3-8）。

2. 沂沭泗河水系降水量变化特点

沂沭泗河水系历年降水量均值为796mm，最大年降水量为1174mm（2003年），最小年降水量为492mm（1988年）。沂沭泗河水系降水变化趋势较为明显，大致分为三个阶段：1976年前降水量偏多，为第一阶段；第二阶段为1976—2002年，降水量偏少；2003年后转入降水量偏多的年代际背景（图2.3-9）。

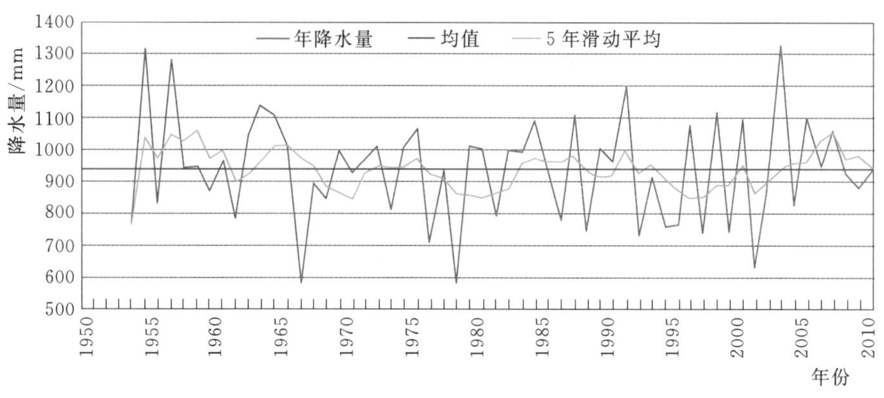

图 2.3-8 淮河水系年降水量（1950—2010 年）变化图

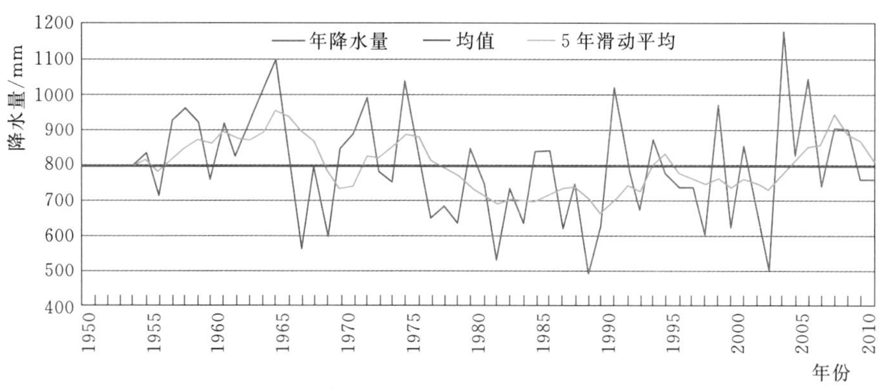

图 2.3-9 沂沭泗河水系年降水量（1950—2010 年）变化图

2.3.2 温度变化特点

根据淮河流域 60 年的温度变化分析（图 2.3-10），流域年温度均值为 14.5℃，

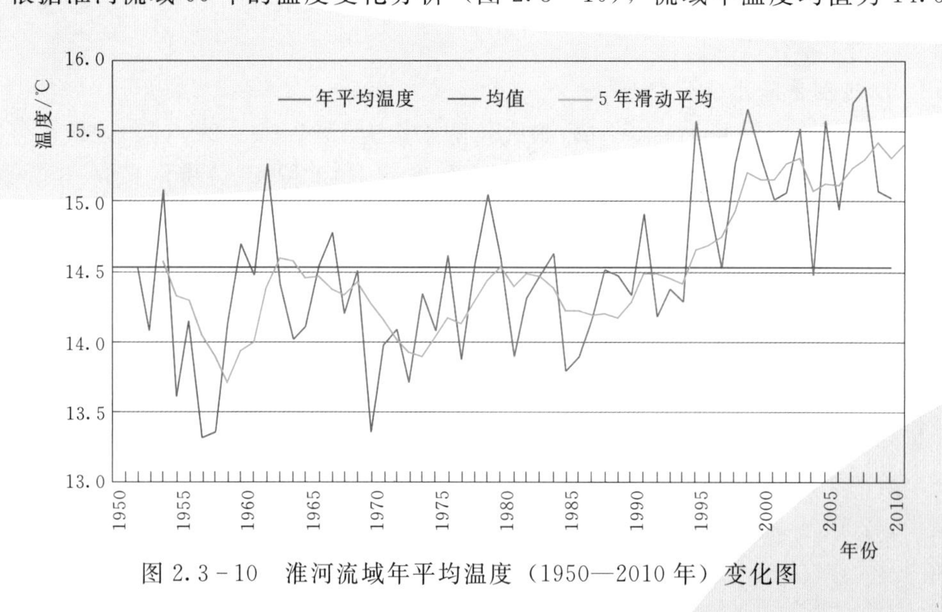

图 2.3-10 淮河流域年平均温度（1950—2010 年）变化图

呈波动上升趋势。20 世纪 60—80 年代，温度有一定幅度的下降；进入 90 年代后，气温持续上升；进入 21 世纪的前 10 年，温度增暖趋势尤其明显，近 10 年的平均温度为 15.2℃，比 1950—1960 年的 14.1℃上升了 1.1℃。流域年平均最低温度出现在 1956 年（13.3℃），次低温度为 1957 年、1969 年（13.4℃），最高温度为 2007 年（15.7℃）。

2.4　南北气候过渡带特征与淮河流域降水

淮河流域地处中国大陆东部，北接黄河，南临长江，从淮河入海水道开始，沿淮河干流至秦岭一线，形成我国自然的北亚热带与南温带的南北气候分界线（图 2.4-1），其北面是南温带，为典型的半湿润半干旱的气候，而淮河以南为北亚热带，主要呈现湿润的亚热带气候特点，空气湿度大，降雨丰沛，气候温和。作为南北气候过渡带的淮河流域，其气候基本特点是受东亚季风影响，夏季炎热多雨，冬季寒冷干燥，春季天气多变，秋季天高气爽。

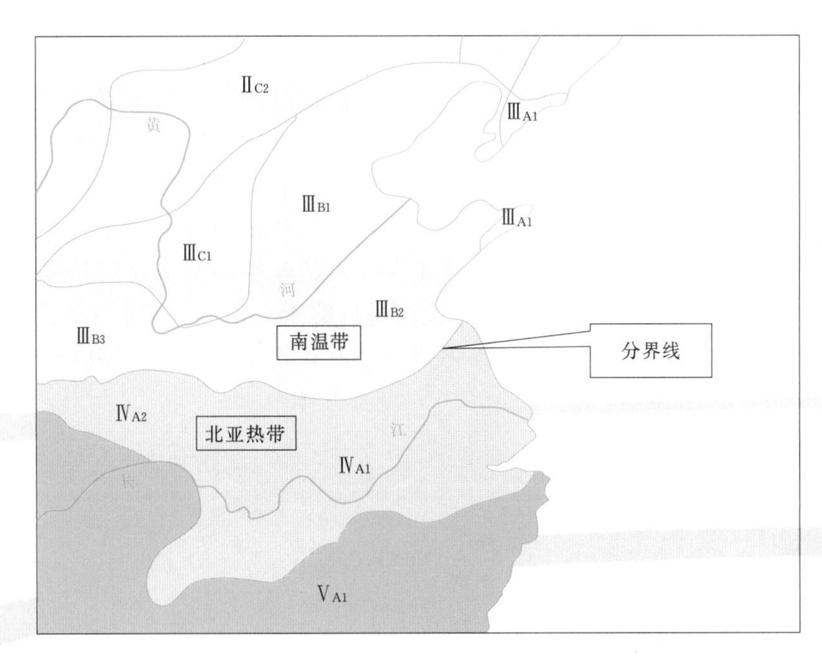

图 2.4-1　南北气候过渡带位置示意图

（《中国气候图集》，地图出版社，1966 年）

一般而言，我国季风雨带从 4 月开始由南向北推进，4—5 月降水主要集中在南岭以南的华南地区，气象学上称之为华南前汛期。6 月中旬，随着西太平洋副热带高压（简称副高）第一次北跳，雨带北移至江淮流域，导致降水逐渐增多，这就是著名的“梅雨”。7 月中旬，副高再次北跳，江淮梅雨结束，江淮流域进入盛夏季节，而华北地区进入雨季。淮河流域位于长江流域向华北的过渡地带，南部是江淮梅雨的北缘，北部及沂沭泗河水系是华北雨带的南缘。因此，淮河流域的雨季特别长。

由于北亚热带与南温带气候分界线的南北移动、年际变化、长期变化与冷暖空气活动强度都与淮河流域的旱涝密切相关，所以南北气候过渡带是淮河流域最鲜明的气候特点。

定义北亚热带与南暖温带气候分界线的标准是：不低于 10℃的积温达到 5000℃的位置线，简称气候分界线。气候分界线的平均位置约在 32.6°N，即在入海水道—淮河干流—秦岭一线，南北移动范围为 31.2°N～34°N。20 世纪 50—70 年代，气候分界线南北振荡明显；20 世纪 80 年代，气候分界线偏南且较为稳定，平均位置在 32.1°N 附近；进入 90 年代以后，气候分界线南北振幅加大，平均位置北移，最北超过 34°N；气候过渡带南北范围增大，跨度约 300km，是一个气候变化剧烈的狭窄地带。

2.4.1 过渡带分界线位置与夏季降水量关系密切

对长江下游和淮河流域夏季降水的研究表明，降水场 EOF（经验正交函数）的空间第一模态最大值区域在长江淮河下游地区，说明淮河流域南部夏季降水与长江下游降水有密切联系，而降水场 EOF 的空间第二模态最大值区域则处于淮河干流的中下游地区，与南北气候分界线的位置一致，所以，与此相对应的代表夏季降水异常的时间系数变化则显示出淮河流域，特别是中游地区的夏季降水随时间变化的第二特征，即淮河流域南北气候分界线的位置与夏季降水量呈明显的相关性，气候分界线位置的南北变动与淮河流域的夏季降水强弱密切相关。也就是当气候分界线向北移动，表明冷空气强度偏弱，到达位置偏北时，淮河流域夏季降水量偏少；而当气候分界线向南移动时，则表明冷空气强，到达位置偏南时，淮河流域降水会增多（图 2.4-2），特别是一些典型年份冷空气活动对淮河流域夏季降水的影响作用十分明显。同时典型旱涝年的

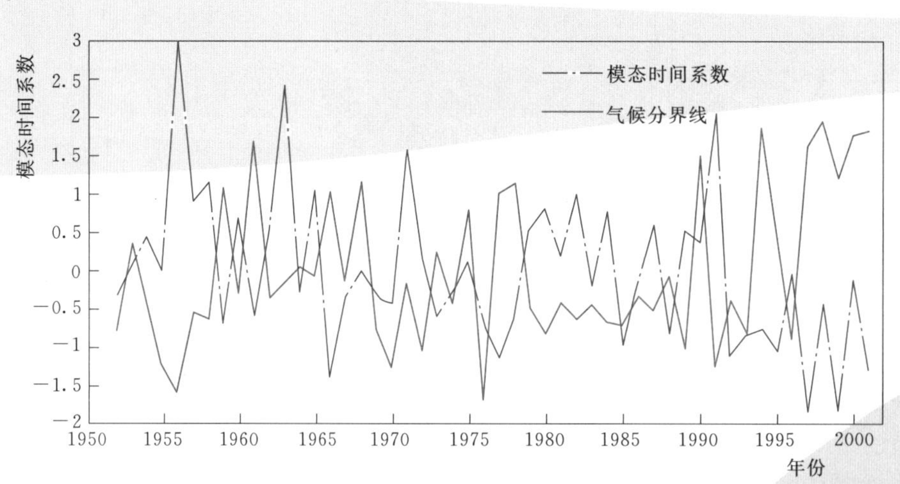

图 2.4-2　1950—2002 年夏季降水的 EOF 第二模态时间系数与气候分界线的比较

出现也与气候分界线的南北移动相对应，如图 2.4-3 所示，1959 年、1966 年、1978 年、1988 年、1999 年、2001 年 6 个典型旱年除 1988 年外都与气候分界线偏北对应；1954 年、1956 年、1963 年、1991 年 4 个涝年也基本出现在气候分界线偏南的年份。而在淮河流域以北的黄河流域和以南的长江流域，这种相关并不明显。这说明，作为气候过渡带的淮河流域，在其狭窄的南北范围内，其气候特征的变化性很大，冷暖空气的交汇活跃。虽然这种冷暖空气交汇变化并不能改变淮河流域平均气候区划特征，但在诸多影响因素中，气候分界线的南北移动与冷空气活动强度和区域的变化对淮河中下游地区的夏季降水却有着特殊而重要的意义。这一现象在我国其他地区是没有的，这正是淮河流域气候的主要特征所在。过去 50 多年来气候分界线的平均位置约在 32.6°N。基本在入海水道—淮河干流—秦岭一线，南北移动范围在 31.2°N～34°N 之间（图 2.4-4）。从总体趋势上讲，过去 50 多年来淮河流域气候过渡带北界显著北移（图 2.4-5），特别是 20 世纪 90 年代以来北移显著，且南北振幅和年际变化加剧，预示着该地区降水集中区域可能呈向北移动、旱涝异常加剧的趋势（图 2.4-6）。

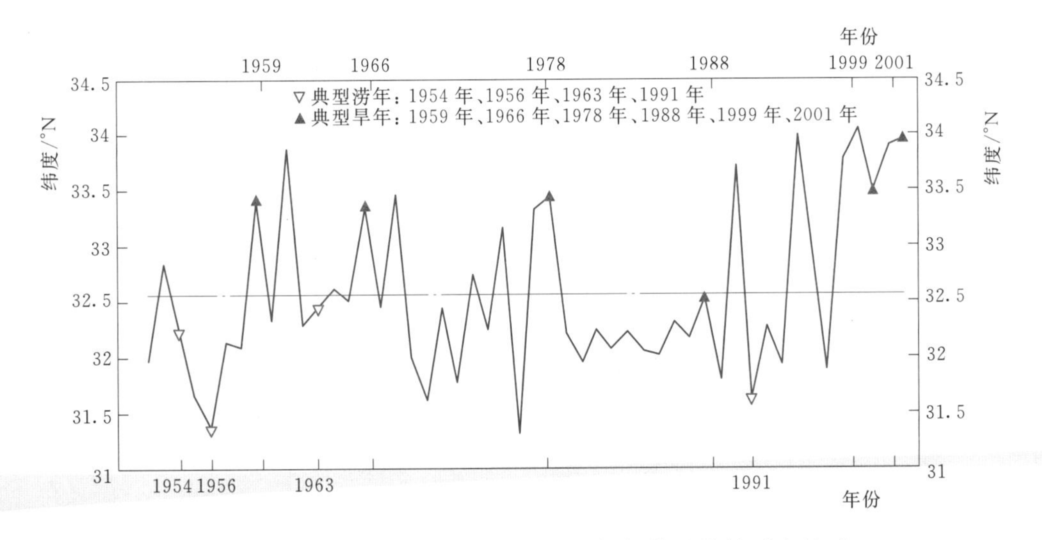

图 2.4-3　1950—2002 年旱涝年与气候分界线的对应关系

2.4.2　淮河流域气候态的不稳定性与易变性

淮河流域气候变化幅度大，灾害性天气气候发生频率高，降水的区域特征与长江流域和黄河和海河流域有显著的差异。通过计算淮河、长江和黄河流域全年及汛期的降水相对变率（表 2.4-1），可清楚地看出淮河、长江、黄河流域之间气候降水量的差异。无论是年降水量还是夏季降水量，淮河流域的降水变率都是最大的，这显著表明过渡带气候的不稳定性，容易出现旱涝。1961—2006 年的旱涝频率统计分析结果表明，淮河旱年为 2.5 年一遇，涝年近 3 年一遇。特别是进入 21 世纪以来，淮河流域夏季频繁出现洪涝，冬春季时常连季干旱，台风影响呈现增多趋势，极端气候事件多发、重发，淮河流域成为越来越严重的气候脆弱区。

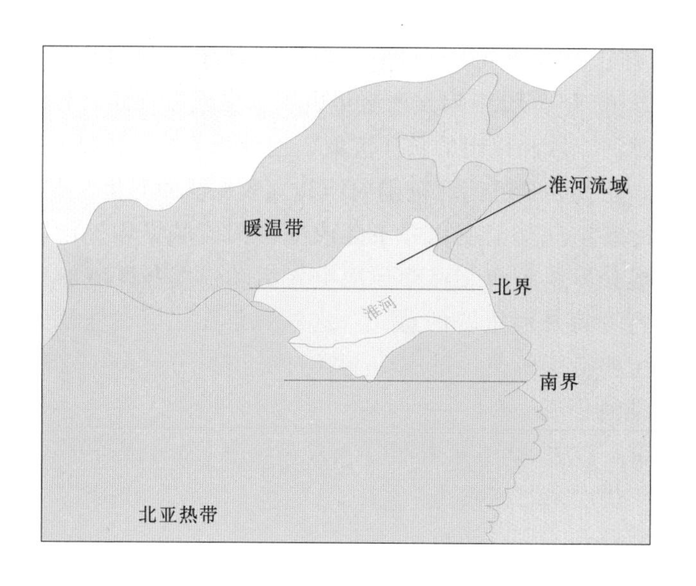

图 2.4-4 气候分界线的平均位置和变化范围示意图

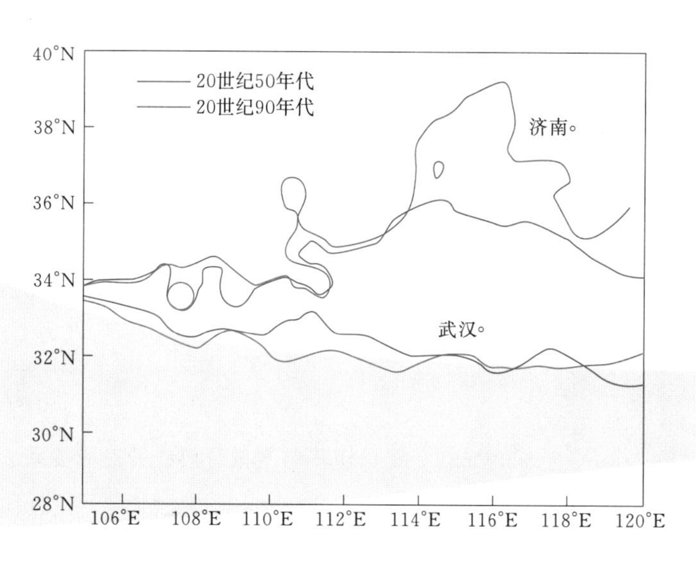

图 2.4-5 南北气候过渡带变化范围

（叶笃正等，AAS，2003 年）

表 2.4-1 淮河、长江、黄河流域降水相对变率对照表

流域	淮河流域		长江流域		黄河流域	
对比时间	全年	汛期	全年	汛期	全年	汛期
平均降水量/mm	905	492	1355	511	441	257
降水相对变率/%	16	22	11	20	13	17

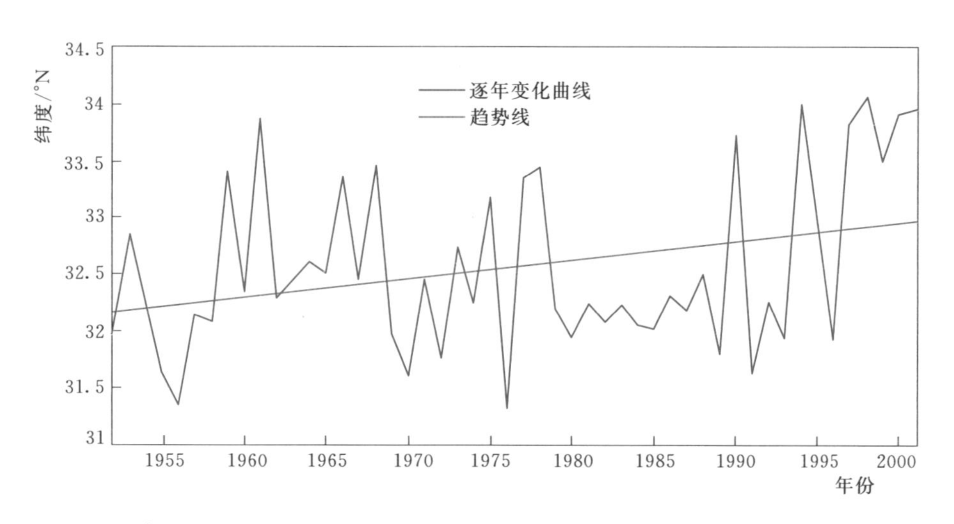

图 2.4-6　1952—2001 年淮河流域南北气候分界线位置变化趋势

2.4.3　淮河流域夏季降水的三种主要空间分布型

淮河流域夏季主要有流域性多雨型、南部或北部多雨型、西部或东部多雨型三种，其中第一、第二种雨型比较常见（图 2.4-7～图 2.4-9）。因此，淮河流域大涝年份通常有两种空间类型，即流域性大涝型和中南部大涝型，其共同特点是沿淮河一带的降水集中且多。上述两种降雨类型主要与梅雨期降水相联系（图 2.4-7 和图 2.4-8），而第三种降雨类型主要与台风有密切关系（图 2.4-9）。

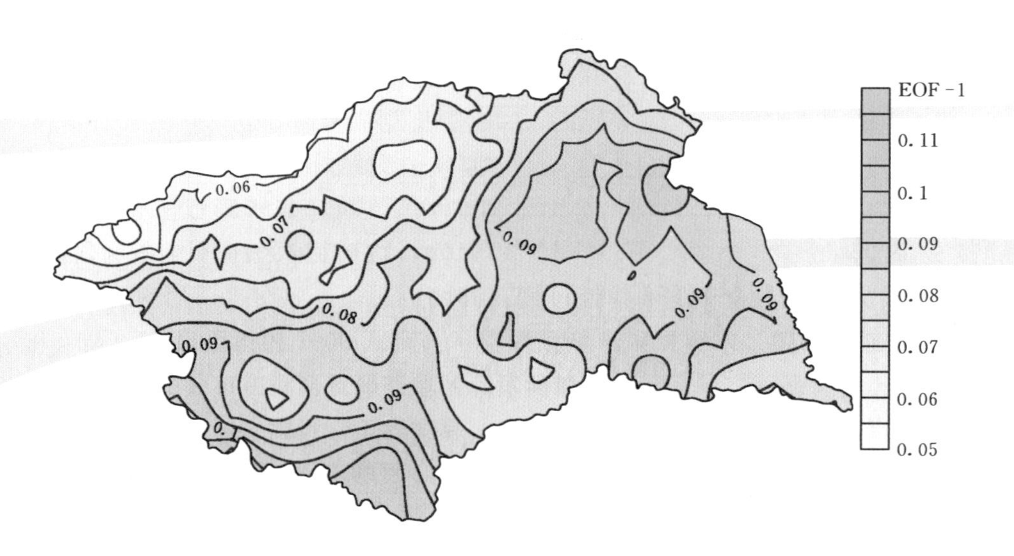

图 2.4-7　流域性多雨型

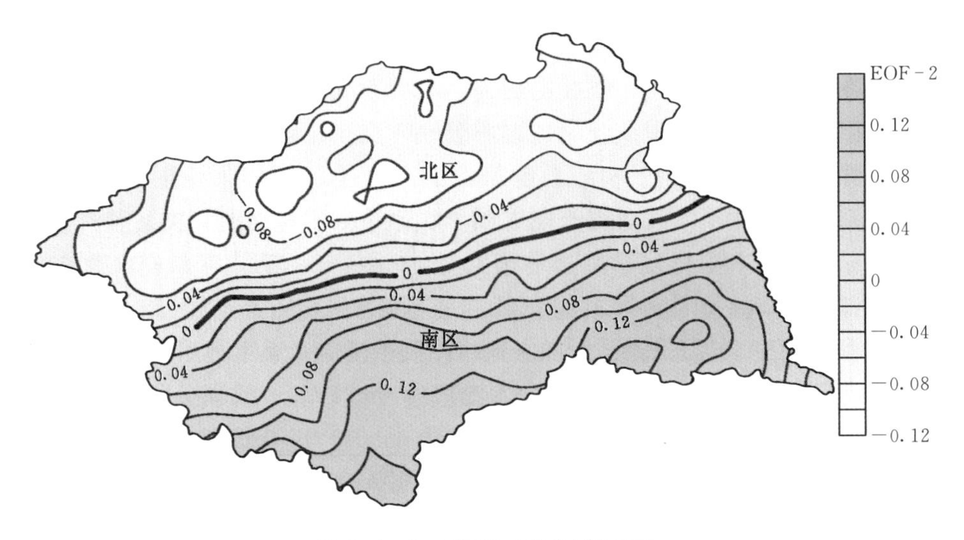

图 2.4-8　南部或北部多雨型

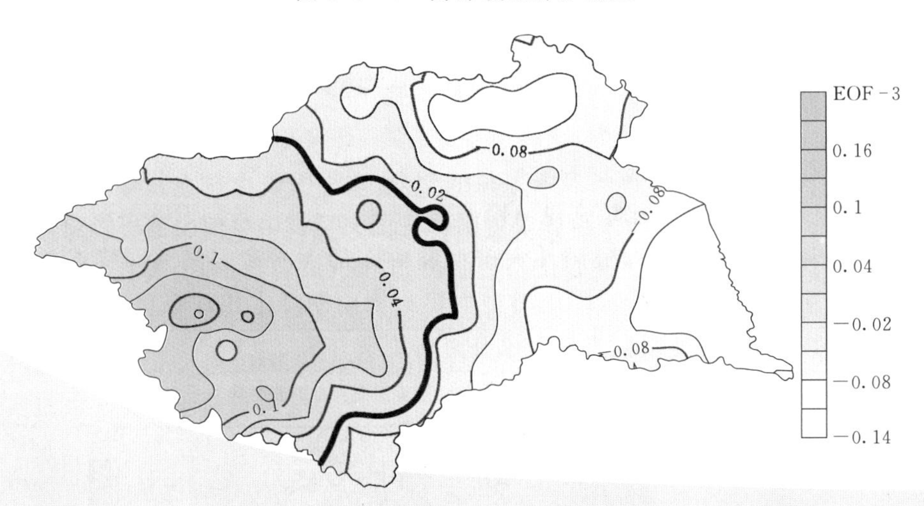

图 2.4-9　西部或东部多雨型

2.4.4　年降水量变化率大，年内降水分布不均

图 2.4-10 是淮河流域年降水量相对变率空间分布图。图中显示，淮河流域年降水量相对变率为 0.16～0.27，南部总体大于北部，降水量年际波动的大小在流域不同区域也存在显著差异。这种降水年际变化率大是导致旱涝的直接原因。

由于淮河处在东亚季风区内，降水在年内时空分布上极不均匀，从淮河流域各月平均降水量及其所占全年比例（图 2.4-11）看，淮河流域降水各月分配呈单峰型，7 月最多，占全年比例为 23%（表 2.4-2）；8 月次之，反映了季风雨带由南往北推的特点；12 月最少。

从各季来看，夏季降水最多，占全年的 54%；春秋次之，各占将近 20%；冬季最少，只占 7%。其中 5—9 月降水占全年降水总量的 72%，是全年降水的主要组成

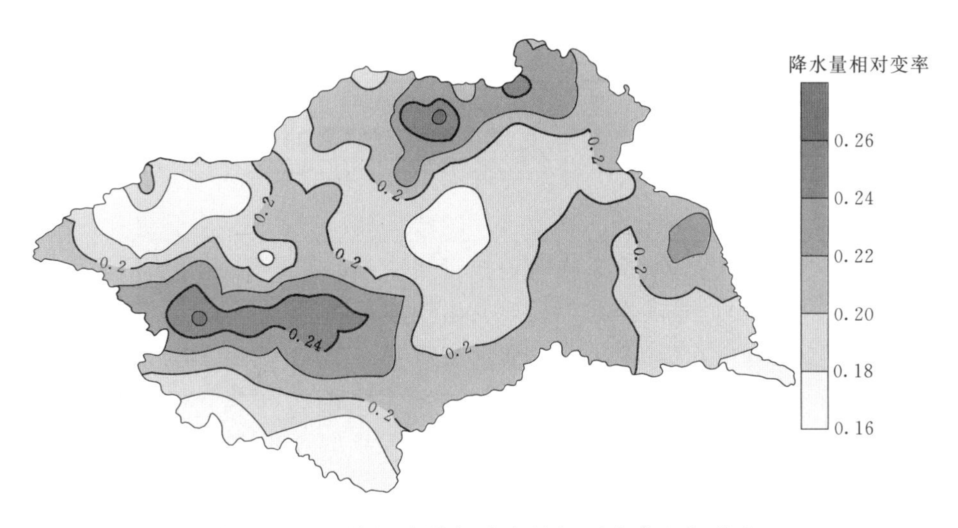

图 2.4-10 淮河流域年降水量相对变率空间分布

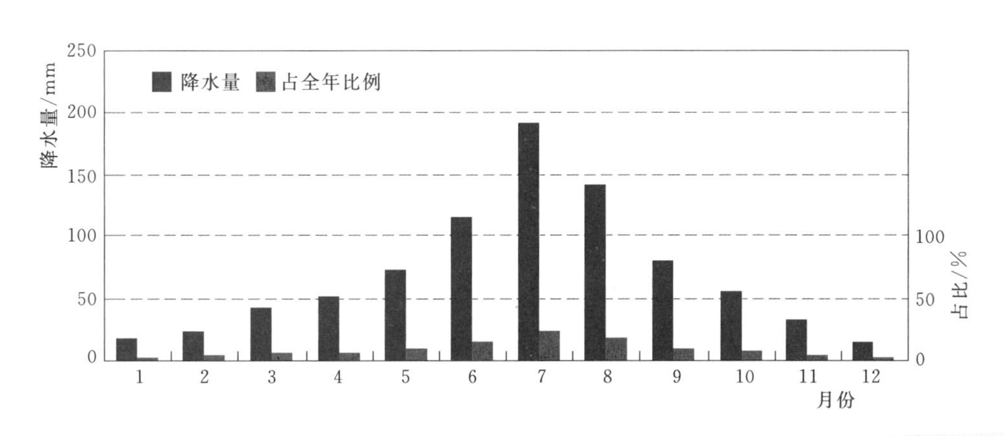

图 2.4-11 淮河流域各月降水量气候平均值及其比例

部分。降水的这种分配，也决定了主要洪水的年内分布形式。

表 2.4-2 淮河流域各月降水量气候平均值及其占全年比例

月　份	1	2	3	4	5	6	7	8	9
降水量/mm	18	23	43	50	73	115	193	140	79
占全年比例/%	2	3	5	6	9	14	23	17	10
月　份	10	11	12	12 至次年 2	3—5	6—8	9—11	5—9	1—12
降水量/mm	54	32	14	56	166	448	165	600	834
占全年比例/%	6	4	2	7	20	54	20	72	100

2.4.5 淮河流域“旱涝急转”特征明显

淮河流域雨季不仅有明显的年际变化，而且有显著的年内变化的特点，降水异常导致“旱涝急转”的情况出现。淮河流域“旱涝急转”通常出现在6月中下旬，与梅雨起始日期基本相同或略偏晚（图2.4-12）。一般年份，春季至初夏，流域无持续性明显降水，旱情抬头。雨季来临时若出现集中强降水，则极易从干旱转为洪涝。有的年份（如1991年），在洪涝结束后，又出现连续1～3个月无明显降水期，导致涝后旱。在1960—2007年的48年里，淮河流域共有13年发生了较为典型的“旱涝急转”现象，出现频率为27%。其中20世纪60年代和70年代分别出现3年，80年代出现2年，90年代出现仅1年，但2000—2007年的8年中有4年出现“旱涝急转”，值得注意。从“旱涝急转”年的降水空间分布看，前期基本上为流域大部分地区降水少而干旱，后期为南部大涝或以流域性大涝为主。

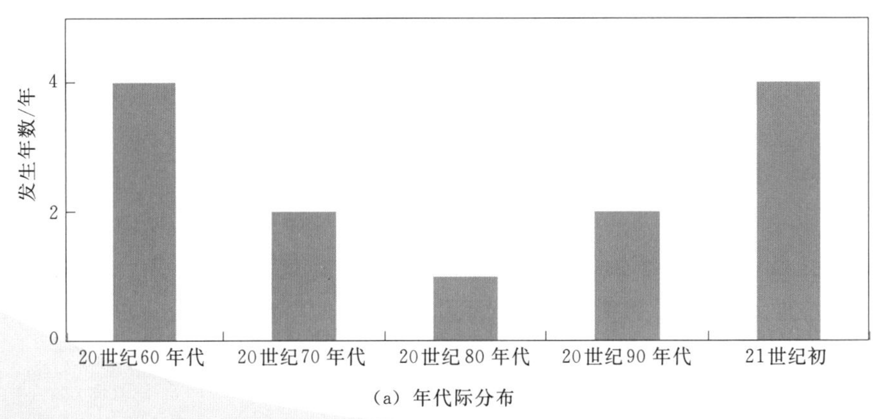

(a) 年代际分布

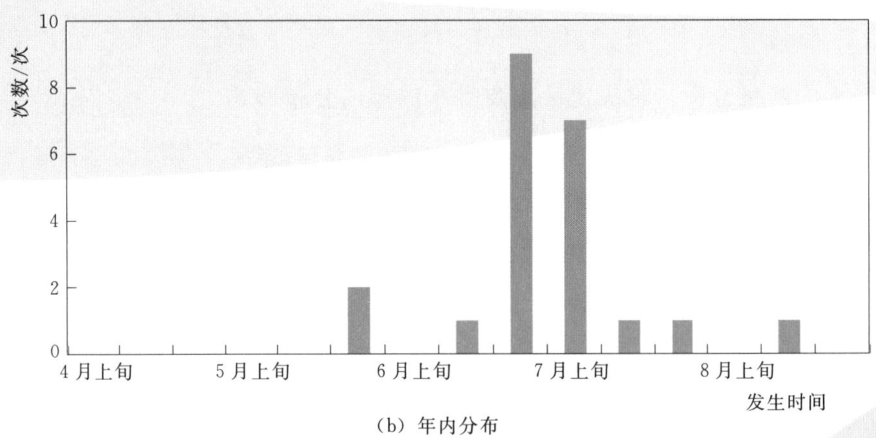

(b) 年内分布

图2.4-12 旱涝急转事件的年代际分布和年内分布

2.5 淮河流域特大旱涝灾害的主要天气系统和大气环流背景

淮河流域洪涝灾害形成的主要原因是致洪暴雨。暴雨在流域各地均可出现，但南部比北部多。多年平均暴雨日在3天以上，洪涝年份更多。暴雨主要集中在夏季(6—8月)，占全年暴雨将近80%。统计分析显示，3天累计降水量区域平均值超过100mm就会产生洪涝，若超过300mm则会造成严重洪涝。

2.5.1 致洪暴雨类型

致洪暴雨主要类型为梅雨、台风、局地暴雨，以及连阴雨。流域中游地区因梅雨期降水（包括上游暴雨、地形原因）而形成洪水，淮北平原因地势平坦易内涝；下游及洪泽湖周边区因梅雨锋强降水和低洼平坦地形易形成涝灾。在洪涝灾害中，以梅雨降水为主，台风暴雨相对较少。

1. 梅雨型暴雨

一般出现在6月、7月，以7月为主，其中7月上旬是集中强降水高发期。梅雨型暴雨的特点是范围广、降水量大、历时长，几乎每个大水年份都出现接近10天或大于10天的强降水过程（如1954年、1965年、1991年、2003年和2007年等），直接造成流域性大洪涝。

图2.5-1是2003年淮河梅雨期间最大30天降水量分布图，图中显示了较为典

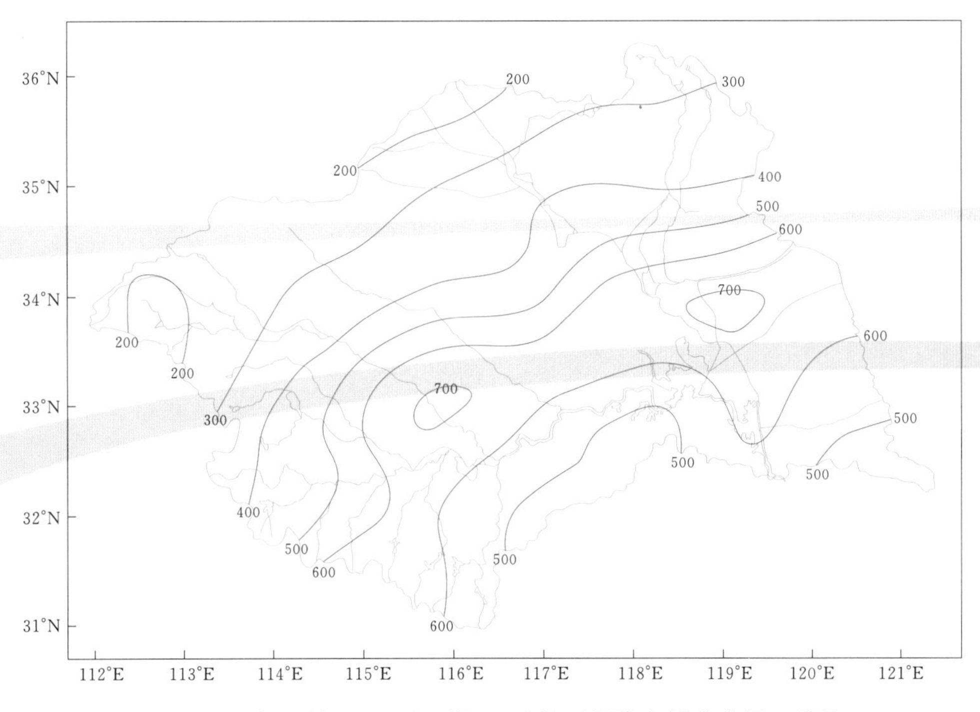

图2.5-1　2003年6月22日至7月22日梅雨期降水量分布图（单位：mm）

型的梅雨雨带分布特征，即雨带呈现东西向分布，主要降水在沿淮河及其两侧，淮北支流中下游、沿淮河及以南地区降水量超过了400mm。

根据1954年以来的水文气象资料的相关分析，淮河流域梅雨期降水与汛期降水的相关系数为0.67，表明梅雨期降水与汛期降水有着较好的正相关关系。淮河流域汛期降水明显偏多的年份（1954年、1956年、1965年、2003年、2005年、2007年），除2005年外，其梅雨期降水量也明显高于多年均值。梅雨期降水偏少的1964年、1966年、1988年、2009年、2014年，其汛期降水较常年同期偏少12%、49%、30%、6%及34%。空梅年（1959年、1978年、1994年、2001年）的汛期降水也较常年同期偏少29%、28%、19%、21%。

根据中央气象台梅雨评定标准，参考江苏省、安徽省气象台梅雨指标，结合淮河流域实际情况，制定了淮河流域梅雨的标准，统计了1954年以来的淮河流域历年入梅日期、出梅日期、梅雨天数见表2.5-1。

表2.5-1　淮河1954—2011年入梅、出梅日期、梅雨天数统计表

年份	入梅日期	出梅日期	梅雨天数/d	年份	入梅日期	出梅日期	梅雨天数/d
1954	6月23日	8月1日	39	1973	6月15日	7月15日	30
1955	6月22日	7月14日	21	1974	6月9日	7月21日	34
1956	6月2日	7月19日	47	1975	6月20日	7月15日	25
1957	6月20日	7月15日	25	1976	6月16日	7月15日	29
1958	6月26日	7月15日	19	1977	6月27日	7月12日	15
1959	空梅			1978	空梅		
1960	6月18日	7月13日	25	1979	6月18日	7月25日	37
1961	6月7日	7月10日	33	1980	6月9日	7月21日	35
1962	6月16日	7月9日	23	1981	6月23日	7月3日	10
1963	6月21日	7月13日	22	1982	7月8日	7月25日	17
1964	6月23日	7月1日	8	1983	6月19日	7月24日	35
1965	6月30日	7月23日	29	1984	6月12日	7月10日	28
1966	6月24日	7月7日	13	1985	6月21日	7月17日	26
1967	6月24日	7月15日	21	1986	6月21日	7月28日	37
1968	6月26日	7月21日	25	1987	7月1日	7月21日	30
1969	6月30日	7月17日	17	1988	6月28日	7月4日	6
1970	6月17日	7月28日	31	1989	6月3日	7月16日	43
1971	6月9日	7月11日	32	1990	6月14日	7月21日	34
1972	6月20日	7月5日	15	1991	5月18日	7月16日	59

续表

年份	入梅日期	出梅日期	梅雨天数/d	年份	入梅日期	出梅日期	梅雨天数/d
1992	7月9日	7月22日	13	2002	6月19日	6月28日	9
1993	6月20日	7月24日	34	2003	6月20日	7月22日	32
1994	空梅			2004	6月14日	7月20日	36
1995	6月19日	7月14日	24	2005	6月25日	7月11日	16
1996	6月16日	7月21日	35	2006	6月21日	7月5日	14
1997	6月29日	7月22日	22	2007	6月19日	7月26日	37
1998	6月25日	7月4日	9	2008	6月20日	7月6日	16
1999	6月15日	7月8日	17	2009	6月28日	7月6日	8
2000	6月20日	7月15日	25	2010	6月30日	7月18日	18
2001	空梅			2011	6月17日	7月7日	20

统计分析显示，淮河流域平均入梅日期为6月19日，出梅日期为7月14日，梅雨天数为25天。淮河流域汛期6—8月多年平均年降水量为485mm，全流域多年平均梅雨期降水量为216mm，淮河水系梅雨期平均降水量为227mm，占到6—8月降水量的48%，很显然，沿淮淮南地区与梅雨关系更为紧密。淮河流域各年入梅日期、出梅日期差异都比较大。入梅最早年份为1991年5月18日，最晚为1992年7月9日。梅雨结束最早为2002年6月28日，出梅最晚为1954年8月1日。梅雨期最长为1991年（59天），最短为1988年（6天）。有些年份（1959年、1978年、1994年、2001年）梅雨期几乎没有明显降水，降水日数合计少于3天，称为空梅年。

利用1951—2010年水文资料和降水资料，对淮河干流王家坝站的洪水与梅雨期降水关系进行分析。以淮河干流王家坝站水位超过警戒水位（27.5m）并持续一段时间，直至降至警戒水位以下作为1次淮河洪水过程，统计了历年淮河洪水过程的起始日期，同时分析洪水与淮河梅雨的关系。结果显示，历年汛期（6—9月）淮河干流王家坝站超过警戒水位的洪水过程共57次，其中有37次洪水过程是直接由梅雨期间降水造成，占总洪水过程次数的65%，非梅雨降水造成的洪水过程占35%。各月的情况是：6月发生13次洪水过程，均由梅雨期间降水造成；7月发生的28次洪水过程，有24次洪水过程由梅雨期间降水造成，占7月洪水过程的86%；8月发生13次洪水过程，9月发生3次洪水过程，因为梅雨期已经结束，因此8月、9月的洪水与梅雨降水无关。由此可见，梅雨期降水，特别是梅雨期暴雨是导致淮河干流发生洪水的最主要原因。尤其是特大洪水年，如1954年、1991年、2003年、2007年，均为梅雨期间降水异常偏多、暴雨场次多、持续时间长所引起的。

2. 台风型暴雨

梅雨期结束后，西太平洋副高北抬，处在副高南侧的热带辐合带活跃并随之北移，台风也处于全年最活跃时期，此时段经常有台风登陆我国东南沿海或华南沿海。淮河流域台风暴雨多发生在出梅后，以 8 月居多（图 2.5-2），台风暴雨的特点是范围小、强度大、历时短、流域降水量小、局部降水量大，易造成局地大洪涝甚至特大洪涝（如 1956 年、1965 年、1974 年、1975 年、2000 年和 2005 年等），有时还会导致旱涝急转（如 1975 年）。特别是在山区，台风暴雨常常引发山洪，造成泥石流、山体滑坡、塌方等地质灾害，特别严重的可导致水库垮坝，给人民生命财产带来巨大损失。图 2.5-3 是 1975 年 8 月 5—7 日 197503 号台风造成流域上游沙颍河和洪汝河特大暴雨的降水量分布图，短短 3 天时间，使得王家坝以上流域降水量达到 300mm，班台以上流域更是达到 557mm，板桥站（水文站）降水量 1422mm 为最大降水量点，可见的暴雨强度之大实属罕见。

图 2.5-2 是统计逐月影响淮河流域的台风情况，可以看出绝大部分影响流域的台风主要集中在汛期（6—9 月），其中 8 月影响流域的台风共 55 个，占全部台风的 48.2%，其次分别为 7 月（21.1%）和 9 月（24.6%），5 月、10 月、11 月分别有 1 个、3 个、1 个台风影响流域。因为季节的原因，1—4 月和 12 月影响淮河流域的台风几乎没有。

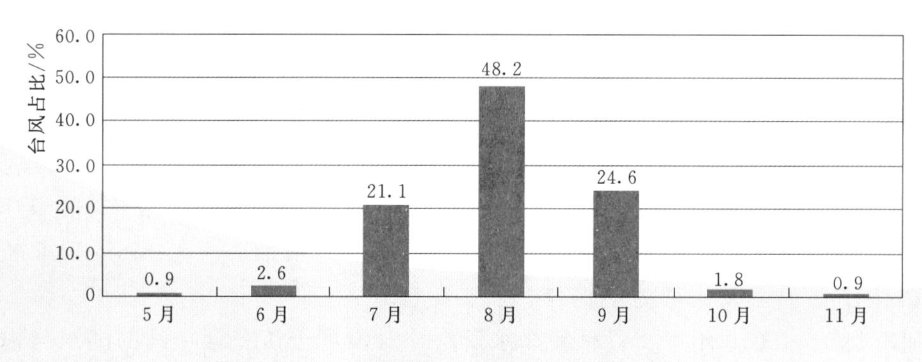

图 2.5-2 影响淮河流域台风各月占比图

图 2.5-4 给出了 1950—2011 年影响淮河流域的台风情况。61 年里共 102 个台风影响淮河流域，平均每年约 1.7 个台风影响流域。单个年中影响流域台风个数最多的有 4 个，其相应年份有 1956 年、1985 年、1990 年、1994 年、2000 年、2005 年。1955 年、1957 年、1963 年、1979 年、1983 年、1993 年、2003 年、2011 年没有台风影响淮河流域。

年内影响淮河流域最早的台风为 1961 年第 4 号台风（196104 号），5 月 21 日 8 时在菲律宾东部洋面上生成，分别于 5 月 26 日 23 时和 27 日 21 时登陆台湾省、福建省，登陆后减弱向东北向移动，从杭州湾移向东北海面。5 月 27 日，受台风倒槽影响，沂沭河出现暴雨过程。

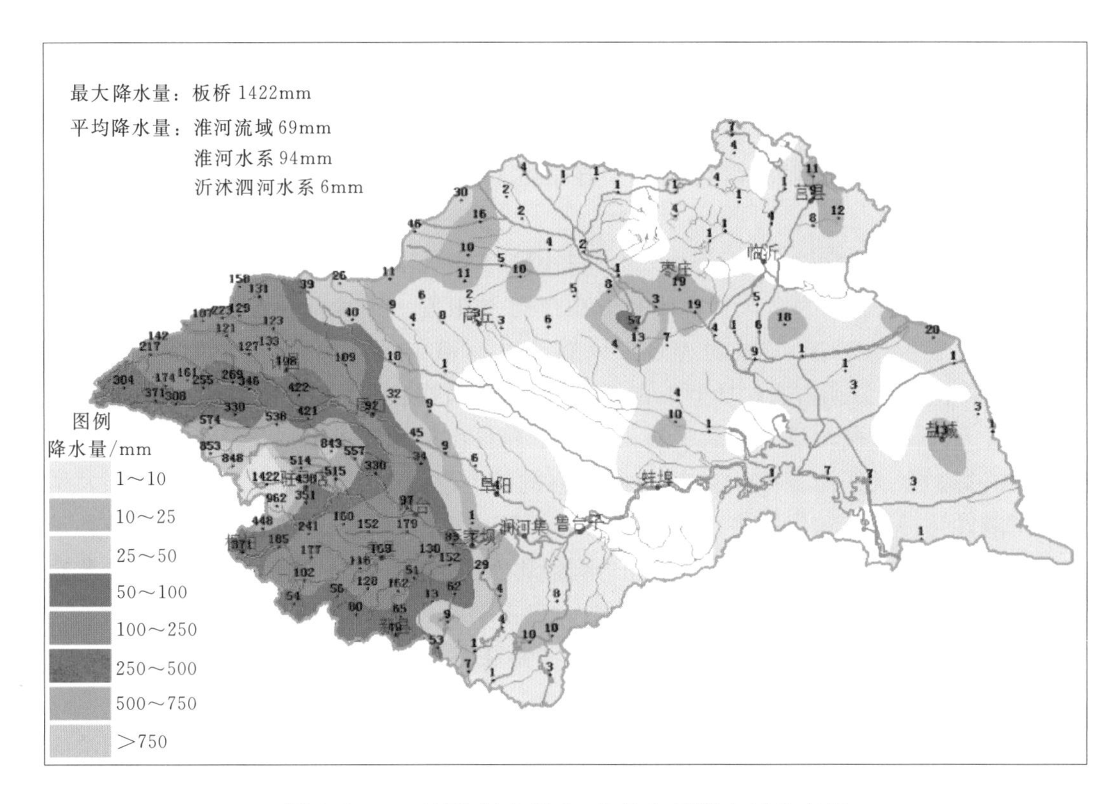

图 2.5-3 1975 年 8 月 5—7 日台风降水量分布图

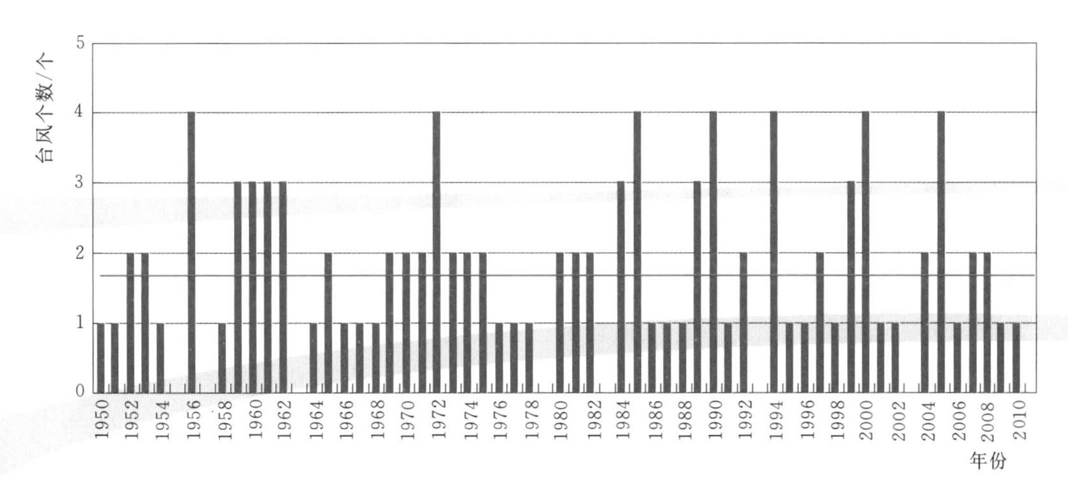

图 2.5-4 历年影响淮河流域的台风数量统计图

年内影响淮河流域最晚的台风为 1972 年第 20 号台风（197220 号），11 月 2 日 20 时在太平洋关岛附近洋面生成，11 月 8 日先后登陆海南省、广东省，登陆后向东北向移动，最后经由江苏省南部移出大陆。11 月 8—9 日，受台风外围环流影响，沿淮及以南出现大到暴雨过程。

对淮河流域影响最大的台风，也是对中国影响最大的台风，当属举世闻名的197503号台风（引发了“75·8”特大台风暴雨）。1975年8月初，197503号台风“尼娜（Nina）”在淮河北部支流的洪汝河、沙颍河中上游造成特大暴雨，导致河南省62座水库溃坝失事，短时间内在淮河上游发生旱涝急转，给国民经济和人民生命财产带来巨大的损失。

197503号台风“尼娜”于7月30日在距菲律宾马尼拉以东1875km的西太平洋上生成，8月2日加强为台风，3日上午在台湾省花莲一带登陆，4日凌晨在福建省石狮市再次登陆，4日8时减弱为热带风暴，14时减弱为热带低压并随后进入江西省，5日早上进入湖南省，6日上午在湖南省石门县转向东北方向移动进入湖北省，7日早上进入河南省桐柏县，之后又折向西南方向再次进入湖北省，8日在襄阳市南漳县境内消失。台风低压深入内陆与华西东移的冷空气结合，造成大范围暴雨、大暴雨，河南省驻马店市和信阳市出现特大暴雨，8月4—7日暴雨中心河南省泌阳县林庄的过程降水量为1631.1mm，最大日降水量为1005.4mm，最大6小时降水量达830.1mm，创当时世界最高纪录。降水量大于1000mm的笼罩面积达到929km^2。

由于降水大，来势猛，形成“75·8”特大暴雨洪水，在淮河流域上游，山洪突发，造成62座水库相继漫坝失事，包括板桥、石漫滩两座大型水库。汹涌而下的洪水导致洪汝河干支流溃决漫溢，滞洪区决口滞洪。洪水所经之处一片汪洋，淹没面积达到1.2万km^2，淹没历时长3～15天，最长超过了20天。

台风造成了巨大灾害，仅河南、安徽两省就有32个县市、1400万人口受灾，倒塌房屋600多万间，京广铁路冲毁102km，中断行车17天，影响运输46天。河道堤防漫决长度810km，决口2131处，决口长度380km；冲毁涵闸、桥梁800余座。据估算，直接经济损失超百亿元。

对流域影响最为严重的台风类型是所谓的“北槽南涡”型（如“75·8”台风暴雨）。在天气形势上表现为鞍型场（图2.5－5），即副高盘踞在朝鲜半岛和日本一带，大陆高压在我国的西北到四川，华北有一个西风槽缓慢南下，台风在福建省或浙江省登陆后行进到江西省，台风倒槽伸向淮河流域。在气压场上形成了东西为高压，南北为低压的鞍型场。这时，台风移动到鞍型场内，受到的各方牵引力较为均衡，一时处于停滞状态，恰好台风倒槽与西风槽在流域遭遇，由此在遭遇的区域产生大暴雨，如再遇到迎风坡或喇叭口等有利地形，在气流强迫抬升和挤压辐合上升作用下，不可避免产生特大暴雨。

3. 春秋季连阴雨

见表2.5－2和表2.5－3，在非汛期，由于春秋季连阴雨天气（连续4～7天发生有效降水），导致平原地区农田渍涝（如1963年、1974年、1979年、1981年、1985年、1996年等）。据统计分析，淮河春季连阴雨频率为41%，而秋季连阴雨频率则达到了57%。春季连阴雨以内涝和渍灾为主，秋季连阴雨可导致内涝、渍灾，甚至严重的秋汛（如1979年、1985年、2000年）和冬汛（如1996年）。

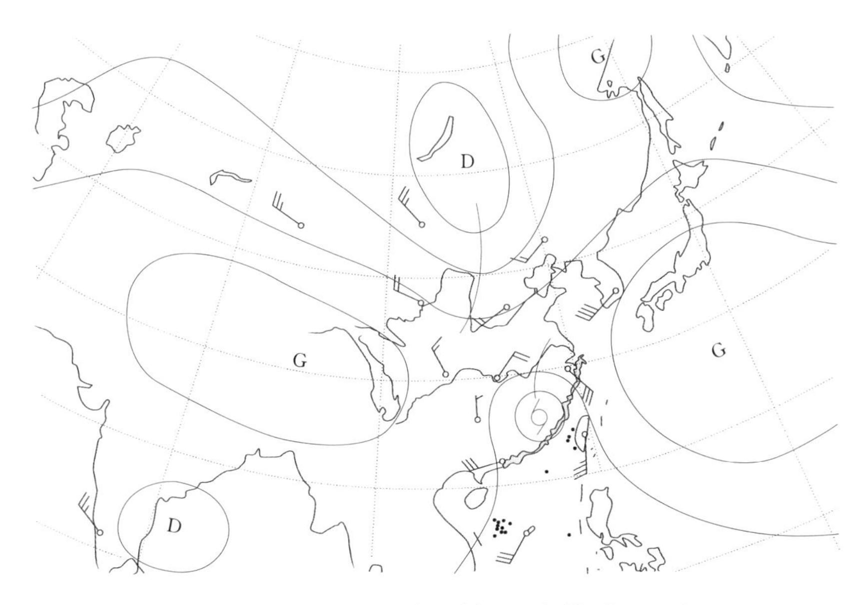

图 2.5-5 北槽南涡型台风暴雨天气模型（500hPa）

表 2.5-2 淮河流域典型春季连阴雨过程统计表

年份	时 段	天数/d	雨量/mm	各月情况
1963	3月5—11日	7	40.6	春季3月、4月、5月降水偏多
	4月15—22日	8	56.5	
	4月26日至5月3日	8	20.8	
	5月7—10日	4	76.8	
	5月23—30日	8	37.7	
1964	4月3—18日	16	177.3	4月、5月降水偏多
1965	4月18—28日	11	56.7	4月降水偏多
1969	4月14—24日	11	83.1	4月、5月降水偏多
	5月2—5日	4	69.8	
	5月11—16日	6	42.1	
1972	3月14—23日	10	61.4	3月降水偏多
1973	3月5—14日	10	45.6	4月降水异常偏多
	4月10—17日	8	73.1	
1974	4月18—21日	4	62.4	4月、5月降水异常偏多
	5月17—21日	5	78.2	
1975	4月16—28日	13	83.9	4月降水异常偏多
1977	4月23—27日	5	68.2	4月降水异常偏多
	4月30日至5月5日	6	45.2	

续表

年份	时　段	天数/d	雨量/mm	各月情况
1987	3月6—14日	9	71.9	3月降水偏多，倒春寒天气
1990	3月21—28日	8	61.9	3月、5月降水略多
1991	3月6—11日	6	108.9	3月、5月降水异常偏多
	5月18—31日	14	154.7	
1992	3月1—5日	5	53.9	3月降水偏多
	3月14—25日	12	58.8	
1993	4月27日至5月2日	6	106	5月降水略多
	5月8—21日	14	90.1	
1997	3月9—17日	9	117	3月降水偏多
1998	5月7—11日	5	86.3	3月、4月、5月降水均偏多
2002	4月26日至5月6日	11	92.6	5月降水异常偏多
	5月13—16日	4	46.3	
2003	3月2—6日	5	30.2	3月、4月降水偏多
	3月13—17日	5	88.4	
	3月31日至4月2日	3	63.9	
	4月18—24日	7	79.2	
2005	4月29日至5月5日	7	96.5	
	5月13—17日	5	86.1	

表2.5-3　淮河流域典型秋季连阴雨过程统计表

年份	时　段	天数/d	雨量/mm	影响情况
1962	9月15—19日	5	73.6	
	11月17—26日	10	45.8	
1964	9月13—18日	6	55	9月、10月低温阴雨
	10月19—29日	11	58	
1967	11月22—28日	7	81.4	
1968	10月7—13日	7	107.9	
1970	9月10—28日（2）	19	96.2	低温阴雨
1971	9月28日至10月3日	6	95.8	
1972	11月5—16日（2）	12	71.3	

续表

年份	时 段	天数/d	雨量/mm	影响情况
1974	9月10—14日	5	61.5	连阴雨影响秋种，小麦播种期推迟5～7天
	9月29日至10月7日	9	127	
1975	9月12—15日	4	71.8	9月下旬以后的连阴雨给秋收工作带来很大影响
	9月26日至10月4日	9	43.7	
	10月24—29日	6	53	
1976	9月1—7日	7	97.3	
1979	9月4—8日	5	61.8	12—16日淮北连降大到暴雨，造成严重内涝
	9月12—19日	8	157.5	
1980	10月4—12日（2）	9	73.3	
1981	9月29日至10月7日	9	123.7	长时间阴雨导致淮北冬小麦推迟10～15天播种
1983	10月4—7日	4	84.7	10月连阴雨，秋涝严重
	10月13—22日	10	73.1	
1984	9月6—11日	6	258.5	
	9月24日至10月3日（2）	10	158.3	
	11月9—15日	7	98.3	
1985	10月9—28日	17	185.3	1949年以来10月连阴雨最长年份，大部分农田受渍，部分受涝，秋种推迟10～15天
1986	9月7—11日	5	91.6	
1987	10月12—18日	7	75.6	
1988	9月8—14日（2）	7	154.3	
1989	11月2—8日	7	67.9	利大于弊
1992	9月27日至10月5日（2）	8	97.3	
1996	10月30日至11月17日（2）	18	236.2	10—11月连阴雨，淮河出现冬汛
1999	9月30日至10月16日（2）	17	134.4	
2000	9月23日至10月2日	10	194.8	9—10月连阴雨，淮河发生秋汛
	10月21—29日	9	81.4	
2003	10月1—6日	6	71	10月上旬低温阴雨影响秋种
2006	11月18—27日	10	74.8	

注 “（2）”表示连阴雨分为两个时段。

2.5.2 大气环流异常是降水异常的主要因素

造成淮河流域降水异常的直接原因是大气环流异常。典型涝年的6月、7月，副高第一次北跳（入梅）后，副高脊线往往在22°N～25°N附近摆动，配合北方冷空气南下，容易在淮河流域形成降水，大涝年往往配合着欧亚高纬度存在稳定的阻塞形势。在500hPa高度场上，欧亚大陆中高纬度环流为两波或一波分布，阻塞高压活动频繁并持续时间较长。西风带环流经向度加大，冷空气活动频繁，但冷空气南下到江淮地区后变为弱冷空气。在两波型中，欧亚大陆中高纬度分布两个正高度距平中心，分别位于欧洲大陆和鄂霍次克海附近，对应阻塞高压频繁活动的区域，而在巴尔喀什湖附近为负距平区，为低槽活动区域。中高纬度这种纬向的"＋、－、＋"的距平波列分布导致西风带出现分支，弱冷空气经我国新疆、河套地区达到较为偏南的位置且非常稳定。此外，东亚太平洋沿岸从高纬到低纬也为"＋、－、＋"的距平波列分布，即朝鲜半岛到日本岛为负高度距平控制，而在副热带地区为正高度距平。1991年和2003年7月500hPa环流型就属于此类（图2.5-6）。在一波型中，欧亚大陆中高纬度正高度距平中心位于乌拉尔山到贝加尔湖附近，鄂霍次克海到日本岛为负高度距平，冷空气的移动路径也较两波型偏东，2007年7月的高度距平分布与此类似。

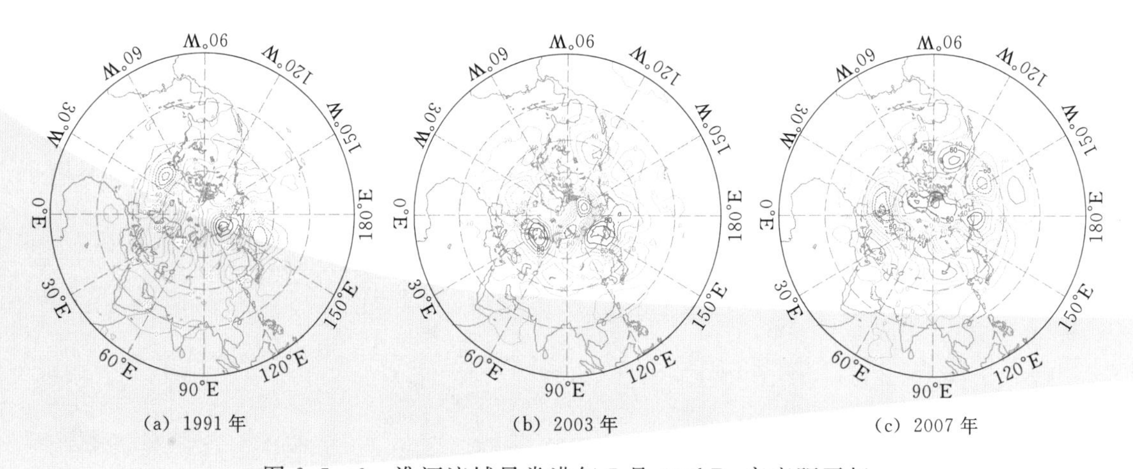

(a) 1991年　(b) 2003年　(c) 2007年

图2.5-6 淮河流域异常涝年7月500hPa高度距平场

2.5.3 影响致洪暴雨的主要天气系统

造成淮河流域严重洪涝的天气系统主要有江淮气旋、锋面、切变线、低空急流、台风及其多种组合。同一场次暴雨，可能受多个天气系统影响。图2.5-7是淮河流域异常洪涝年的梅雨期天气系统组合概念图。简单概括为"两高稳＋涡、流、线"。"两高稳"就是西太平洋副高呈带状稳定控制着长江以南，脊线在22°N～25°N；欧亚中高纬度阻塞高压（单阻、双阻均可）稳定，并有冷空气从切断低压中分裂南下。"涡"就是在850～700hPa上有西南低涡生成并东移到江淮流域。"流"就是西南低

空急流，它源源不断地把暖湿空气输送到江淮流域。“线”就是切变线，江淮切变线是产生暴雨最直接的天气系统。上述天气系统的配置，一旦持续三天以上，将使得江淮流域出现持续时间长、范围广、强度大的暴雨和大暴雨，从而引发流域性大洪水。

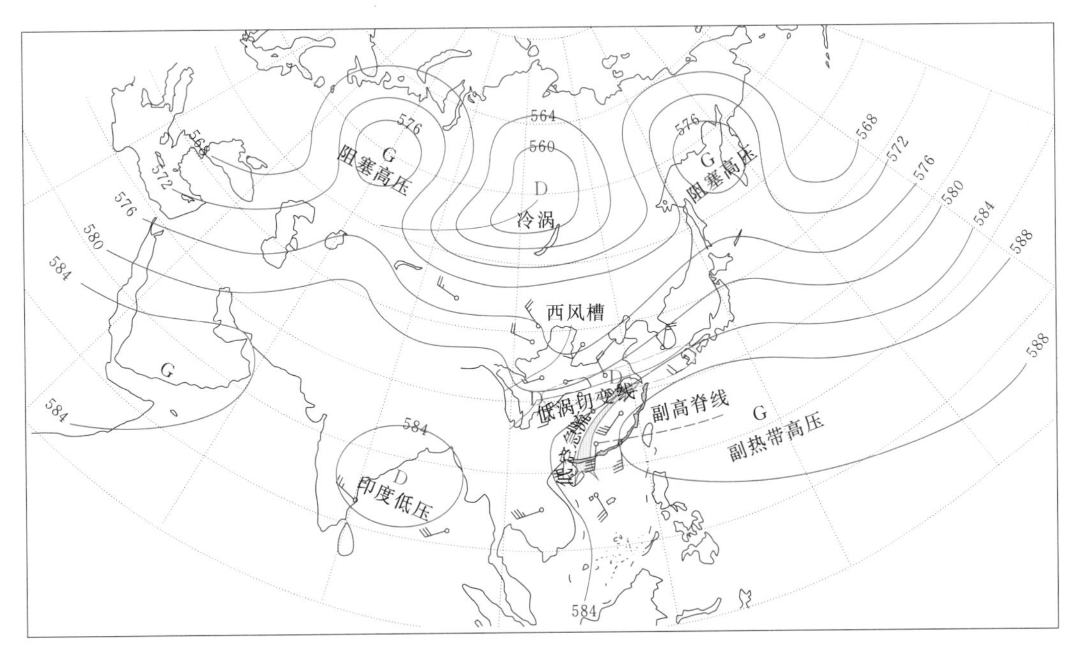

图 2.5-7　淮河流域梅雨期天气系统组合概念图

淮河流域致洪暴雨多数是由江淮气旋引起，江淮气旋对应中低层有切变线存在，当切变线加强时，气旋也将发展；切变线减弱时，气旋强度也随之减弱。当冷暖空气势力相当时，切变线呈准静止状态，地面气旋沿着切变线缓慢东移，冷锋逐渐演变为静止锋（梅雨锋）。有时由于梅雨锋维持时间较长，在原气旋波东移后，又生成新的气旋波，造成持续的强降水。梅雨锋通常可以维持 2～3 天，少数可以维持 6～7 天，而极端情况如 1991 年竟维持了 13 天之久，导致淮河流域发生严重洪涝。

低空急流是产生暴雨、大暴雨的必要条件。造成淮河流域暴雨的低空急流主要有两种：一是副高西北侧的西南低空急流（图 2.5-7）；二是副高西南侧的东南低空急流。其中，淮河流域致洪暴雨中最为常见的是西南低空急流，在 700～850hPa 层形成深厚的水汽输送带。当副高从日本岛南部经我国东南沿海一直西伸到海南岛和华南沿海，副高边缘的低空急流将南海和孟加拉湾的暖湿空气输送到淮河流域。低空急流先于暴雨出现，急流越强、维持时间越长，暴雨越大，急流一旦减弱，暴雨迅速减弱。

台风是造成强降水的重要天气系统。淮河流域盛夏季节也易受登陆台风的影响，对淮河流域影响最大的台风移动路径为“登陆北上转向型”。此种台风多在东南沿海登陆，然后沿副高西侧的偏南气流北上，再从山东半岛或渤海入海。影响淮河流域的台风绝大部分都已减弱为低气压，台风低压一旦深入内陆且与西风带系统结合就能带来强烈降水。

根据1950—2011年242场暴雨的天气系统分析（表2.5-4），低空急流、切变线和气旋波是致洪暴雨的主要天气系统，其中78%的暴雨受低空急流影响，68%的暴雨受切变线影响，49%的暴雨受气旋波影响，只有31%的暴雨受西风槽影响，受台风或台风倒槽影响的暴雨占10%。

表2.5-4　1950—2011年暴雨次数与天气影响系统

年份	天气系统					
	暴雨次数/次	低空急流出现次数/次	切变线出现次数/次	气旋波个数/个	西风槽次数/次	台风或台风倒槽个数/个
1950	3	3	3	3		
1954	8	5	7	7	1	
1956	4	3	3	3	1	1
1957	7	7	3	7		
1962	11	10	2	3	2	3
1963	10	10	6	4		
1965	5	4	2			3
1968	5	4		1		
1971	10	6	6	6		1
1972	8	5	4	1	1	2
1974	9	9	5	4		
1975	11	10	6	4	1	1
1979	6	6	3	3		
1980	11	6	8	5	3	
1982	7	5	5	1	1	
1984	14	12	7	5		2
1991	16	15	16	10	3	
1992	2	1	1			1
1993	4	2	2		3	
1994	1				1	
1995	2	1	2		1	
1996	4	4	4	3	1	

续表

年份	天气系统					
	暴雨次数/次	低空急流出现次数/次	切变线出现次数/次	气旋波个数/个	西风槽次数/次	台风或台风倒槽个数/个
1997	3	2	2	1		1
1998	3	3		1	1	
1999	1	1	1	1	1	
2000	12	9	10	7	5	1
2002	3	3	3	5		
2003	15	14	14	12	9	
2004	6	4	6		6	2
2005	5	3	5	3	5	1
2006	6	5	5	3	6	1
2007	10	4	8	7	8	2
2008	2	2	1	1	1	
2009	6	3	5	3	5	1
2010	8	5	6	5	7	1
2011	4	2	4	1	3	
合计	242	188	165	120	76	24

2.6 最主要的洪涝地区——淮河中游的气候特点

由于特殊的流域地理特征，淮河中游地势低洼平坦，成为淮河流域最主要的洪涝区。除了地理特征外，气候和大气环流特征使得淮河中游成为致洪暴雨和极端降水的主要地区和频发区。这里从最大极值降水分布特征和大气环流气候背景进行简要分析。

2.6.1 最大日降水量

图 2.6－1 和图 2.6－2 分别是年平均最大日降水量和最大日降水量分布图。由图 2.6－1 可以看出，就平均而言，淮河中上游流域和苏北地区为平均最大日降水量的大值区域，平均值在 100mm 以上。而最大日降水量的分布显示（图 2.6－2），淮河中上游地区是一个大值中心，与平均最大日降水量的大值区基本重合。加之地形地势的作用，导致淮河中上游成为主要强降水和洪水集中区。

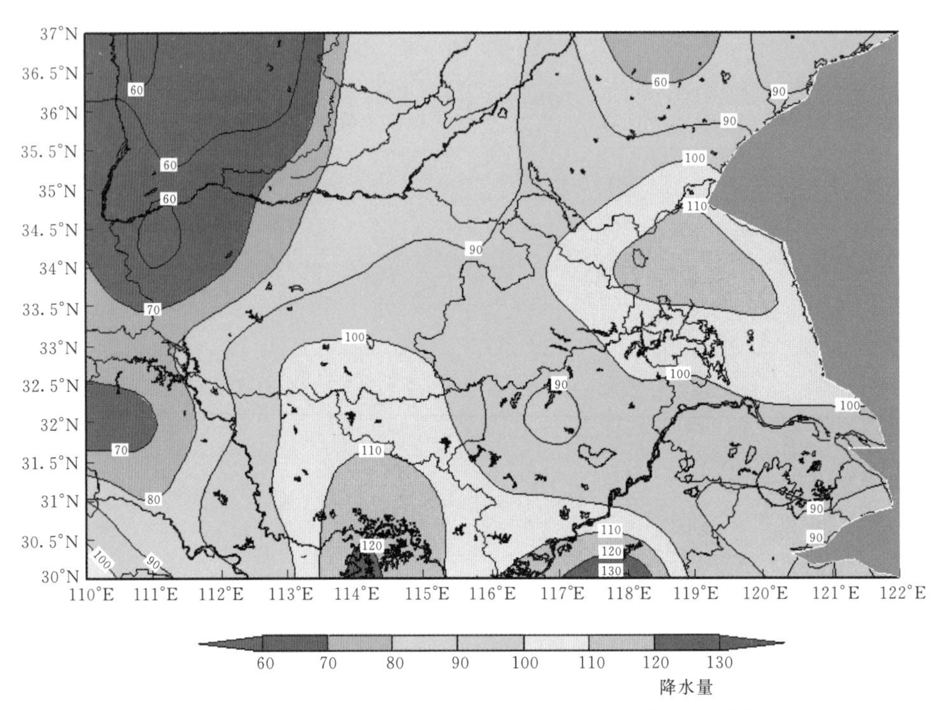

图 2.6-1　淮河流域年平均最大日降水量平均值分布（单位：mm）

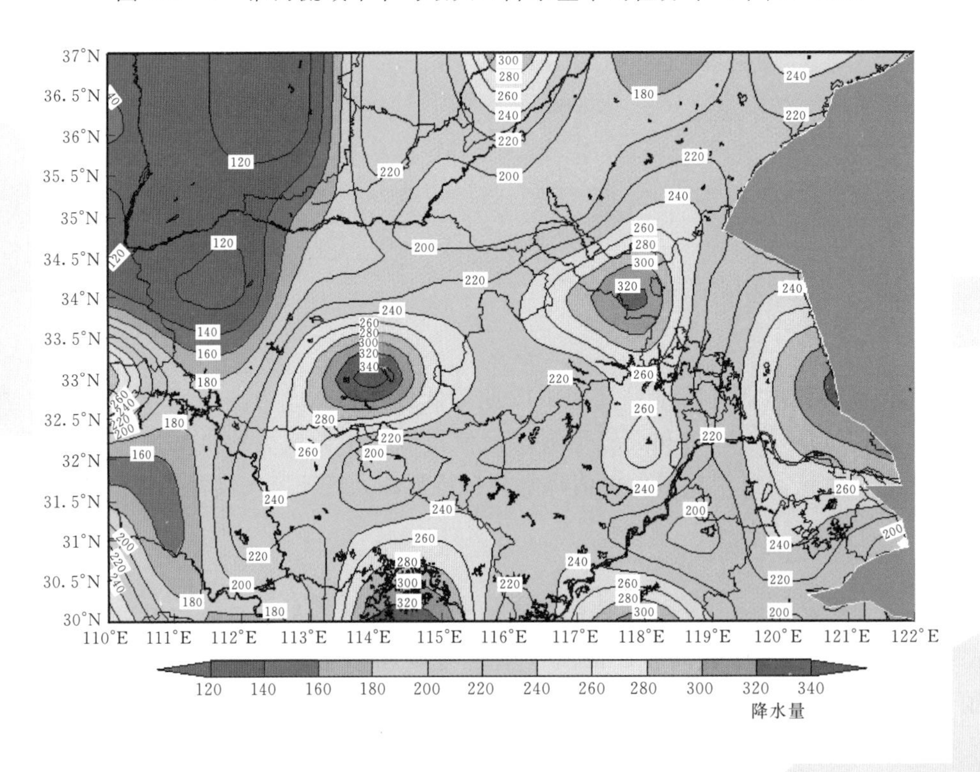

图 2.6-2　最大日降水量分布图（单位：mm）

从发生频率看（图 2.6-3），最大日降水量的极值重现期沿淮河上中游地区为一最小值分布区，在 10～30 年，说明该区域发生日极值降水的重现期短，日极值降水发生频率要高于其他地区，是暴雨洪涝频发的主要地区。

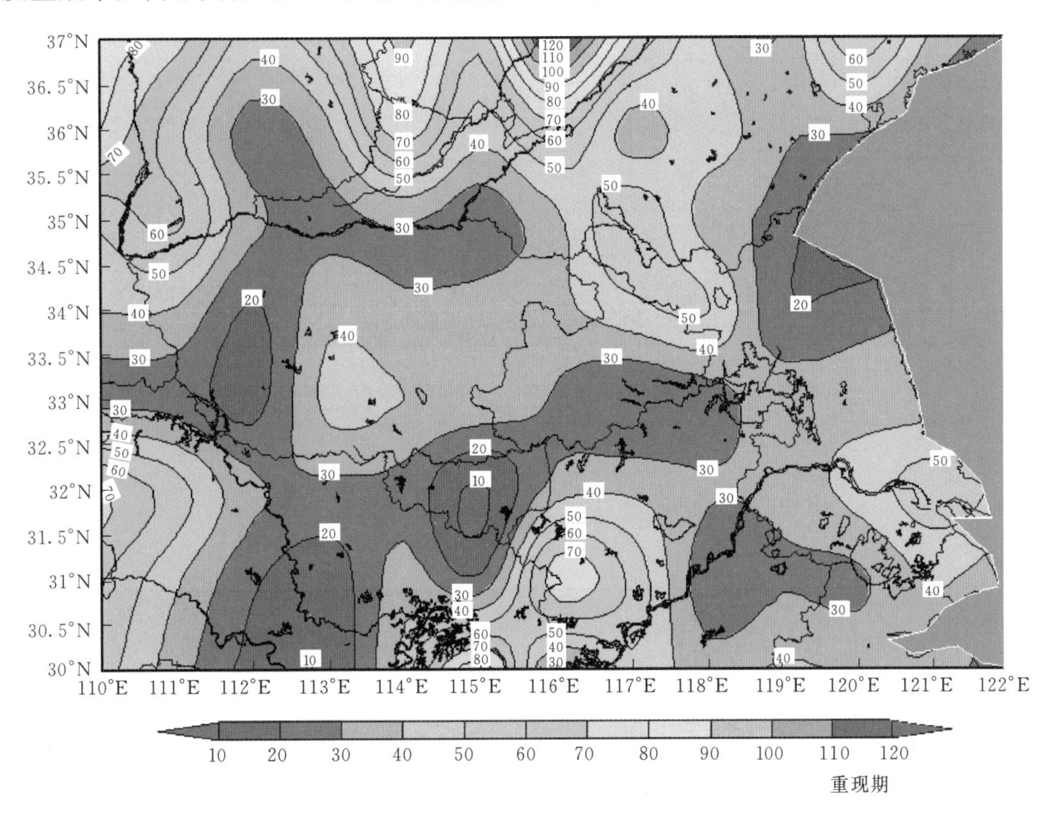

图 2.6-3 最大日降水的重现期分布图（$p=0.01$）（单位：年）

2.6.2 最大过程性降水

最大过程性降水是根据淮河流域 1953—2011 年逐日降水资料计算出来的连续最大降水过程，其分布如图 2.6-4 所示。可以看出，淮河流域中游是最大过程降水的高值区，为 400～600mm。该高值区是由长江流域向北延伸过来的，说明淮河中游地区在过程性强降水上受长江流域（江淮梅雨）影响并具有长江流域最大过程性降水的特征，即北亚热带的降水特征。从最大过程性降水发生频率看（图 2.6-5），淮河流域，特别是淮河以北地区是最大过程性降水重现期的低值区，在 20～40 年，说明淮河中下游地区因极端降水引起洪涝的频率较其他地区大，因此，淮河流域在 20～50 年的时间周期上就能发生极端性强降水过程。

这种最大降水过程出现的极值和对应的重现期如图 2.6-6 所示。可以看出，淮河流域重现期在 40 年以下的过程性降水一般在 200mm 以下，而一旦出现大于 40 年重现期的最大过程性降水，其降水量可达 300mm 以上，淮河中上游地区可达 500mm

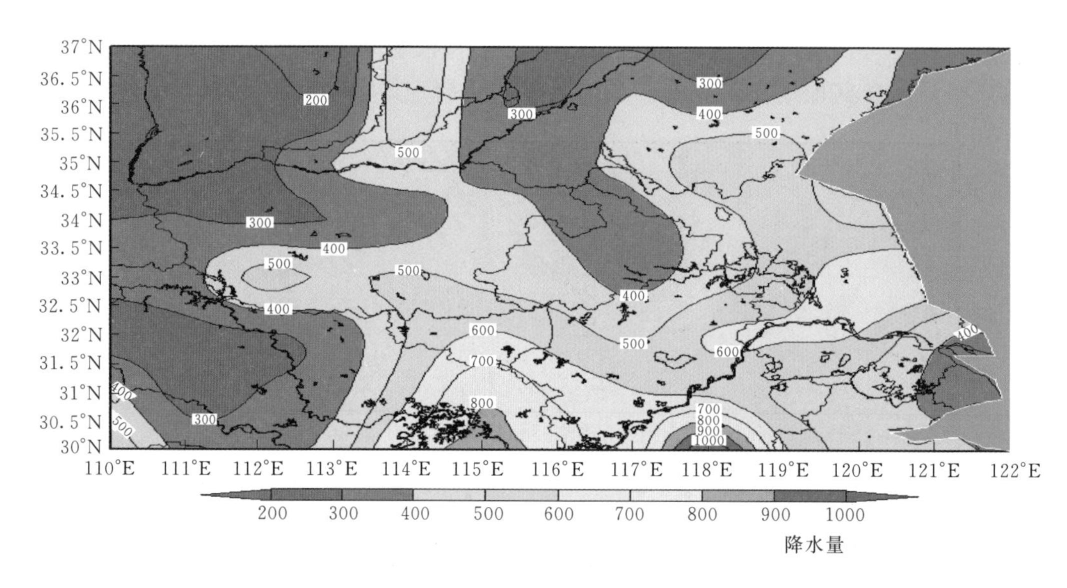

图 2.6-4　最大过程性降水分布图（单位：mm）

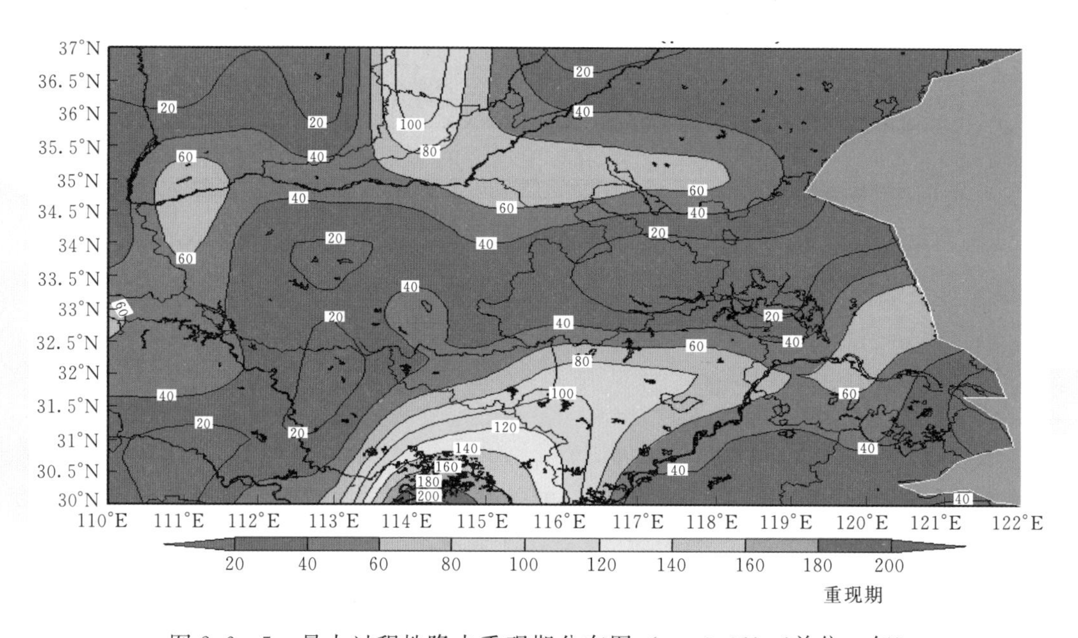

图 2.6-5　最大过程性降水重现期分布图（p=0.01）（单位：年）

以上（图 2.6-4）。因此，淮河中上游地区是极端降水过程的主要影响区域，特别要关注其出现在梅雨季节的40～50年一遇以上的强降水过程。此外，淮河流域中上游南部受长江流域影响，其重现期较长，变化较为复杂。这一方面反映出长江流域与淮河流域的显著差别，同时也表明淮河流域南部（特别是淮南山区）在一定程度上受到长江流域降水特征的制约。

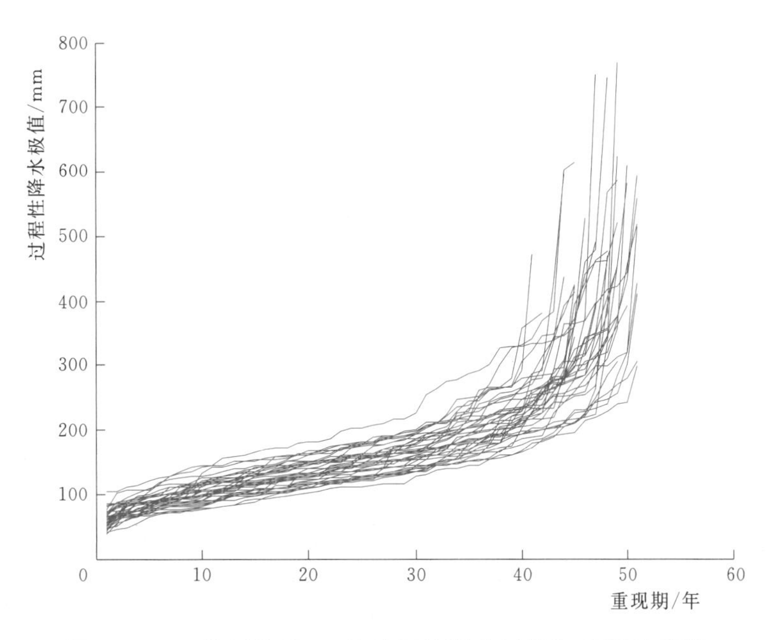

图 2.6-6　淮河流域 38 站过程性降水极值与观测重现期

2.6.3　最大月降水量

从最大月降水量的分布可以看出（图 2.6-7），淮河流域中游及上游部分地区仍是最大值区域，可达 700～800mm 以上，说明淮河流域最大月降水量的极值也出现

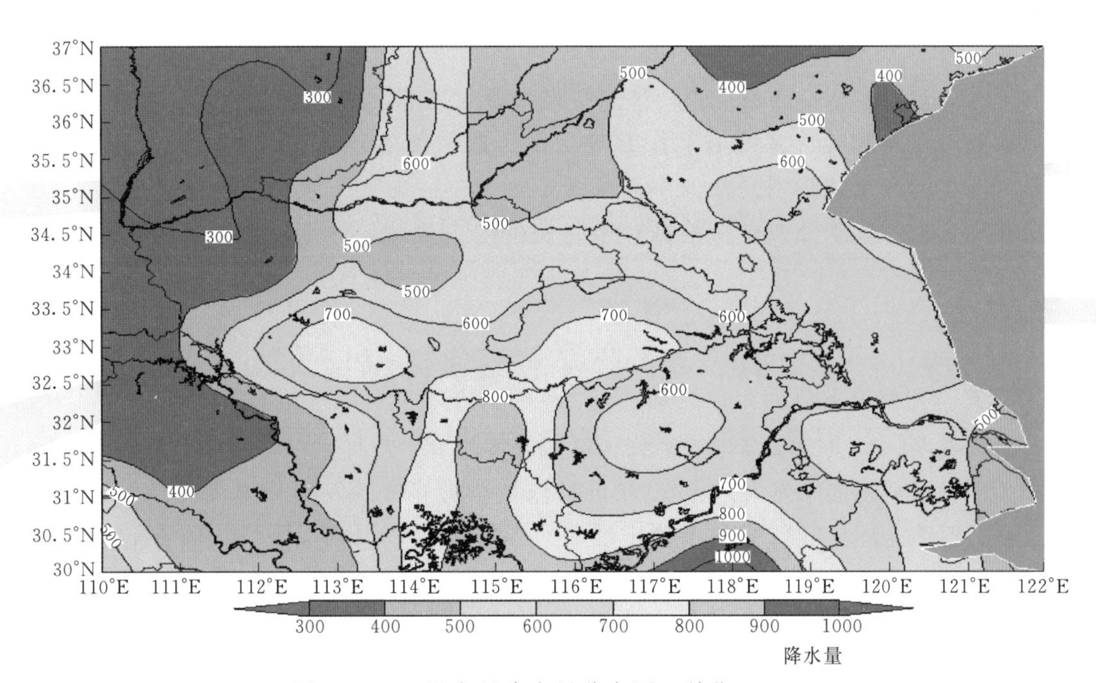

图 2.6-7　最大月降水量分布图（单位：mm）

在淮河流域中游，其对应的重现期在 50～100 年，而淮河流域北部的重现期在 50 年以下，淮河流域南部与长江流域相连区域的重现期较长，可达 150 年以上（图 2.6-8）。这表明，淮河中游最大月降水量出现的时间周期从发生概率上讲要比长江流域短，加之其对应月最大降水量的高值，更易出现极端降水导致特大洪涝发生。

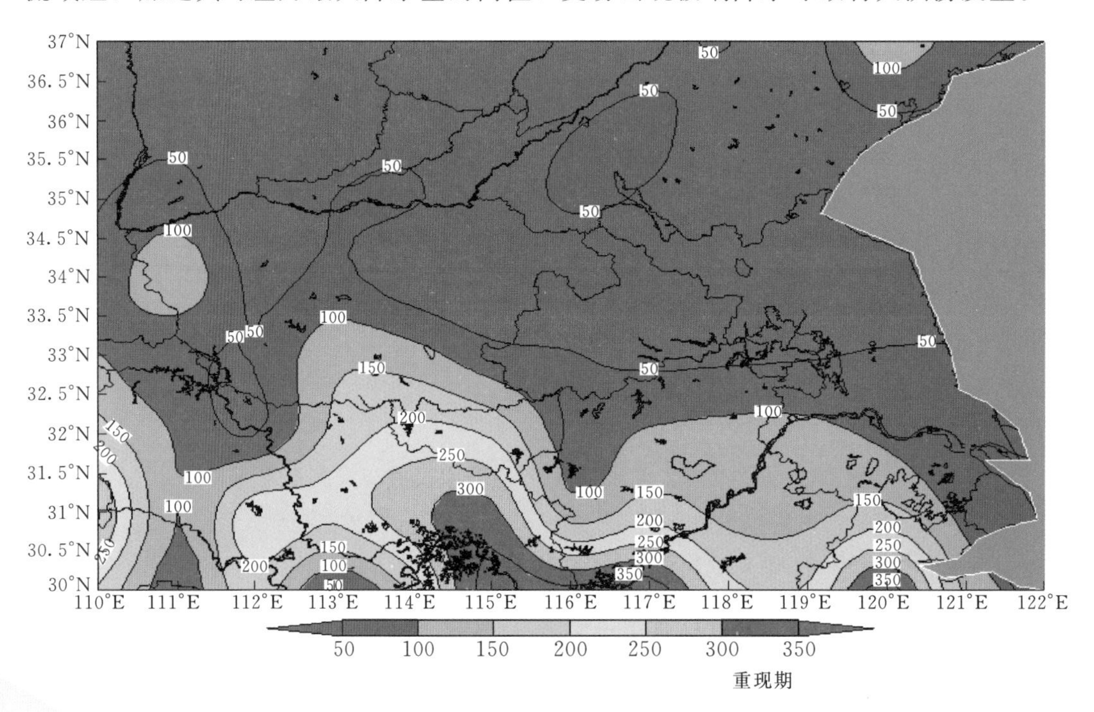

图 2.6-8　显著性水平 0.01 下最大月降水量的重现期（单位：年）

上述降水气候特征的形成是由淮河流域气候过渡带特征决定的。由于受冷空气、副高、低空急流等天气系统有利配置导致的冷暖气团在淮河流域对峙形成梅雨锋，大量水汽在淮河流域特别是淮河中游辐合而形成的各时间尺度的强降水，加之上游区域强降水也汇聚于淮河中游地区，最终使得这一地区成为淮河流域最为严重的洪涝重灾区。

2.7　历史时期淮河流域旱涝灾害变化特点与气候变化的关系

研究表明，过去 500 多年淮河流域旱涝灾害的发生与气候冷暖变化没有明显一致的相关性，目前也尚未发现过去 50 年淮河流域旱涝异常的发生与现代气候变暖有直接关系。鉴于全球变暖研究的不确定性和对温室效应认识的局限性，尚不能将淮河流域旱涝趋势简单地与全球变暖相联系。根据历史事实资料分析、降水重现期概率分析、IPCC（联合国政府间气候变化组织）情景气候模拟结果和干旱指数的历史演变规律分析，对过去和未来 50 年不同气候情景下淮河流域旱涝气候变化趋势进行了推测估计，得出以下初步结果。

2.7.1 淮河流域历史旱涝灾害的概况

据统计，公元前246—2000年的2246年中，共发生洪涝1005次，旱灾936次，几乎年年有灾。2246年中发生流域性的水旱灾害336次（水灾266次，旱灾70次），平均6.7年一次。自1194年黄河南决夺淮后，水灾更加频繁，13—19世纪发生流域水旱灾害165次，平均4.2年1次。

水灾重于旱灾，有显著的集中期。公元前246—2000年，水灾发生率为44.75%，平均2.2年发生1次，大水灾发生率为11.8%，平均8.4年发生1次；旱灾发生率为41.7%，平均2.4年发生1次，大旱灾发生率为3.1%，平均32年发生1次。总体上是水灾多于旱灾。

旱涝交替变化，连旱连涝发生的机会较多，持续时间长。1725—1764年的40年是涝灾高频期，流域性大涝22年，其中1740—1757年的18年中大涝占了13年；1815—1851年的37年为涝灾集中期，大涝有16年；1918—1962年为明显的干旱期。

流域性大涝：1577—1581年，1593—1595年，1601—1603年，1740—1743年，1745—1747年，1753—1757年，1815—1817年，1819—1821年，1831—1833年，1954—1957年，1989—1991年。

流域性大旱：1508—1509年，1652—1654年，1639—1641年，1927—1929年，1934—1936年，1941—1943年，1959—1962年，1986—1989年和1999—2001年。

2.7.2 旱涝事件与气候冷暖的关系

根据淮河流域水旱灾害发生的频数和年数统计发现，过去2000年来旱涝灾害频数随时间波动增加的趋势明显。过去500年来淮河流域的冷暖异常与旱涝灾害的组合，在年代际尺度上存在暖旱、暖涝、冷旱和冷涝四种形式，如图2.7-1所示蚌埠与临沂两地500年来旱涝指数变化与温度距平变化的比较，可以看出，气候的冷暖与旱涝的发生没有一致的变化趋势。

根据对1470—2003年共533年旱涝指数（张德二资料，1997）的REOF（旋转经验正交函数）分析结果可以看出，淮河流域在过去500多年中一直存在显著的旱涝异常变化（图2.7-2），功率谱分析表明，旱涝指数变化存在明显的10年和20年左右的年代际变化周期，长期趋势则表现为70～80年的振荡。

对比由王绍武（2007）资料得出的1380—1990年淮河流域相关区域的温度距平变化曲线（图2.7-3）可以看出，在过去600年中，有约500年处于小冰期，气候相对偏冷并有明显的波动。按过去600多年淮河流域所在地区的温度距平变化特征可知，1400—1910年该区域基本处于小冰期寒冷期，其间有明显的三个冷期，最冷位置分别在1510年、1650年和1840年，并伴有冷暖波动。1910年以后进入现代变暖期，特别是20世纪40年代的增温和80年代后期开始的增暖。在此气候背景下，淮河流域经历了频繁的旱涝异常变化，例如在最冷的1510年、1650年和1840年淮河

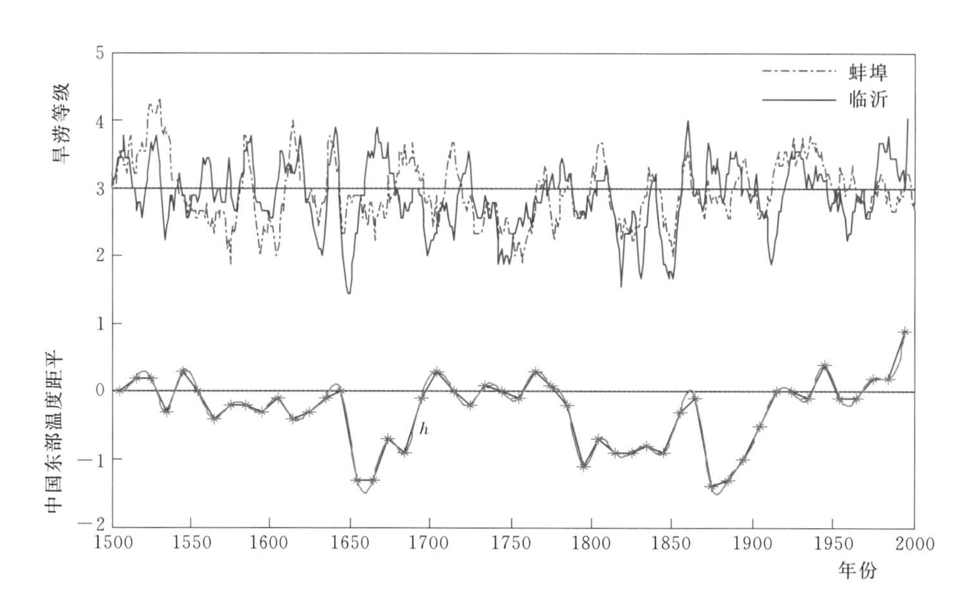

图 2.7-1　500 年来蚌埠、临沂站旱涝等级（9 年滑动平均）与中国东部温度距平的比较（曲线 h）

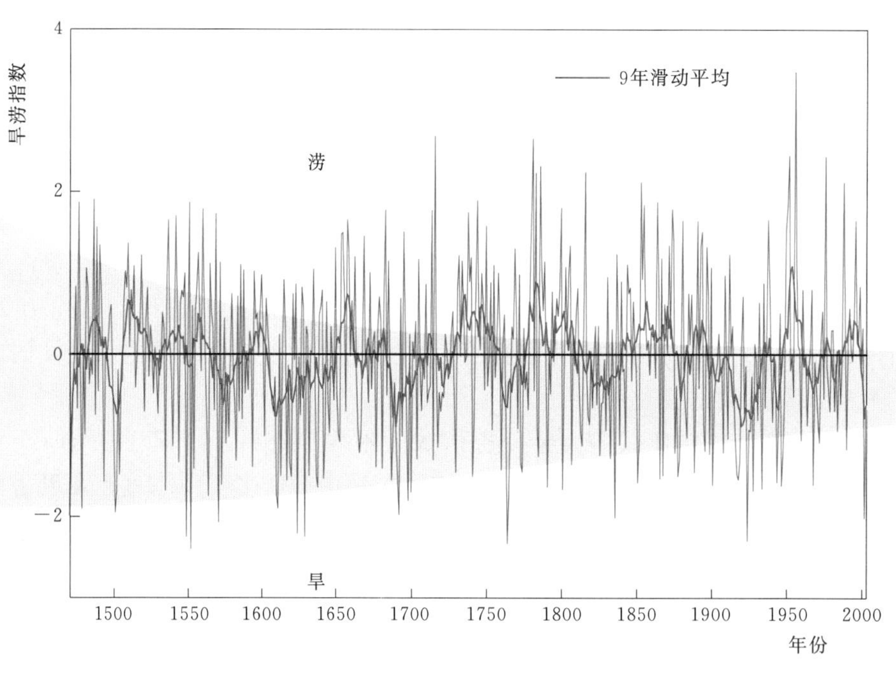

图 2.7-2　500 年来淮河流域旱涝指数（REOF 第一模态时间系数）变化

流域对应着涝、旱和旱，1940 年对应偏旱、1980—1990 年旱涝交替有偏旱趋势等，说明淮河流域的旱涝异常与气候冷暖没有直接关系，且现代旱涝异常的变化幅度没有超过历史上的范围。

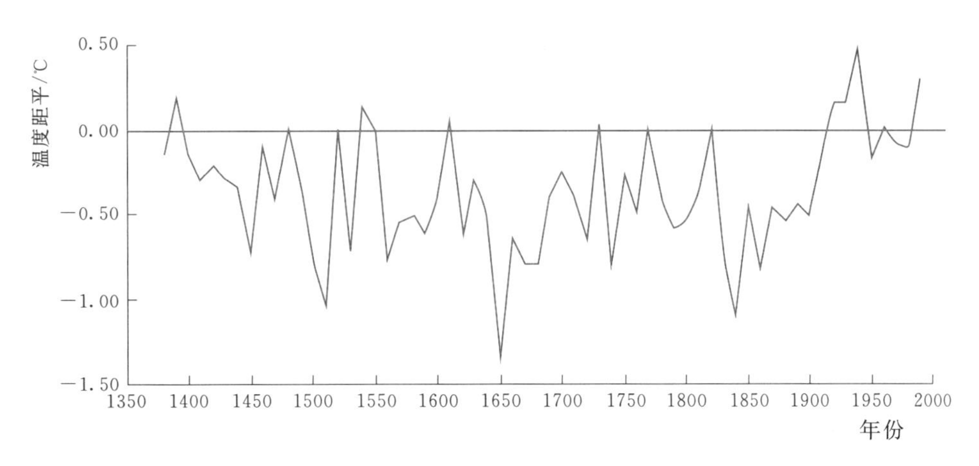

图 2.7-3 1380—1990 年淮河流域相关区域的温度距平变化

2.8 未来淮河流域的旱涝气候趋势估计

估计和预测未来旱涝气候趋势对于淮河流域的治理，减轻洪涝灾害损失，发展区域经济具有重要意义，但是由于淮河流域气候旱涝异常的复杂性，目前尚不能做出准确的预测。根据已有的研究成果和现有的技术手段和方法，采用历史类比法、概率估计法和数值模拟等方法进行气候可能趋势评估判断和变化韵律做出大致估计供有关部门参考。

2.8.1 旱涝趋势的极值概率估计

如前面统计气候分析所表明，淮河流域日降水、过程性降水和月极端降水都存在明显的南北差异，流域南部受江淮梅雨锋降水影响，雨量普遍较大，极端事件发生较严重，而且更频繁。流域北部受北移的梅雨锋降水影响，极端降水事件的雨量相对于南部较小；但对于较大的极端事件，其概率密度较大。最大日降水量的极值重现期沿淮河中下游有一最小值分布区在 10～30 年，说明该区域发生日极值降水的频率要高于其他地区，是暴雨洪涝频发的主要地区。淮河流域，特别是淮河以北地区也是最大过程性降水重现期的最小区，在 20～40 年，说明淮河中下游流域因极端降水引起洪涝的概率较其他地区大。从过去 50 多年的旱涝变化韵律看，如 1954 年、1991 年特大洪涝的发生，对应的降水量基本在 40～50 年一遇的量级以上，而 2003 年和 2007 年又出现了流域性大洪涝，许多区域的降水亦达到 50 年一遇的量级。因此，根据降水值重现期的估计，淮河流域未来 50 年发生极端性降水的可能性和频数仍较大。

2.8.2 由 IPCC 情景模拟结果估计的未来气候趋势

IPCC 报告是目前对气候变化评价的重要文献之一。根据《气候变化国家评估报告》（2007年）中的IPCC设定气候情景下气候模拟结果预测，未来50年淮河流域年平均温度可能升高2℃左右，年降水量增加2%～3%。区域气候模式模拟结果显示，淮河流域夏季降水量可能增加8%～10%，温度升高2℃左右。可以看出，全球和区域模式模拟的结果存在一定差异，但其降水增加趋势是一定的。应当指出的是，虽然IPCC模拟给出的是一个气候情景估计，而不是实际气候变化，也不能反映出年际异常变化，但其总体估计与年代际尺度上暖旱、暖涝、冷旱和冷涝四种形式的韵律趋势估计基本是吻合的，即淮河流域未来气候可能进入暖湿阶段。

2.8.3 基于旱涝历史演变规律的未来趋势估计

从淮河流域下游的夏季干旱指数PDSI（帕尔默干旱指数）历史演变的规律可以得出，淮河流域夏季旱涝存在明显的振荡：19世纪90年代至20世纪40年代和20世纪40—90年代两个阶段分别经历过“旱—涝—旱”的演变（图2.8-1）。按此气候韵律，20世纪最后10年为偏旱趋势，进入21世纪初，淮河流域进入一个由偏旱向偏涝的相对急剧的转变，旱涝异常加剧（如2003年、2007年的大涝和2001年的大旱）；此后可能持续偏涝一段时间再转入偏旱，完成一个“旱—涝—旱”的又一振荡阶段。因此，在未来50年，淮河流域前期可能以偏涝为主，而后期则以偏旱为主。从气候韵律趋势看，可能从21世纪初进入暖涝阶段再转冷旱。

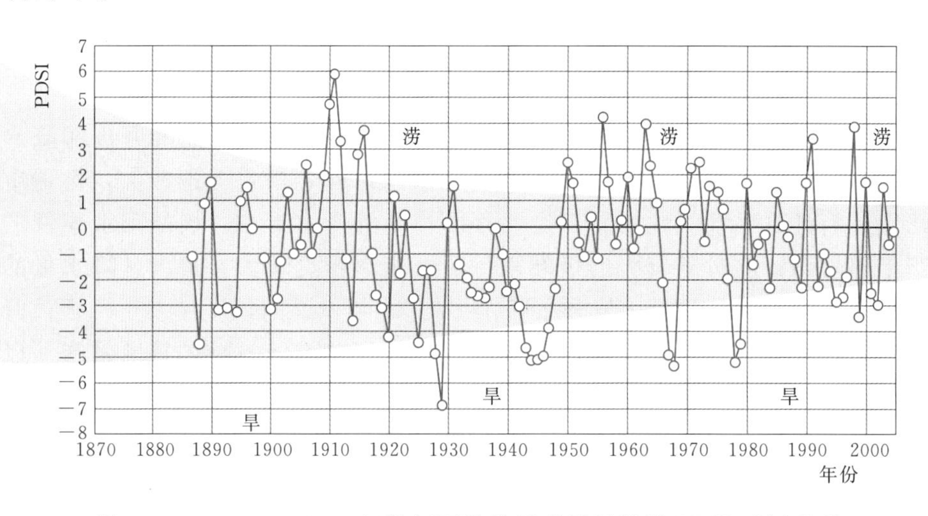

图2.8-1　1886—2005年淮河下游的夏季干旱指数PDSI时间序列

可以看出，基于这一资料分析的未来50年可能旱涝趋势与IPCC情景模拟结果不完全吻合，其分歧在于未来50年后期气候是否会转冷？从客观上讲，目前的模式模拟考虑的是单一的温室气体排放因素，其趋势预测是单向的，尚不能包含更多的正负反馈机制的影响，其结果仅提供一种特定条件下的潜在可能性。

2.9 结论

根据上述淮河流域旱涝气候特征的研究结果，得出以下初步结论：

(1) 淮河流域南北气候分界线的位置与夏季降水量呈明显的负相关：气候分界线向北移动，表明冷空气弱淮河流域夏季降水量减少；而气候分界线向南移动，则表明冷空气强，淮河流域夏季降水会增多。淮河流域过去50年中北亚热带和南温带的气候分界线南北振幅变大，平均位置有北移趋势。

(2) 江淮气旋、切变线、梅雨锋、低空急流和台风组合是江淮流域降水异常偏多的主要天气系统，其中78%的暴雨受低空急流影响，68%的暴雨受切变线影响，50%的暴雨受气旋波影响，有31%的暴雨受西风槽影响，只有10%的暴雨受到台风或台风倒槽的影响；以副热带高压和高纬度稳定的阻塞形势的大气环流异常是淮河流域降水异常的主要原因，副热带高压脊线在22°N～25°N附近摆动，配合北方冷空气南下，容易在淮河流域形成持续性强降水和大涝年。

(3) 淮河流域中游的严重洪涝灾害是由该区域特殊的降水气候特征决定的，导致严重洪涝的日降水、过程性降水和月极端降水在该区域都存在明显的高值区和低重现期，加之致洪暴雨的天气系统组合的集中交汇点也处于该区域，因此受江淮梅雨锋降水影响，淮河中游地区雨量普遍较大，极端事件发生较严重，而且更频繁。

(4) 淮河流域历史上经历过多次极端异常的旱涝事件，现代极端旱涝事件与历史时期具有可比性，没有超出历史时期的幅度，处在相同的变化范围内；历史和现代气候变化与淮河流域旱涝没有直接的一致性关系。

(5) 淮河流域旱涝与气候变化具有暖涝、暖旱、冷涝、冷旱四种组合。根据历史对比法、概率估计法和数值模拟方法分析结果，未来50年淮河流域仍以旱涝异常气候特征为特点，可能经历“暖涝转冷旱”的趋势，前期以暖涝及旱涝异常幅度加大为主要特征，后期可能进入偏冷和偏旱阶段。

综合而言，未来50年淮河流域随着降水重现期的延长和极端值出现的概率增大，其极端降水量也增大。在全球气候变化的大背景下，在未来50年中淮河流域旱涝灾害依然交替频发，气候变化幅度增大可能引起高影响天气事件、极端天气事件和气候异常事件发生的概率增加，南北气候过渡带气候的脆弱性、旱涝交替的高发性、年内和年际降水的不均匀性、致洪暴雨天气的组合多样性，加上淮河流域地理的特殊性，决定了淮河流域旱涝灾害长期存在，并且，灾害的强度、频率有增加的趋势。因此，在未来的治淮工作中应该给予较多的关注和重视。考虑到淮河中游地区的洪涝灾害频发问题，在淮河重大问题研究中应提出相应的工程措施和非工程对策。

3 淮河中游洪涝问题与洪泽湖关系研究

3.1 概述

1991年、2003年和2007年淮河流域发生了较大洪水，淮河干流河道长时间持续高水位，支流排水受到顶托，面上涝灾损失严重，行蓄洪区运用困难，淮河下游洪水出路不足等问题依然显现。这些问题引起了社会各界的高度关注，认为产生洪涝的主要原因是洪泽湖水位的顶托造成的，设想可通过降低洪泽湖水位或淮河与洪泽湖分离降低淮河干流中下游水位彻底解决淮河中游洪涝问题，并设想可利用溯源冲刷恢复淮河窄深河床以期达到降低水位的目的。

本专题针对上述情况，重点研究以下五个方面的问题：①分析洪泽湖现状工程条件下，淮河干流不同的水位流量对淮河中游洪涝的影响；②通过扩大洪泽湖出口和下游河道规模，分析降低洪泽湖水位对淮河中游洪涝的影响；③分析洪泽湖内开挖一头两尾河道对淮河干流沿程水位、洪峰传播时间的影响，对解决淮河中游洪涝问题的作用以及对洪泽湖的影响；④分析开挖盱眙新河对淮河干流沿程水位、洪峰传播时间的影响，对解决淮河中游洪涝问题的作用以及对洪泽湖的影响；⑤分析溯源冲刷恢复淮河深水河床的可能性及其效果，以便为淮河中游洪涝治理提供科学的决策依据。

3.2 洪泽湖水位对淮河中游洪涝影响分析

3.2.1 现状工程条件下淮河干流水位流量分析

3.2.1.1 基本设想

在现状工程条件下，分析淮河干流不同级配下的水位流量与支流面上排涝之间的关系，分析涝灾产生的原因。

3.2.1.2 计算方法

按恒定流推算淮河干流洪河口—蒋坝各种条件下的水面线并与淮河干流沿程地面高程比较，分析不同水面线影响排涝的情况。计算时选取设计水面线、中等洪水（6000～8000m^3/s）水面线、满足排涝要求的水面线等。

3.2.1.3 计算参数选取

设计水面线各节点水位采用现有规划水位，即洪河口—正阳关—涡河口—浮山—蒋坝水位分别为29.3m～26.5m～23.5m～18.5m～16.0m。

中等洪水水面线采用洪泽湖蒋坝起推水位13.0m，流量6000～8000m^3/s（级差1000m^3/s）时的水面线。

满足排涝要求的水面线采用各河段平槽流量时的水面线。

3.2.1.4 计算结果

淮河干流王家坝、正阳关、涡河口、浮山、蒋坝地面高程分别为26.12m、20.9m、17.5m、15.5m、11.0m，设计水面线各节点水位分别为29.3m、26.5m、23.5m、18.5m、16.0m，设计水面线一般高出两岸地面3～6m，因此设计水位下，两岸涝水根本无法排出。

中等洪水（6000～8000m^3/s）采用洪泽湖蒋坝起推水位13.0m推出的水面线普遍高出两岸地面2～4m，因此遇中等洪水时，两岸涝水也无法排出。

2005年9月6日，淮河干流正阳关以下河道实测水面线（流量约6500m^3/s）与中等洪水水面线计算结果相似，均高出地面许多，两岸涝水无法排出。

经分析，淮河干流王家坝—正阳关平槽流量为1000～1500m^3/s，正阳关—涡河口河道平槽流量约为2500m^3/s，涡河口以下河道平槽流量约为3000m^3/s，遇中等以上洪水时，河道流量超过平槽流量的时间长达2～3个月，淮河干流水位高于两岸地面，涝水难以排出，形成“关门淹”。因此，淮河干流中上游来水流量大于平槽流量，致使沿程水位高于地面，且时间较长，这是影响面上排涝的主要原因。淮河干流中游设计水面线、中等洪水水面线、平槽流量水面线示意图见图3.2-1。

3.2.2 降低洪泽湖水位对淮河中游洪涝的影响分析

3.2.2.1 基本思路

洪泽湖高水位影响了淮河中游的洪涝水排泄，那么降低洪泽湖水位会对中游产生多大的影响呢？假定淮河干流河道为现状，洪泽湖出口和下游河道规模满足蒋坝控制水位的要求，即入洪泽湖洪水在控制水位以下可全部下泄。在这种情况下，运用恒定流和非恒定流两种方法来分析对中游洪涝的影响。

3.2.2.2 恒定流分析计算

控制蒋坝水位分别为12.5m、13.0m、13.5m，流量采用3000～9000m^3/s（级差1000m^3/s），推算浮山、吴家渡水位，并分析对淮河干流沿程水位的影响。

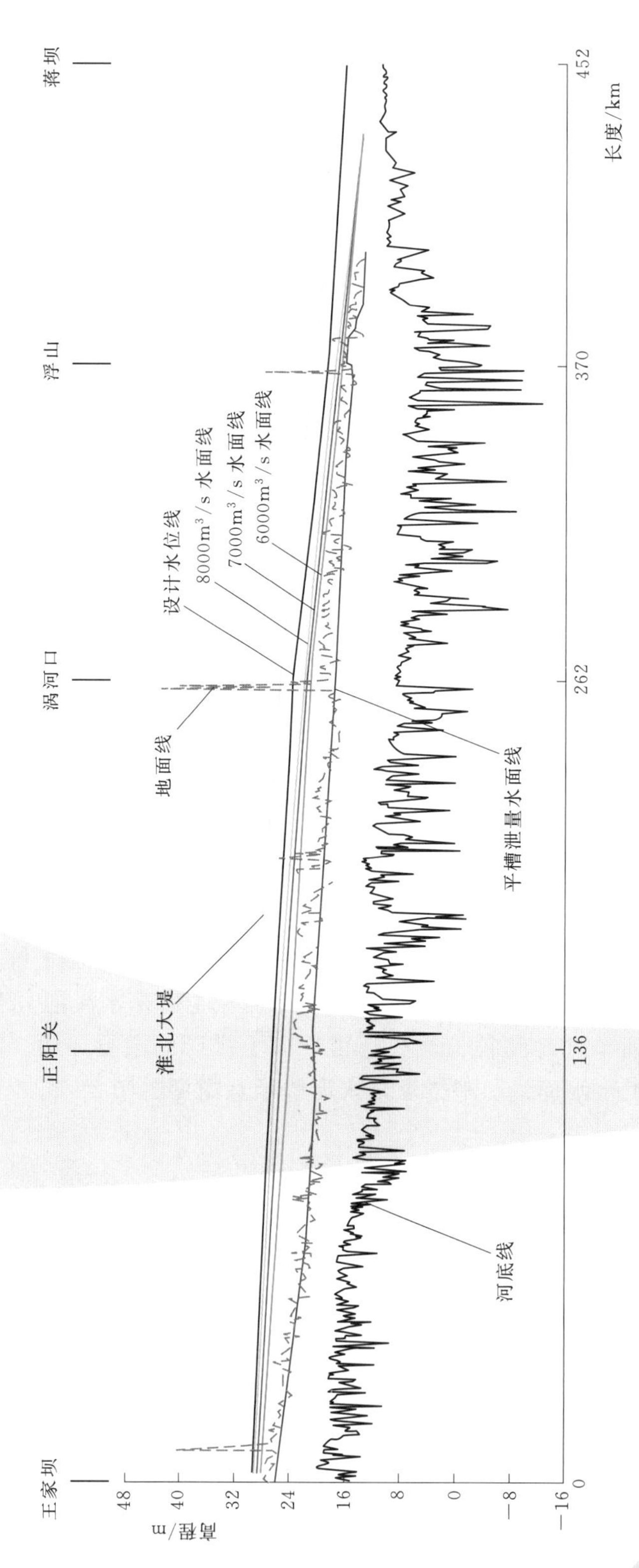

图 3.2-1　淮河干流中游设计水面线、中等洪水水面线、平槽流量水面线（王家坝—蒋坝）

经分析，影响面上排涝时（自排，下同）的浮山水位为14.5m，吴家渡水位为16.5m，相应淮河干流流量不到3000m³/s。经计算，蒋坝控制水位由13.0m降低到12.5m，即蒋坝水位降低0.5m，在淮河干流流量3000～9000m³/s级配时，计算出的浮山水位降低0.102～0.015m，吴家渡水位降低0.066～0.004m；蒋坝控制水位由13.5m降低到12.5m，即蒋坝水位降低1m，在淮河干流流量3000～9000m³/s级配时，计算出浮山水位降低0.303～0.048m，吴家渡水位降低0.185～0.017m。

由此可见，在假定工况情况下，降低洪泽湖水位对降低淮河干流浮山以下沿程水位作用较为明显，对降低淮河干流吴家渡附近水位作用较小；当流量大于3000m³/s时，无论是控制蒋坝水位由13.0m降低到12.5m，还是控制蒋坝水位由13.5m降低到12.5m，吴家渡水位都高于面上排涝要求的水位，对解决面上排涝作用不大。

恒定流计算结果见表3.2-1～表3.2-4。

表3.2-1　控制蒋坝水位13.0m与12.5m时浮山水位变化

淮河干流流量/(m³/s)	控制蒋坝水位12.5m相应浮山水位/m	控制蒋坝水位13.0m相应浮山水位/m	浮山水位差值/m
3000	15.068	15.170	0.102
4000	15.751	15.818	0.067
5000	16.394	16.438	0.044
6000	16.992	17.022	0.030
7000	17.540	17.563	0.023
8000	18.050	18.070	0.020
9000	18.532	18.547	0.015

表3.2-2　控制蒋坝水位13.0m与12.5m时吴家渡水位变化

淮河干流流量/(m³/s)	控制蒋坝水位12.5m相应吴家渡水位/m	控制蒋坝水位13.0m相应吴家渡水位/m	吴家渡水位差值/m
3000	16.643	16.709	0.066
4000	17.764	17.799	0.035
5000	18.758	18.781	0.023
6000	19.620	19.635	0.015
7000	20.390	20.397	0.007
8000	21.092	21.098	0.006
9000	21.746	21.750	0.004

表 3.2-3 控制蒋坝水位 13.5m 与 12.5m 时浮山水位变化

淮河干流流量 /(m^3/s)	控制蒋坝水位 12.5m 相应浮山水位/m	控制蒋坝水位 13.5m 相应浮山水位/m	浮山水位差值 /m
3000	15.068	15.371	0.303
4000	15.751	15.958	0.207
5000	16.394	16.537	0.143
6000	16.992	17.091	0.099
7000	17.540	17.613	0.073
8000	18.050	18.110	0.060
9000	18.532	18.580	0.048

表 3.2-4 控制蒋坝水位 13.5m 与 12.5m 时吴家渡水位变化

淮河干流流量 /(m^3/s)	控制蒋坝水位 12.5m 相应吴家渡水位/m	控制蒋坝水位 13.5m 相应吴家渡水位/m	吴家渡水位差值 /m
3000	16.643	16.828	0.185
4000	17.764	17.877	0.113
5000	18.758	18.825	0.067
6000	19.620	19.662	0.042
7000	20.390	20.419	0.029
8000	21.092	21.114	0.022
9000	21.746	21.763	0.017

3.2.2.3 非恒定流分析计算

按照控制蒋坝水位不超过 12.5m、13.0m、13.5m 洪水演进的计算结果与按照现行防汛调度预案作为控制条件的计算结果比较，分析淮河干流吴家渡以下沿程水位的变化。计算以 1991 年、2003 年实际发生的洪水为例。

1. 洪水演进数学模型

洪水演进数学模型采用河海大学研制的《蚌埠—洪泽湖洪水演进数学模型》。该模型淮河干流河道采用一维方法进行模拟；沿淮河的行洪区，考虑流速的变化，采用二维的方法模拟；沿洪泽湖四周概化 27 条河道，采用一维方法模拟；女山湖、七里湖、陡湖及沿洪泽湖四周的 380 个圩区，采用零维模拟；洪泽湖采用完全的二维模拟。

(1) 零维模拟。对于女山湖等湖区和圩区建立零维区域，它们对洪水行为的影响主要表现在水量的交换，动量交换可以忽略，反映洪水行为的指标是水位，水位的

变化规律遵循水量守恒原理，流入区域的净水量等于区域内的蓄量增量，即利用水量平衡原理可得

$$\sum Q = A(z)\frac{\partial Z}{\partial t} \tag{3.2-1}$$

式（3.2-1）表示进出蓄洪区内的水量等于其内的蓄量变化。$A(z)$ 为蓄洪区内水面面积，一般为水位的某种函数关系。对方程式（3.2-1）离散后为

$$\sum Q = A(z)\frac{Z - Z_0}{\Delta t} \tag{3.2-2}$$

（2）一维模拟。描述河道水流运动的圣维南方程组为

$$\begin{cases} B\dfrac{\partial Z}{\partial t} + \dfrac{\partial Q}{\partial x} = q \\ \dfrac{\partial Q}{\partial t} + \dfrac{\partial}{\partial t}\left(\dfrac{\alpha Q^2}{A}\right) + gA\dfrac{\partial Z}{\partial x} + gA\dfrac{Q\mid Q\mid}{K^2} = qV_X \end{cases} \tag{3.2-3}$$

式中：q 为旁侧入流；Q、A、B、Z 分别为河道断面流量、过水面积、河宽和水位；V_X 为旁侧入流流速在水流方向上的分量，一般可以近似为零；K 为流量模数，反映河道的实际过流能力；α 为动量校正系数，是反映河道断面流速分布均匀性的系数，当河道只有一个主槽时；$\alpha=1.0$，当河道有若干个主槽和滩地时，在主槽和滩地摩阻比降相等的假定下，可得 $\alpha=\dfrac{A}{K^2}\sum\limits_{i=1}^{n}\left(\dfrac{K_i^2}{A_i}\right)$；$n$ 为主槽和滩地的分块个数；A_i、K_i 为第 i 分块的过水面积与流量模数。

（3）二维模拟。湖泊、行洪区的水流采用二维浅水波方程来描述：

$$\begin{cases} \dfrac{\partial Z}{\partial t} + \dfrac{\partial U}{\partial x} + \dfrac{\partial V}{\partial y} = q \\ \dfrac{\partial U}{\partial t} + \dfrac{\partial uU}{\partial x} + \dfrac{\partial vU}{\partial y} + gh\dfrac{\partial Z}{\partial y} = -g\dfrac{\mid\vec{V}\mid}{c^2h^2}U + fV + \dfrac{1}{\rho}\tau_{\omega x} \\ \dfrac{\partial V}{\partial t} + \dfrac{\partial uV}{\partial x} + \dfrac{\partial vV}{\partial y} + gh\dfrac{\partial Z}{\partial y} = -g\dfrac{\mid\vec{V}\mid}{c^2h^2}V - fU + \dfrac{1}{\rho}\tau_{\omega y} \end{cases} \tag{3.2-4}$$

$$\begin{cases} \tau_{\omega x} = \rho_a c_D \mid\vec{W}\mid W_x \\ \tau_{\omega y} = \rho_a c_D \mid\vec{W}\mid W_y \end{cases} \tag{3.2-5}$$

式中：Z 为水位；u、v 分别为 x 与 y 方向上的流速；U、V 分别为 x 与 y 方向上的单宽流量；$\vec{V}$ 为单宽流量的矢量，$\mid\vec{V}\mid$ 为它的模，$\mid\vec{V}\mid=\sqrt{U^2+V^2}$；$q$ 为考虑降雨等因素的源项；g 为重力加速度；c 为谢才系数；f 为柯氏力系数；$\tau_{\omega x}$、$\tau_{\omega y}$ 分别为风应力沿 x 和 y 方向的分量，可采用式（3.2-5）计算；ρ_a 为空气密度；c_D 为阻力系数；$\vec{W}$

为离水面 10m 高处的风速矢量。

（4）全流域的联解方法。流域洪水运动模拟由零维、一维、二维模拟所组成，各部分模拟必须耦合联立才能求解，各部分模拟的耦合是通过“连系”来实现的。“连系”就是各种模拟区域的连接关系，主要是指流域中控制水流运动的堰、闸及行洪区口门等，连系的过流流量可以用水力学的方法来模拟。

2. 数模计算结果

对于 1991 年洪水，控制蒋坝水位不超过 12.5m、13.0m、13.5m 洪水演进的计算结果与按照现行防汛调度预案作为控制条件洪水演进的计算结果比较。控制蒋坝水位不超过 12.5m 时，浮山水位降低 0～0.13m，吴家渡水位降低 0～0.013m；控制蒋坝水位不超过 13.0m 时，浮山水位降低 0～0.055m，吴家渡水位降低 0～0.01m；控制蒋坝水位不超过 13.5m 时，浮山水位降低 0～0.007m，吴家渡水位降低 0～0.003m。

对于 2003 年洪水，控制蒋坝水位不超过 12.5m、13.0m、13.5m 洪水演进的计算结果与按照现行防汛调度预案作为控制条件洪水演进的计算结果比较。控制蒋坝水位不超过 12.5m 时，浮山水位降低 0～0.50m，吴家渡水位降低 0～0.015m；控制蒋坝水位不超过 13.0m 时，浮山水位降低 0～0.44m，吴家渡水位降低 0～0.014m；控制蒋坝水位不超过 13.5m 时，浮山水位降低 0～0.31m，吴家渡水位降低 0～0.009m。

由此可以看出，对于 1991 年、2003 年洪水，降低蒋坝水位到 12.5m，淮河干流吴家渡水位过程变化较小，对解决面上的排涝作用不大。

非恒定流计算 1991 年、2003 年洪水过程线比较见图 3.2-2～图 3.2-13。

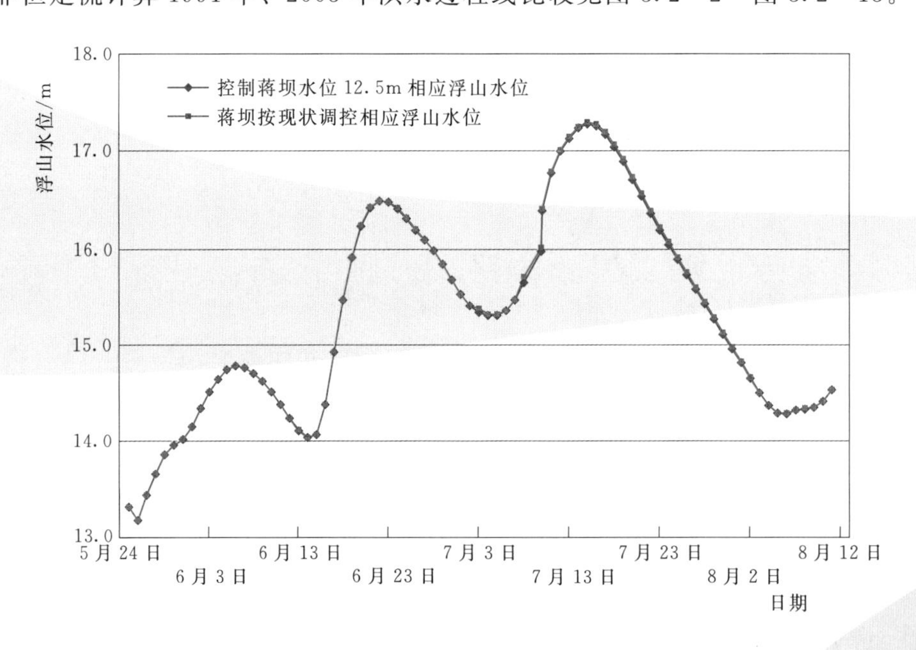

图 3.2-2　控制蒋坝水位 12.5m 与按现状调控浮山水位过程线比较（1991 年）

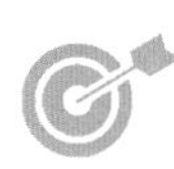

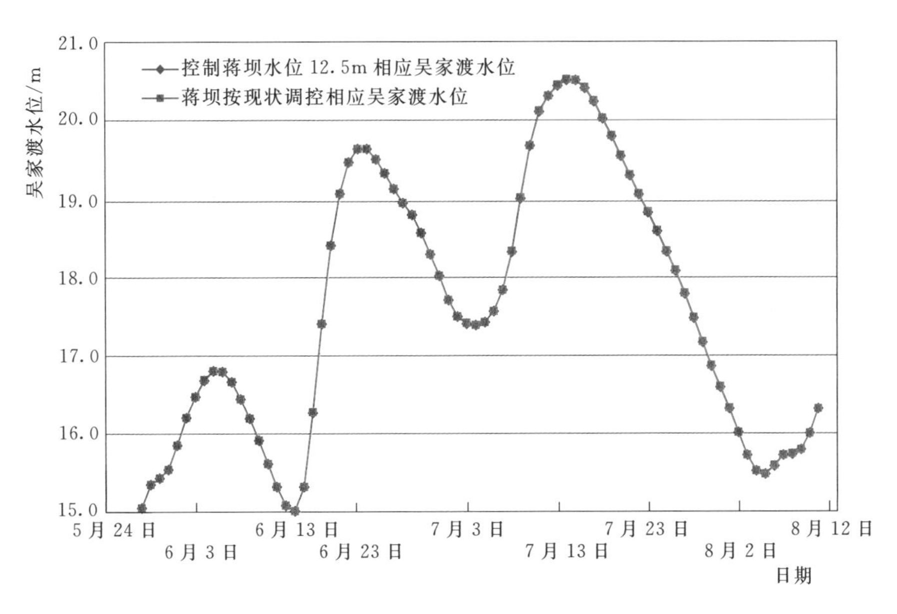

图3.2-3 控制蒋坝水位12.5m与按现状调控吴家渡水位过程线比较（1991年）

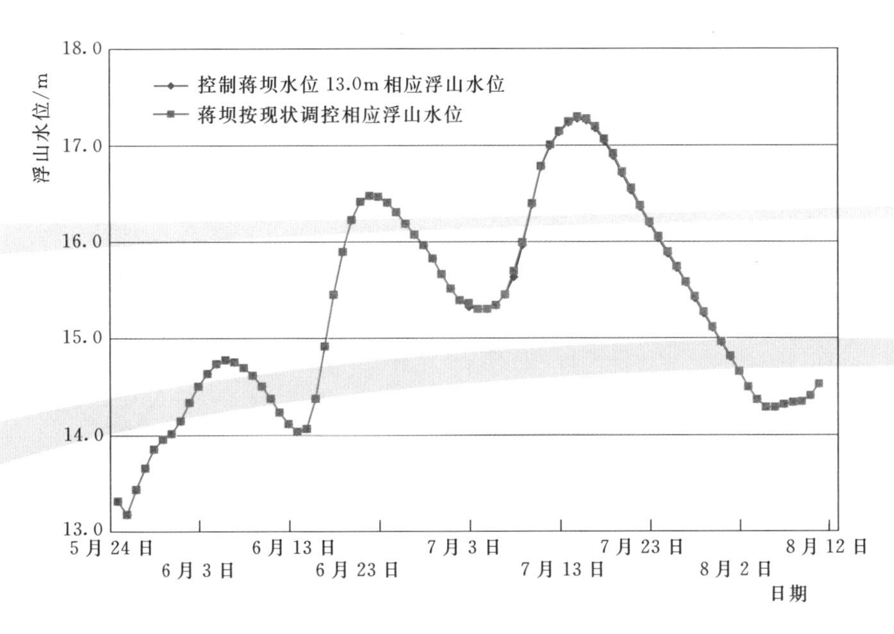

图3.2-4 控制蒋坝水位13.0m与按现状调控浮山水位过程线比较（1991年）

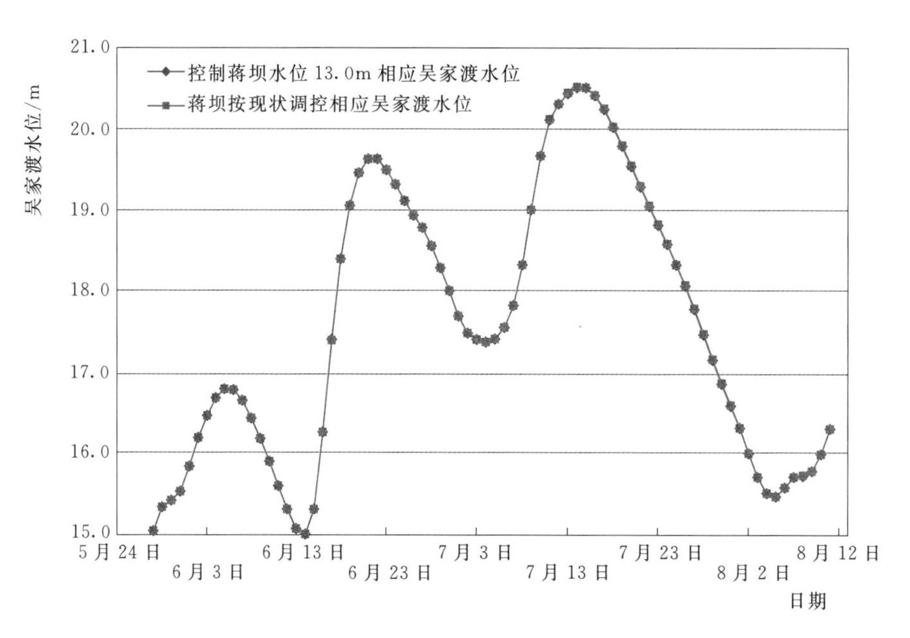

图 3.2-5 控制蒋坝水位 13.0m 与按现状调控
吴家渡水位过程线比较（1991 年）

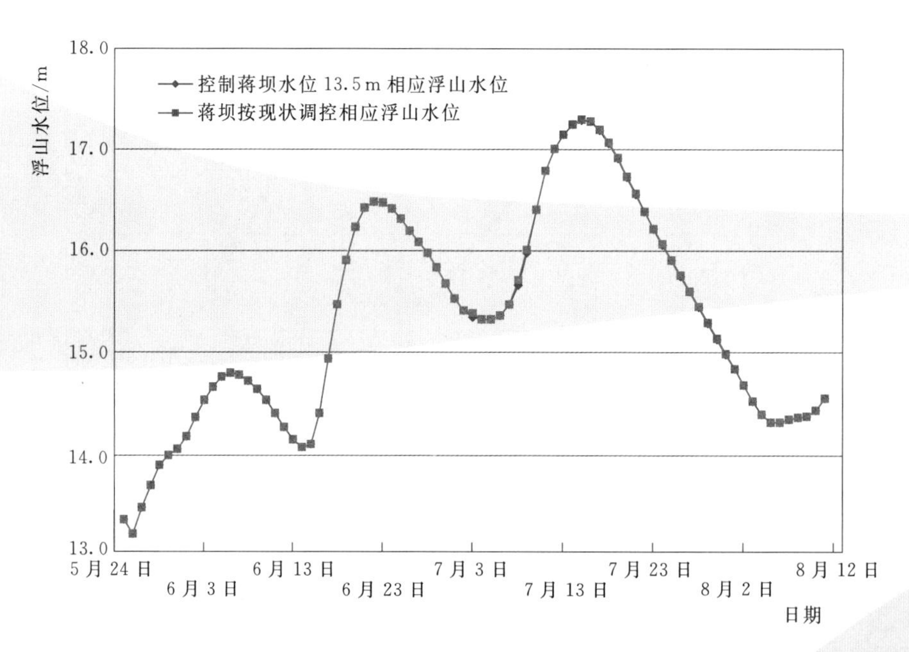

图 3.2-6 控制蒋坝水位 13.5m 与按现状调控
浮山水位过程线比较（1991 年）

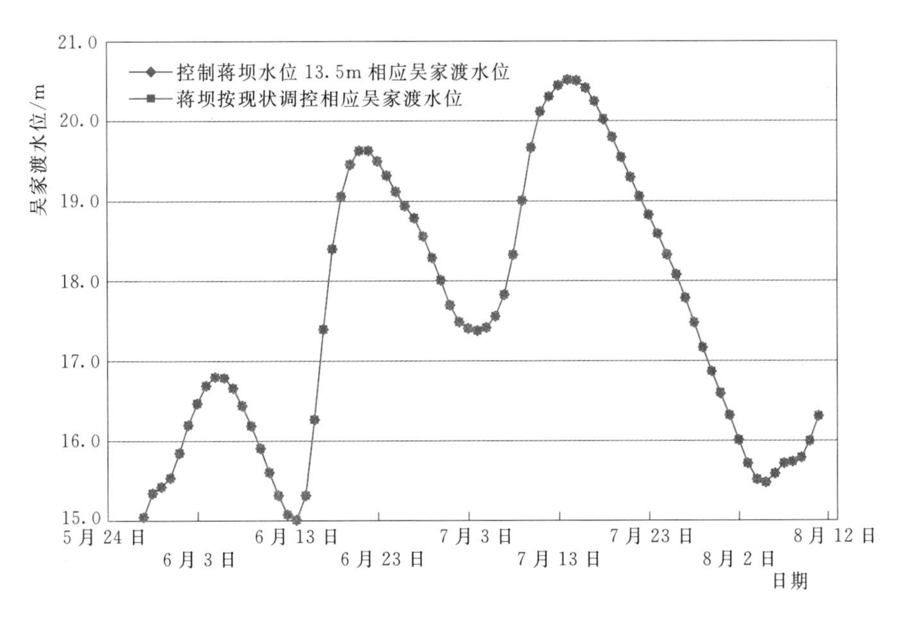

图3.2-7 控制蒋坝水位13.5m与按现状调控吴家渡水位过程线比较（1991年）

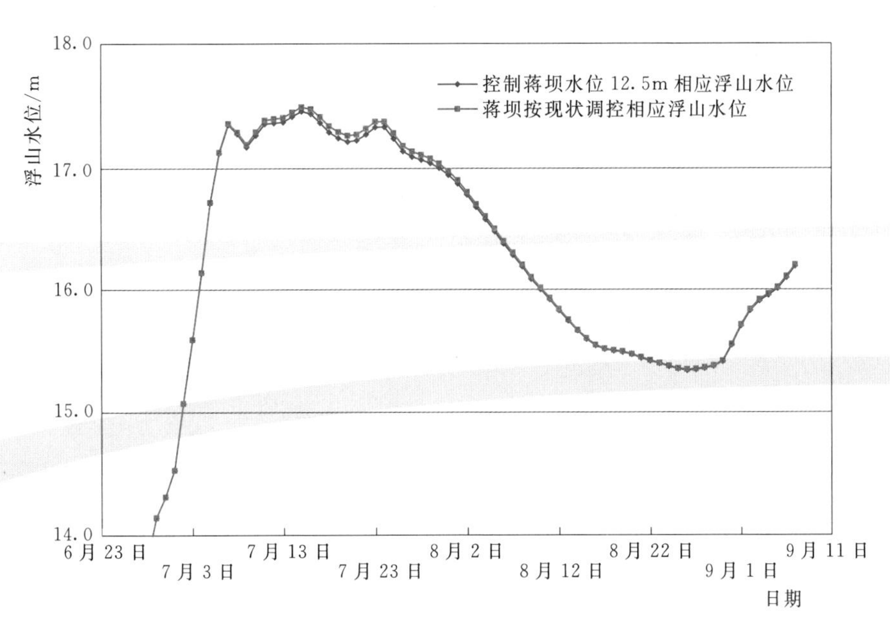

图3.2-8 控制蒋坝水位12.5m与蒋坝按现状调控浮山水位过程线比较（2003年）

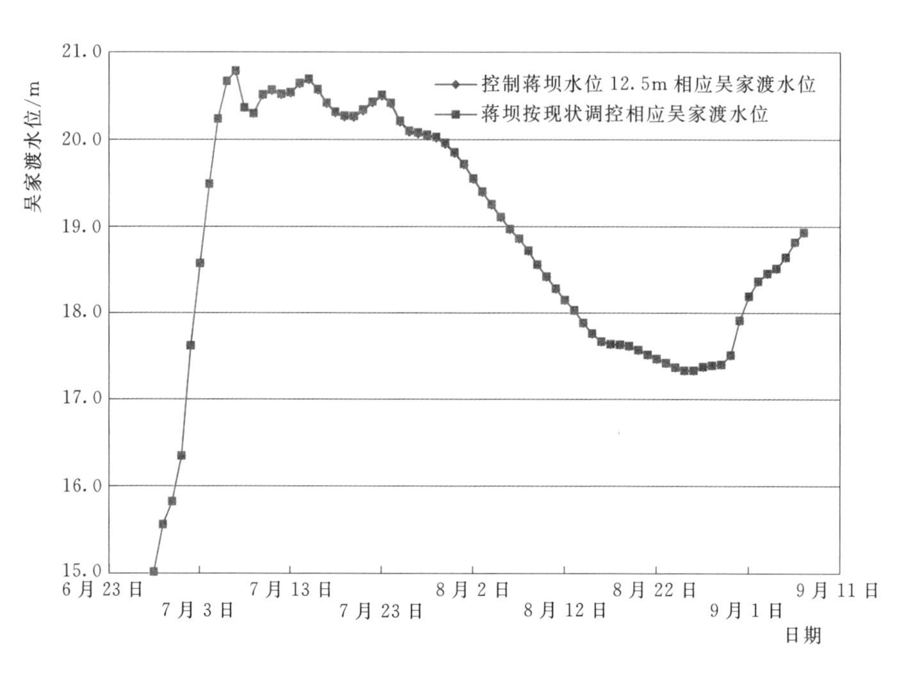

图 3.2-9 控制蒋坝水位 12.5m 与按现状调控
吴家渡水位过程线比较（2003 年）

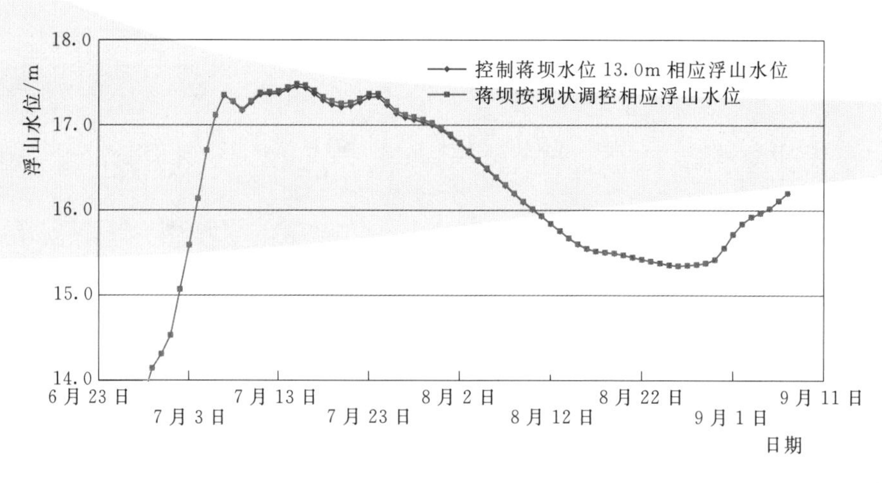

图 3.2-10 控制蒋坝水位 13.0m 与按现状调控
浮山水位过程线比较（2003 年）

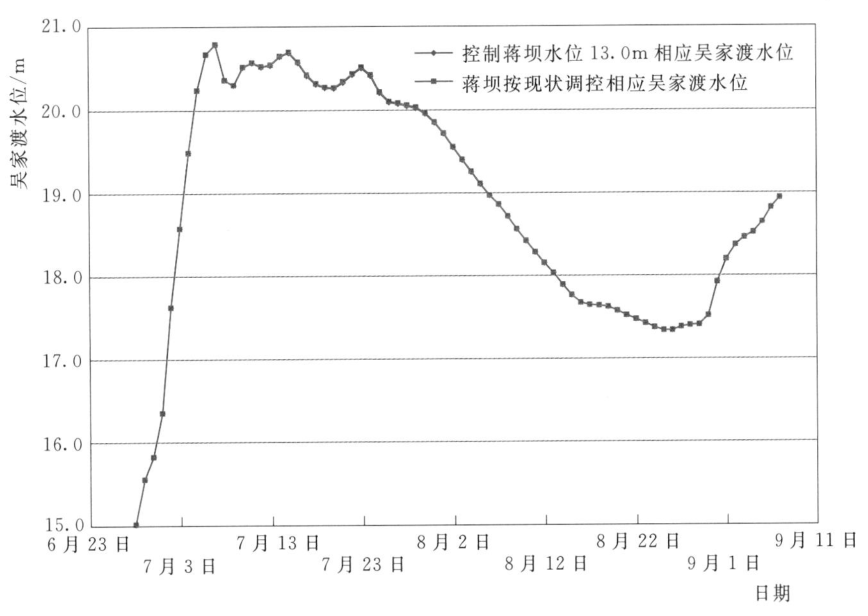

图 3.2-11　控制蒋坝水位 13.0m 与按现状调控吴家渡水位过程线比较（2003 年）

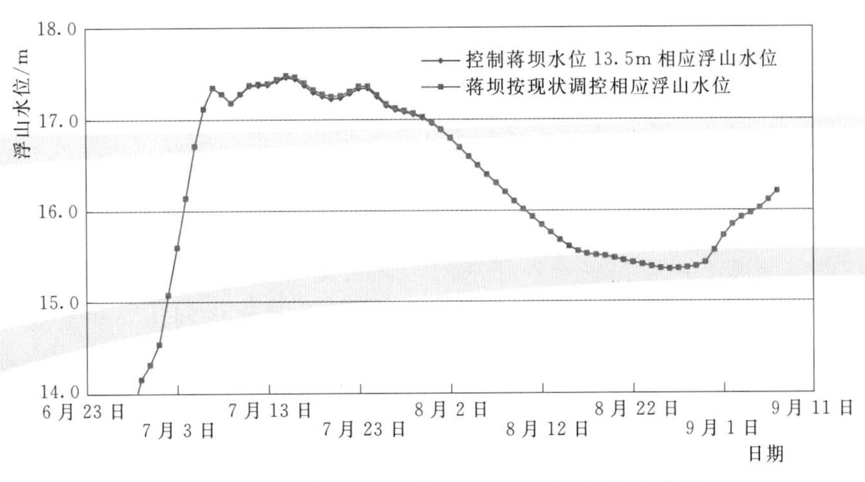

图 3.2-12　控制蒋坝水位 13.5m 与按现状调控浮山水位过程线比较（2003 年）

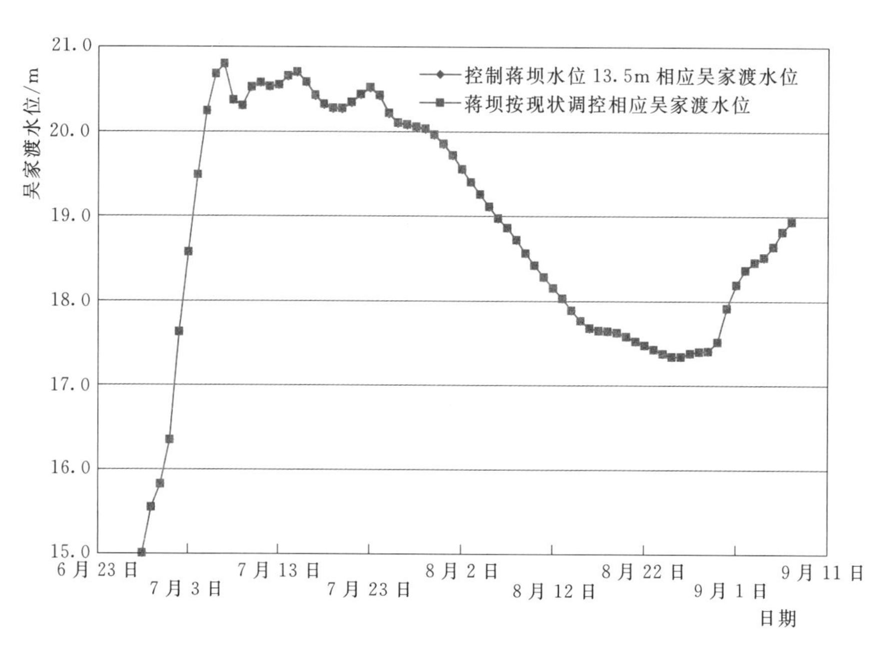

图3.2-13 控制蒋坝水位13.5m与按现状调控吴家渡水位过程线比较（2003年）

3.3 洪泽湖内开挖一头两尾河道对淮河中游洪涝影响分析

3.3.1 研究目的

在淮河干流现状工程条件下，通过扩大洪泽湖出口规模及下游河道规模降低洪泽湖蒋坝水位是有限的，对淮河中游的水位影响也较小，对面上排涝的效益也不大。现考虑通过河湖分离进一步降低下游河道水位，研究对淮河中游洪涝的影响。

3.3.2 研究思路

现在假定淮河干流维持现状，在淮河干流入湖口老子山附近分别对着二河闸、三河闸开挖新河，在洪泽湖内筑堤，使淮河形成一头两尾的河道，一支经入海水道下泄，一支经入江水道下泄，实现河湖分离。新建二河深水闸接入海水道二期，新建三河深水闸与入江水道沟通。在这种工况下，分析该方案对解决淮河中游洪涝问题的作用。方案布局见图3.3-1。

3.3.3 方案拟订

3.3.3.1 河道线路及规模

1. 入湖段河道参数

现状入湖段河道长约27.4km，宽约4.5km，由多股分汊河道组成。为使入湖段

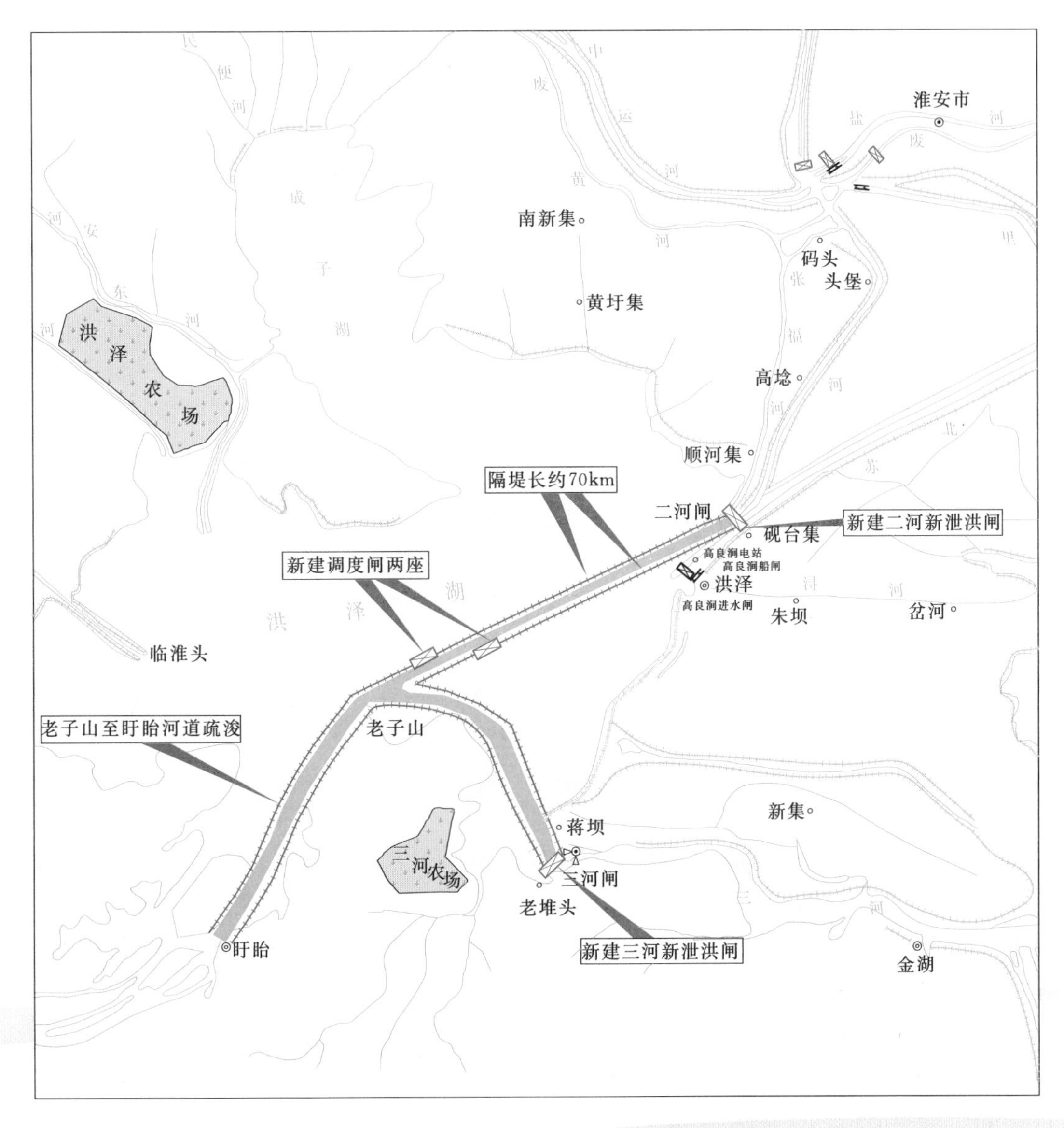

图 3.3-1　一头两尾方案示意图

河道与湖区新开河道衔接，需对主汊河道进一步疏浚，拟订河底疏浚高程为 8～6m，底宽为 300～500m，并在距主汊河道 3km 以外左侧湖区筑堤。

2. 湖区段河道参数

湖区段入海水道为老子山至二河闸段开挖的新河，长约 28km，此段按堤距 1.5km 控制，拟订开挖河底高程为 6～4.5m，与现状入海水道河底衔接，开挖底宽为 500m，边坡 1∶3，河底比降 0.054‰；湖区段入江水道为老子山至三河闸开挖的新河，长约 18km，此段按堤距 2km 控制，拟订开挖河底高程为 6～4m，与现状入江水道河底衔接，开挖底宽为 500m，边坡 1∶3，河底比降 0.11‰。拟订河道横断面见图 3.3-2。

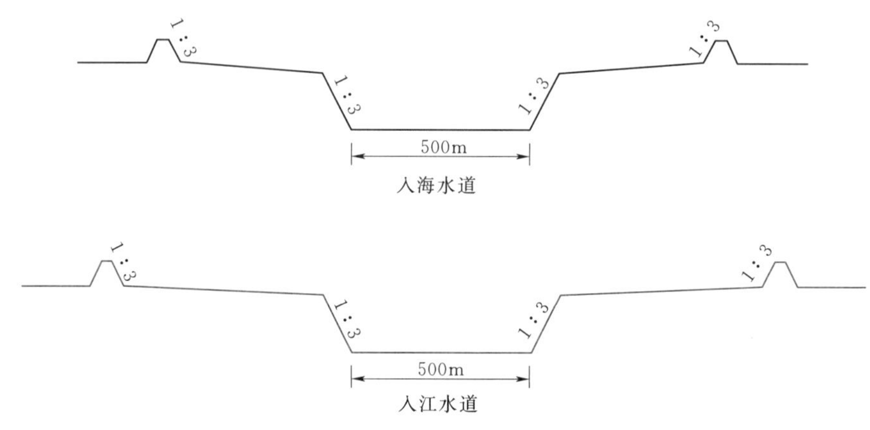

图 3.3-2 一头两尾方案横断面示意图

3. 入海水道和入江水道参数

入海水道由二河闸至海口，长约 163.5km，本方案入海水道采用二期规模，即洪泽湖防洪标准达到 300 年一遇，相应入海水道流量 7000m³/s。

入江水道由三河闸至三江营，长约 157.2km，本方案入江水道采用经进一步整治后行洪能力达到 12000m³/s 的河道规模。

3.3.3.2 堤防及建筑物参数

洪泽湖内隔堤长约 70km，堤顶高程拟定按现状洪泽湖设计水位 16m 加 2.5m 超高为 18.5m，隔堤上建调度闸两座。

现状二河闸闸底板高程为 8.0m，高于老子山至二河闸河底高程（6～4.5m），需建二河新泄洪闸与入海水道连通。二河新泄洪闸拟定闸底板高程为 4.5m，拟订流量 7000m³/s。现状三河闸闸底板高程为 7.5m，高于老子山至三河闸河底高程（6～4m），需建三河新泄洪闸与入江水道连通。三河新泄洪闸拟定闸底板高程为 4.0m，拟订流量 12000m³/s。

3.3.3.3 水位流量关系分析

湖区段形成一头两尾的分汊河道，需先分析入海道和入江道水位流量关系，再推求老子山水位流量关系。

1. 入海水道各控制断面水位流量关系

（1）海口水位流量关系。按入海水道二期规划，流量 7000m³/s 时拟定海口水位 3.6m，流量 1000m³/s 时拟订海口水位 2.5m；海口水位流量关系见表 3.3-1。

表 3.3-1 海口水位流量关系

流量/(m³/s)	海口水位/m	流量/(m³/s)	海口水位/m
1000	2.5	5000	3.2
2000	2.6	6000	3.4
3000	2.8	7000	3.6
4000	3.0		

（2）老子山水位流量关系。以海口不同水位流量级配推算二河新泄洪闸下水位流量关系，考虑二河新泄洪闸过闸落差0.1m求出二河新泄洪闸上水位流量关系，见表3.3－2。以二河新泄洪闸上不同的水位流量推算老子山水位流量关系，见表3.3－3。

表3.3－2 二河新泄洪闸水位流量关系

流量/(m^3/s)	二河新泄洪闸下水位/m	二河新泄洪闸上水位/m	流量/(m^3/s)	二河新泄洪闸下水位/m	二河新泄洪闸上水位/m
1000	10.86	10.96	5000	14.09	14.19
2000	11.38	11.48	6000	14.91	15.01
3000	12.31	12.41	7000	15.70	15.80
4000	13.22	13.32			

表3.3－3 老子山水位流量关系

流量/(m^3/s)	老子山水位/m	流量/(m^3/s)	老子山水位/m
1000	10.52	5000	14.50
2000	11.71	6000	15.33
3000	12.70	7000	16.03
4000	13.63		

2. 入江水道各断面水位流量关系分析

首先由高邮湖不同水位流量级配推算三河新泄洪闸下水位流量关系，再考虑加上过闸落差0.1m求出三河新泄洪闸上水位流量关系，由三河新泄洪闸上不同水位流量级配推算老子山水位流量关系。

（1）三河新泄洪闸水位流量关系。三河新泄洪闸至高邮湖段长约60km，闸下水位受高邮湖水位调蓄控制，高邮湖水位流量关系采用已有资料成果，见表3.3－4。以高邮湖不同水位流量级配推算，得到三河新泄洪闸下水位流量关系，加上过闸落差0.1m得到三河新泄洪闸上水位流量关系。三河新泄洪闸水位流量关系见表3.3－5。

表3.3－4 高邮湖水位流量关系

流量/(m^3/s)	高邮湖水位/m	流量/(m^3/s)	高邮湖水位/m
1050	5.7	5800	8.0
2100	6.5	7850	8.5
3000	7.0	10000	9.0
4250	7.5	12000	9.5

表 3.3-5　三河新泄洪闸水位流量关系

流量/(m^3/s)	三河新泄洪闸下水位/m	三河新泄洪闸上水位/m	流量/(m^3/s)	三河新泄洪闸下水位/m	三河新泄洪闸上水位/m
1050	9.39	9.49	5800	12.24	12.34
1400	9.88	9.98	7850	12.94	13.04
2100	10.40	10.50	10000	13.60	13.70
3000	11.02	11.12	12000	14.12	14.22
4250	11.60	11.70			

(2) 老子山水位流量关系。以三河新泄洪闸上不同水位流量级配推算，得到老子山水位流量关系，见表 3.3-6。

表 3.3-6　老子山水位流量关系

流量/(m^3/s)	老子山水位/m	流量/(m^3/s)	老子山水位/m
1050	9.72	5800	13.05
1400	10.25	7850	13.83
2100	10.89	10000	14.56
3000	11.61	12000	15.14
4250	12.32		

3. 老子山断面总的水位流量关系

新开河道在老子山形成两叉，一支通往二河新泄洪闸，一支通往三河新泄洪闸，形成一头两尾的分汊河道。上述分别计算了由二河新泄洪闸推到老子山、三河新泄洪闸推到老子山的各种水位流量关系，合并后得出老子山断面总的水位流量关系，见表 3.3-7。

表 3.3-7　老子山断面总的水位流量关系

流量/(m^3/s)	老子山水位/m	流量/(m^3/s)	老子山水位/m
1982	10	8742	13
3548	11	12619	14
5785	12	17661	15

3.3.4 方案效果分析

3.3.4.1 恒定流分析计算

以老子山不同水位流量级配，推算淮河浮山、吴家渡水位，并与现有规划的浮山和吴家渡水位流量关系进行比较。

经分析，影响面上排涝时的浮山水位为14.5m，吴家渡水位为16.5m，相应淮河干流流量不到3000m^3/s。经计算，在淮河干流流量3000～9000m^3/s级配时，方案计算出的浮山水位比现有规划的浮山水位降低0.392～0.591m，方案计算出的吴家渡水位比现有规划的吴家渡水位降低0.024～0.205m。该方案对降低淮河干流浮山以下沿程水位作用较为明显，对降低淮河干流吴家渡附近水位作用较小，对解决面上排涝作用不大。见表3.3-8和表3.3-9。

表3.3-8　方案计算的浮山水位与现有规划的浮山水位比较

淮河干流流量/(m^3/s)	老子山水位/m	方案计算的浮山水位/m	现有规划的浮山水位/m	浮山水位差值/m
3000	10.69	14.477	15.068	0.591
4000	11.29	15.276	15.751	0.475
5000	11.78	15.968	16.432	0.464
6000	12.19	16.598	17.055	0.457
7000	12.55	17.149	17.601	0.452
8000	12.87	17.661	18.080	0.419
9000	13.16	18.148	18.540	0.392

表3.3-9　方案计算的吴家渡水位与现有规划的吴家渡水位比较

淮河干流流量/(m^3/s)	方案计算的吴家渡水位/m	现有规划的吴家渡水位/m	吴家渡水位差值/m
3000	16.438	16.643	0.205
4000	17.658	17.764	0.106
5000	18.696	18.758	0.062
6000	19.586	19.635	0.049
7000	20.356	20.397	0.041
8000	21.079	21.114	0.035
9000	21.739	21.763	0.024

3.3.4.2　非恒定流分析计算

利用淮河干流吴家渡—盱眙一维非恒定水流运动数学模型对一头两尾方案实施前后1991年、2003年两个典型年洪水过程进行洪水演算，并与按照现行防汛调度预案作为控制条件计算出的洪水过程线比较。

1. 数学模型与求解

(1) 一维非恒定流运动数学模型控制方程。一维非恒定流运动数学模型的控制方程如下。

水流连续方程：

$$B\frac{\partial z}{\partial t}+\frac{\partial Q}{\partial x}=q_l \tag{3.3-1}$$

水流运动方程：

$$\frac{\partial Q}{\partial t}+2\frac{Q}{A}\frac{\partial Q}{\partial x}-\frac{BQ^2}{A^2}\frac{\partial z}{\partial x}-\frac{Q^2}{A^2}\frac{\partial A}{\partial x}\bigg|_z=-gA\frac{\partial z}{\partial x}-\frac{gn^2|Q|Q}{A\left(\frac{A}{B}\right)^{4/3}} \tag{3.3-2}$$

式中：x 为沿流向的坐标；t 为时间；Q 为流量；z 为水位；A 为断面过水面积；B 为河宽；q_l 为沿程单位河长流量变化；n 为糙率。

一维非恒定流边界条件包括进口边界和出口边界，进口边界一般给定流量过程，出口边界一般给定水位过程。

(2) 数值计算方法（SIMPLE 算法）。选择如图 3.3-3 所示的计算河段为控制体，采用有限体积法对一维模型的控制方程进行离散，用基于同位网格的 SIMPLE 算法处理流量与水位的耦合关系。

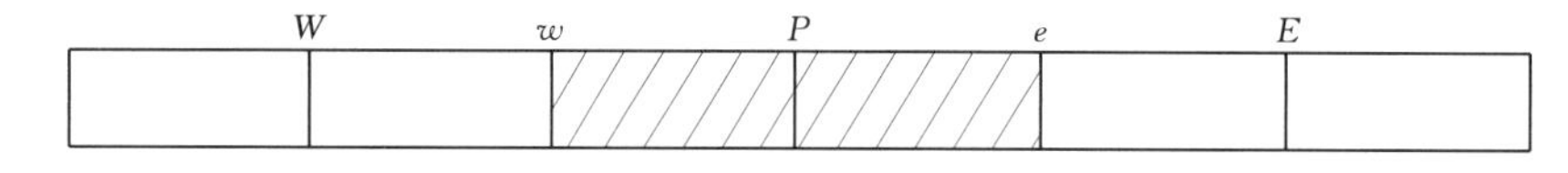

图 3.3-3 一维模型控制体示意图

将水流运动方程沿控制体积分，对流项采用一阶迎风格式，即可得到水流运动方程的离散形式如下：

$$A_P\phi_P=A_W\phi_W+A_E\phi_E+b_0 \tag{3.3-3}$$

其中

$$A_W=\max(F_w,0)$$

$$A_E=\max(-F_e,0)$$

$$A_P=A_W+A_E+\frac{\Delta x}{\Delta t}+g\frac{n^2|Q|}{A\left(\frac{A}{B}\right)^{3/4}}\Delta x$$

$$b_0=\left(\frac{BQ^2}{A^2}-gA\right)^0(z_e-z_w)+\frac{Q^0}{\Delta t}\Delta x+\left(\frac{Q^2}{A^2}\right)^0(A_e-A_w)+(F_e-F_w)Q^0$$

式中：ϕ 为通用控制变量；F_w、F_e 为界面质量流量；Δx 为控制体长度；Δt 为计算时间步长；上标 0 表示变量采用上一时间层次的计算结果。

在求解过程中，为增强计算格式的稳定性，采用了欠松弛技术，将速度欠松弛因子 α_0 代入式（3.3-3）即可得到动量方程最终离散形式：

$$\frac{A_P}{\alpha_0}\phi_P=A_W\phi_W+A_E\phi_E+b_0+(1-\alpha_0)\frac{A_P}{\alpha_0}\phi^0 \tag{3.3-4}$$

2. 拟订方案实施前后淮河干流沿程水位变化分析

在 1991 年、2003 年洪水条件下，拟订方案实施以后，大于 3000m³/s 以上流量时，浮山水位降低值分别为 0.16～0.40m、0.14～0.36m，吴家渡水位降低值分别为 0.02～0.26m、0.03～0.25m。

3. 拟订方案实施前后洪峰传播时间变化

图 3.3-4、图 3.3-5 给出了 1991 年和 2003 年洪水条件下盱眙断面的流量过程线。

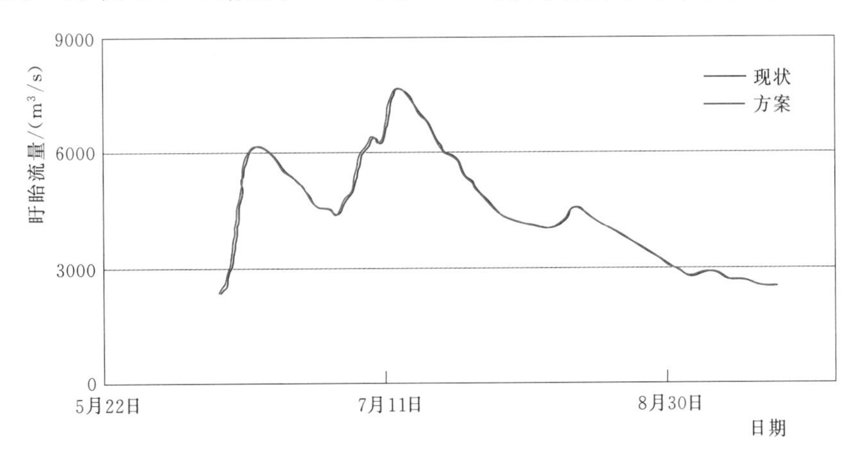

图 3.3-4 一头两尾方案实施前后盱眙断面流量过程线（1991 年）

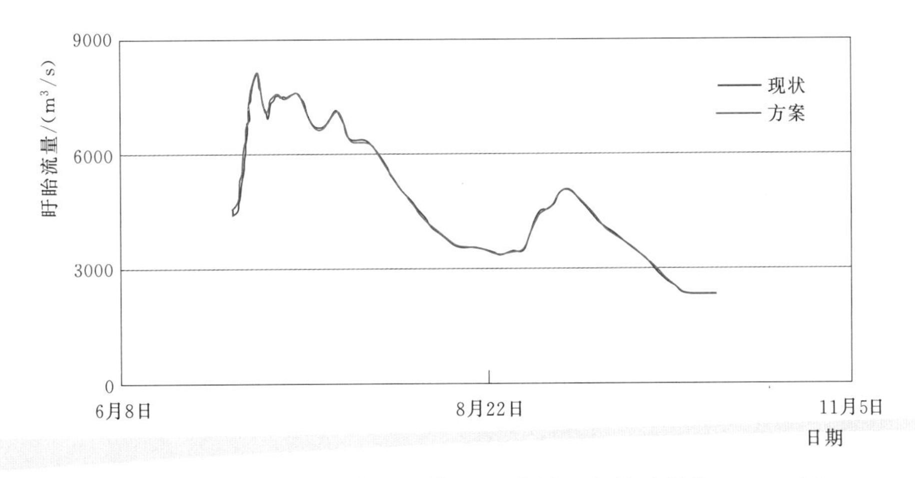

图 3.3-5 一头两尾方案实施前后盱眙断面流量过程线（2003 年）

计算结果：①拟订方案实施以后盱眙的流量过程同方案实施前相比稍有变化，但变化值较小；②洪峰从吴家渡传播到盱眙的时间减少：在 1991 年洪水条件下，洪峰从吴家渡到达盱眙的时间提前约 7 小时；在 2003 年洪水条件下，洪峰从吴家渡到达盱眙的时间提前约 8 小时。

4. 拟订方案实施前后“关门淹”历时变化

经分析，当吴家渡水位超过 16.5m、浮山水位超过 14.5m，相应淮河干流流量约为 3000m³/s 时，面上涝水很难排出，极易形成“关门淹”。

图 3.3-6～图 3.3-9 分别给出了 1991 年和 2003 年洪水条件下，拟订方案实施前后浮山和吴家渡水位过程线。从浮山和吴家渡水位过程线中可以看出，拟订方案实施前后浮山和吴家渡“关门淹”历时基本没有变化。

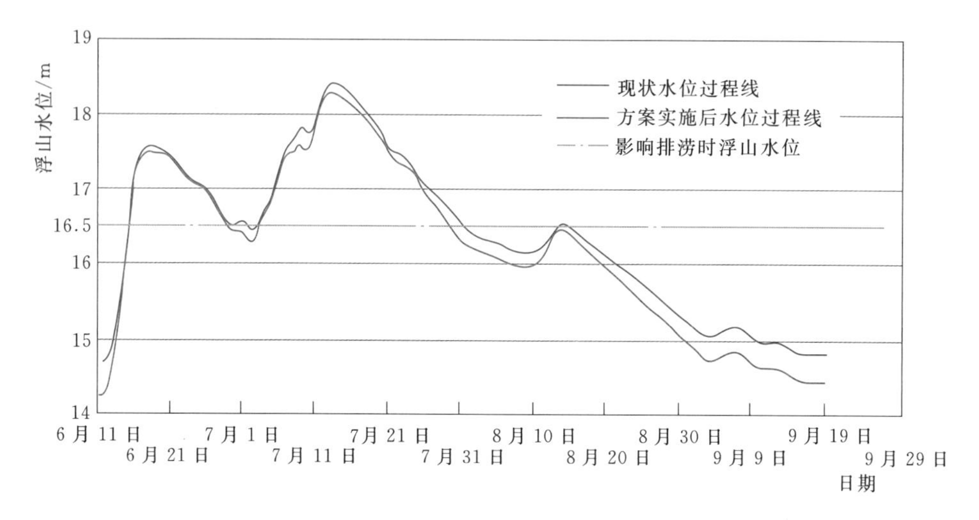

图3.3-6 一头两尾方案实施前后浮山水位过程线（1991年）

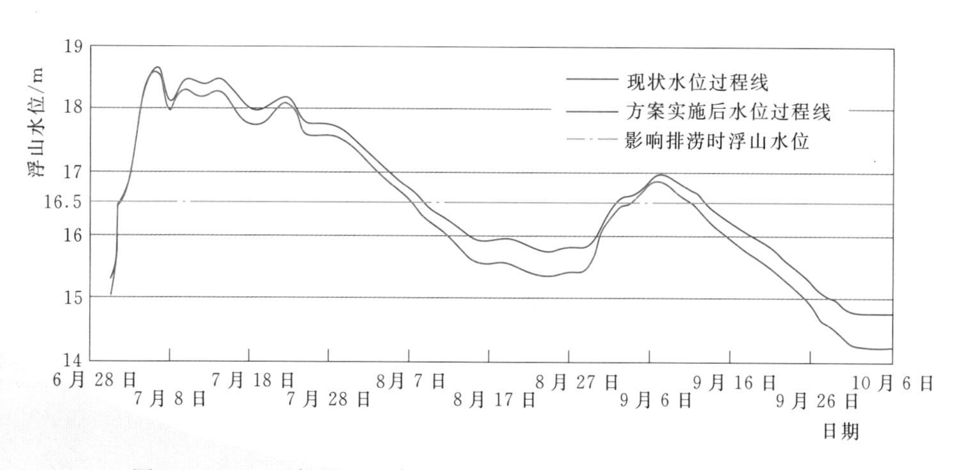

图3.3-7 一头两尾方案实施前后浮山水位过程线（2003年）

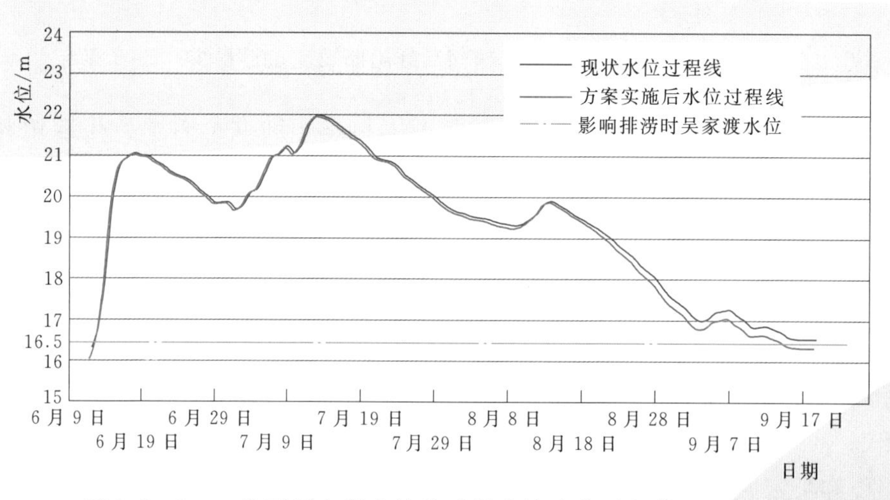

图3.3-8 一头两尾方案实施前后吴家渡水位过程线（1991年）

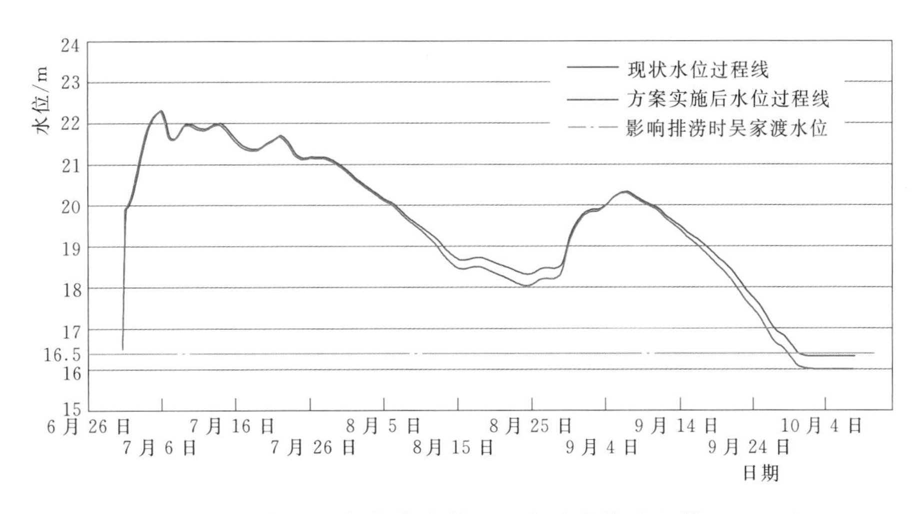

图 3.3-9 一头两尾方案实施前后吴家渡水位过程线（2003 年）

3.4 开挖盱眙新河对淮河中游洪涝影响分析

3.4.1 研究目的

假定淮河干流现状情况，考虑湖外开挖盱眙新河，进一步降低下游河道水位，研究对淮河中游洪涝的影响。

3.4.2 研究思路

在淮河干流盱眙县城下游四山湖入口处，开挖一条新河，在三河闸下 1km 处与入江水道连通，实现河湖分离。淮河干流盱眙处建闸控制，中等以下洪水不入洪泽湖，直接由盱眙新河从三河闸下进的入江水道；大洪水时，超过盱眙新河设计规模部分的流量仍进入洪泽湖。分析盱眙新河方案实施后淮河干流水位的变化及对淮河中游洪涝的影响。盱眙新河方案布置见图 3.4-1。

3.4.3 方案拟订

3.4.3.1 盱眙新河水位流量关系分析

1. 拟订流量

根据 1950—2005 年实测淮河干流流量数据频率分析，盱眙 20 年一遇流量约为 $10400m^3/s$。本方案拟订设计流量采用 $10400m^3/s$。

2. 盱眙新河出口水位拟订

盱眙新河出口与入江水道衔接，出口水位应与三河闸下水位一致。由高邮湖泄流关系可知，当设计流量为 $10400m^3/s$ 时，高邮湖相应水位为 9.1m，三河闸下水位为 13.7m。

考虑新河过闸落差 0.1m，则盱眙新河出口水位为 13.8m。

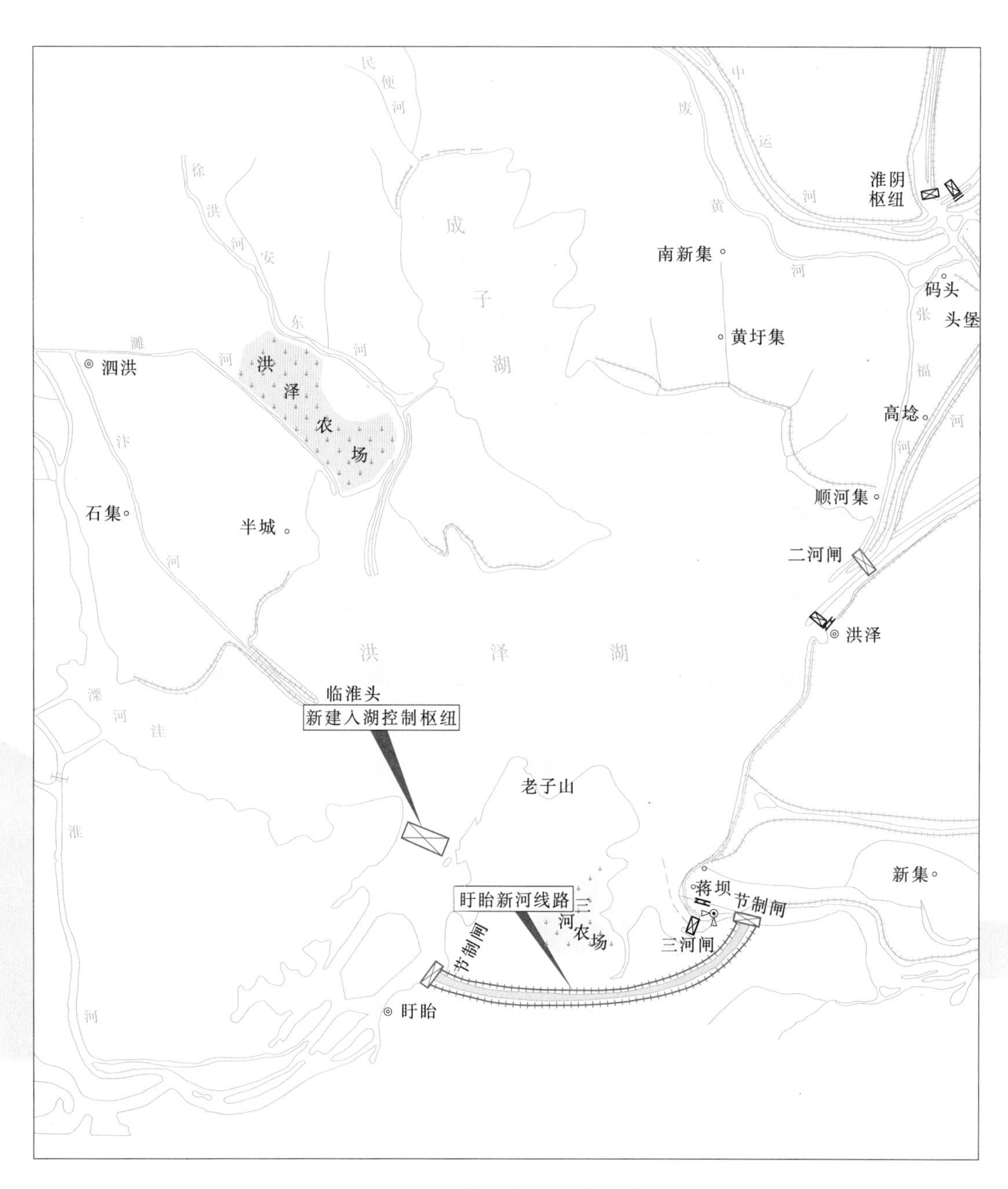

图 3.4-1 盱眙新河方案示意图

3. 盱眙新河进口水位拟订

淮河干流盱眙 20 年一遇流量约为 10400m^3/s，相应盱眙水位为 15.34m。拟建盱眙新河旨在降低淮河干流水位，考虑上下游水位衔接等因素，盱眙新河进口水位拟订为 14.34m。

3.4.3.2 河道规模参数拟订

河道规模按淮河干流盱眙20年一遇流量和进出口水位要求拟订，进口处河底高程拟订为4.81m，与淮河干流河底高程相当，出口处河底高程拟订为3.31m，与入江水道河底高程相当，河底比降约为0.066‰。开挖底宽约为710m，堤距1000m，滩地为50～100m，河道横断面采用梯形断面形式，边坡采用1∶3。

3.4.3.3 堤防及建筑物参数拟订

盱眙新河流量大于3000m^3/s时，水位将会高于两侧地面高程，所以需建堤防，堤防初步拟订为顶宽8m，迎水坡1∶3，背水坡1∶3，堤身高度按超出设计水位1.5～2m拟订，两侧堤防总长约46km。

为有效控制、调节洪水和径流，在盱眙新河的进口处和淮河干流入湖口需各建一座节制闸。盱眙新河节制闸的拟定流量为10400m^3/s，淮河干流节制闸的拟定流量为10000m^3/s。

3.4.4 方案效果分析

3.4.4.1 恒定流分析计算

用恒定流方法分别计算盱眙新河方案实施后浮山和吴家渡各流量级配下的水位。将计算结果与规划浮山、吴家渡水位流量关系进行比较。

经计算，在淮河干流流量3000～9000m^3/s级配时，计算出的浮山水位比现有规划的浮山水位降低0.733～0.480m，计算出的吴家渡水位比规划的吴家渡水位降低0.272～0.059m。

该方案对降低淮河干流浮山以下沿程水位作用较为明显，对降低淮河干流吴家渡附近水位作用较小；当大于3000m^3/s流量以上时，吴家渡水位都高于面上排涝要求的水位，对解决面上排涝作用不大。

该方案计算的浮山、吴家渡水位与规划的水位比较结果见表3.4－1和表3.4－2。

表3.4－1　计算的浮山水位与规划浮山水位比较

流量/(m^3/s)	计算的浮山水位/m	规划的浮山水位/m	浮山水位差值/m
3000	14.335	15.068	0.733
4000	15.025	15.751	0.726
5000	15.725	16.432	0.707
6000	16.405	17.055	0.650
7000	16.949	17.601	0.652
8000	17.544	18.080	0.536
9000	18.060	18.540	0.480

表 3.4-2　　计算的吴家渡水位与规划吴家渡水位比较

流　量/(m³/s)	计算的吴家渡水位/m	规划的吴家渡水位/m	吴家渡水位差值/m
3000	16.371	16.643	0.272
4000	17.599	17.764	0.165
5000	18.641	18.758	0.117
6000	19.534	19.635	0.101
7000	20.322	20.397	0.075
8000	21.040	21.114	0.074
9000	21.704	21.763	0.059

3.4.4.2 非恒定流分析计算

同一头两尾方案一样，采用淮河干流吴家渡—盱眙一维非恒定水流运动数学模型对盱眙新河方案实施前后 1991 年、2003 年两个典型年洪水过程进行了洪水演算，并与按照现行防汛调度预案作为控制条件计算出的洪水过程线比较。

1. 拟订方案实施前后淮河干流沿程水位分析

在 1991 年、2003 年洪水条件下：拟订方案实施以后，流量大于 3000m³/s 时，浮山水位降低值分别为 0.43～0.20m、0.48～0.19m，吴家渡水位降低值分别为 0.28～0.04m、0.32～0.04m。

2. 拟订方案实施前后洪峰传播时间变化分析

图 3.4-2～图 3.4-3 为 1991 年洪水和 2003 年洪水条件下盱眙断面流量过程线，从总体上来看：①拟订方案实施后盱眙的流量过程同方案实施前相比稍有变化，但变化值较小；②洪峰从吴家渡到达盱眙的时间减少：在 1991 年洪水条件下，拟订方

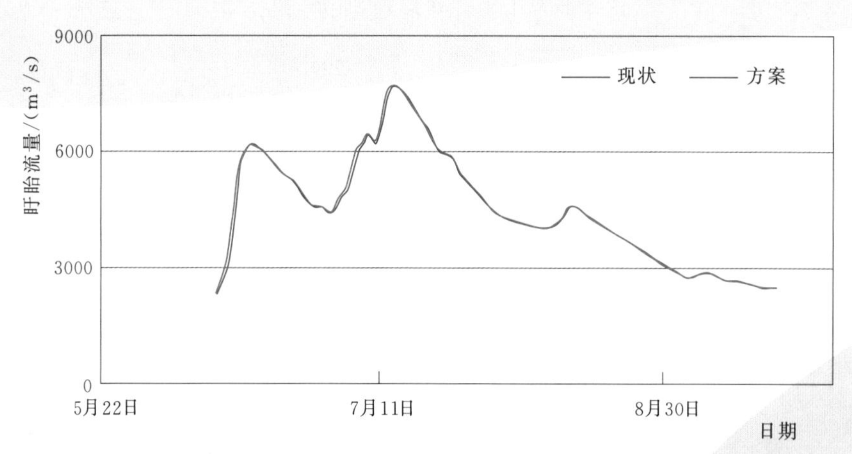

图 3.4-2　盱眙新河方案实施前后盱眙断面流量过程线（1991 年）

案实施以后洪峰从吴家渡到达盱眙的时间提前约 11 小时；在 2003 年洪水条件下，拟订方案实施以后洪峰从吴家渡到达盱眙的时间提前约 12 小时。

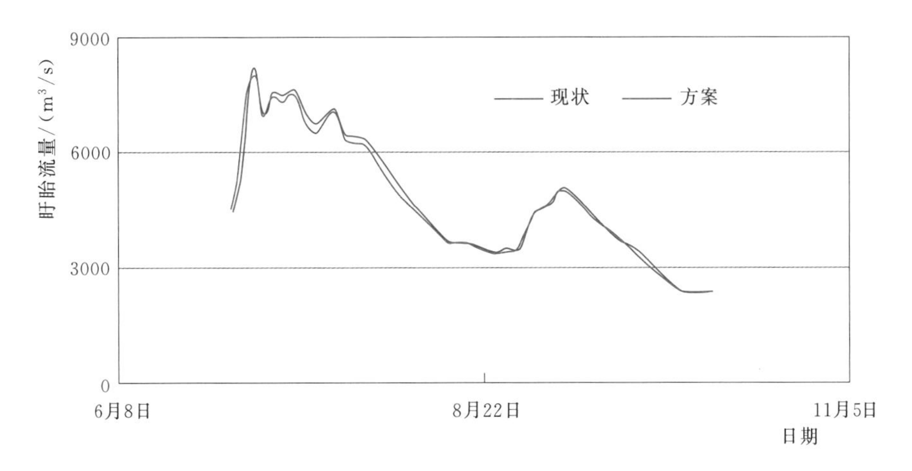

图 3.4-3　盱眙新河方案实施前后盱眙断面流量过程线（2003 年）

3. 拟订方案实施前后“关门淹”历时变化

经分析，当吴家渡水位超出 16.5m、浮山水位超过 14.5m 时，面上涝水很难排出，极易形成“关门淹”。

图 3.4-4～图 3.4-7 分别给出了 1991 年和 2003 年洪水条件下，拟订方案实施前后浮山和吴家渡水位过程线。从浮山和吴家渡水位过程线可以看出，拟订方案实施前后浮山和吴家渡“关门淹”历时基本没有什么变化。

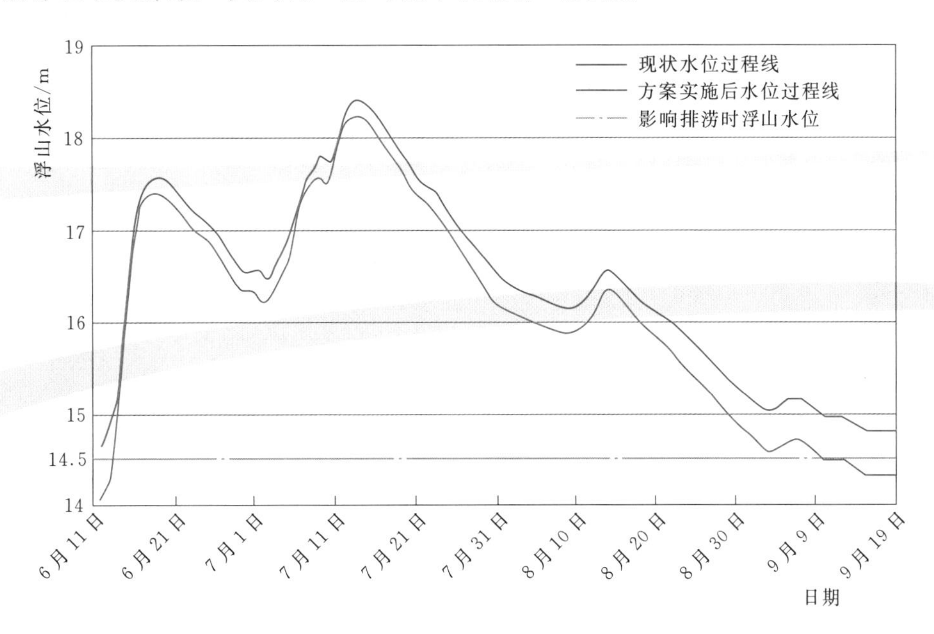

图 3.4-4　盱眙新河方案实施前后浮山水位过程线（1991 年）

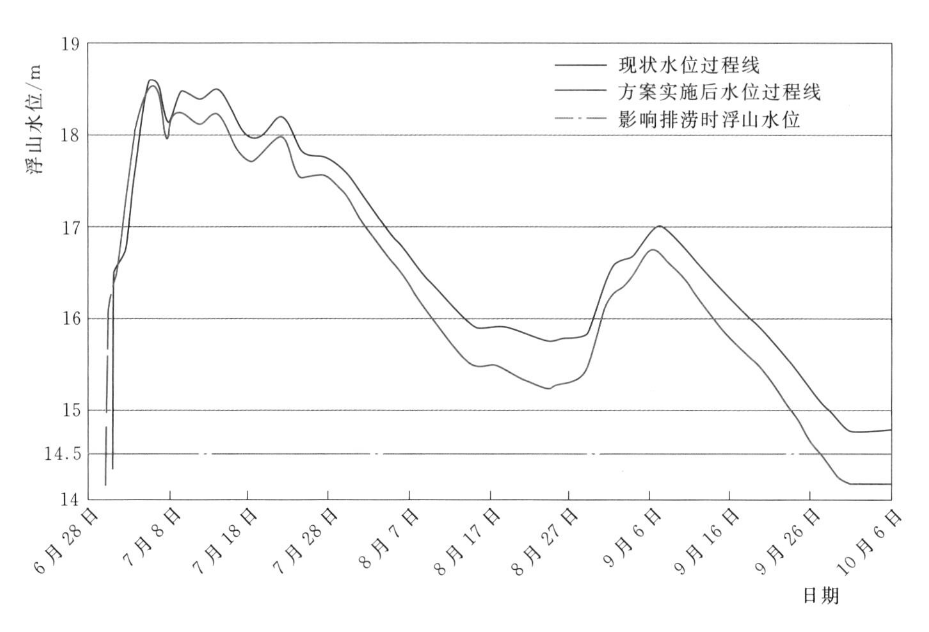

图 3.4-5 盱眙新河方案实施前后浮山水位过程线（2003 年）

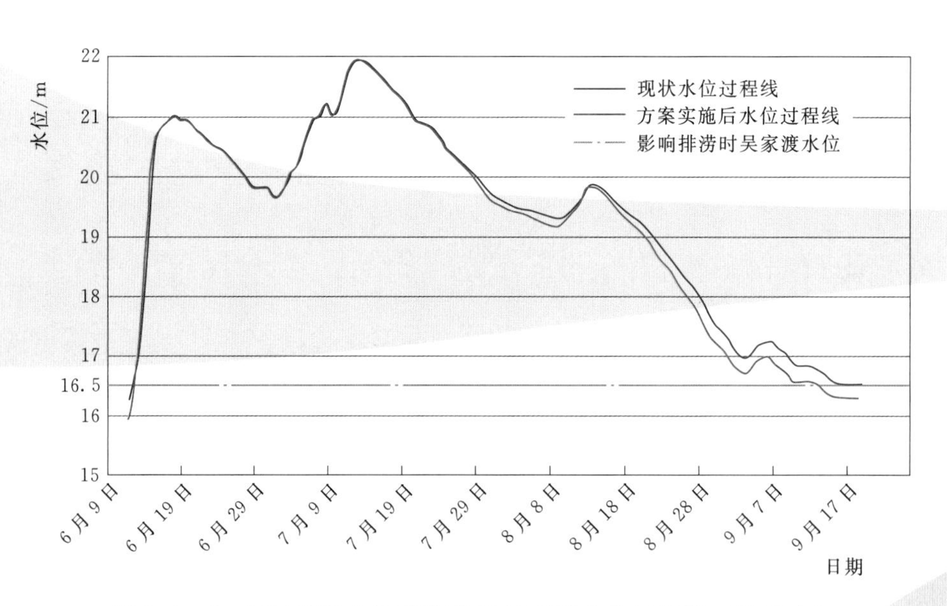

图 3.4-6 盱眙新河方案实施前后吴家渡水位过程线（1991 年）

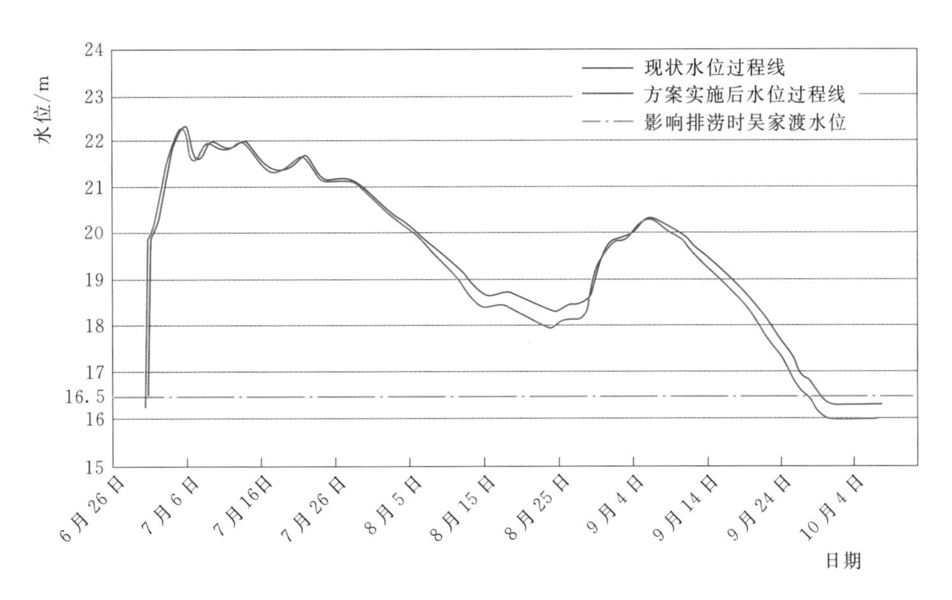

图 3.4－7　盱眙新河方案实施前后吴家渡水位过程线（2003 年）

3.5　溯源冲刷的可能性及对淮河中游洪涝影响分析

3.5.1　研究目的

沿淮河干流入湖口老子山附近至三河闸建隔堤，在湖内形成一条新河，将淮河与洪泽湖分离，淮河干流来水从新河通过入江水道下泄。研究降低三河闸水位产生溯源冲刷恢复淮河深水河床的可能性及效果。

3.5.2　方案拟订

假定方案 1：老子山至三河闸建隔堤，长约 33km，堤距 2.5km，堤顶高程 18m，在湖内形成一条新河，淮河干流来水全部由新河至三河闸经入江水道下泄，隔堤上建一座调度闸；为便于溯源冲刷，在新河尾段至三河闸开挖长 1km 的引河，拟订河底高程 1m，开挖底宽 700m；假定现状三河闸废弃，新建三河深水闸，闸底板高程 0m，与引河河底高程相同；考虑溯源冲刷需要下边界产生巨大的势能，并考虑到长河道需要有合理的水面比降，拟将三河闸下水位降低 2～3m，方案实施后入江水道水面比降约为 0.04‰。入江水道三河闸下至高邮湖段挖河，拟订河底高程 0～2m，开挖宽度约 700m。

假定方案 2：湖内工程与方案 1 相同，但三河闸下河道维持现状；在新河尾段至三河闸开挖长 1km 的引河，拟定河底高程为 3m，与现状入江水道进口河底高程相当，开挖底宽 600m；假定现状三河闸废弃，新建三河深水闸，拟订高程为 3m，与现有入江水道河底衔接，入江水道现状不做工程，以现有规划的三河闸水位流量关系为计算的下边界条件。方案1、方案2三河闸下水位流量关系见表3.5-1。方案布置见图3.5-1。

表3.5-1 两种方案三河闸下水位流量关系

设计流量/(m^3/s)	三河闸下水位/m		设计流量/(m^3/s)	三河闸下水位/m	
	方案1	方案2		方案1	方案2
12000	12.341	14.120	5000	9.568	11.926
11000	12.045	13.863	4000	9.011	11.498
10000	11.698	13.597	3000	8.347	11.021
8400	11.097	13.110	2000	7.418	10.320
7000	10.525	12.659	1000	6.011	9.310
6000	10.069	12.313			

3.5.3 计算模型

溯源冲刷是由于出口水位骤降使水面坡降突然加大而出现的一种自下而上强烈的冲刷现象。经过冲刷，坡降逐渐减少，冲刷强度逐渐降低，冲刷末端逐渐上移，冲刷长度逐渐增加，在经过足够长的时间冲刷后，最终达到平衡的过程。

本次计算采用非耦合解恒定饱和输沙模型计算河湖分离后的河床变形。对于非均匀沙分组挟沙力的处理采用HEC-6的计算模式。

3.5.3.1 模型的控制方程

1. 控制方程

(1) 水流的连续方程：

$$Q=BhU \tag{3.5-1}$$

(2) 水流的运动方程：

$$\frac{\partial Y}{\partial x}+\frac{1}{2g}\frac{\partial}{\partial x}\left(\frac{Q^2}{A^2}\right)+\frac{n^2Q^2}{B^2h^{10/3}}=0 \tag{3.5-2}$$

(3) 河床变形方程：

$$\frac{\partial Q_s}{\partial x}+\rho' B\frac{\partial Y_0}{\partial t}=0 \tag{3.5-3}$$

以上式中：Q、Q_s分别为流量输沙率；B为河宽；h、U、A为断面的平均水深、流速和面积；Y、Y_0为水位和平均河底高程；n为曼宁糙率；ρ'为泥沙的干密度；x、t为距离和时间。

2. 辅助公式

(1) 水流的挟沙力公式。模型中挟沙力公式的选择将直接影响断面的冲淤，采用杨志达水流挟沙力公式：

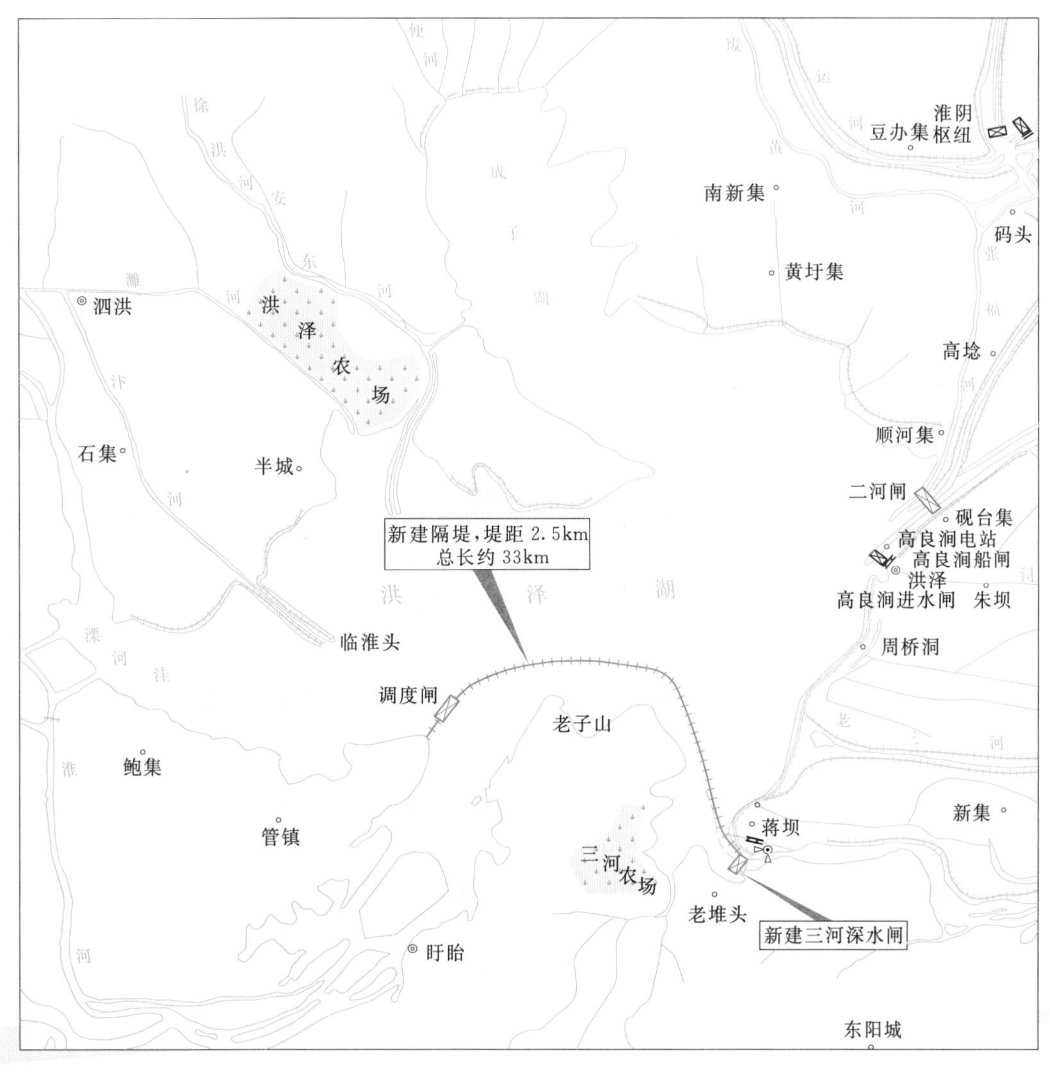

图 3.5-1　溯源冲刷方案布置图

$$\lg S_w = a_1 + a_2 \lg \frac{\omega D}{v} + a_3 \lg \frac{U_*}{\omega} + \left(b_1 + b_2 \lg \frac{\omega D}{v} + b_3 \lg \frac{U_*}{\omega}\right) \lg\left(\frac{UJ}{\omega} - \frac{U_c J}{\omega}\right) \tag{3.5-4}$$

式中：U_c 为起动流速，按下式计算：

当 $1.2 < \frac{U_* D}{v} < 70$ 时
$$\frac{U_c}{\omega} = \frac{2.5}{\lg \frac{U_* D}{v} - 0.06} + 0.66 \tag{3.5-5}$$

当 $\frac{U_* D}{v} \geqslant 70$ 时
$$\frac{U_c}{\omega} = 2.05 \tag{3.5-6}$$

a_1、a_2、a_3、b_1、b_2、b_3 为系数，对于砂质泥沙而言，一般取 $a_1 = 5.435$，$a_2 = -0.286$，$a_3 = -0.457$，$b_1 = 1.799$，$b_2 = -0.409$，$b_3 = -0.314$；含沙量 S_w 以重量比的百

分数表示。

（2）沉速的公式。采用 1933 年 Rubey 的公式：

$$\omega=\sqrt{\left(6\frac{\nu}{D}\right)^{2}+\frac{2}{3}\frac{\gamma_s-\gamma}{\gamma}gD}-6\frac{\nu}{D} \tag{3.5-7}$$

式中：ω 为沉速；ν 为运动黏性系数；D 为颗粒的直径。

3.5.3.2 基本方程的求解

由于天然河道极不规则，很难求出上述方程组的解析解，因此一般采用数值方法对上述方程组进行求解，本次对基本方程的离散采用最常用的有限差分法。

$$Y_1=Y_2+\Delta x\frac{n^2Q^2}{\overline{B}^2\overline{h}^{10/3}}+\frac{Q^3}{2g}\left(\frac{1}{B_2^2h_2^2}-\frac{1}{B_1^2h_1^2}\right) \tag{3.5-8}$$

$$(Q_{s1}-Q_{s2})\Delta t=\rho'\Delta xB\Delta Y_0 \tag{3.5-9}$$

上两式中：Δx 为计算河段的长度；Δt 为计算的时间步长；ΔY_0 为计算河段平均河床淤积或冲刷的厚度，正值为淤，负值为冲；Q_{s1}、Q_{s2} 为进出口断面的输沙率；$\overline{B}$、$\overline{h}$ 分别为计算河段的平均河宽和平均水深；Y_1、Y_2、B_1、B_2、h_1、h_2 分别为进出口断面水位、河宽及平均水深。

3.5.4 模型资料选取

3.5.4.1 水沙资料选取

进口来水过程：整理 1950—2007 年 58 年吴家渡站的日均流量资料，将实际来水过程线处理成若干个梯级式恒定过程线。

进口来沙过程：由于进口断面的悬沙级配资料较少，缺乏大流量级的悬沙级配，而且所测资料精度不高。从浮山下游 7km 处小柳巷水文站实测大断面可以看出，除了 2003 年的大水造成左滩发生侧蚀崩塌使主槽面积扩大了 180.8m^2 外，其余年份变化甚小，四年内的平均冲淤速率为 $\Delta A/\Delta T=0.18m^2/d$。断面冲淤幅度很小，可以认为小柳巷的输沙处于基本饱和的状态。考虑小柳巷站的输沙可以代表浮山站的输沙，本次计算按照输沙平衡的方式近似给定浮山（进口）的含沙量和悬沙级配。

3.5.4.2 床沙级配选取

研究河段有两处床沙颗粒分析资料，简述如下：小柳巷分别在 1993 年、1994 年测了两年的床沙资料，本次计算采用两次床沙颗粒分析的混合样。另一处为宁宿徐高速淮河盱眙特大桥桥址处地质取样，计算取主槽位置的钻孔资料，床沙级配见图 3.5－2。

两处床沙级配差别较大，小柳巷床沙较粗，$d_{50}=0.14mm$；盱眙桥处床沙较细 $d_{50}=0.06mm$，属淤泥质河床，抗冲能力较差。考虑到研究河段的性质，按照以下的方式给定初始各断面的床沙级配：浮山—洪山头河段以小柳巷床沙级配取值；洪山头—盱眙河段通过对小柳巷床沙级配和淮河盱眙特大桥桥址处地质钻探资料的床沙级配进行插值得出其各断面的床沙资料；盱眙—三河闸河段采用淮河盱眙特大桥桥址处地质钻探资料的床沙级配资料。

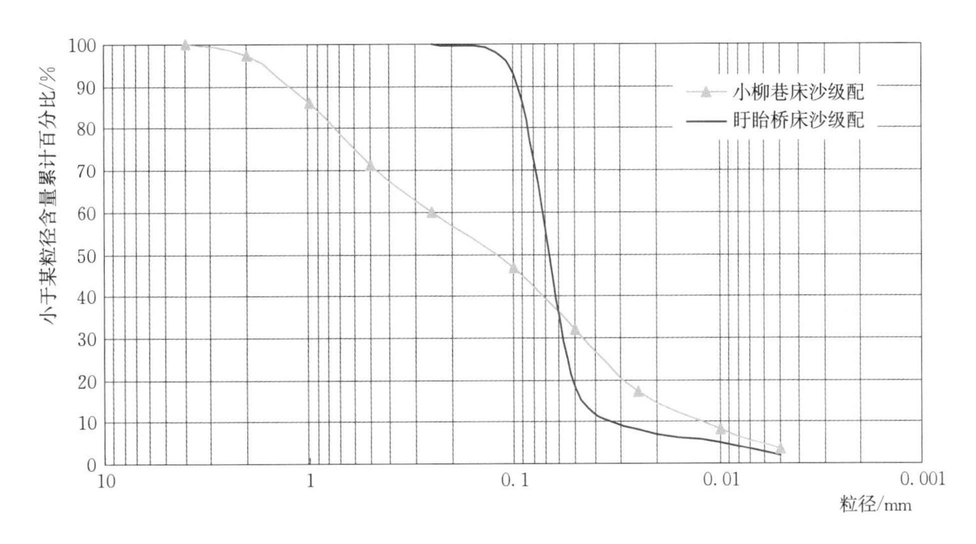

图 3.5-2 选用的床沙级配

3.5.4.3 水沙系列

以 1950 年以来吴家渡实际发生的水沙过程作为河湖分离后浮山（进口）可能发生的水沙过程。

（1）水沙系列 1：首先采用 1950—1959 年 10 年的水沙系列进行溯源冲刷计算，考虑到放坡段高差 9.25m，河底比降 0.925‰，为满足在计算初始阶段不发生急流导致计算失败，浮山进口以 1500m^3/s 先行冲刷计算。

（2）水沙系列 2：在采用 1950—1959 年 10 年的水沙系列计算的基础上，加入之后发生较大洪水的 6 个年份（1968 年、1975 年、1982 年、1991 年、2003 年、2007 年）进行连续冲刷计算。

（3）水沙系列 3：在采用 1950—1969 年 20 年的水沙系列计算的基础上，加入之后发生较大洪水的 5 个年份（1975 年、1982 年、1991 年、2003 年、2007 年）进行连续冲刷计算。

3.5.5 计算成果分析

3.5.5.1 方案 1 计算成果分析

1. 挖河段 1km 按不冲不淤计算

人工开挖 1km 新河按输沙平衡处理，河段不发生冲淤变形。

（1）河床纵剖面的调整。由图 3.5-3 可看出，初始水面线存在明显的折点，水流沿放坡段前缘跌落下来，由于坡陡流急加之此段床沙较细，抗冲能力差，使得在放坡段上游首先发生强烈的冲刷，同时折点位置不断崩退。

图 3.5-4 按水沙系列 1 计算 5 年后河床纵剖面表明，冲刷上溯到老子山以上 7km 处，河段最大下切深度 3.12m，老子山以下河段平均下切 1.21m。随着放坡段上游溯源冲刷的发展，河段比降逐渐调平、挟沙能力不断降低，使得进入放坡段下

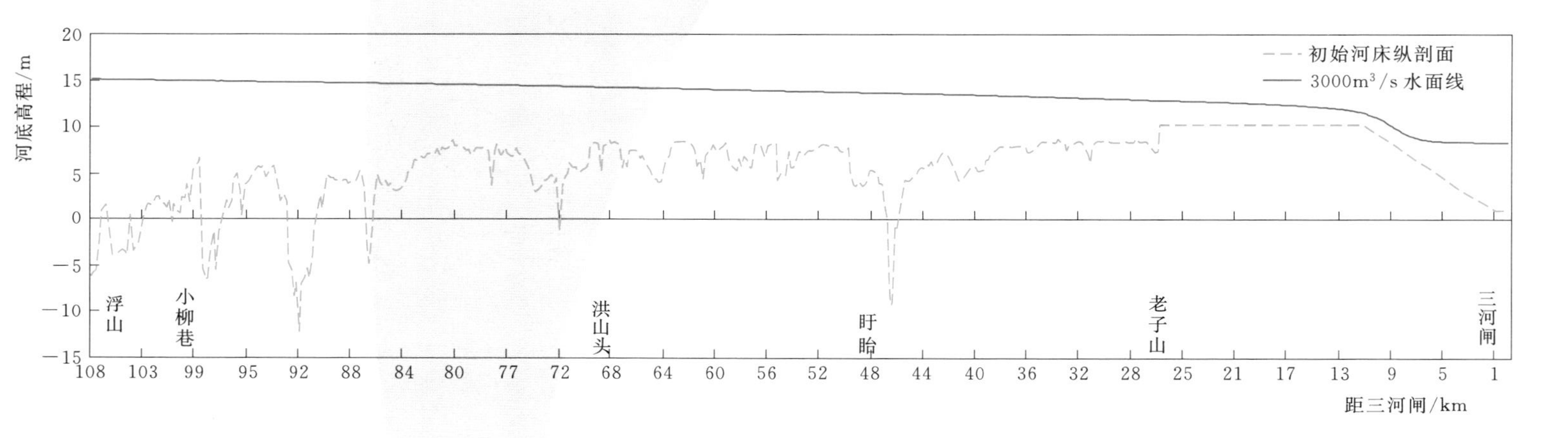

图 3.5-3　方案 1 初始河床纵剖面和 3000m^3/s 水面线

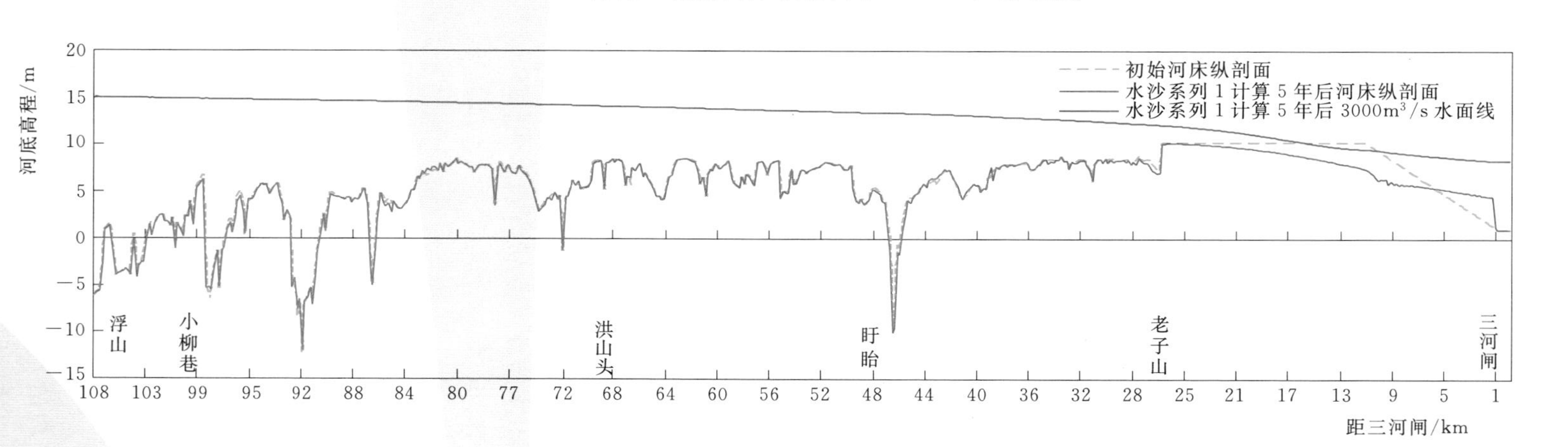

图 3.5-4　方案 1 采用水沙系列 1 计算 5 年后河床纵剖面和 3000m^3/s 水面线

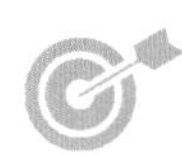

游的泥沙量减少。放坡段下游河段在分离初期迅速淤高之后开始向冲刷的方向发展。

图 3.5-5 按水沙系列 1 计算 10 年后河床纵剖面表明，冲刷的上端推进至老子山以上 14km 附近，其中对于洪山头—老子山的入湖河段而言，有 1/3 的长度发生溯源冲刷，平均刷深 0.14m；老子山以下的湖区段有 21km 发生溯源冲刷，平均刷深 1.61m。

图 3.5-6 按水沙系列 2 计算 16 年后，冲刷的上端推进至盱眙上游 4km 附近，其中受溯源冲刷影响的入湖河段的长度约占整个入湖段的 62%，平均刷深 0.33m，老子山以下的湖区段有 21km 的长度发生下切，平均下切深度 1.73m。

图 3.5-7 按水沙系列 3 计算 25 年后，冲刷的上端推进至盱眙上游 5km 附近，其中受溯源冲刷影响的入湖河段长度约占整个入湖河段的 65%，平均刷深 0.50m；老子山以下的湖区段有 21km 的长度发生下切，平均下切深度 2.08m。在流量为 $3000m^3/s$ 时，浮山站水位较分离初始时下降 0.27m，在流量增至 $8000m^3/s$ 时，水位仅下降 0.05m。

(2) 水面线和比降的变化。图 3.5-8 可以看出，随着冲刷的发展水面比降呈逐步减缓的发展趋势，在 $3000m^3/s$ 流量级时，老子山以下河段的水面比降由计算初始时刻的 0.17‰调整为 0.11‰。从同一断面来看，同流量水位下降的特点为：初期下降速度较快，经过一定时间后，水位下降逐渐减缓，直至达到基本平衡。从水位下降的沿程分布来看，距离三河闸越远，水位下降越小。

2. 挖河段 1km 参加冲淤变形计算

在分离的起始阶段，人工开挖的 1km 新河会随着放坡段下游的淤积的发展而逐渐抬高，之后随着溯源冲刷的发展，放坡段下游的刷深，该段河底高程又略有下降。

将开挖河段不发生冲淤变形和参加冲淤进行比较。后一种模式由于开挖段的淤积对溯源冲刷有一定程度的减弱，但幅度不大。以采用水沙系列 1 计算 10 年后为例，前一种计算模式较后一种模式在老子山以下 20km 河道范围内河床普遍刷深 1～10cm。两种模式计算的水面线差异也不大，而且距离三河闸越远，这种差异越小。在老子山附近，前一种模式比后一种模式水位降低 7cm 左右，到盱眙处为 2cm，浮山处为 1cm。

图 3.5-9 和图 3.5-10 表明，在当前洪泽湖水位下降的条件下，由于较大的开挖量会导致河段迅速回淤，开挖 1km 河段的设计底高程可以适当提高为 3m，这样做对溯源冲刷强度影响不大。

3.5.5.2 方案 2 计算成果分析

放坡段高差 7.25m，河底比降 0.725‰，坡度相对于方案 1 较缓，而且计算下边界三河闸仍采用现状的水位流量关系，溯源冲刷强度相对于方案 1 较弱。采用 1950—1959 年 10 年的水沙系列 1 进行溯源冲刷计算。

1. 挖河段 1km 按不冲不淤计算

按上述水沙组合计算 5 年后冲刷上溯到老子山以下 4km 附近，平均下切深度为 0.38m（见图 3.5-11）；计算 10 年后冲刷长度基本没有增加，平均下切深度增至 0.47m（见图 3.5-12）。

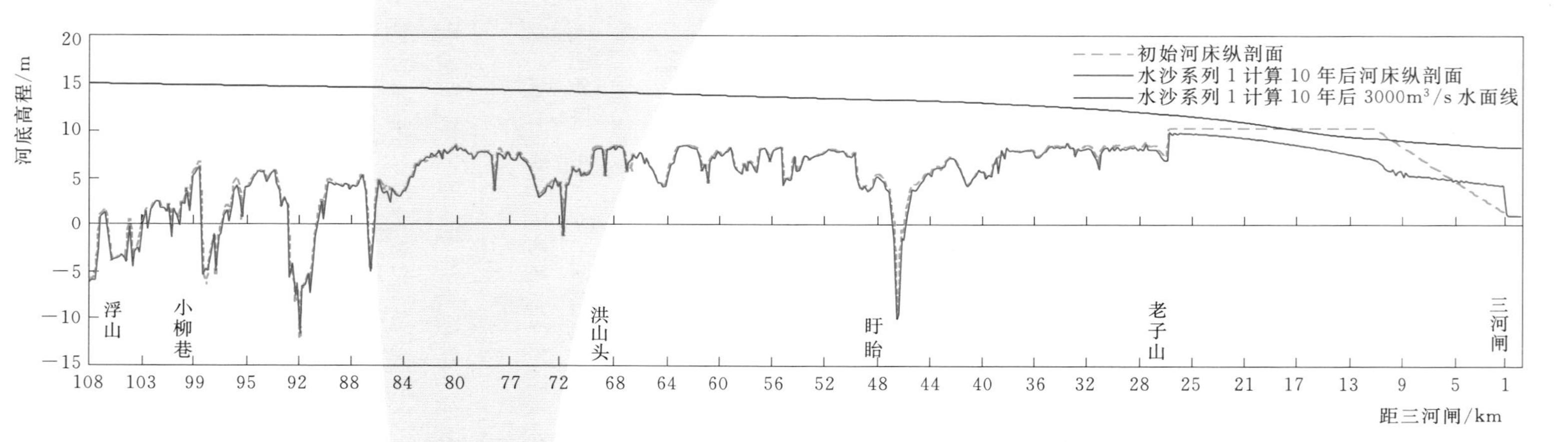

图 3.5-5　方案1采用水沙系列1计算10年后河床纵剖面和 $3000m^3/s$ 水面线

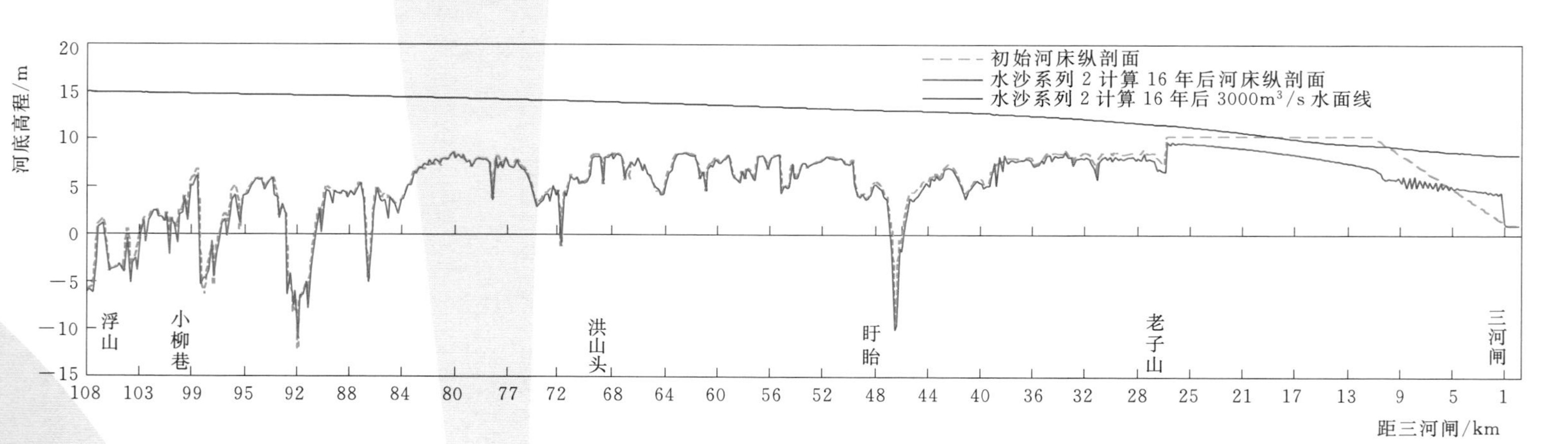

图 3.5-6　方案1采用水沙系列2计算16年后河床纵剖面和 $3000m^3/s$ 水面线

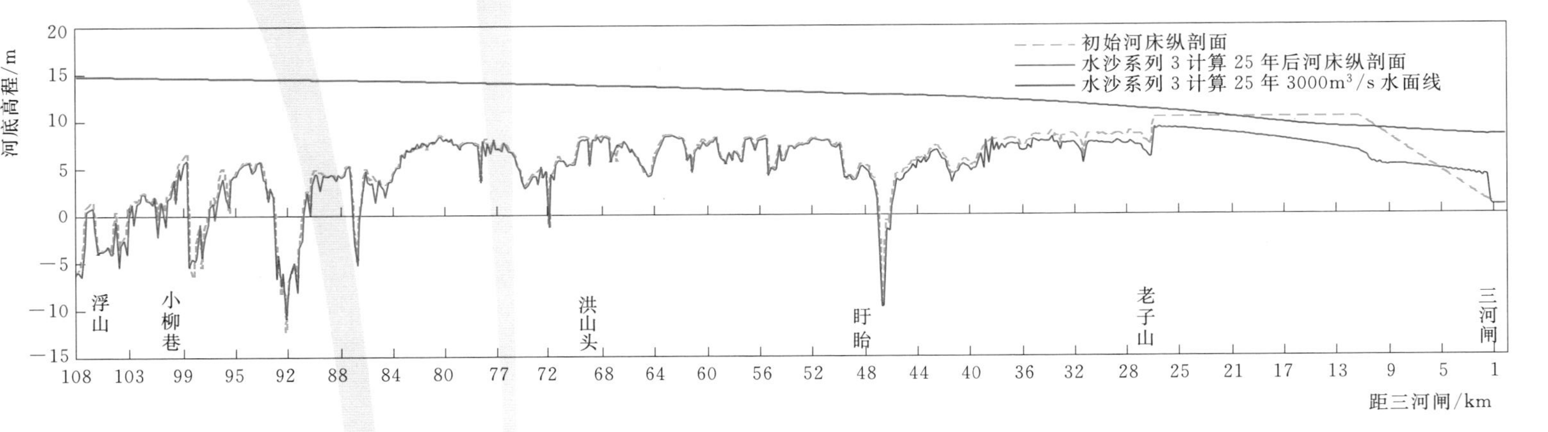

图 3.5-7 方案 1 采用水沙系列 3 计算 25 年后河床纵剖面和 3000m³/s 水面线

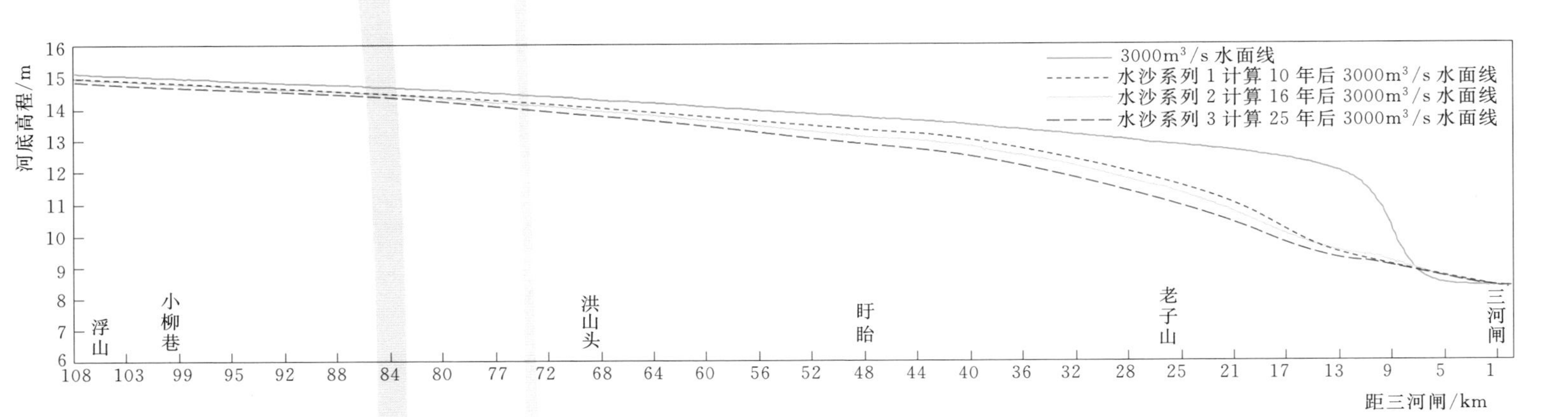

图 3.5-8 方案 1 水面线的调整

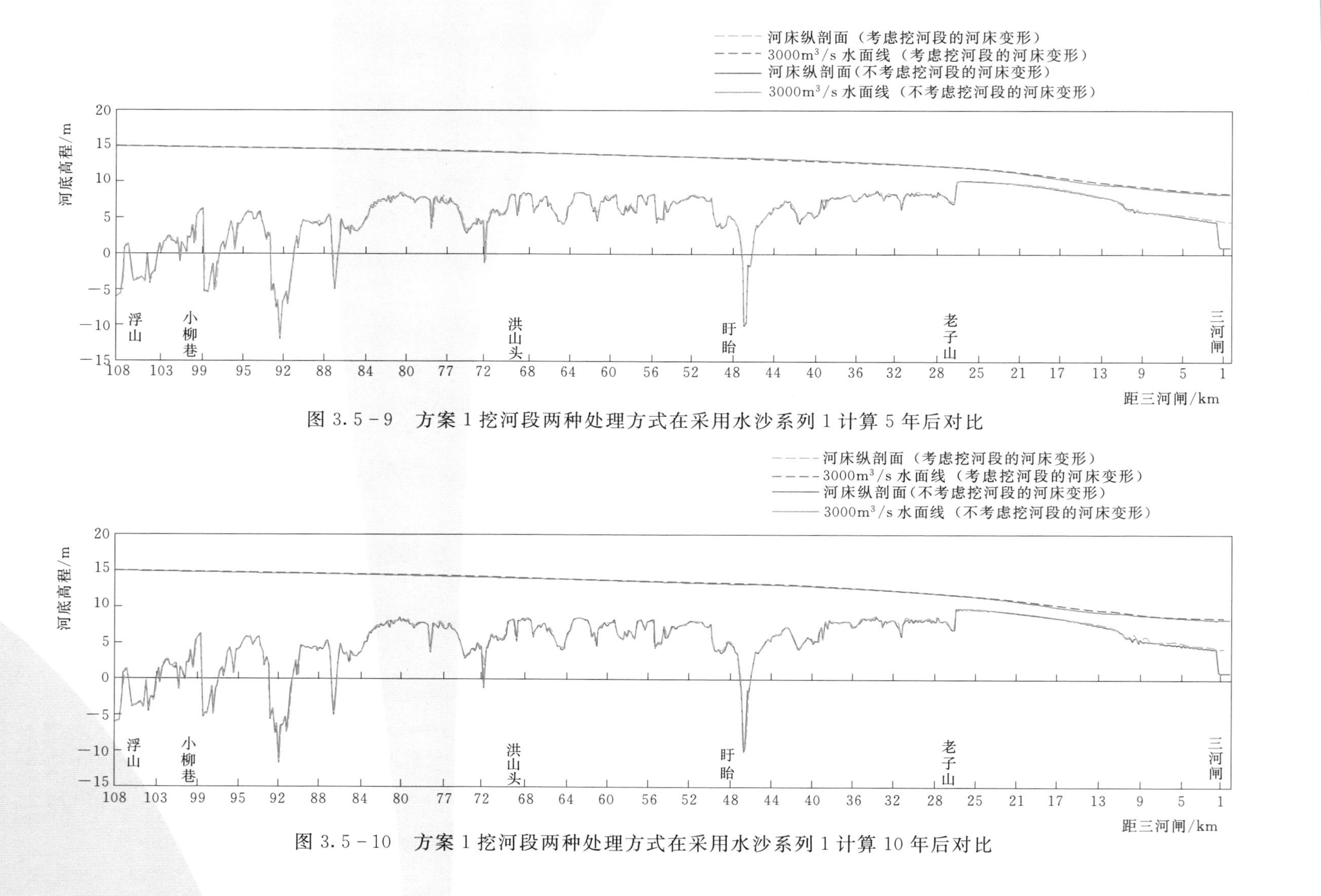

图 3.5-9 方案1挖河段两种处理方式在采用水沙系列1计算5年后对比

图 3.5-10 方案1挖河段两种处理方式在采用水沙系列1计算10年后对比

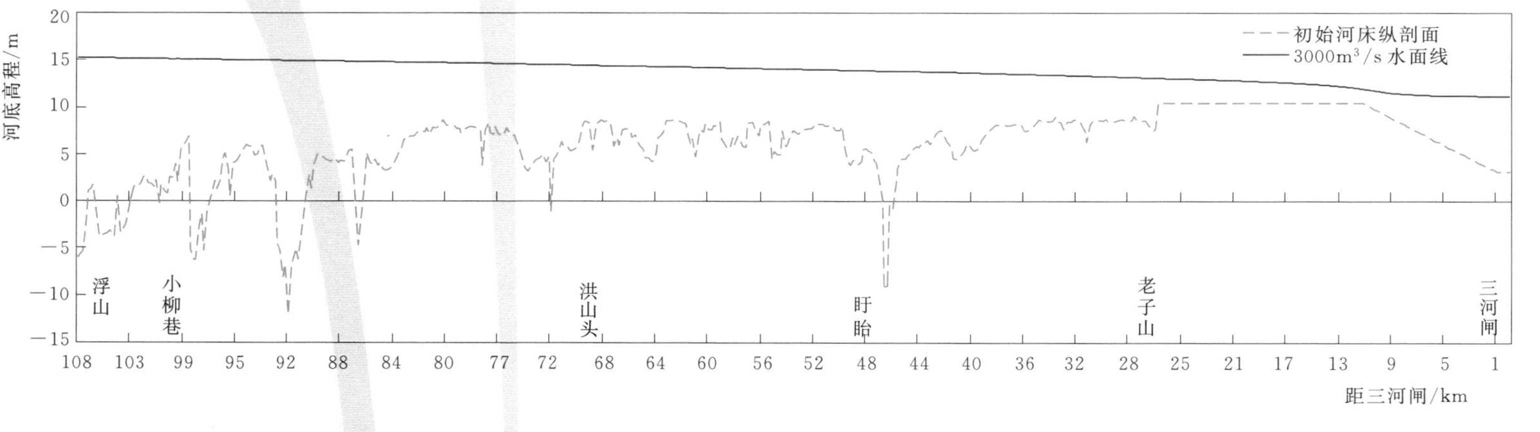

图 3.5-11　方案 2 初始河床纵剖面和 3000m³/s 水面线

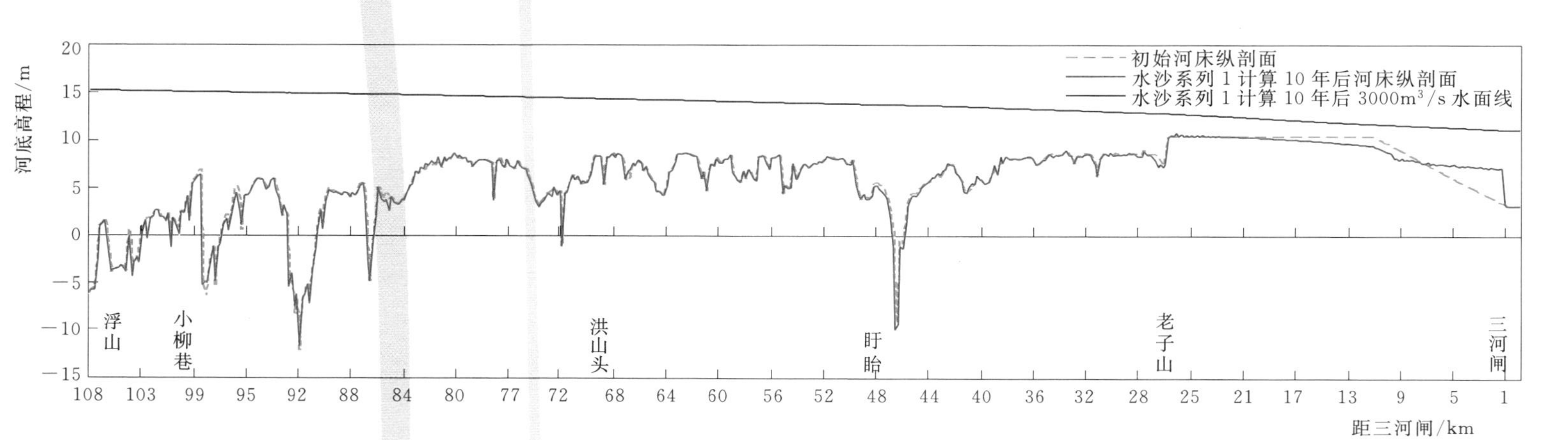

图 3.5-12　方案 2 采用水沙系列 1 计算 10 年后河床纵剖面和 3000m³/s 水面线

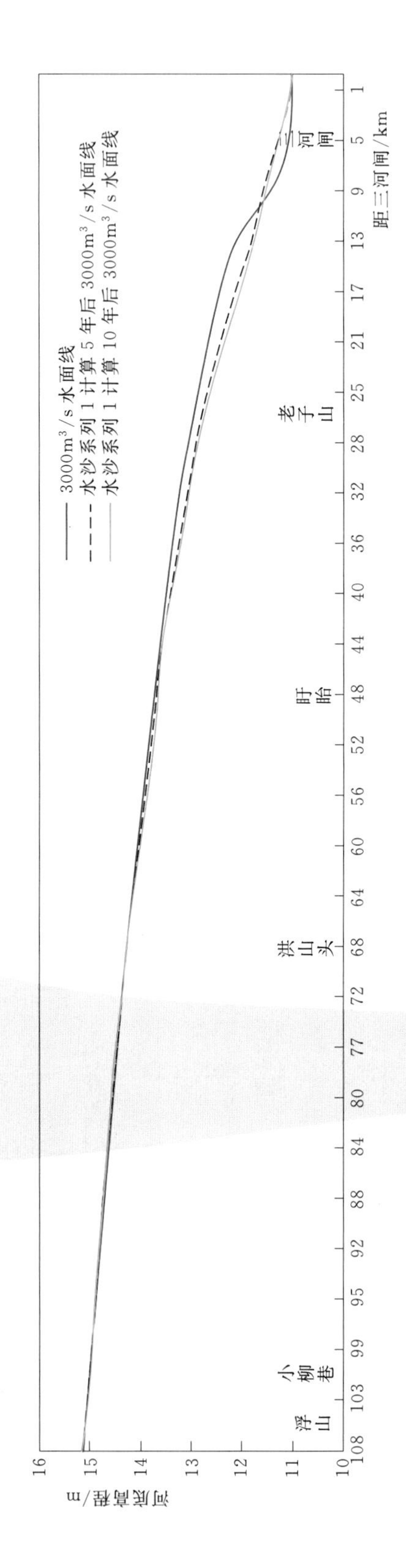

图 3.5－13 方案 2 水面线的调整

按上述水沙组合计算得出的水面线来看（图 3.5-13），在流量为 3000m³/s 时，老子山以下河段的水面比降由分离起始时的 0.072‰降为 0.061‰，但对于浮山而言水位降低并不明显，甚至当流量级为 3000m³/s 以上时还出现了壅高的现象。随着时间的推移，比降得到调平，溯源冲刷的强度已非常微弱。

2. 挖河段 1km 参加冲淤变形计算

如 1km 开挖河段也参加冲淤计算，则与方案 1 类似，冲刷强度会更小，这里不再赘述。

3.6 结论

（1）在现状工程条件下，淮河干流洪河口以下河道平槽流量为 1500～3000m³/s，而淮河干流设计水面线和中等洪水水面线均高于两岸的地面，遇中等以上洪水时，淮河干流两岸涝水难以排出，且河道流量超过平槽流量的天数长达 2～3 个月，面上的涝水根本无法自排。淮河平槽流量小，淮河干流来水经常大于平槽流量，河道水位高于地面是两岸涝水无法排出的根本原因之一。

（2）通过扩大洪泽湖出口和下游规模，降低洪泽湖蒋坝水位，对降低淮河干流浮山以下沿程水位有一定作用，但对吴家渡水位已基本没有影响，对解决中游特别是蚌埠以上的排涝问题作用不大。

（3）通过恒定流和非恒定流两种方法分析计算了在洪泽湖内开挖一头两尾河道对淮河中游洪涝的影响。恒定流分析计算结果：在淮河干流流量 3000～9000m³/s 时，方案计算出的浮山、吴家渡水位比现有规划的浮山、吴家渡水位降低 0.591～0.392m、0.205～0.024m，该方案对降低淮河干流浮山以下沿程水位作用较为明显，对降低淮河干流吴家渡附近水位作用较小；当流量大于 3000m³/s 时，吴家渡水位都高于面上排涝要求的水位，对解决面上排涝基本没有作用。非恒定流分析计算结果：在 1991 年洪水条件下，流量大于 3000m³/s 时，浮山水位降低值为 0.16～0.4m，吴家渡水位降低值为 0.02～0.26m；吴家渡附近洼地“关门淹”历时基本没有变化。在 2003 年洪水条件下，流量大于 3000m³/s 时，浮山水位降低值为 0.14～0.36m，吴家渡水位降低值为 0.03～0.25m；吴家渡附近洼地“关门淹”历时基本没有变化。

（4）通过恒定流和非恒定流两种方法分析计算了开挖盱眙新河对淮河中游洪涝的影响。恒定流分析计算结果：在淮河干流流量 3000～9000m³/s 时，方案计算出的浮山、吴家渡水位比现有规划的浮山、吴家渡水位降低 0.733～0.480m、0.272～0.059m，该方案对降低淮河干流浮山以下沿程水位作用较为明显，对降低淮河干流吴家渡附近水位作用较小；当流量大于 3000m³/s 时，吴家渡水位都高于面上排涝要求的水位，对解决面上排涝不起作用。非恒定流计算结果：在 1991 年洪水条件下，流量大于 3000m³/s 时，浮山水位降低 0.43～0.20m，吴家渡水位降低 0.28～0.04m；吴家渡附近洼地“关门淹”历时基本没有变化。在 2003 年洪水条件下，流量大于 3000m³/s 以上时，浮山水位降低 0.48～0.19m，吴家渡水位降低 0.32～0.04m；吴家渡附近洼地“关门淹”历时基本没有变化。

（5）通过溯源冲刷的可能性及对淮河中游洪涝的影响分析，在当前淮河干流来水来沙和拟采用的河湖分离方案条件下，无论是用长系列还是短系列计算，溯源冲刷主要发生在洪山头以下河段，对中游水位的影响到浮山附近，对中游排涝作用不明显。

4 淮河干流行蓄洪区问题与对策研究

4.1 概述

淮河的行蓄洪区原是淮河行洪滩地或滞蓄洪水的洼地，长期以来成为人与水争地的场所。20 世纪 50 年代治理淮河时，正式设为不同标准的行洪区和蓄洪区，截至 2010 年，淮河干流有行蓄洪区 21 处及洪泽湖周边滞洪区，分布在淮河中游安徽、江苏两省的平原地区，总面积 4663.47km^2，蓄滞洪容积 156.87 亿 m^3，耕地 386.42 万亩，区内人口 217.19 万人。淮河干流行蓄洪区的作用已被计入设计标准内的行蓄洪能力之中，而不是当作超标准洪水的应急措施，如能充分运用，17 个行洪区可排泄相应河段设计流量的 20%～40%，濛洼、城西湖、城东湖、瓦埠湖 4 处蓄洪区有效库容 63.10 亿 m^3，调蓄正阳关 50 年一遇 30 天洪水总量的 20%，是淮河防洪体系中不可或缺的组成部分。

淮河干流上游山丘区洪水来势猛、水量大，而拦蓄能力偏小，中下游河道比降平缓、泄洪能力不足，因此需经常性地利用行蓄洪区宣泄和蓄滞洪水。据统计，1950—2007 年的 58 年中，淮河干流共运用行蓄洪区约 170 处次；1954 年大洪水，全部行蓄洪区投入运用；1950 年、1956 年、1968 年、1975 年、1982 年、1991 年较大洪水年份，每年都有 10 多处行蓄洪区运用；2003 年、2007 年洪水，淮河干流均启用了 9 个行蓄洪区，转移安置群众分别为 70 万人和 11 万人。行蓄洪区每次进洪，都会造成基础设施毁坏，经济发展延缓，区内群众安全受威胁、财产遭损失、生活受影响等后果，直接影响了该地区的社会稳定和发展。淮河干流行蓄洪区启用标准低、撤退转移人口多等问题，已成为淮河防汛的热点和社会各界广泛关注的焦点，也是淮河治理的难点。

为更有效地应对淮河洪水，缓解人与水争地、防洪与发展的矛盾，改善行蓄洪区群众的生产生活条件，有必要开展淮河干流行蓄洪区问题与对策研究。

4.2 基本情况及存在问题

4.2.1 基本情况

4.2.1.1 淮河干流概况

淮河发源于河南省桐柏山，流经鄂、豫、皖、苏四省，主流在三江营入长江，全长约1000km，总落差约200m。

淮河干流洪河口以上为上游，长约360km，地面落差约178m，流域面积3.06万km^2。其中淮凤集以上河床宽深，两岸地势较高。干流堤防自淮凤集开始，分别与各支流堤防联成来龙、芦集、城郊、谷堆、王岗等5个圩区，保护面积384km^2。

洪河口至洪泽湖出口（中渡）为中游，长约490km，落差约16m，中渡以上流域面积15.82万km^2，其中洪河口至中渡区间集水面积12.76万km^2。淮河中游按地形和河道特性又分为正阳关以上和以下两个河段。洪河口至正阳关河段，长约155km，正阳关以上流域面积8.86万km^2，占中渡以上流域面积的56%，而洪水来量却占中渡以上洪水总量的60%～80%，几乎包括了淮河水系的所有山区来水，是淮河上中游洪水的汇集区。沿淮地形呈两岗夹一洼，淮河蜿蜒其间，两岸筑有不同标准的保护堤防，其中有濛洼、城西湖、城东湖等3个有控制的蓄洪区和南润段、邱家湖、姜唐湖等3处行洪区。正阳关至洪泽湖出口长约335km，区间集水面积6.96万km^2。该段南岸为丘陵岗地，筑有淮南、蚌埠城市防洪及矿区圈堤；北岸为广阔的淮北平原，淮北大堤为其重要的防洪屏障。淮北大堤由颍淝、淝涡、涡东3个堤圈组成，全长641km。在淮北大堤与南岸岗地之间主要有寿西湖、董峰湖、上六坊堤、下六坊堤、石姚段、汤渔湖、洛河洼、荆山湖、方邱湖、临北段、花园湖、香浮段、潘村洼、鲍集圩等14处行洪区和瓦埠湖蓄洪区以及洪泽湖周边滞洪区。

中渡以下至三江营为下游入江水道，长约150km，地面落差约6m，三江营以上流域面积为16.51万km^2。洪泽湖的排水出路，除入江水道以外，还有苏北灌溉总渠和分淮入沂以及入海水道。

4.2.1.2 行蓄洪区的发展过程

淮河流域地处我国南北气候过渡带，地势低平，平原面积大，河道多，历来就是洪水多发地区。淮河干流河道两侧分布着一系列湖泊洼地，这些湖泊洼地平时可以耕种，每逢汛期淮河大水，洪水横流，成为天然蓄滞洪场所。而淮河又地处我国腹部，两岸人口稠密，土地紧张，不得不向河滩要地、要粮。清乾隆年间，就有地方政府和居民开始在这些湖泊洼地修筑堤防，围湖垦田，防御水灾，将其变为耕地和居住场所。到了民国时期，这些行洪的湖泊洼地，都先后修筑了标准不一的矮小堤防，一般年份能保证麦收。但在解决了部分粮食生产和居住问题的同时，也挤占了淮河

的行蓄洪空间，使淮河干流的防洪压力不断增大。

1950年大水后，复堤时除蓄洪区另作规划外，将沿淮堤防分为三种等级：一是高于计划洪水位1m，二是高于计划洪水位0.5m，三是只堵口，照原样培修，堤顶高程低于计划洪水位1m。这样，淮河干流低于计划洪水位1m的堤防有南润段、赵庙段（邱家湖）、任四段（姜家湖）、寿西淮堤、便峡段（董峰湖）、黑张段、黄苏段、三茨段（荆山湖）、曹临段（方邱湖）、晏小段（花园湖）、相浮段（香浮段）11处。1953年5月，治淮委员会向中央递交的报告中，提到蓄洪、滞洪、行洪区的问题。至此，淮河干流正式有了行洪区的提法。

1954年淮河防汛工作报告中具体列出行洪区的堤段，河南省境内有童元、黄郢、建湾3处行洪区；安徽省境内有正阳关以上的南润段、润赵段、赵庙段及任四段4处，唐垛湖为自然漫水行洪；正阳关以下的便峡段、黑张段、六坊堤、石姚段、三茨缕堤、黄苏段、曹临段、晏小段、相浮段及浮苏段（潘村洼）等。

随着河道整治规划和工农业发展的需要，行洪区作了局部调整和增减。1955—1956年，在淮河干流堤防加固工程中退建临北遥堤，将临北新老堤之间列为临北段行洪区；1956年汛后，考虑黄苏段对岸已有荆山湖行洪区，行洪已有一定宽度，将黄苏段由行洪区改为一般堤防保护区；1958年煤炭部门因煤炭生产需要，进行“二道河改道工程”，将原六坊堤辟为上六坊堤、下六坊堤两处，黑张段堤线下延至李嘴子，改为矿区确保堤，不再行洪；1960年经安徽省人民政府批准，在洛河洼地建幸福堤，列为行洪区；1965年经安徽省人民政府批准，唐垛湖复堤改滞洪区为行洪区；1969年淮河规划中考虑淮河干流排洪需要，增辟汤渔湖为行洪区。至此，淮河干流共有行洪区21处，其中河南省3处，安徽省18处。1983年以后，在淮河干流上中游河道整治工程中，将河南省的童元、黄郢、建湾及安徽省的润赵段4处行洪区废弃，还给河道。另外，《淮河流域综合规划纲要（1991年修订）》将江苏省的鲍集圩列为行洪区。2007年姜家湖和唐垛湖联圩改建为姜唐湖行洪区。

1951年4月，治淮委员会工程部所作《关于治淮方略的初步报告》中，已经有了利用湖泊洼地调节淮河洪水的提法，其中正阳关以上提到了城西湖、城东湖、濛河洼地、邱家湖、姜家湖等8处，正阳关以下提到了寿西湖、瓦埠湖、董峰湖等9处。以后，这些洼地中有些被辟为行洪区，而正式建成蓄洪区的有濛洼、城西湖、城东湖、瓦埠湖4处，并一直沿用至今。濛洼蓄洪区兴建于1951—1953年。城西湖在1951年兴建润河集分水闸枢纽工程时辟为蓄洪区，后一度废弃，1962年恢复，1972年在王截流处建进洪闸，2002年兴建城西湖退水闸。城东湖蓄洪区兴建于1952年11月至1953年7月。瓦埠湖蓄洪区兴建于1952年7月。

1955年确定洪泽湖常年蓄水后，开始兴办蓄洪垦殖工程，在洪泽湖沿湖地面高程12.50m左右大部分地段圈建了挡洪堤，形成一个个圩子，在2009年批复的防洪规划中明确为周边滞洪区，以前叫周边圩区或滨湖圩区，后统称为洪泽湖周边滞洪区。

4.2.1.3 行蓄洪区概况

1. 基本情况

截至2010年，淮河干流有行蓄洪区21处及洪泽湖周边滞洪区，分布在淮河中游安徽、江苏两省，总面积4663.47km^2，蓄滞洪容积156.87亿m^3，内有耕地386.42万亩，区内人口217.19万人。其中濛洼、城西湖、城东湖、瓦埠湖4处蓄洪区及洪泽湖周边滞洪区面积3368.40km^2，内有耕地264.90万亩，区内人口158.21万人，蓄滞洪总库容93.17亿m^3。

行洪区17处，即南润段、姜唐湖、邱家湖、寿西湖、董峰湖、上六坊堤、下六坊堤、石姚段、洛河洼、汤渔湖、荆山湖、方邱湖、临北段、花园湖、香浮段、潘村洼、鲍集圩，均分布在淮河干流中游两岸，面积1295.07km^2，耕地121.52万亩，区内人口58.98万人。

淮河干流行蓄洪区基本情况详见表4.2-1。

表4.2-1 淮河干流行蓄洪区基本情况（2010年）

名称			面积/km^2	库容/亿m^3	人口/万人	耕地/万亩
蓄洪区	1	濛洼	180.40	7.50	15.74	18.00
	2	城西湖	517.00	28.80	16.62	40.70
	3	城东湖	380.00	15.30	8.41	25.00
	4	瓦埠湖	776.00	11.50	34.44	60.20
	5	洪泽湖周边滞洪区	1515.00	30.07	83.00	121.00
	小计		3368.40	93.17	158.21	264.90
行洪区	1	南润段	10.70	0.64	0.98	1.16
	2	邱家湖	36.97	1.67	2.66	3.66
	3	姜唐湖	145.80	7.60	10.24	11.67
	4	寿西湖	161.50	8.54	7.95	13.84
	5	董峰湖	40.10	2.26	1.57	4.89
	6	上六坊堤	8.80	0.46		1.00
	7	下六坊堤	19.20	1.10	0.16	2.10
	8	石姚段	21.30	1.16	0.70	2.68
	9	洛河洼	20.20	1.25		2.52
	10	汤渔湖	72.70	3.98	5.32	7.50
	11	荆山湖	72.10	4.75	0.70	8.60
	12	方邱湖	77.20	3.29	5.78	8.40
	13	临北段	28.40	1.08	1.85	3.00

续表

名称			面积/km²	库容/亿 m³	人口/万人	耕地/万亩
行洪区	14	花园湖	218.30	11.07	8.79	15.60
	15	香浮段	43.50	2.03	2.38	5.80
	16	潘村洼	164.90	6.87	5.51	17.10
	17	鲍集圩	153.40	5.95	4.39	12.00
	小计		1295.07	63.70	58.98	121.52
合　计			4663.47	156.87	217.19	386.42

2. 工程建设情况

淮河干流的行蓄洪区沿淮河侧均建有堤防，行洪区堤防原来一般比较矮小，洪水来时即漫堤行洪。后由于行洪区堤防被逐步加高，使行洪区失去治淮初期通畅漫堤的条件，行洪方式也逐步演变为口门行洪。1983 年以来，根据河道整治工程的需要，对沿淮部分行蓄洪区进行了退建或废弃：正阳关以上童元、黄郢、建湾、润赵段行洪区废弃，姜家湖、唐垛湖、邱家湖、南润段行洪区堤防退建，城西湖蓄洪区堤防退建以及濛洼尾部退建等；正阳关以下寿西淮堤退建和加固，董峰湖石湾段堤防退建，临北段行洪区堤防退建等。2003 年以后，安排了濛洼蓄洪区堤防加固工程，王家坝闸除险加固工程，姜家湖、唐垛湖联圩及姜唐湖进、退水闸工程，邱家湖堤防加固及何家圩堤防退建，荆山湖进洪闸、退水闸建设工程。经过多年的工程建设与培修养护，淮河干流行蓄洪区现有堤防总长 899.2km，淮河干流行蓄洪区堤防工程现状情况详见表 4.2－2。

表 4.2－2　　淮河干流行蓄洪区堤防工程现状情况（2010 年）

名称			堤长/km	堤顶高程/m	堤顶宽度/m	边　坡
蓄洪区	1	濛洼	94.3	30.1～31.0	6	1∶3
	2	城西湖	39.6	28.5～30.2	8	1∶3
	3	城东湖	5.4	28.0～28.2	8	1∶5
	4	瓦埠湖	33.1	28.0～28.5	10	1∶3 ～ 1∶5
	5	洪泽湖周边滞洪区	290.6	14.5～17.5	1～6	1∶1～1∶3
	小计		463.0			
行洪区	1	南润段	11.5	27.7～29.0	4～6	1∶3
	2	邱家湖	9.1	28.4～28.8	6	1∶3
	3	姜唐湖	52.0	28.2	6	1∶3
	4	寿西湖	21.6	27.4～28.2	6	内 1∶3，外 1∶5

续表

名　　称			堤长/km	堤顶高程/m	堤顶宽度/m	边　坡
行洪区	5	董峰湖	13.8	25.5～25.8	5～9	1∶3
	6	上六坊堤	19.2	24.3～24.8	2～3	外1∶3，内1∶2
	7	下六坊堤	22.9	24.2～24.5	2～3	外1∶3，内1∶2
	8	石姚段	11.3	23.8～25.5	4	1∶3
	9	洛河洼	14.1	23.3～23.8	4	1∶3
	10	汤渔湖	24.3	25.1～25.9	4～8	1∶3
	11	荆山湖	29.8	22.9～23.7	4～6	1∶3
	12	方邱湖	29.8	21.4～22.8	5～8	1∶2.5～1∶3
	13	临北段	19.6	21.6～22.2	2～5	1∶3
	14	花园湖	32.4	20.0～21.3	8～4	1∶2.5～1∶3
	15	香浮段	33.1	18.5～19.9	4	1∶3
	16	潘村洼	53.7	17.0～19.0	4～8	1∶1.5～1∶2.5
	17	鲍集圩	38.0	17.5～18.5	6	1∶2.5～1∶3
	小计		436.2			
合　计			899.2			

2010年淮河干流已有4处蓄洪区、2处行洪区建有进洪闸、退水闸，淮河干流行蓄洪区进、退水控制工程现状情况详见表4.2-3。

表4.2-3　　淮河干流行蓄洪区进、退水控制工程现状情况

序号	名称	控　制　工　程			
		进洪工程		退水工程	
		名　称	设计流量/(m^3/s)	名　称	设计流量/(m^3/s)
1	濛洼	王家坝闸	1626	曹台孜闸	2000
2	城西湖	王截流闸	6000	城西湖退水闸	2000
3	城东湖	城东湖闸	1800	城东湖闸	1800
4	瓦埠湖	东淝闸	1500	东淝闸	1500
5	姜唐湖	姜唐湖进洪闸	2400	姜唐湖退水闸	2400
6	荆山湖	荆山湖进洪闸	3500	荆山湖退水闸	3500

3. 行蓄洪区调度运用办法

淮河干流行蓄洪区的运用均按照批准的控制站水位，分别由国家防汛抗旱总指挥部、淮河防汛总指挥部和有关省防汛指挥部按照控制站水位调度。濛洼、城东湖、

城西湖、瓦埠湖4处蓄洪区和姜唐湖、荆山湖2处行洪区有进洪闸和退水闸控制，其余行洪区则采用口门行洪方式进洪。为及时行洪，规定了行洪区堤防的高程，行洪口门位置、宽度和高程，并要求当河道控制站水位达到规定的行洪水位时，就要开口门行洪。

濛洼、城西湖蓄洪区的运用由淮河防汛总指挥部商有关省提出意见，报国家防汛抗旱总指挥部决定。当年的再次运用由淮河防汛总指挥部决定，报国家防汛抗旱总指挥部备案。

洪泽湖周边滞洪区的运用由淮河防汛总指挥部商有关省提出意见，报国家防汛抗旱总指挥部决定。

城东湖、瓦埠湖及其他行蓄洪区的运用由有关省商淮河防汛总指挥部决定，报国家防汛抗旱总指挥部备案。

（1）蓄洪区调度运用办法。

1）濛洼：当王家坝水位达到29.30m（废黄河高程，下同）且继续上涨时，视雨情、水情和工程情况，适时启用濛洼蓄洪。

2）城西湖：当润河集水位超过27.70m，或正阳关水位达26.50m时，视淮北大堤等重要工程情况，适时运用城西湖蓄洪。

3）城东湖：当正阳关水位达到26.00～26.50m，或淮北大堤等重要工程出现严重险情时，适时运用城东湖，以控制正阳关水位。

4）瓦埠湖：当濛洼、城东湖、城西湖蓄洪后，正阳关水位仍超过26.50m，威胁淮北大堤及淮南城市圈堤安全时，运用瓦埠湖蓄洪。

5）洪泽湖周边滞洪区：当洪泽湖蒋坝水位达到14.50m且继续上涨时，滨湖圩区破圩滞洪。

（2）行洪区调度运用办法。淮河干流行洪区按规定的行洪水位适时运用，各行洪区的行洪水位及运用方式见表4.2-4。

表4.2-4　淮河干流行洪区现状调度运用方式

序号	行洪区名称	岸别	控制站	行洪水位/m	运用方式
1	南润段	左	南照集	27.90	开口行洪
2	邱家湖	左	赵集	25.60	开口行洪 邱家湖先于姜唐湖运用
3	姜唐湖	右	润河集 临淮岗 正阳关	27.70 27.00 26.00～26.50	开闸行洪 姜唐湖先于城西湖运用
4	寿西湖	右	黑泥沟	25.90	开口行洪
5	董峰湖	左	焦岗闸	24.60	开口行洪

续表

序号	行洪区名称	岸别	控制站	行洪水位/m	运用方式
6	上六坊堤	中	凤台	23.90	开口行洪
7	下六坊堤	中	凤台	23.90	开口行洪
8	石姚段	右	淮南	23.20	开口行洪
9	汤渔湖	左	淮南	24.25	开口行洪
10	洛河洼	右	淮南	22.50	开口行洪
11	荆山湖	左	淮南	23.15	开闸行洪
12	方邱湖	右	蚌埠	21.60	开口行洪
13	临北段	左	临淮关	19.90	开口行洪
14	花园湖	右	临淮关	19.90	开口行洪
15	香浮段	右	五河	18.60	开口行洪
16	潘村洼	右	浮山	18.10	开口行洪
17	鲍集圩	左	浮山	18.10	开口行洪

4. 现状标准及运用情况

淮河流域行蓄洪区启用标准普遍较低，濛洼自1953年建成以来，已有12年15次蓄洪，约合5年一遇；城西湖进洪4次，约17年一遇；城东湖进洪7次，约合8年一遇。

行洪区启用更为频繁，在1950年、1956年、1968年、1975年、1982年、1991年、2003年和2007年等较大洪水年份，各年都有10处左右的行洪区运用，遇大洪水年，如1954年，则全部被运用。综合分析行洪区历年运用情况、河道现状防洪能力和洪水调洪演算的结果，正阳关以上的南润段、邱家湖、姜家湖、唐垛湖的行洪机遇为4～6年一遇，姜唐湖联圩后约为10年一遇；正阳关至涡河口之间的董峰湖、上六坊堤、下六坊堤、石姚段、洛河洼和荆山湖行洪区行洪机遇为4～8年一遇；寿西湖、汤渔湖及蚌埠以下的行洪区运用机遇为15～18年一遇。

淮河干流行蓄洪区实际运用年份情况详见表4.2-5。

5. 安全建设情况

淮河流域行蓄洪区安全建设大致分为四个阶段：20世纪50年代起步，80年代有所加强，90年代全面展开，21世纪加快建设。

（1）1950年大水后，在《1951年度治淮工程计划纲要》和《关于治淮方略的初步报告》中对庄台建设作了安排，在濛洼、城西湖等蓄洪区和南润段、润赵段、姜家湖、董峰湖等行洪区兴建了一些低标准的围村堤和庄台（庄台顶高程仅高于计划洪水位）。1954年大水后，又陆续建了一些低标准庄台，1958年治淮委员会撤销后，行蓄洪区安全建设工作基本停止。

表 4.2-5 淮河干流行蓄洪区实际运用年份情况（2010 年）

名称			调度权限	运用机遇（年一遇）	实际运用年份
蓄洪区	1	濛洼	国家防汛抗旱总指挥部	5	1954、1956、1960、1968、1969、1971、1975、1982、1983、1991、2003、2007
	2	城西湖	国家防汛抗旱总指挥部	17	1950、1954、1968、1991
	3	城东湖	安徽省防汛抗旱指挥部	8	1950、1954、1956、1968、1975、1991、2003
	4	瓦埠湖	安徽省防汛抗旱指挥部	20	1954
	5	洪泽湖周边滞洪区	国家防汛抗旱总指挥部	40	
行洪区	1	南润段	安徽省防汛抗旱指挥部	6	1954、1956、1960、1962、1963、1968、1969、1975、1977、1980、1982、1983、1991、2007
	2	邱家湖		4	1950、1954、1955、1956、1960、1963、1964、1968、1969、1975、1982、1983、1984、1991、2003、2007
	3	姜唐湖		10（4）	姜家湖：1950、1954、1955、1956、1960、1963、1964、1968、1969、1971、1975、1982、1983、1991； 唐垛湖：1968、1969、1970、1971、1972、1975、1977、1980、1982、1983、1984、1991、2003； 姜唐湖：2007
	4	寿西湖		15	1950、1954
	5	董峰湖		5	1950、1954、1956、1968、1975、1982、1983、1991、1996
	6	上六坊堤		5	1950、1954、1956、1960、1963、1968、1969、1975、1982、1991、2003、2007
	7	下六坊堤		5	1950、1954、1956、1960、1963、1968、1975、1982、1983、1991、2003、2007
	8	石姚段		7	1950、1954、1956、1963、1975、1982、1991、2003、2007
	9	洛河洼		5	1963、1964、1968、1975、1982、1983、1991、2003、2007
	10	汤渔湖		20	
	11	荆山湖		10	1950、1954、1956、1975、1982、1991、2003、2007
	12	方邱湖		20	1950、1954、1956
	13	临北段		15	
	14	花园湖		16	1950、1954、1956
	15	香浮段		20	1950、1954、1956
	16	潘村洼		20	1954
	17	鲍集圩	江苏省防汛抗旱指挥部	20	1954

注 括号里数字为姜唐湖联圩前姜家湖、唐垛湖运用机遇。

1971年治淮规划中，对沿淮两岸的行蓄洪区（除一水一麦的行洪区外）修建和加高庄台，并增建必要的机电排灌设施。

自1971年后，修建庄台的投资实行群众自办为主，国家补助为辅的政策。由于补助的标准太低，群众负担能力有限，影响了庄台修建。“75·8”大水进一步暴露出行蓄洪区安全设施少，使得行洪、蓄洪与区内群众生产、生活的矛盾突出，进一步引起党和国家对蓄滞洪区安全建设的高度重视。在1981年12月国务院治淮会议纪要中，要求区分行蓄洪区情况，采取不同措施和制定相应政策：对行洪频繁的要迁移居民，平毁圩堤；对行洪次数较多的应修建庄台和避水台，免征免购夏粮和部分秋粮；对进洪次数少的行洪区，试办防洪保险。

（2）1982年大水后，国家将行蓄洪区安全建设项目列入“六五”治淮基建计划。1983年5月，水电部（83）水电水建字第76号文批准《安徽省淮河干流河道整治及堤防加固工程规划》，同意在濛洼、南润段、邱家湖、姜家湖、唐垛湖、董峰湖、下六坊堤、石姚段、幸福堤（洛河洼）、荆山湖等12处行蓄洪区修建庄台和保庄圩等设施。截至1990年年底，建成庄台391万m^2，保庄圩面积812万m^2，避洪楼1684幢，各种撤退道路398km。

（3）1991年大水后，国务院及时作出《关于进一步治理淮河和太湖的决定》，明确提出加强行蓄洪区安全建设，并将淮河流域行蓄洪区安全建设工程作为治淮19项骨干工程之一，列入国家治淮建设计划。1994年水利部批复了淮河水利委员会（简称淮委）编制的《淮河流域行蓄洪区安全建设修订规划》。

（4）2003年大水后，针对淮河流域在2003年洪水中暴露出的行蓄洪区建设严重滞后的问题，在淮委编制完成的《加快治淮工程建设规划（2003—2007年）》报告中将行蓄洪区调整和行蓄洪区建设列为重点工程加快建设。按照《蓄滞洪区安全与建设指导纲要》的要求，在各行蓄洪区全面开展以修建撤退道路为主的安全建设工程。目前，基本解决了淮河干流行蓄洪区中约120万居民安全避洪和撤退转移问题，占淮河干流行蓄洪区总人口的55%。其中约80万人是临时撤退转移，占安置人口的67%。

4.2.1.4 行蓄洪区的作用和地位

淮河干流行洪区分布在淮河中游，位于岗地或淮北大堤与河槽之间，是淮河干流泄洪通道的一部分，主要作用是在河道泄洪能力不足时用于扩大河道的泄洪断面，增加泄洪能力，设计条件下如能充分运用，行洪流量占淮河干流相应河段河道设计流量的20%～40%。

蓄洪区的作用主要是滞蓄河道洪量，削减洪峰，减轻河道两岸堤防和下游的防洪压力。淮河干流中游的濛洼、城西湖、城东湖、瓦埠湖4个蓄洪区蓄洪库容约63亿m^3，占正阳关以上50年一遇30天洪水总量的20%；对淮河干流蓄洪削峰作用十分明显，是淮河中游达到防御1954年洪水能力的重要组成部分。洪泽湖周边滞洪区蓄洪库容约30亿m^3，是洪泽湖及下游地区达到防御100年一遇洪水能力的重要组成

部分。

在淮河历次防洪规划中，行蓄洪区的作用已被计入设计标准内的行蓄洪能力之中，而不是当作超标准洪水的应急措施，因此行蓄洪区在淮河流域防洪体系中将长期发挥重要的作用，确保行蓄洪区及时启用，行洪区行洪通畅、蓄洪区有效蓄洪一直是淮河防洪的一项重要工作。

4.2.2 存在问题

淮河干流行蓄洪区既是分泄、蓄滞设计标准内洪水的场所，又是区内群众赖以生存的家园。随着经济社会的发展、人口的增加，行蓄洪区不断被无序开发，行洪、蓄洪能力逐渐降低，运用难度加大，防洪安全与区内发展的矛盾日益突出。行蓄洪区主要存在以下几个方面的问题。

1. 行蓄洪区进洪频繁，损失重，社会影响大

淮河干流行蓄洪区启用标准大部分较低。据统计，1950—2007年的58年中，淮河干流共运用行蓄洪区约170处次。在1950年、1956年、1968年、1975年、1982年、1991年、2003年和2007年等较大洪水年份，每年都有10处左右行蓄洪区运用，遇大洪水年，如1954年，则全部被运用。行蓄洪区人口增长快，现有人口数量远大于20世纪五六十年代兴建行蓄洪区时的人口数量，随着区内经济的发展，固定资产也增加了很多，行蓄洪区每次进洪，损失很大，群众生产、生活受到影响，直接影响到该地区的社会稳定和经济发展，不适应全面建设小康社会的需要。由于行蓄洪区启用频繁，大部分行蓄洪区内居民居住条件差，生活水平低，经济发展缓慢、基础设施建设明显落后，区内居民人均年收入低于所在省农民人均年收入。

2. 行蓄洪区人口众多，难以及时启用

行蓄洪区安全建设设施多数以撤退转移为主，由于区内人口密度大、居住分散，启用前组织撤退转移时间短，工作难度极大。如2003年淮河洪水，共启用9个行蓄洪区，转移安置群众75万多人，2007年大水期间共启用9个行蓄洪区，转移安置群众16万人。启用后，财产损失较为惨重，救灾安置工作繁重，社会管理成本很高，影响启用行蓄洪区决策。因此，行蓄洪区难以按淮河防洪调度要求及时、有效地蓄行洪水，影响流域防洪体系整体效益的发挥。

3. 行蓄洪区防洪控制设施不足，阻水障碍较多，行洪效果差

大部分行洪区没有修建进洪、退洪控制工程，多以自然溃堤或人工爆破方式进洪，口门大小、进洪量和进、退洪时间难以控制，很难满足及时、适量分洪削峰的要求，往往只能滞蓄部分洪水，行洪效果不明显。如2007年南润段、邱家湖、上六坊堤、下六坊堤、石姚段、洛河洼6处行洪区扒口13处，按原设计要求口门宽度应达到20.3km，实际约1.7km，严重影响行洪滞洪作用的发挥。

部分行蓄洪区内人口密度较大，居民住房日趋增加且无规划，甚至在主通道内建房，区内树林、高秆作物等阻水障碍较多，行洪效果差，难以达到设计行洪流量。

4. 行蓄洪区建设滞后，灾后恢复自救能力差

行蓄洪区内安全建设滞后，部分行蓄洪区堤防堤身断面未达到设计要求，堤身单薄，险情隐患多，行蓄洪时难以保证安全。

行蓄洪区由于经常启用，区内经济发展受到限制，地方政府和群众的经济实力较弱，承受灾害和恢复生产的能力低。此外，区内生产方式单一，生产结构简单，居民对土地收入的依赖性强，受灾后民政救济和补偿有限，恢复生产和重建家园较为困难。

行蓄洪区因洪致涝、洪涝并发的现象严重。行蓄洪区进洪频繁，基础设施建设的投入少；区内河道淤积，圩区没有进行系统的规划和治理，侵占河滩地、阻水束水现象严重，现有的排涝设施规模小、老化、损坏严重，区内防洪除涝标准偏低。

5. 行蓄洪区管理薄弱

行蓄洪区为特殊的社会区域单元，涉及千家万户，既有防洪管理，又有经济社会活动的管理，是一个十分复杂的系统。针对行蓄洪区特点的相关政策、管理模式和管理机构不完善，区内土地利用、社会经济发展、人口控制等管理工作薄弱。现有防洪设施建成后，受行政、行业、经费等诸多方面的制约，得不到有效的管理和维护。

今后仍有相当数量的人口依赖行蓄洪区内的水土资源生存，而行蓄洪区目前尚未建立与防洪要求相适应的可持续的管理与发展模式，难以保障行蓄洪区内社会经济发展和人民群众生活水平与其他地区同步提高。

6. 法律法规体系不健全

由于行蓄洪区的特殊性，区内土地利用、经济发展、人口调控和风险管理均需要特殊的政策进行调节。目前针对行蓄洪区经济社会活动的各类法规政策还不完善，虽然现行的政策法规对行蓄洪区管理进行了相应的规范，但是仍未形成一个合理有效、层次分明的体系，缺少对社会经济行为具有法律效力的具体规定，行蓄洪区所在地各级政府缺少具体的配套法规和制度。

4.3 总体治理目标、思路与对策

4.3.1 总体治理目标

根据淮河流域防洪的总体要求和构建流域防洪减灾体系的需要，结合淮河干流河道整治，扩大行洪通道，建设有控制的标准较高、调度运用灵活的行蓄洪区。行蓄洪区的安全措施完备，群众居住安全，保证及时有效行洪、滞洪。在淮河干流遇设计标准及以下洪水，行蓄洪区正常运用时，群众生命安全有保障，区内群众不需要大规模撤退转移，财产少损失，实现人与自然的和谐。建立较为完善的行蓄洪区管理制度，使得行蓄洪区的综合管理工作坚强有序，经济社会活动朝着良性方向发展。结合社会主义新农村建设，基本形成适应行蓄洪区特点的可持续发展的经济社会体系，提高区内居民的生活水平，改善生态环境质量。

4.3.2 总体治理思路

（1）坚持以人为本的原则，把行蓄洪区人民的生命安全放在突出位置，解决安全居住的问题，改善其生存与发展的基本条件。采取行蓄洪区内集中建安全区、人口外迁等办法，把居住在低洼区和行洪范围内的群众迁移到保庄圩或安全区集中安置，解决好区内群众平时及行蓄洪时的居住问题，做到常遇洪水行蓄洪时群众基本不搬迁、不撤退转移，群众能安居乐业，保障当地经济社会的稳定和可持续发展。

（2）按照人与自然和谐相处的原则，结合淮河干流整治工程，通过退堤、切滩、疏浚等工程措施，扩大行洪通道。采取有退有保、有平有留的方式，对淮河干流行蓄洪区进行调整。对面积较小、标准较低、居住人口较少的行洪区予以废弃还给淮河；对部分行洪区堤防进行退建，保留的部分改为防洪保护区；对行洪作用较大的行洪区，建进、退水闸，提高标准。做到为洪水让路，进一步扩大行洪通道，保证及时通畅排洪，实现尽快退水。

（3）坚持全面规划、综合治理的原则，加强蓄滞洪区管理。建立综合性的管理机构对蓄滞洪区进行有效管理，加快制定蓄滞洪区管理法律法规；严格控制区内总人口增长；制止区内无序建设，严禁建设影响行蓄洪的任何设施；重点加强扶持和引导，改变区内的种植结构和产业结构，鼓励发展适应性农业和深加工业；继续搞好蓄滞洪区运用补偿，健全其他社会保障机制。

4.3.3 总体治理对策

淮河干流行蓄洪区在历次洪水中为承泄洪水、保证沿淮工矿城市和重要堤防的安全发挥了重要作用。但是，行蓄洪区又是沿淮群众赖以生存的地方，多年来行蓄洪区内群众为防洪大局作出了很大牺牲，随着行蓄洪区人口增长和社会经济发展，行蓄洪与区内群众生存和发展之间的矛盾将会越来越尖锐。

2010年前，淮河干流行洪区大多采取口门行洪的方式行洪，常需要扒口或炸口，行洪效果较差，行洪后群众的损失大。随着经济社会的发展，人与水争地的矛盾日益突出，如果这些行蓄洪区继续保留几十年来的运行方式，不仅行蓄洪区内的群众难以脱贫，而且每年防汛仍将疲于处理行蓄洪区问题，行蓄洪区仍是治淮难点，也影响治淮任务的完成。因此，必须尽快改变这种人与水极不和谐的状态，尊重自然规律，总结几十年来的经验和教训，从根本上解决行蓄洪区问题。

1. 进行行蓄洪区调整

由于行洪区是淮河洪水通道的组成部分，行洪区行洪流量占设计流量的20%～40%，其行洪作用不可能全部靠采用挖河和退堤的工程措施代替，因此，在很长一段时期内，不可能将原有的行洪区全部取消。在满足淮河干流上中游河道的治理目标的同时，结合淮河干流河道整治，调整行洪区，扩大行洪能力，提高河道滩槽泄洪流量，减少行洪区及行洪区进洪机遇；建设有控制的标准较高、调度运用灵活的行洪区，保证运用及时有效，满足设计排洪的要求。

淮河干流行洪区调整的总体布局是：南润段、邱家湖行洪区改为蓄洪区；姜家湖、唐垛湖联圩建成有闸控制的姜唐湖行洪区（已建成）；上六坊堤、下六坊堤废弃还给河道；石姚段、洛河洼、方邱湖、临北段、香浮段、潘村洼行洪区改为防洪保护区；寿西湖、董峰湖、汤渔湖、荆山湖、花园湖改建为有闸控制的行洪区；鲍集圩作为洪泽湖滞洪区的一部分。

2. 进一步整治干流河道，提高行蓄洪区使用标准

进一步整治淮河中游河道，扩大滩槽泄洪流量，降低淮河干流水位，同时结合河道整治加高加固行蓄洪区堤防，提高行蓄洪区进洪控制水位，减少行蓄洪区进洪机遇。使王家坝—正阳关河道滩槽流量提高到 7000m^3/s，正阳关—涡河口提高到 8000m^3/s，涡河口以下提高到 10500m^3/s。同时在淮河干流设计洪水位下，洪河口—正阳关河道滩槽泄洪流量为 7400～9400m^3/s，正阳关—涡河口—洪山头河道滩槽泄洪流量为 10000～13000m^3/s，排洪更加通畅。

3. 加强行蓄洪区工程建设

重点加强行蓄洪区圩堤、隔堤、进退水闸建设，形成工程完善、分区合理、调控灵活、运用自如的行蓄洪区。增建排涝设施，改善行蓄洪区排涝条件，提高排涝标准，减轻涝灾的危害。

4. 加快移民迁建及安全设施建设

对于现生活在行蓄洪区的 200 多万人，重点解决群众的居住安全问题，把居住在低洼区和行洪范围内的群众迁移到保庄圩或安全区集中安置，做到行蓄洪时群众基本不撤退转移，鼓励区内群众搬迁到区外定居。

4.4 行蓄洪区调整方案研究

行蓄洪区的调整问题主要从三个方面开展研究：一是全部废弃还给河道；二是全部建成防洪保护区；三是针对行洪区具体情况适当调整。

行洪区若全部废弃还给河道，初步分析需铲除行洪区堤防 400 多 km，迁移人口 60 万人，挖压占地 120 万亩。该方案投资巨大，迁移人口数量大，60 万人的生产生活安置在流域内无法安排；行洪区内 120 万亩耕地将变成淮河滩地，按保产一季粮食估算，平均每年减产粮食约 6 亿 kg，将对国家的粮食安全产生较大影响，社会影响较大。因此，全部废弃行洪区还给河道，很难实现，是不可行的。

行洪区若全部建成防洪保护区，经初步分析，淮河干流河道设计泄洪能力正阳关—涡河口只有 7000～8000m^3/s、涡河口以下只有 10000m^3/s，河道设计流量将减少 2000～3000m^3/s，该方案淮河中游河道的泄流能力与 10 年一遇来水流量相近（1991 年洪水，正阳关、蚌埠最大流量分别为 7450m^3/s 和 7790m^3/s）。遇 1954 年洪水约有 95 亿 m^3 超额洪量，遇 100 年一遇洪水约有 115 亿 m^3 超额洪量无处安排。不

利用行洪区行洪，淮干调蓄洪水的能力丧失，将加快淮干洪水向洪泽湖汇集，加重淮河下游的防洪压力。因此，行蓄洪区全部保留建成防洪保护区方案很难实现，也是不可行的。

为解决行蓄洪区的问题，采取全部建成防洪保护区或全部废弃的方案均不现实，应针对各行洪区具体情况，采取有退有保、有平有留的方式进行调整，做到洪水出路较为通畅，人民安居乐业，实现人与自然的和谐。

4.4.1 行蓄洪区调整方案

1. 蓄洪区

淮河干流现有濛洼、城西湖、城东湖和瓦埠湖等4处蓄洪区，作用主要是适时适量分蓄洪水，削减洪峰，使淮河中游主要防洪保护区达到防洪标准。根据淮河流域防洪体系的安排，20年一遇洪水，蓄洪区需蓄洪37亿m^3；1954年洪水，蓄洪区需蓄洪70亿m^3；100年一遇洪水，蓄洪区需蓄洪81亿m^3。如淮河干流蓄洪区均不运用，遇20年一遇洪水，正阳关流量将超过10000m^3/s，因此，淮河流域蓄洪区的作用很大，必须保留。同时，城东湖、城西湖、瓦埠湖位于淠史杭灌区尾部，利用湖泊蓄水，积极发展周边城镇供水和对淠史杭灌区进行补水，解决淠史杭灌区水源不足和向灌区尾部输水线路长、损耗大保证率低的问题；枯水季节可向淮河生态补水，提高蓄洪区的综合利用效益。

2. 行洪区

针对淮河干流各段河道特征、行洪区特点和现有滩槽泄流能力，拟定行洪区切实可行的调整方案。对位于临淮岗洪水控制工程以上的行洪区保留库容改为蓄洪区；标准较低、居住人口较少的行洪区予以废弃还给河道；对部分面积较小、位于城市周边的行洪区通过采取堤防退建，开辟分洪道等措施改为防洪保护区；对库容较大、参与河道行洪作用较大的行洪区建闸控制行洪。

南润段行洪区位于临淮岗以上，启用概率较为频繁，目前区内群众已得到安置，使用时损失及影响小，而对岸的城西湖面积大、人口多，一旦使用损失较大。从2007年运用情况看，在淮河遭遇中等洪水时，启用南润段可有效降低淮河干流洪水位，减轻对岸城西湖的防洪压力。同时，南润段是临淮岗库区的一部分，为保留南润段的库容、提高启用标准，将其建闸改为蓄洪区。

邱家湖行洪区位于临淮岗以上，临淮岗洪水控制工程建成后，邱家湖行洪区失去了原有的行洪作用。为保留邱家湖的库容、提高启用标准将其建闸改为蓄洪区。

姜家湖、唐垛湖已联圩建成有闸控制的姜唐湖行洪区。

寿西湖、董峰湖研究了5组方案：方案一，寿西湖、董峰湖行洪区内开辟分洪道改为防洪保护区；方案二，寿西湖、董峰湖行洪区退堤后改为防洪保护区；方案三，寿西湖改为有闸控制的行洪区，董峰湖退堤后改为防洪保护区；方案四，寿西湖退堤后改为防洪保护区，董峰湖改为有闸控制的行洪区；方案五，寿西湖、董峰湖行洪区建闸改为有闸控制的行洪区。

方案一开辟分洪道后，打开了淮河干流中小洪水的通道，解放了寿西湖和董峰湖两个行洪区。虽然淮河干流主河道疏浚工程量最少，但是缺点较多：①投资大，土方工程量最大，工程占地数量也相对较大，需要生产安置人口多，土地调整困难；②两个行洪区的蓄洪功能全部丧失，对于洪水的削峰滞洪作用减弱；③开辟分洪道后，打乱了原有的交通和水系，对环境影响大。

方案二虽然通过寿西湖、董峰湖堤防退建，使得设计流量可全部由河道下泄，大大减轻了防汛压力，但是由于两行洪区退出面积大，寿西湖退出面积为19.1km²，董峰湖退出面积为10.9km²，不但迁移人口多，工程占地数量大，需要生产安置人口多，土地调整十分困难，投资也最大，而且寿西湖、董峰湖的蓄洪功能全部丧失，对于洪水削峰滞洪作用减弱；同时堤防退建后形成了很宽的滩地，使河道管理工作难度增大。

方案三虽然打开了峡山口至正阳关段堤距最为狭窄一段的通道，扩大了河道滩槽的过流能力，打开了董峰湖段淮河干流中小洪水的通道，减轻了防汛压力，但此方案使董峰湖退出面积10.9km²，迁移人口较多，工程占地数量相对较大，需要生产安置人口多，给土地调整带来了问题，且董峰湖行洪区蓄洪功能损失较大，对于洪水的削峰滞洪作用减弱。

方案四通过寿西湖堤防退建，打开了寿西湖段淮河干流中小洪水的通道，可较快降低正阳关水位，减轻了防汛压力，但寿西湖退出面积13.4km²，最大退距900m，工程投资较大，迁移人口较多，工程占地数量较大，需要生产安置人口较多，给土地调整带来了问题；寿西湖河段由于堤防退建形成了很宽的滩地，使河道管理工作难度增大；由于疏浚及切滩规模较大，河道演变情况较难把握。同时寿西湖行洪区蓄洪功能全部丧失，对于洪水的削峰滞洪作用减弱。

方案五虽然安全建设中需安置的人口较多，但与前四个方案相比，不但工程量最小、工程占地最少、投资最省，而且工程实施后，行洪区内土地可以照常耕种，生产安置难度小，对区内交通、水系和环境无大的影响，保留了两个行洪区蓄洪库容8.1亿m³，对于洪水有较大的削峰滞洪作用。通过兴建保庄圩和隔堤，为行洪通道内移民安置的顺利实施创造了条件。

经以上综合分析比较，推荐方案五。

上六坊堤、下六坊堤研究了5组方案：方案一，废弃上六坊堤行洪区，下六坊堤仍为行洪区，疏浚下六坊堤段北汊；方案二，上六坊堤和下六坊堤仍为行洪区，疏浚上六坊堤南汊、二道河、下六坊堤北汊河道；方案三，废弃上六坊堤行洪区、废弃下六坊堤废大堤以北，疏浚下六坊堤段北汊、下六坊堤废大堤以南改为防洪保护区；方案四，上六坊堤和下六坊堤仍为行洪区，行洪区部分铲堤、预留堤埂，汛期漫堤行洪，行洪区内土地不征用；方案五，废弃上六坊堤和下六坊堤行洪区。

方案一虽然工程投资较小，占地较少，生产安置人口较少、难度小，但是下六坊堤行洪区维持现状，中小洪水行洪区仍将启用，治理效果较差。

方案二工程占地、生产安置人口都较少，投资较小，但是此方案存在着很大的缺陷：①疏浚土方量最大，结合当地情况，不易布置弃土区；②此处河道为分汊河道，对其中一支河道进行疏浚后，河道的演变难以把握，还有可能引起未疏浚河道的萎缩，该方案的技术难度最大；③行洪区全部维持现状，中小洪水行洪区仍将启用，也是这个方案的致命弱点。

方案三虽兼顾了管理、防汛以及移民安置的要求，但工程投资最大，且下六坊堤行洪区位于新庄孜、李嘴孜煤矿采煤塌陷区，近两年的塌陷速度尤为迅速，下六坊堤废大堤以南部分已有5000余亩耕地塌陷，该方案的实际意义不大。

方案四尽管工程量、投资最小，工程占地最少，但没能从根本上解决行洪区的问题，治理效果不好，行洪流量难以得到保证，调整后，平均2年需进洪一次，每次行洪造成的社会影响大，财政负担重，与行蓄洪区调整的目标不一致。

方案五虽然工程投资较大，占地多，生产安置难度较大，但是行洪区全部废弃为河滩地后，扩大了中等洪水出路，治理效果最好，同时改善了生态环境，减轻防汛负担。

经以上综合分析比较，推荐方案五。

石姚段、洛河洼分别位于淮南市的上、下游，与对岸堤距仅500m，进洪机遇多。为扩大了排洪通道，兼顾城市发展，石姚段、洛河洼退出一部分面积，作为河滩地，保留的部分改为防洪保护区。

汤渔湖研究了3组方案：方案一，退堤后改为防洪保护区；方案二，退堤结合河道疏浚改为防洪保护区；方案三，改为有闸控制的行洪区。

方案一通过堤防退建，虽然打开了淮河干流此段中小洪水通道，使得设计流量可全由河道下泄，大大减轻了防汛压力。但是，行洪区退出面积21.5km^2，最大退距1800m，退出面积多，工程占地数量最大，迁移人口较多，工程投资较大，生产安置与土地调整困难。同时，汤渔湖蓄洪功能全部丧失，对淮河干流洪水的削峰滞洪作用减弱；堤防退建形成了很宽的滩地，使河道管理工作难度增大。

方案二通过堤防退建和河道疏浚，虽然扩大了河道滩槽的过流能力，打开了此段淮河干流中小洪水的通道，大大减轻了防汛压力，退出面积比方案一小，但是缺点多：①投资最大，工程占地数量也相对较大，需要生产安置人口多，给土地调整带来了问题；②堤防退建后，行洪区蓄洪功能损失较大，对淮河干流洪水的削峰滞洪作用减弱；③工程疏浚量大，河道进行疏浚后，河道的演变难以把握。

方案三不仅工程量较小，投资最省，占地最少，生产安置难度小，而且保留了行洪区蓄洪库容2.7亿m^3，对淮河干流洪水有削峰滞洪的作用，可有效降低淮南市的城市防洪压力，对交通、水系和环境无大的影响。缺点是需要安全转移的人口较多。

经以上综合分析比较，推荐方案三。

方邱湖、临北段研究了2组方案：方案一，在方邱湖内建隔堤，隔堤以北仍作为行洪区，隔堤以南改为防洪保护区，临北段退堤改为防洪保护区；方案二，在方邱湖行洪区内开辟分洪道并建闸控制改为防洪保护区，临北段退堤改为防洪保护区。

方案一尽管方邱湖行洪区区内土地可以照常耕种，对当地的交通和水系影响也较小，但因为方邱湖仍保留部分行洪区，严重制约了地方经济的发展，当地政府不支持，工程难以实施；该方案中，为避免行洪期人口临时转移，将行洪范围内人口全部搬迁，尤其是具有千年历史的长淮卫镇，商贸物流十分发达，基础设施也比较完备，一旦迁移将会造成极大的物质损失。

方案二移民安置和工程投资较小，移民拆迁仅在长淮镇的淮上村一处，可采用集中移民建镇的方式进行安置，有利于迁赔工作的开展，基本不改变群众的传统生活和生产习惯，有利于尽快恢复移民的生活水平，保证安置后移民的生活稳定，符合“以人为本”的指导思想和可持续发展的要求；建成防洪保护区，对当地经济社会发展将产生极大的促进作用，当地政府也对此方案持积极支持的态度，同时也能有效地保障京沪铁路的畅通。虽然开辟分洪道改变了当地的交通和排水条件，但可以通过增加交通桥、排水涵洞和工程管理设施，使上述问题得以妥善解决。

经以上综合分析比较，推荐方案二。

花园湖行洪区行洪流量、滞洪库容较大，保留为行洪区，建闸控制，既提高了启用标准，又运用灵活。

香浮段行洪区中部较窄，有朱顶岗卡在中部，使行洪区呈两头大中间小的形状，行洪效果不好，退建改为防洪保护区。

潘村洼、鲍集圩行洪区研究 3 组方案：方案一，开辟潘村洼分洪道，潘村洼改为防洪保护区、鲍集圩作为洪泽湖周边滞洪区；方案二，退建潘村洼、鲍集圩行洪区堤防改为防洪保护区；方案三，结合开辟冯铁营引河，潘村洼改为防洪保护区，鲍集圩作为洪泽湖周边滞洪区。

方案一不仅工程量、占地和投资等方面均较大，而且新开河道改变了当地的交通和排水条件，新开河道不能避开淮河干流入湖前的一个大弯道，不能解决淮河干流洪水就近入湖、加快洪水入洪泽湖的问题。

方案二研究了单纯的退堤方案，实际是以滩地的糙率来置换行洪区的糙率，但该方案中退堤占用耕地数量太大，移民拆迁量和工程投资也较其他方案不可比，所以该方案是不可取的。

方案三不仅工程量、占地和投资等方面都是最小的，而且工程区比较集中，影响范围小，河道开挖处人口、房屋稀少，便于弃土区的布置。同时开挖冯铁营引河可以缩短入湖洪水线路近 50km，减少由于淮河干流浮山以下河道倒比降带来的问题，能有效缓解淮河干流浮山以下河道的防洪压力。

经以上综合分析比较，推荐方案三。

4.4.2 行蓄洪区调整的实施效果

1. 大量减少行洪区数量

淮河干流行洪区原有 17 处，经调整后减少了 8 处行洪区，其余 9 处行洪区中 2

处改建为蓄洪区，6处改为有闸控制的行洪区，1处列入洪泽湖周边滞洪区。

2. 扩大了淮河干流行洪通道，提高排涝能力

淮河干流行蓄洪区调整，通过废弃和退堤共退还河道面积99km^2，淮河干流正阳关以下河段基本整理出宽1.0～1.5km的排洪通道，正阳关—涡河口段河道滩槽流量由现状的5000m^3/s提高到8000m^3/s，涡河口—洪山头段滩槽流量由现状的7200m^3/s提高到10500m^3/s，遭遇中小洪水时，淮河干流行蓄洪区的启用次数将大为减少；淮河干流的平槽流量王家坝—正阳关由现状1500m^3/s提高到1600m^3/s，正阳关—洪山头由现状的2500～3000m^3/s提高到3000～3700m^3/s。

3. 提高了行蓄洪区的启用标准

调整后行蓄洪区的启用标准将由现状的4～18年一遇提高到10～50年一遇，还有6处行洪区改为防洪保护区，在淮河干流设计泄洪标准内可不启用。兴建入海水道二期工程和三河越闸后，洪泽湖周边滞洪区分区运用，遇1954年洪水，不需要启用洪泽湖周边滞洪区；遇100年一遇洪水，控制洪泽湖最高水位14.5m时区滞洪总量仅约8.0亿m^3，使用滞洪一区部分地区蓄洪就可以满足洪水安排，不需组织群众撤退。

4. 增加了保护面积和人口

对行蓄洪区调整，通过将一部分行洪区改为防洪保护区和区内建保庄圩，增加了安全区的范围，共计增加保护面积480km^2，增加保护人口96万人（包括工程移民），改善了居住环境。

5. 防汛调度更加灵活、及时

行蓄洪区调整通过建行蓄洪区进、退水闸，使得防汛调度可以做到进洪及时、调度灵活。

6. 蓄洪、行洪效果好

行蓄洪区调整在通过建进、退水闸的同时，将行蓄洪区范围内的人口进行迁移安置，行蓄洪范围的房屋、附属设施和其他阻水设施将大为减少，能做到通畅行洪，蓄洪、行洪效果好。

7. 经济效益好

行蓄洪区调整后，多年平均减少淹没面积51km^2；石姚段、洛河洼、方邱湖等建成防洪保区后，区内耕地可转化为城镇建设用地；改善了区内生产、生活条件，加快了区内经济增长速度；多年平均综合效益为17亿元。

8. 社会效益大

通过淮河干流行蓄洪区的调整和安全建设，遇一般常遇洪水，在使用沿淮行蓄洪区蓄洪、行洪时，将不再需要临时转移大量人口，不仅能有效、及时地蓄洪、行洪，而且能大量减少灾民，减轻社会救助工作的难度和负担，社会、政治作用巨大。

4.5 各行蓄洪区的问题与对策研究

4.5.1 濛洼蓄洪区

4.5.1.1 概况

濛洼蓄洪区位于安徽省阜南县境内，淮河干流洪河口以下至南照集之间，南临淮河，北临濛河分洪道，汛期四面环水。区内一般地面高程为26.0～21.0m，地势由西南向东北倾斜。蓄洪区面积180.4km^2，耕地18.0万亩。区内居住人口16万人，分属国营阜濛农场和4个乡镇75个行政村。

濛洼蓄洪区以淮河左堤、濛河分洪道右堤，以及王家坝进洪闸和曹台子退水闸构成蓄洪堤圈，蓄洪圈堤总长94.3km。设计蓄洪水位27.8m、设计进洪流量1626m^3/s、设计退洪流量2000m^3/s，设计蓄洪库容7.50亿m^3。当王家坝水位达到29.3m且继续上涨时，视雨情、水情和工程情况，适时启用濛洼蓄洪。

濛洼蓄洪区自1952年建成以来，已有1954年、1956年、1960年、1968年、1969年、1971年、1975年、1982年（2次）、1983年、1991年（2次）、2003年（2次）、2007年等12年15次蓄洪。运用概率约5年一遇。

4.5.1.2 作用

分蓄淮河干流洪水，削减淮河干流洪峰流量，降低王家坝水位，减轻淮河中下游的防洪压力。临淮岗工程启用后，濛洼蓄洪区作为临淮岗库区的一部分。

淮河1991年、2003年、2007年发生洪水，濛洼均开闸进洪，分别拦蓄洪水6.9亿m^3、5.6亿m^3、2.5亿m^3，有效地蓄滞了淮河洪水，减轻了中下游的防洪压力。

4.5.1.3 存在的问题

启用标准低，进洪频繁；居住拥挤，人均庄台面积仅有15m^2；蓄洪时，庄台上居民饮水困难，浅层地下水中六价铬及氟等有害物质超标。

4.5.1.4 治理对策

区内现有人口16万人，居住在庄台和保庄圩内。为了改善区内群众居住和生活条件，区内现有庄台131座，台面面积250万m^2，安置5万人；现有5座保庄圩，总面积6.8km^2，安置6.8万人；其余人口结合城镇的发展建设进行移民建镇和区内建保庄圩安置。打深水井解决庄台居民的饮水问题。

从长远来看，区内庄台上的居民应结合移民建镇逐步迁出。区内耕地采取集约化农场（公司）经营，机械化耕种，部分人员通过培训后为公司职工，其余人员从事农产品深加工、养殖业或集市贸易。

濛洼蓄洪区启用标准较低，结合排涝，扩挖濛河分洪道，研究提高濛洼进洪控制水位的措施，减少濛洼进洪机遇。

4.5.2 城西湖蓄洪区

4.5.2.1 概况

城西湖蓄洪区是淮河中游最大的蓄洪区，位于淮河干流临淮岗至王截流段南岸，安徽省霍邱县境内，北临淮河，西北靠临王段洼地，东部有岗地与城东湖相隔，距正阳关约25km，西、南部为丘陵岗地并有沣河流入。全区地势南高北低，沿岗河堤将湖区分为湖心、湖周两部分，湖心地区地面高程为18.0～22.0m。城西湖蓄洪区面积517km^2，区内现有耕地41万亩，人口17万人，分属15个乡（镇）103个行政村，其中沿岗河以北蓄洪范围内人口11万人，沿岗河以南6万人。

城西湖蓄洪工程由王截流进洪闸、城西湖退水闸和城西湖圈堤组成。王截流进洪闸设计进洪流量6000m^3/s，城西湖设计蓄洪水位26.5m，设计蓄洪库容28.8亿m^3。当润河集水位超过27.7m或正阳关水位达26.5m时，视淮北大堤等重要工程情况，适时运用城西湖蓄洪。

城西湖蓄洪区自新中国成立以来分别于1950年、1954年、1968年和1991年4次蓄洪，其中1954年和1968年为破堤蓄洪，最高蓄洪水位分别为27.92m和27.66m。此外，1975年、1982年、1983年、2003年和2007年润河集水位已超过了当年城西湖规定的运用水位。运用概率约17年一遇。

4.5.2.2 作用

分蓄淮河干流洪水，削减淮河干流洪峰流量，降低正阳关水位，保护淮北大堤及淮南、蚌埠等城市的防洪安全。临淮岗工程启用后，城西湖蓄洪区作为临淮岗库区的一部分。

1991年大水中，城西湖7月11日开闸后，有效地分滞了淮河洪水，对避免淮河、淠河洪峰遭遇、减轻正阳关洪水压力，保证淮北大堤安全起到了很大的作用。

4.5.2.3 存在的问题

城西湖蓄洪区面积大、人口多，居住分散，安全设施不足，启用前组织转移工作难度大；随着区内经济的发展，固定资产增加很多，启用后经济损失及社会影响均较大，造成决策困难。

城西湖面积大，人口多，按目前的调度运用方案，大面积投入蓄洪，损失巨大。1991年大水，城西湖蓄洪5.2亿m^3，仅为设计蓄洪库容的1/6，水位仅为23.75m，城西湖沿岗河以北地区286km^{2}全部淹没，紧急转移10万多群众，造成直接经济损失达3.9亿元。

随着经济社会的发展、人口的增加，城西湖蓄洪区不断被无序开发，调蓄洪水能力逐渐降低，蓄洪区运用难度加大，保障淮河中下游防洪安全与区内发展的矛盾日益突出。

区内排涝标准不足5年一遇。生产圩防洪标准低，圩内排水设施年久失修，损坏严重。

4.5.2.4 治理对策

区内居住人口17万人，其中沿岗河以北居住11万人，沿岗河以南居住6万人。现有12座庄台，台顶总面积52万m^2，安置人口1万人；现有保庄圩，安置人口1万人；其余人口采取新建保庄圩或结合新农村建设，移民建镇进行安置。

从长远来看，区内耕地可以研究采取流转土地承包经营权，集约化农场（公司）经营，机械化耕种，部分人员通过培训后为公司职工，其余人员从事农产品深加工、养殖业或集市贸易。

为改善区内排涝条件，按5年一遇排涝标准增建、更新改造排涝站，增加装机容量，加固圩堤。

城西湖按目前的调度运用方案，大面积投入蓄洪，损失较大。根据城西湖的地形和现有堤防分布情况具有分区蓄洪的有利条件，沿岗河堤将蓄洪区分为沿岗河以南的沣河下游地区和沿岗河以北的湖心区，其中，军民隔堤将沿岗河堤以北地区分为两个区，即退垦还湖区和军民隔堤以北地区。

城西湖蓄洪区是淮河流域防洪体系的重要组成部分，分区运用涉及整个淮河干流洪水调度，需要结合流域防洪规划及临淮岗控制工程等其他工程的具体情况，进行分区运用专题研究。

4.5.3 城东湖蓄洪区

4.5.3.1 概况

城东湖蓄洪区位于淮河干流中游正阳关以上淮河南岸，安徽省霍邱县城东，汲河下游，来水面积2170km^2。蓄洪区面积380km^2，区内现有耕地25万亩，其中19.9m高程以下常年蓄水区面积140.0km^2，居住人口8万人，分属霍邱、六安两县（市）的11个乡（镇）92个行政村。

城东湖蓄洪工程由拦湖坝和城东湖闸组成。城东湖闸设计进洪流量1800m^3/s。城东湖设计蓄洪水位25.5m，相应蓄洪容量15.3亿m^3。当正阳关水位达到26.0～26.5m，或淮北大堤等重要工程出现严重险情时，适时运用城东湖控制正阳关水位。

城东湖蓄洪区自1953年建成以来，已分别于1954年、1956年、1968年、1975年、1991年和2003年6次进洪，进洪机遇约8年一遇。

4.5.3.2 作用

分蓄淮河干流洪水，削减淮河干流洪峰流量，降低正阳关水位，保护淮北大堤及淮南、蚌埠等城市防洪安全，减小淮河干流的防洪压力。

2003年大水，城东湖开闸蓄洪，滞蓄淮河洪水3.3亿m^3，有效地降低了淮河干流洪峰水位、削减了洪峰流量。

4.5.3.3 存在的问题

区内圩堤标准低，排涝能力不足。

4.5.3.4 治理对策

城东湖蓄洪区人口8万人，2003年大水后，设计蓄洪水位以下居住人口已基本

安置。

从长远来看，区内耕地可以研究采取流转土地承包经营权，集约化农场（公司）经营，机械化耕种，部分人员通过培训后为公司职工，其余人员从事农产品深加工、养殖业或集市贸易。

按5年一遇排涝标准新建、改建排涝站，增加装机容量、加固圩堤等。

4.5.4　瓦埠湖蓄洪区

4.5.4.1　概况

瓦埠湖蓄洪区是淮河中游面积最大的一个蓄洪区，位于正阳关至凤台之间淮河以南。瓦埠湖属于东淝河水系，流域面积4193km²。湖区面积776km²，湖内洼地现居住人口34万人，分属安徽省寿县、长丰县以及淮南市谢家集区和田家庵区的28个乡215个行政村。瓦埠湖常年蓄水位为18.0m，湖区村庄的地面高程多在22.0～25.0m之间。

瓦埠湖蓄洪工程由蓄洪堤和东淝闸组成。蓄洪堤长33km，将瓦埠湖与寿西湖隔开。东淝闸设计进洪流量1500m³/s，设计排洪流量1180m³/s。瓦埠湖蓄洪区设计蓄洪水位22.0m，设计蓄洪量11.5亿m³。当濛洼、城东湖、城西湖蓄洪后，正阳关水位仍超过26.5m，威胁淮北大堤及淮南城市圈堤安全时，运用瓦埠湖蓄洪。

瓦埠湖蓄洪区自建成以来，仅1954年使用过一次，但1956年、1965年、1980年、1982年、1991年、2003年和2007年湖内水位均超过22.0m的设计蓄洪水位，其中1991年湖内最高水位24.46m。

4.5.4.2　作用

分蓄淮河干流洪水，削减淮河干流洪峰流量，降低淮河干流水位，保护淮北大堤及淮南、蚌埠等城市防洪安全，减小淮河干流的防洪压力。

4.5.4.3　存在的问题

瓦埠湖蓄洪区人口多，安全设施少，群众撤退转移困难。

瓦埠湖内水大，汛期又受淮水顶托，湖边滨湖地区内涝严重，内水占用了大部分蓄洪库容，1991年、2003年、2007年汛期基本为内水蓄满，完全失去了蓄洪作用。

瓦埠湖出口过流能力偏小，圩堤防洪标准较低，圩区排涝标准低，河道淤积严重。

4.5.4.4　治理对策

瓦埠湖蓄洪区2003年大水后，设计蓄洪水位22.0m以下人口已通过外迁和迁入保庄圩基本得到安置。

由于瓦埠湖内水大，1991年湖内最高水位达24.46m，居住在24.46m以下人口有34万人。现有保庄圩7座，总面积78km²，安置10万人；新建罗塘保庄圩，安置2万人；其余22万人主要分布在湖区东北侧、东南侧、西南侧周边及陶店保庄圩北侧的次高地上，淹没水深 0.5～1.0m，这部分人口以撤退转移为主，主要撤向八公山、已建的保庄圩或就近撤入南部、东部的高地。

为改善区内排涝条件，减轻湖边滨湖地区内涝，按 5 年一遇排涝标准新建、重建排涝站，加固内河堤防，疏浚排水河道。

为了解决汛期内水大量占用蓄洪容量的问题，需要研究沿湖周 24～25m 等高线挖排水河道，筑蓄洪堤，适当保留湖区面积，湖区以外流域面上产流汇入截岗河后直接排入淮河。同时，适当提高设计蓄水位，增加蓄洪库容。

4.5.5 南润段行洪区

4.5.5.1 概况

南润段行洪区位于正阳关以上淮河干流左岸安徽省颍上县南照集至润河集之间，南临淮河，北靠岗丘。区内地面高程 21.0～23.5m。1995 年实施行洪堤退建后，与对岸城西湖蓄洪堤堤距为 1.5～2.0km。湖区现有面积 11km^2，耕地 1.2 万亩，人口 1 万人，分属南照、润河两镇的 13 个行政村。南润段行洪堤堤顶高程 27.7～29.0m，长 11.5km；采用口门方式行洪，设计行洪水位为南照集 27.9m。

南润段行洪区自 1954 年以来，分别于 1954 年、1956 年、1960 年、1962 年、1963 年、1968 年、1969 年、1975 年、1977 年、1980 年、1982 年、1983 年、1991 年和 2007 年进洪 14 次。运用概率约 6 年一遇。

4.5.5.2 作用

降低淮河干流水位和城西湖的使用机遇，临淮岗洪水控制工程启用时，作为临淮岗库区的一部分。

4.5.5.3 存在的问题

进洪频繁，无进、退洪控制设施；庄台上居住拥挤，生活环境差。

4.5.5.4 治理对策

南润段行洪区改为蓄洪区，建进（退）洪闸。调整运用方式，当王截流水位超过 28.1m 或正阳关水位超过 26.5m 时，先于城西湖进洪。

南润段区内现有人口 1 万人，全部居住在庄台上。台面面积 23 万 m^2。为了改善群众的居住和生活条件，庄台安置 0.4 万人，其余人口拟通过移民建镇逐步外迁。

4.5.6 邱家湖行洪区

4.5.6.1 概况

邱家湖行洪区位于淮河左岸，安徽省颍上县境内。湖内地面高程 18.5～22.0m。邱家湖行洪区面积 37.0km^2，其中古城保庄圩 6.94km^2，岗庙保庄圩 3.64km^2。耕地面积 3.7 万亩。人口 2.7 万人，分属半岗、关屯 2 个乡（镇）的 21 行政村。

自 1950 年建成以来，分别于 1950 年、1954 年、1955 年、1956 年、1960 年、1963 年、1964 年、1968 年、1969 年、1975 年、1982 年、1983 年、1984 年、1991

年、2003年和2007年共进洪16次。进洪机遇约4年一遇。

4.5.6.2 作用

削减淮河干流洪峰流量，降低正阳关水位，减轻下游淮北大堤的防洪压力。临淮岗洪水控制工程启用时作为临淮岗库区的一部分。

4.5.6.3 存在的问题

进洪频繁，无进、退洪控制设施；庄台面积小，群众居住拥挤。

4.5.6.4 治理对策

临淮岗洪水控制工程建成后，邱家湖失去了原有的行洪作用，因此将何家圩与邱家湖联圩改建成邱家湖蓄洪区，建进（退）洪闸。调整运用方式，当王截流水位超过28.1m或正阳关水位将超过26.5m时，先于姜唐湖进洪。

4.5.7 姜唐湖行洪区

4.5.7.1 概况

姜家湖和唐垛湖是淮河干流正阳关以上两个低标准行洪区，2004年联圩后改建成姜唐湖行洪区。

姜家湖行洪区位于淮河南岸，属霍邱县姜家湖乡，1958—1961年临淮岗工程实施时，开挖了临淮岗引河，使姜家湖四面临河，临淮岗主坝将姜家湖分为上、下两部分，坝上称何家圩，坝下称姜家湖。1987年姜家湖行洪堤退建工程完成后，行洪区总面积47.6km²，其中坝下面积41.2km²，耕地5万亩，湖区地面高程18.5～20.0m，湖内人口2.2万人，居住在庄台和临淮岗大坝上。姜家湖行洪区1950—2007年已进洪16次，进洪机遇约4年一遇。

唐垛湖行洪区位于淮河和颍河的交汇处，东、南、西三面临水，隶属颍上县，1987—1989年行洪堤退建工程完成后，行洪区总面积67.3km²，耕地8.3万亩，湖区地面高程18.5～22.5m，湖内人口2.1万人，其中庄台上居住0.8万人，另有0.1万人居住在金孟圈堤上，其余居住在行洪区西北部岗坡上的垂岗集附近。唐垛湖行洪区自1965年建成以来已进洪14次，进洪机遇为4年一遇。

联圩后姜唐湖行洪区总面积146km²，耕地12万亩。湖内有霍邱县姜家湖乡的6个行政村，颍上县垂岗、王岗、赛涧3个乡（镇）14个行政村，总人口10万人，其中霍邱县1万人，颍上县9万人。

姜唐湖行洪区，建有姜唐湖进洪闸、退洪闸控制行洪，设计行洪流量2400m³/s，设计蓄洪水位26.5m，相应蓄洪库容7.6亿m³。控制运用方式为：①王截流水位超过28.1m时，先于城西湖进洪；②当临淮岗坝上水位达27.0m，且有继续上涨趋势时；③正阳关水位将超过26.5m时，先于城西湖进洪。

4.5.7.2 作用

削减淮河干流洪峰流量，降低正阳关水位，减轻淮河干流上游和沙颍河、淠河洪水对淮河中游的防洪压力，保护淮北大堤安全。同时，作为淮河行洪通道的一部分，设计行洪流量 2400m³/s。

4.5.7.3 存在的问题

庄台上居住拥挤，生活环境差；部分排涝站排涝能力不足。

4.5.7.4 治理对策

区内现有人口 10 万人，其中 8 万人居住在王岗、庙台和垂岗保庄圩，2 万人居住在庄台上，庄台总面积 40.5 万 m^2，人均面积仅 $20m^2$，比较拥挤。按人均 $50m^2$ 的标准，庄台可留居 0.8 万人，其余人口就近迁入现有的王岗、庙台和垂岗保庄圩安置。

为改善区内排涝条件，按 5 年一遇排涝标准新建、改建排涝站。

4.5.8 寿西湖行洪区

4.5.8.1 概况

寿西湖行洪区位于正阳关和寿县之间的淮河右岸。北有寿西淮堤，南有牛尾岗堤将寿西湖与瓦埠湖分隔。区内地面高程一般为 17.0～22.0m，西部及南部岗地高程为 22.0～26.0m。1999 年实施了行洪堤退建工程，区内现有面积为 $162km^2$，耕地 14 万亩，人口 8 万人，分属寿西湖农场及寿县 5 个乡镇的 42 个行政村。采用口门方式行洪，设计行洪水位为黑泥沟 25.90m。

寿西湖行洪区分别于 1950 年、1954 年进洪 2 次。1968 年、1982 年、1991 年、2003 年、2007 年黑泥沟水位已超过了寿西湖的运用水位，但考虑到绝大部分群众居住在洼地内，运用损失大，群众撤退困难等实际情况而未用，进洪机遇约 15 年一遇。

4.5.8.2 作用

削减淮河干流洪峰流量，降低正阳关水位，减轻淮北大堤的防洪压力。作为淮河行洪通道的一部分，行洪流量 2800m³/s。

4.5.8.3 存在的问题

区内人口多，绝大部分人口居住在洼地内，启用困难；行洪区没有进洪、退洪控制工程，行洪效果差。

4.5.8.4 治理对策

为了既保证寿西湖的行洪功能，又能使在启用时撤退和影响的人口少，运用方便、灵活，拟建寿西湖隔堤，将寿西湖分为南北两部分，南部建成防洪保护区，面积 $42km^2$，隔堤以北部分仍作为行洪通道，区内人口逐步迁入南部防洪保护区安置。建进、退水闸控制行洪，设计流量均为 2500m³/s。

寿西湖行洪区现有人口 8 万人，区内庄台总面积 23 万 m^2，安置 0.4 万人；靠近淮河堤侧的 2 万人建菱角保庄圩安置；其余 5.6 万人安置在隔堤以南保护区。

4.5.9 董峰湖行洪区

4.5.9.1 概况

董峰湖行洪区位于焦岗闸和峡山口之间的淮河左岸。1983 年实施了行洪堤退建

工程并圈筑董岗保庄圩。董峰湖行洪区地面高程20.0～23.5m，行洪区面积$40km^2$，耕地4.9万亩，人口1.6万人，分属淮南、凤台4个乡（镇）的19个行政村及董峰湖农场2个分场。董峰湖行洪区行洪方式为口门行洪，设计行洪水位为焦岗闸24.60m。

董峰湖行洪区分别于1950年、1954年、1956年、1968年、1975年、1982年、1983年、1991年、1996年9年行洪，进洪机遇约5年一遇。另外，2003年汛期实际洪水位已超过行洪水位。

4.5.9.2 作用

削减淮河干流洪峰流量，降低正阳关水位，减轻淮北大堤的防洪压力。作为淮河行洪通道的一部分，行洪流量为$2500m^3/s$。

4.5.9.3 存在的问题

启用标准低，进洪频繁；庄台上居住拥挤，人均居住面积仅$13m^2$；没有进洪、退洪控制工程，行洪效果差；行洪区堤防与对岸的寿西湖行洪堤堤距仅450m，中等洪水时束水严重。

排涝泵站建设年代较早，设备老化，年久失修。

4.5.9.4 治理对策

退建董峰湖堤防，与对岸寿西湖行洪区堤防堤距扩展到1000m，解决中等洪水时束水严重的问题，减轻防汛压力。建进、退洪闸控制行洪，设计流量均为$2600m^3/s$。

董峰湖行洪区人口1.6万人，现有董岗保庄圩面积$1.8km^2$，居住人口0.8万人；区内现有4座庄台，台面面积10万m^2，现居有人口0.8万人，根据安置标准，仅能居住0.2万人，其余0.6万人迁移入董岗保庄圩或结合移民建镇逐步迁往毛集区。

为改善区内排涝条件，按5年一遇排涝标准扩建、重建排涝站。

4.5.10 上、下六坊堤行洪区

4.5.10.1 概况

上、下六坊堤行洪区属安徽省淮南市，位于淮河河道当中。地面高程18.5～21.0m左右。

上六坊堤行洪区面积为$9km^2$，耕地1万亩，区内无人居住。行洪堤长19.2km，堤顶高程25.0～24.1m，顶宽4m。上六坊堤行洪区共进洪12次，行洪机遇约4年一遇。

下六坊堤行洪区面积$19km^2$，耕地2.1万亩，区内现有人口0.2万人。行洪区行洪堤长22.8km，堤顶高程24.1～26.4m。1958年实施二道河工程，在下六坊堤内筑有废大堤一道，堤长6.0km，顶宽10m，顶高程27.0m。下六坊堤行洪区共进洪12次，行洪机遇约4年一遇。

上、下六坊堤行洪区行洪方式为口门行洪，设计行洪水位为凤台23.90m。

4.5.10.2 作用

作为淮河行洪通道的一部分，行洪流量2800～$3000m^3/s$。

4.5.10.3 存在的问题

启用标准低，进洪频繁；上、下六坊堤行洪区位于河道中间，对淮河干流行洪十分不利。

4.5.10.4 治理对策

废弃上、下六坊堤，将灯草窝生产圩和上、下六坊堤阻水堤防铲至地面高程，铲除行洪堤范围内的阻水建筑物。

下六坊堤行洪区内居住人口0.2万人外迁安置。

上、下六坊堤废弃后，约3万亩河滩地可以利用，需进行土地利用问题研究。

4.5.11 石姚段行洪区

4.5.11.1 概况

石姚段行洪区位于淮河右岸，隶属安徽省淮南市，区内地面高程17.0～19.0m。行洪区面积21km^2，耕地2.7万亩，人口0.70万人。行洪堤长11.4km，堤顶高程25.5～23.8m。行洪方式为口门行洪，设计行洪水位为田家庵23.20m。

石姚段行洪区分别于1950年、1954年、1956年、1963年、1975年、1982年、1991年、2003年和2007年行洪9次，行洪机遇约6年一遇。

4.5.11.2 作用

削减淮河干流洪峰流量，降低淮河干流水位，减轻淮北大堤及淮南城市的防洪压力。作为淮河行洪通道的一部分，行洪流量为1900m^3/s。

4.5.11.3 存在的问题

启用标准低，进洪频繁，行洪效果差；行洪区与对岸淮北大堤堤距仅500m，中等洪水束水严重，上、下六坊堤废弃后，石姚段河段就成了淮河的阻水瓶颈；堤身单薄，堤外无滩地，堤坡坍塌。

4.5.11.4 治理对策

石姚段行洪区面积较小且靠近淮南市，将行洪区退出一部分作为河滩地，保留部分建成防洪保护区。

建成防洪保护区后，设计标准内洪水不进洪，区内群众安全有保障。

4.5.12 洛河洼行洪区

4.5.12.1 概况

洛河洼行洪区位于淮河右岸，隶属安徽省淮南市，行洪区面积20km^2，耕地2.5万亩，行洪区内无人居住，地面高程16.5～20.5m。行洪堤长14.1km，堤顶高程23.9～23.3m。行洪方式为口门行洪，设计行洪水位为田家庵22.50m，设计行洪流量600m^3/s。

洛河洼行洪区自1960年建成后，分别于1963年、1964年、1968年、1975年、1982年、1991年、2003年、2007年共行洪8次，行洪机遇约5年一遇。

4.5.12.2 作用

削减淮河干流洪峰流量，降低淮河干流水位，减轻淮北大堤及淮南城市的防洪压力。作为淮河行洪通道的一部分，行洪流量为 $600m^3/s$。

4.5.12.3 存在的问题

启用标准低，进洪频繁，行洪效果差；沿淮行洪堤处于河道凹岸，迎水侧堤外无滩地，威胁堤身安全。

4.5.12.4 治理对策

洛河洼行洪区面积较小且靠近淮南市，拟将行洪区退出一部分作为河滩地，保留的部分建成防洪保护区。

4.5.13 汤渔湖行洪区

4.5.13.1 概况

汤渔湖行洪区位于淮河左岸，与淮南市仅一河之隔，行洪区总面积 $73km^2$，耕地7.5万亩，地面高程一般为16～18m，分属淮南市潘集区和蚌埠市怀远县，区内共有3个乡31个行政村，人口5.3万人。行洪堤长24.26km，堤顶高程25.85～25.15m。行洪方式为口门行洪，设计行洪水位为田家庵24.25m。

4.5.13.2 作用

削减淮河干流洪峰流量，降低淮河干流水位，减轻淮北大堤的防洪压力。作为淮河行洪通道的一部分，行洪流量的 $3500m^3/s$。

4.5.13.3 存在的问题

居住人口多，安全设施少，启用困难；无进洪、退洪控制工程，行洪效果差；沿堤长期居住着1万多群众，使堤防遭受严重破坏，防汛抢险难度大；尹家沟段河道弯曲，行洪堤与对岸仅500m，中等洪水束水严重。行洪区内庄台居住拥挤，人均居住面积 $16.5m^2$。

汤渔湖内现有汤渔湖站、柳沟站、南湖站3座排涝站，设备陈旧老化，年久失修。

4.5.13.4 治理对策

汤渔湖行洪区滞洪库容大，行洪流量大，仍作为行洪区。局部退建束水段堤防，使两堤之间距离最小达到1000m；建进、退水闸控制行洪，设计流量均为 $3500m^3/s$。

汤渔湖行洪区内人口5.3万人，区内现有2座庄台，面积9万 m^2，现居住0.5万人，人均居住面积 $16.5m^2$。按人均 $50m^2$ 的标准，庄台可居住0.2万人，其余人口拟建保庄圩或外迁安置。

为改善区内排涝条件，按5年一遇排涝标准改建、重建排涝站。

4.5.14 荆山湖行洪区

4.5.14.1 概况

荆山湖行洪区位于淮河左岸，属安徽省怀远县。西南与汤渔湖行洪区相邻，东北临茨淮新河入淮河处，为东西宽约 4km，南北长约 19km 的狭长洼地。区内地势平坦，地面高程一般为 17.5m。行洪区面积 72km²，耕地 8.6 万亩，现居住人口 0.7 万人。区内共有 2 个乡 18 个行政村。荆山湖行洪堤长 29.8km，堤顶高程 23.7～22.8m。

2003 年灾后重建，在荆山湖进口建进洪闸 1 座，荆山湖下口建退洪闸 1 座，设计流量均为 3500m³/s。

运用方式：当田家庵水位 23.15m 时，荆山湖行洪区开闸进洪，蓄满后行洪。

荆山湖行洪区自 1950 年以来，分别于 1950 年、1954 年、1956 年、1975 年、1982 年、1991 年、2003 年、2007 年行洪 8 次，行洪机遇约 8 年一遇。

4.5.14.2 作用

削减淮河干流洪峰流量，降低蚌埠水位，减轻淮北大堤及蚌埠城市的防洪压力。作为淮河行洪通道的一部分，行洪流量为 3500m³/s。

4.5.14.3 存在的问题

庄台上居住拥挤，人均面积不足 25m²；区内排涝标准低，排涝设施老化，年久失修。

4.5.14.4 治理对策

荆山湖行洪区内人口 0.7 万人，区内现有 10 座庄台，面积 14 万 m²，居住 0.61 万人，庄台人均居住面积 23.6m²。现有庄台可安置居住人口 0.3 万人，其余 0.4 万人逐步迁入淮北大堤内安置。从长远考虑庄台居住人口应结合移民建镇和新农村建设逐步安排迁出。

为改善区内排涝条件，按 5 年一遇排涝标准新建、改建排涝站。

4.5.15 方邱湖行洪区

4.5.15.1 概况

方邱湖行洪区位于淮河南岸，在曹山与临淮关之间，南靠岗地。湖内地面高程一般为 19.0～22.0m。行洪区面积 77km²，耕地 8.4 万亩，人口 5.8 万人，分属蚌埠市、凤阳县 4 个乡（镇）的 35 个行政村及方邱湖农场。行洪堤长 29.81km，堤顶高程 22.8～21.4m。方邱湖行洪区采用口门方式行洪，设计行洪水位为吴家渡 21.60m。

1950 年、1954 年、1956 年进洪 3 次，进洪机遇约 15 年一遇。

1991 年、2003 年和 2007 年汛期实际洪水位已超过设计行洪水位，但都未启用。

4.5.15.2 作用

削减淮河干流洪峰流量，降低蚌埠水位，减轻淮北大堤及蚌埠城市的防洪压力。作为淮河行洪通道的一部分，行洪流量为 2500m³/s。

4.5.15.3 存在的问题

区内居住人口众多，启用困难；无进洪、退洪控制工程，行洪效果差；行洪区紧靠蚌埠城区，经济发展迅速，一旦行洪，损失巨大。

4.5.15.4 治理对策

方邱湖行洪区紧邻蚌埠市区，区内人口众多，行洪损失大。拟通过区内开辟分

洪道，改建为防洪保护区。

建成防洪保护区后，设计标准内洪水不进洪，区内群众安全有保障。

4.5.16 临北段行洪区

4.5.16.1 概况

临北段行洪区位于淮河北岸，北淝河口的陈巷子与郭府之间，属安徽省五河县。20世纪90年代初实施了临北缕堤退建工程。区内地面高程为16.5～19.5m。行洪区面积28km^2，耕地3.0万亩，人口1.9万人，分属2个乡（镇）的15个行政村。临北段行洪堤长19.6km，堤顶高程22.2～21.6m。临北段行洪区采用口门方式行洪，设计行洪水位为临淮关19.90m。

临北段行洪区自1955年建成以来从未行过洪，但1956年、1963年、1968年、1975年、1982年、1991年、2003年和2007年临淮关水位超过设计行洪水位，行洪区准备行洪，群众撤退转移。临北段行洪机遇约15年一遇。

4.5.16.2 作用

削减淮河干流洪峰流量，降低淮河干流水位，减轻淮北大堤的防洪压力。作为淮河行洪通道的一部分，行洪流量为2100m^3/s。

4.5.16.3 存在的问题

区内人口多居住在洼地，安全设施不足，启用困难，行洪效果差；安全设施不足；区内排涝标准低，泵站年久失修、设备老化。

4.5.16.4 治理对策

区内人口多，行洪损失大。拟将行洪区退出一部分作为河滩地，保留部分建成防洪保护区。

建成防洪保护区后，设计标准内洪水不进洪，区内群众安全有保障。

为改善区内排涝条件，按5年一遇排涝标准扩建、重建排涝站。

4.5.17 花园湖行洪区

4.5.17.1 概况

花园湖行洪区位于淮河南岸临淮关至小溪集之间，承纳小溪河和板桥河来水，集水面积872km^2，区内地面高程16.0～18.0m，行洪区总面积218km^2，常年蓄水面积82km^2，耕地16万亩，区内人口8.8万人，分属凤阳、明光、五河三县（市）的5个乡49个行政村和方邱湖农场的花园湖分场。花园湖行洪区行洪方式为口门行洪，设计行洪水位为临淮关19.90m。

花园湖行洪区分别于1950年、1954年和1956年行洪3次。1991年和2003年淮河干流临淮关最高水位分别为20.79m和20.95m，超行洪水位0.89m和1.05m。花园湖行洪机遇约16年一遇。

4.5.17.2 作用

削减淮河干流洪峰流量，降低浮山水位，减轻淮北大堤的防洪压力。作为淮河行洪通道的一部分，行洪流量为 5100m^3/s。

4.5.17.3 存在的问题

区内人口多居住在洼地，安全设施不足，启用困难；无进洪、退洪控制工程，行洪效果差；安全设施不足；花园湖排涝闸规模不足，无外排泵站，沿湖小圩较多，排涝标准低，桥涵和排水配套工程不完善。

4.5.17.4 治理对策

花园湖行洪区是淮河中游最大的行洪区，行洪、滞洪作用大，仍保留为行洪区。退建局部行洪堤，建进、退洪闸控制行洪，设计流量均为 3500m^3/s。

花园湖行洪区人口 8.8 万人，2003 年大水后，移民 0.8 万人；拟在淮河侧建黄湾、枣巷保庄圩，面积分别为 3.1km^2 和 12.4km^2，安置 4 万人；其余 4 万人后迁至安全地带。

为改善区内排涝条件，按 5 年一遇排涝标准扩建、重建排涝站。

4.5.18 香浮段行洪区

4.5.18.1 概况

香浮段行洪区位于淮河右岸，北临淮河，南靠岗地，由香庙向东至浮山之间的沿淮洼地组成，以朱顶为界，西为井头洼地，东为柳沟湖，南部岗冲建有樵子涧水库。区内地面高程大多为 16.0～19.0m，地势四周高，中心低。行洪区面积 44km^2，耕地 5.8 万亩，人口 2.4 万人，属五河县朱顶乡 17 个行政村，另有小部分在明光市境内，群众大都居住在南部岗地或行洪堤附近。香浮段行洪区采用口门方式行洪，设计行洪水位为五河 18.60m。

香浮段行洪区分别于 1950 年、1954 年、1956 年 3 次行洪。1991 年五河最高水位 19.03m，超过规定行洪水位 0.43m，行洪区未行洪，1996 年、2003 年和 2007 年也均超过规定行洪水位，虽没有启用行洪，但进行了撤退转移。香浮段行洪区运用概率约 17 年一遇。

4.5.18.2 作用

削减淮河干流洪峰流量，降低浮山水位，减轻淮北大堤的防洪压力。作为淮河行洪通道的一部分，行洪流量为 3100～2300m^3/s。

4.5.18.3 存在的问题

区内人口多居住在洼地，安全设施不足，启用困难；行洪区中部较窄，有朱顶岗向淮河伸出，行洪效果差；香浮段行洪堤部分堤段紧靠河岸，与对岸淮北大堤堤距仅 600m 左右，中等洪水时，束水严重。

4.5.18.4 治理对策

退建两段凸出部分的堤防，改建为防洪保护区。建成防洪保护区后，设计标准内洪水不进洪，区内群众安全有保障。

4.5.19 潘村洼行洪区

4.5.19.1 概况

潘村洼行洪区位于淮河中游尾闾，为安徽省淮河干流最后一个行洪区，属明光市。行洪区的东部和北部为沿淮行洪堤，西以护岗河与岗地分界，南部有女山湖和七里湖。潘村洼行洪区包括东西涧圩、潘村湖和安淮圩三部分，总面积 165km²，耕地 17 万亩。行洪区涉及明光市的 4 个乡（镇）44 个行政村以及国营潘村湖农场，区内人口 5.5 万人。行洪堤总长 52.7km，现状堤顶高程 17.0～19.0m，顶宽 6m 左右。潘村洼行洪区采用口门方式行洪，设计行洪水位为浮山 18.10m。

1950 年和 1954 年进洪，1991 年浮山水位为 18.55m，2003 年浮山洪水位为 18.47m，均已超过设计行洪水位，未行洪，运用概率约 18 年一遇。

4.5.19.2 作用

削减淮河干流洪峰流量，降低浮山水位，减轻淮北大堤的防洪压力。作为淮河行洪通道的一部分，行洪流量为 5300m³/s。

4.5.19.3 存在的问题

居住人口多，且大部分居住在洼地里，安全设施少，启用困难；行洪效果差；区内部分排涝泵站年久失修，排涝标准低。

4.5.19.4 治理对策

结合开辟冯铁营引河，改建为潘村洼防洪保护区。建成防洪保护区后，设计标准内洪水不进洪，区内群众安全有保障。为改善区内排涝条件，按 5 年一遇排涝标准扩建、重建排涝站。

4.5.20 鲍集圩行洪区

4.5.20.1 概况

鲍集圩行洪区地处淮河干流苏皖边界，江苏省盱眙县境内，南北长 12～25km，东西宽 24～26km，东北高西南低，最高地面高程 17.85m，最低高程 11.35m。20 世纪 90 年代中期以后列入淮河干流行洪区。行洪区面积 153km²，耕地 12 万亩，区内居住人口 4.4 万人。分属 4 个乡（镇）的 62 个行政村。行洪堤总长 53.4km。

鲍集圩行洪区行洪方式为口门行洪，上口门设在新迁段行洪堤上，宽 1000m；中口门设计在河洪段行洪堤上，宽 1000m；下口门设在淮河乡入斗湖处，宽 1000m。设计行洪水位为浮山 18.10m。

该行洪区曾于 1954 年行洪一次，行洪机遇约 18 年一遇。

4.5.20.2 作用

削减淮河干流洪峰流量，降低浮山水位，减轻淮北大堤的防洪压力。作为淮河行洪通道的一部分，行洪流量为 1300～1200m³/s。

4.5.20.3 存在的问题

鲍集圩居住人口多，安全设施不足，启用困难；行洪效果差；现有排涝站设计出水位较低，遇中高洪水泵站不能排涝，且排涝设施建设年代久远、设备老化、破损严重。

4.5.20.4 治理对策

鲍集圩行洪区滞洪库容较大，紧靠洪泽湖，若建成防洪保护区将增加洪泽湖入湖洪量，增大洪泽湖防洪压力。拟结合开辟冯铁营引河，将其作为洪泽湖周边滞洪区的一部分，发挥蓄洪作用，提高防洪标准。

鲍集圩行洪区人口4.4万人，现有安全区可安置1.8万人，其余居住在次高地的群众采取撤退转移措施。

为改善区内排涝条件，按5年一遇排涝标准，改建、新建排涝泵站及排涝闸。

4.5.21 洪泽湖周边滞洪区

4.5.21.1 概况

洪泽湖周边滞洪区位于洪泽湖大堤以西，废黄河以南，泗洪县西南高地以东，以及盱眙县的沿湖、沿淮地区。滞洪区总面积1515km^2（洪泽湖设计水位16.0m时），滞洪库容为30亿m^3，人口83万人，涉及江苏省宿迁、淮安两市的泗洪、泗阳、宿城、盱眙、洪泽、淮阴六个县（区）及省属洪泽湖、三河两个农场，共49个乡镇，耕地121万亩。其中地面高程在15.0m以下的低洼地称为洪泽湖周边洼地，大部分已圈圩封闭，高程15.0m以上地区为岗、坡地，基本未封闭圈圩。

为安置蓄水移民及兴办周边挡洪堤等蓄洪垦殖工程，20世纪50年代，进行了圈圩工程，沿地面高程12.5m等高线筑堤，现状389个圩区有303个圩区是在这段时期形成的，总面积899km^2；20世纪六七十年代，遭遇1966年、1978年大旱，沿湖群众在12.5m以下，从利用湖滩地种一些麦子，逐步发展为圈圩扩垦，共围垦圩区58个，面积约176km^2；80年代中后期，沿湖大开发，应用联合国粮农组织基金，又在堤圈线外进行部分开发圈圩，共围垦圩区28个，面积约27km^2。到2010年为止，洪泽湖周边地区共圈圩389个（居住在圩区内的人口约有35.2万人），总面积约1102km^2，其中高程在12.5m以下的圩区有91个，人口2.6万人，面积约211km^2。

洪泽湖周边滞洪区形成年代情况见表4.5-1。

表4.5-1 洪泽湖周边滞洪区形成年代情况

时间	不同年代圈圩数量/个	圩区面积/km^2
20世纪60年代前	303	899
20世纪六七十年代	58	176
20世纪80年代	28	27
合计	389	1102

洪泽湖周边地区以农业、渔业经济为主，乡镇工业起步较晚，规模较小、效益差。农作物主要有水稻、三麦、玉米、大豆等，经济作物主要有花生、棉花、油菜

等。渔业经济成为周边地区的重要经济来源，围网、围栏养殖较为发达；精养鱼池、水生植物等都给地方经济带来了很大收益。周边地区由“水落随人种，水涨随水淹”的自然状态发展到具有一定规模的高产、稳产农业及渔业经济。区内淮安市的洪泽县、淮阴区盐、硝矿业及相关化工产业发展迅猛。

洪泽湖周边滞洪区运用方式为：当洪泽湖蒋坝水位达到 14.50m 且继续上涨时，滨湖圩区破圩滞洪。

4.5.21.2 作用

滞蓄淮河洪水，保护洪泽湖大堤及下游地区防洪安全。

洪泽湖周边滞洪区是淮河流域防洪体系的重要组成部分，是设计标准内的滞洪区。

4.5.21.3 存在的问题

按照淮河洪水调度方案，一旦洪泽湖水位达到 14.50m，洪泽湖周边滞洪区需要蓄洪，设计洪水位以下人口有 83 万人，防洪安全建设严重滞后，启用相当困难；启用后，人民生命财产难以得到保障；滞洪区除涝标准低，区内涝灾严重。洪泽湖周边滞洪区主要存在以下问题。

1. 滞洪区缺乏全面系统的规划

淮河流域防洪规划及淮河流域洪水调度方案虽规定了洪泽湖周边区为滞洪区，但至今没有批准的正式滞洪区专项规划，区内发展难以按滞洪区要求得到有效的管理和控制。2003 年灾后重建，安排了少量保庄圩工程和灾民安置，未进行蓄洪区全面系统的规划和建设。

2. 滞洪区各项建设严重滞后

洪泽湖周边滞洪区安全建设基本未启动，工程建设、移民工作不系统，滞洪安全无保障，主要存在问题有：①滞洪区内现有盱眙县城、泗洪县城、明祖陵文物、洪泽农场、三河农场及多处乡镇所在地，人口密集，经济、文化重地需要建设安全区；②沿湖地势低洼，居住有几万人，滞洪时，安全撤离较为困难；③无进、退洪控制建筑物，很难满足及时、适量分洪削峰的要求；④安全设施少，不能满足区内群众需求；⑤通信警报设施落后，滞洪区内滞洪报警系统尚待建立。

3. 滞洪区防洪除涝标准低

洪泽湖周边滞洪区除涝标准低，现有排涝总动力 42096kW，平均抽排模数只有 $0.35m^3/(s \cdot km^2)$，低于 5 年一遇设计标准。工程老化失修，破损严重。

4. 人口快速增长，导致无序开发

随着经济的发展，区内人口快速增长，人口的增加导致区内无序开发，圈圩现象难以杜绝，导致滞洪容量难以保证。

4.5.21.4 治理对策

1. 人口安置

洪泽湖周边滞洪区设计水位 16m 以下人口有 83 万人，现有 6 座保庄圩，面积

9.62km²，可安置人口5万人；新建安全区安置5万人；其余人口主要居住在15.0～16.0m高程的圩区及坡地，采取撤退措施。

2. 加强区内建设

结合分区运用，新建进、退洪闸控制滞洪一区进退洪；加固和新建挡洪堤和分区隔堤。为解决洪泽湖周边滞洪区汛期受洪水顶托，内水排出困难，拟按5年一遇排涝标准，新建、重建、合并排涝泵站；新建、加固、重建排涝闸；疏浚河道。

3. 结合洪泽湖扩大洪水出路进行分区运用研究

根据洪泽湖周边滞洪区内人口、重要设施的分布及地形、现有水利工程状况等特点和滞洪效果分析，洪泽湖周边滞洪区具有分区运用的条件和优越性。区内人口主要居住在高程15.0m以上离湖较远圩区及坡地，约占总人口的90%以上；迎湖圩区地势较低，人口少，约占总人口的10%，集镇及重要设施也较少。针对此分布特点，拟将迎湖地势低洼、滞洪效果明显的地区作为滞洪一区，面积为504km²，人口为9.5万人；离湖较远，人口、集镇、重要设施多的地区作为滞洪二区，面积为937km²，人口为70.3万人；将滞洪区内盱眙县城、泗洪县城、洪泽农场等重要区域建设成安全保护区。滞洪一区通过建闸控制进退洪，滞洪二区利用通湖河道和口门进洪。

洪泽湖大堤保护区面积2.7万km²，耕地近2000万亩，人口为1800万人，根据《防洪标准》(GB 50201—94)，设计防洪标准应达300年一遇。但现状洪泽湖现有出路的总体规模仍偏小，中低水位时，泄洪能力不足，影响淮河中游洪水下泄，防洪标准仅约100年一遇。为了提高洪泽湖的防洪标准，扩大洪泽湖洪水出路，降低洪泽湖的中等洪水水位，研究了兴建入海水道二期工程和三河越闸方案。

入海水道二期工程（建设规模7000m³/s）；三河越闸设计规模净宽500m，底高程7.5m，从洪泽湖大堤蒋坝镇以北（现越闸预留段）沿蒋坝引河至入江水道小金庄新挖一条入江水道泄洪道，河长7km，在蒋坝水位14.2m时，三河闸和三河越闸总计泄流12000m³/s。

结合洪泽湖扩大洪水出路和洪泽湖周边滞洪区分区运用及调度方案研究，分析了入海水道启用水位13.5m、分淮入沂启用水位13.5m、洪泽湖周边滞洪区启用水位14.5m的条件，不同工况下洪泽湖及周边滞洪区的滞洪情况。

(1) 在现状工况条件下，遇1954年洪水，洪泽湖最高水位达14.5m，启用圩区滞洪，滞洪总量3.2亿m³，仅使用滞洪一区蓄洪就可以满足洪水安排，滞洪一区人口都安置在保庄圩和新建的安全区居住，不需组织群众撤退。

(2) 兴建入海水道二期工程和三河越闸后，遇1954年洪水，不需要启用洪泽湖周边滞洪区，洪泽湖最高水位13.78m；遇100年一遇洪水，洪泽湖最高水位达14.5m，滞洪总量仅约8.0亿m³，使用滞洪一区蓄洪就可以满足洪水安排，不需组织群众撤退。

4.6 结论与建议

4.6.1 结论

（1）淮河干流行蓄洪区是淮河流域防洪体系的重要组成部分，牺牲局部保全局，利用行蓄洪区蓄洪、行洪水是淮河防洪减灾的重要措施。行蓄洪区的蓄泄能力是淮河达到设计防洪能力不可或缺的部分，在淮河流域历次防洪规划中，行蓄洪区的行蓄洪能力均作为防洪设计标准内的一部分，而不是当作超标准洪水的应急措施，因此行蓄洪区在淮河流域防洪体系中将长期发挥重要的和不可替代的作用。

（2）行蓄洪区既是淮河洪水宣泄和滞蓄的场所、防洪工程体系的重要组成部分，又是沿淮200多万群众赖以生存发展的家园。行蓄洪区仍存在居住人口多、启用困难；建设滞后，控制设施少、安全设施不足，行洪效果差；进洪频繁，洪灾损失重，启用时常导致大量人员转移，社会影响大；法律法规体系不健全，管理工作薄弱等诸多问题。

（3）要解决好行蓄洪区问题，一要对现有行洪区进行调整，有的行洪区废弃还给河道，有的改为防洪保护区，有的改为有闸控制的行洪区，灵活运用、充分发挥其行蓄洪效果；二要进一步整治淮河中游河道，扩大滩槽泄洪流量，降低淮河干流水位，减少行蓄洪区进洪机遇；三要加强行蓄洪区工程建设，改善行蓄洪区排涝条件，提高排涝标准；四要加快移民迁建及安全设施建设，把人民的生命安全放在突出位置，采取行蓄洪区集中建安全区、人口外迁等办法，解决区内人口的安全居住问题；五要加强行蓄洪区管理，控制区内人口增长，改变区内的种植结构和产业结构，耕地采取流转土地承包经营权，完善行蓄洪区社会管理的法律法规，健全社会保障机制。

4.6.2 建议

（1）尽快进行行蓄洪区的调整和建设。淮河干流行蓄洪区的调整和建设，要遵循人与自然和谐的原则，结合淮河干流河道整治，一方面扩大淮河干流中游中等洪水出路，提高行蓄洪区启用标准，使行蓄洪区能灵活、及时运用，充分发挥其行蓄洪效果；另一方面满足设计水位条件下，淮河干流的设计排洪要求，在充分运用行蓄洪区的条件下，使淮河中游达到设计泄洪能力。

（2）解决好行蓄洪区居民安全居住的问题。结合移民建镇和社会主义新农村建设因地制宜地采取居民外迁，就近安置等安全措施，解决好行蓄洪区内群众平时及行蓄洪时的安全居住问题，做到行蓄洪时群众基本不搬迁、不撤退转移，群众能安居乐业；保证适时、安全、有效地运用行蓄洪区，同时能维持社会的安定和谐。

（3）洪泽湖周边滞洪区应采取分区运用的办法，将沿湖地势低洼、滞洪效果明显、居住人口较少的地区作为滞洪一区；离湖较远，人口、集镇、重要设施多的地区作为滞洪二区。要尽快兴建三河越闸和入海水道二期工程将洪泽湖100年一遇水位从

16.0m 降低到 14.5m，遇 100 年一遇洪水时，仅需使用滞洪一区的部分地区滞洪，达到区内人口基本不撤退转移。

（4）建议成立行蓄洪区综合管理和研究机构。行蓄洪区问题牵涉面广，不仅直接影响淮河防洪，还与当地的人口控制、产业结构、土地利用、政策法规等社会经济因素密切相关。因此，建议成立行蓄洪区综合管理和研究机构，统筹管理行蓄洪区，为解决行蓄洪区问题提供技术支撑和咨询。

5 淮河中游易涝洼地问题与对策研究

5.1 概述

淮河中游易涝范围包括沿淮湖洼地、淮北平原的大部分地区以及淮南支流洼地，面积 3.0 万 km^2，耕地 2800 万亩，涉及人口 2200 万人。其中淮河中游两岸汛期受淮河干流高水位的顶托，支流排水不畅，因洪致涝、“关门淹”现象较为严重，多发生在湖泊洼地及支流易涝地区。1991 年、2003 年和 2007 年洪水，涝灾造成的损失占总损失的 2/3 以上，其中尤以安徽省淮河流域受灾严重。长期以来，由于气候、地形和人类活动等原因，这一区域平均 3～4 年就要发生一次涝灾，小水淹地，大水淹房。涝灾已成为制约该区域经济发展，尤其是制约解决“三农”问题的主要因素之一。与周边地区比较，区内经济发展缓慢，群众生活水平和生产条件落后，是安徽省推进社会主义新农村建设、全面建设小康社会的重点和难点地区。

摸清淮河中游易涝洼地的基本情况，分析涝灾的成因，研究治理的方向和对策，为淮河中游涝灾综合治理提供科学依据，开展淮河中游易涝洼地问题与对策研究是十分有意义的。

本次研究以安徽省为主。通过全面调查，收集各片洼地的自然概况、社会经济概况、除涝工程现状、典型年涝灾情况等基础资料；选择典型洼地进行实地调研，通过分析各片洼地具体的涝灾成因形式与特点，从暴雨特性、自然地理因素、除涝工程情况、水土资源开发合理性、工程运行管理等方面，归纳总结不同类型洼地的涝灾成因及规律；针对各片洼地致涝成因和规律的分析结果，结合洼地的地形条件、排水条件、历年治理情况，按照因地制宜、综合治理的原则，研究各片洼地的除涝总体布局，提出相应的对策。

5.2 基本情况

5.2.1 自然地理

安徽省境内淮河干流长 431km，流域面积 6.7 万 km^2。安徽省淮河北岸为广阔的平原，面积3.7万km^2；淮河南岸为江淮丘陵区，西南部为大别山区，沿淮有一连串的湖泊洼地，面积3.0万km^2。长期以来，由于气候、地形和人类活动等原因，这一区域平均3～4年就要发生一次涝灾，小水淹地，大水淹房。涝灾已成为制约该区域经济发展，尤其是制约解决“三农”问题的主要因素之一。

淮北平原主要支流河道有洪汝河、沙颍河、涡河、奎濉河、谷河、润河、西淝河、茨河、北淝河、澥河、沱河、唐河等。淮北的支流河道走向基本上是由西北向东南，大致相互平行，除奎濉河、新汴河、怀洪新河流入溧河洼进入洪泽湖外，其他支流都流入淮河。淮北平原，北自废黄河，南到淮河岸边，除北部有1150km^2为零星的低山外，基本为微倾平原，地面自西北向东南倾斜，地面高程50～14m，地面坡度1/7000～1/10000，地形平坦，但又具有大平小不平的特点，形成许多碟形洼地，从地貌上可分为北部黄泛平原区、中间河间平原区、南部河口湖洼地。

淮河南岸一级支流流域面积5000km^2以上的有史河、淠河和池河，1000km^2以上5000km^2以下的有沣河、汲河、东淝河、窑河、白塔河，1000km^2以下的有濠河、天河、小溪河等。淮南支流中，史河、淠河、白塔河和濠河直接汇入淮河，其他淮南支流下游分布有城西湖、城东湖、瓦埠湖、高塘湖、天河洼、花园湖、女山湖等湖泊洼地。

5.2.2 社会经济

安徽省淮河流域涉及淮北、阜阳、亳州、宿州、六安、淮南、蚌埠、滁州、合肥、安庆等10个市、22个区、30个县及县级市，流域面积6.7万km^2。2007年统计耕地4250万亩，人口3950万人。面积、耕地和人口分别占全省的48%、68%和59%。

与其他地区相比，安徽省淮河流域总体经济发展水平相对滞后。总体而言，农业生产条件较好，但工业化、城镇化水平较低。2007年安徽省淮河流域城市化率为18%，平均人口密度为590人/km^2。人均GDP为7650元，仅为全省平均水平的64%，全国平均水平的43%。

安徽省淮河流域自然资源丰富，历来是我国重要的农业区。新中国成立以来，经过大力治理淮河，水利条件得到了明显改善，促进了农业生产的发展。2006年安徽省淮河流域粮食产量占全国总产量的4.5%。淮北平原为全国主要产麦区，小麦产量约占全国的6%～7%。

淮南、淮北现已探明的煤炭储量约250亿t，居全国第六位，建有潘集和谢桥等多座特大型煤矿，以及平圩、张集等多座大型坑口电厂。但流域内总体经济水平仍然较低，工业发展集中于资源加工型工业，缺少高科技含量、高附加值的工业项目。根据安徽省促进皖北发展相关规划，“两淮一蚌”要充分发挥工业优势，重点建设煤电化基地，发展特色制造业，尽快做大做强，成为皖北地区奋力崛起的龙头；加强以治淮为重点的基础设施建设，推进农村产业结构调整、现代农业建设，加快工业发展和矿产资源深度开发利用，加速城镇化进程，妥善处理人口、资源、环境的关系，振兴区域经济。

安徽省淮河流域主要洼地基本情况见表5.2-1。

表5.2-1　　淮河中游主要洼地基本情况

序号	洼地名称	洼地面积/km^2	洼地耕地/万亩	洼地人口/万人
一	沿淮洼地	5367	530.1	452.5
1	洪河洼地	527	58	55
2	谷河洼地	290	29.9	28.2
3	润河洼地	359	38.4	39.1
4	八里湖	480	43.1	38.2
5	焦岗湖	480	46.7	39.3
6	西淝河下游	800	80	73
7	架河洼地	205	17.5	14.4
8	泥黑河洼地	556	52.4	35.2
9	茨河洼地	373	38	32
10	北淝河下游洼地	505	44	31
11	高塘湖	246	23	20
12	临王段洼地	150	15	9.5
13	正南洼	104	12	9.3
14	黄苏段洼地	46	4.8	4.3
15	天河洼地	116	14	10.5
16	七里湖	130	13.3	13.5
二	淮北平原洼地	12987	1225.5	917.4
1	北淝河上段	1320	117	95
2	澥河	757	67	48
3	浍河	2200	216	111
4	沱河	1115	120	98
5	北沱河	537	42	21.4
6	唐河	540	44.8	29.3
7	石梁河	411	39	20
8	颍河洼地	912	90	86
9	涡河	1940	191	174

续表

序号	洼 地 名 称	洼地面积/km²	洼地耕地/万亩	洼地人口/万人
10	泉河洼地	990	85	78
11	茨淮新河干流	345	33	22
12	黑茨河	77	8.7	6.7
13	西淝河上段	1271	112	82
14	奎濉河	572	60	46
三	淮南支流洼地	745	75.2	102.3
1	史河洼地	57	7	12.2
2	淠河洼地	600	59.6	76
3	濠河洼地	37	3.4	2.7
4	池河洼地	51	5.2	11.4
合　　计		19099	1830.8	1472.2

5.2.3 存在的主要问题

随着治淮19项骨干工程的完成，淮河流域防洪体系框架基本形成，洼地排涝条件有所改善，但总体除涝能力仍然较低。目前存在的主要问题有以下方面：

（1）洪涝灾害频繁，经济损失大。淮河流域灾情主要分布于沿淮洼地和淮北平原中部河间平原区。长期以来，由于气象、地理、历史等原因，沿淮地区易涝多灾。淮北平原主要是排水系统不完善，河道排水能力不足，遇到强降雨，雨水不能及时排出而致涝。沿淮洼地，汛期淮河遇中、小洪水时，淮河干流水位高，内水无法外排，形成"关门淹"，淹没水深大，而且时间持续长。

根据1949—2007年的灾情统计资料，安徽省淮河流域多年平均洪涝受灾面积约1270万亩，成灾面积约770万亩。1991年洪涝成灾面积2328万亩，直接经济损失175亿元（当年价），灾情最重的是淮河两岸的湖洼地，由于外河水位高，"关门淹"现象严重。2003年安徽省淮河流域洪涝造成农作物成灾2238万亩，直接经济损失159亿元，其中涝灾或因洪致涝占80%以上。2007年安徽省淮河流域洪涝受灾面积1998万亩，成灾面积1465万亩，直接经济损失88.4亿元。

（2）水利基础设施相对薄弱，抗灾能力低。临淮岗工程、淮北大堤加固等一批防洪骨干工程的建设，使淮河流域整体防洪形势得到改善，但支流和湖洼地尚未得到全面治理。淮北支流河道比降平缓，断面窄浅，排水能力较低，普遍不足5年一遇的排水标准。部分已治理的河道，也只有3年一遇，甚至不足3年一遇。

易涝地区防洪除涝工程由于多方面的原因，相当一部分工程建设标准偏低，使整体治理效果难以发挥。现有排涝设施老化，机电设备陈旧，抽排标准低。河道及大

沟上的涵闸、桥梁规模小、标准低，影响洪水下泄。大部分易涝地区的面上配套很不完善，排水系统不通畅，已成为局部涝灾发生的重要原因。

(3) 农业生产受洪涝灾害影响大，经济发展滞后。沿淮地区是农业资源富集地区，是主要粮食和畜牧生产基地，但投资开发能力薄弱，产业发展水平低，产业技术含量和附加值低，难以有效促进农民增加收入。地方财力有限，难以对面上排涝工程进行大规模的治理投入。

淮河中游易涝地区有关市县经济社会发展滞后，人均收入低。安徽省淮河流域内2007年工业总产值1480亿元，仅占全省的19%，农民人均纯收入仅为3135元。

(4) 人类活动对生态环境的负面影响进一步显现，与防灾减灾的矛盾突出。由于流域内农民对土地的依赖程度比较高，劳动力择业能力不强，农村剩余劳动力转移困难，沿淮河及支流沿岸易涝地区的耕作方式基本上还是沿袭传统的种植模式。淮北地区以种植旱作物为主，耐涝渍能力差。沿淮洼地也未能根据易涝的特点来安排生产，广种薄收，耕作粗放，一遇水灾，便大幅度减产甚至绝收。

由于人口密度大，群众为了耕作、养殖等需要，自行筑堤，部分河道湖洼地过度围垦，缩减了湖泊洼地调蓄洪水的能力，导致洪涝灾害加重。安徽省淮河干流沿岸湖泊周边及支流河道中下游分布大小圩区681处，总面积3000km^2，耕地334万亩，涉及总人口约300万人，其中住洼地人口约257万人。沿淮地区在常年蓄水位情况下，水面积有1000多km^2，但与20世纪50年代相比，减少较多，如城东湖、高塘湖、西淝河下游洼地等。

(5) 管理薄弱，影响除涝工程效益的发挥，支流河道下游及湖泊的洪水安排和圩区调度运用缺少系统规划。面上防洪除涝工程得不到必要的维护，沿淮一些排涝泵站，由于缺少运行经费，往往不能及时开机；大沟淤积得不到及时清理，大、中沟桥梁损毁严重；群众在发展生产的同时，常在排水通道上建有路坝、蓄水坝、拦鱼设施等阻水建筑；面上中、小沟淤堵，涝水下泄慢。这些都恶化了区域的排水条件，加重了灾情。

河道下游及湖泊的洪水安排和圩区调度运用缺少科学依据，对已建工程未能实行科学、统一的管理和调度。由于没有分级的防洪标准，防汛时防洪重点不突出，增加了湖周边的防洪压力和水事纠纷。

5.3 灾情及致灾原因

5.3.1 灾情

5.3.1.1 历年受灾面积

根据1949—2007年的灾情统计资料，安徽省淮河流域多年平均洪涝受灾面积约1270万亩，成灾面积约770万亩，其中涝灾受灾面积约900万亩，成灾面积约600万亩，涝灾占近80%。1954年、1956年、1962年、1963年、1964年、1965年、1979年、1982年、1984年、1991年、1996年、1998年、2000年、2003年、2007年等年份的受涝成灾面积都超过1000万亩，具体成灾面积详见表5.3-1。

表5.3-1　　安徽省淮河流域洪涝灾面积统计

年份	洪涝面积/万亩		洪灾面积/万亩		涝灾面积/万亩		涝灾比例/%	
	受灾	成灾	受灾	成灾	受灾	成灾	受灾	成灾
1949	929	604	80	39	849	566	91	94
1950	4591	2293	2668	1568	1922	725	42	32
1951	631	362	128	58	503	304	80	84
1952	1863	1028	374	112	1489	916	80	89
1953	181	117	24	24	157	93	87	80
1954	5262	2621	2197	1372	3065	1249	58	48
1955	847	356	86	17	761	340	90	95
1956	3517	2356	428	196	3090	2160	88	92
1957	1263	473	133	40	1129	434	89	92
1958	214	178			214	178	100	100
1959	47	43			47	43	100	100
1960	664	447	138	42	526	405	79	91
1961	483	374	12	12	471	362	98	97
1962	1582	1243	123	120	1459	1122	92	90
1963	5437	3800	1554	982	3883	2818	71	74
1964	2393	1331	360	154	2033	1177	85	88
1965	2122	1172	562	119	1561	1054	74	90
1966	99	83	8	8	91	76	92	91
1967	236	196	67	67	169	130	72	66
1968	514	385	187	133	327	252	64	65
1969	932	501	343	174	589	328	63	65
1970	396	273	126	93	270	180	68	66
1971	652	472	136	75	517	397	79	84
1972	1224	1001	171	70	1053	931	86	93
1973	337	329	9	5	328	323	97	98
1974	798	498	295	139	502	359	63	72
1975	1251	921	701	498	551	424	44	46
1976	47	40	3	3	45	37	94	93
1977	202	141	52	26	150	115	74	82
1978	50	43	8	8	42	35	84	82

续表

年份	洪涝面积/万亩		洪灾面积/万亩		涝灾面积/万亩		涝灾比例/%	
	受灾	成灾	受灾	成灾	受灾	成灾	受灾	成灾
1979	1647	1477	31	20	1616	1457	98	99
1980	2794	1165	1070	200	1724	965	62	83
1981	229	121	3	3	226	119	99	98
1982	2183	1365	587	262	1596	1103	73	81
1983	1151	596	557	119	594	477	52	80
1984	2116	1182	289	169	1827	1014	86	86
1985	900	612			900	612	100	100
1986	427	219	36	25	391	194	92	88
1987	719	444	73	48	646	396	90	89
1988	122	21	3	1	119	20	98	97
1989	867	302	16	6	851	296	98	98
1990	579	271	2	1	577	271	100	100
1991	3504	2328	892	562	2612	1766	75	76
1992	69	47	3	2	66	45	96	96
1993	260	145	34	19	226	126	87	87
1994	2.3	1.5	0.2	0.2	2.0	1.3	90	90
1995	141	85		2		83		97
1996	2248	1557		114		1442		93
1997	757	375		8		367		98
1998	2652	1811		303		1507		83
1999	166	108		55		53		49
2000	1833	1123		34		1090		97
2001	519	61		6		55		90
2002	1149	518		134		384		74
2003	3128	2238		594		1644		73
2004	317	86		13		72		85
2005	2321	1383		434		949		69
2007	1998	1465		440		1026		70
平均	1268	772	317	168	908	605	82	84

注　资料来源：《安徽水旱灾害》《安徽水利统计年鉴》。

新中国成立以来，由于大力治理，洪水威胁呈减轻趋势。洪涝灾情变化趋势是多年平均洪灾损失减少，涝灾损失比例相对上升，涝的问题仍较突出。

5.3.1.2 灾情分布

根据历年涝灾成灾面积分析，安徽省淮河流域涝灾成灾面积占耕地面积50%以上的机遇约30年一遇，占耕地面积30%以上的机遇约10年一遇，占耕地面积15%以上的机遇约3年一遇，占耕地面积8%以上的机遇约2年一遇。

本次研究范围内各片洼地大水年份涝灾面积统计见表5.3-2。据各片不完全统计，1991年、2003年、2005年、2007年等大水年份涝灾面积中，沿淮洼地受灾面积约占安徽省淮河流域受灾面积的40%（未计入行蓄洪区涝灾面积），淮北平原洼地占58%，淮南支流洼地占2%。

表5.3-2 1991年、2003年、2005年、2007年等大水年份安徽省淮河流域主要洼地涝灾面积统计

序号	洼地名称	受灾面积/万亩			
		1991年	2003年	2005年	2007年
一	沿淮洼地	402	365	220	339
1	洪河洼地	23	24	12	28
2	谷河洼地	28	30	23	30
3	润河洼地	37	38	18	36
4	八里湖	32	35	28	33
5	焦岗湖	37	15	4	14
6	西淝河下游	58	78	45	72
7	架河洼地	16	13	10	7
8	泥黑河洼地	50	24	13	22
9	茨河洼地	35	31	18	35
10	北淝河下游洼地	32	30	25	22
11	高塘湖	21	16	6	13
12	临王段洼地	11	12	5	9
13	正南洼	7	6	6	6
14	黄苏段洼地	4	3	3	5
15	天河洼地	7	6	3	6
16	七里湖	4	4	2	2
二	淮北平原洼地	680	631	395	622
1	北淝河上段	86	80	75	79
2	澥河	10	14	8	13
3	浍河	40	32	12	17

续表

序号	洼地名称	受灾面积/万亩			
		1991年	2003年	2005年	2007年
4	沱河	36	52	17	55
5	北沱河	17	14	14	20
6	唐河	43	31	15	42
7	石梁河	26	28	5	25
8	颍河洼地	65	63	30	61
9	泉河洼地	82	80	35	41
10	涡河洼地	51	49	26	52
11	奎濉河洼地	77	68	61	122
12	茨淮新河本干	30	22	22	20
13	黑茨河	8	9	3	5
14	西淝河上段	110	89	73	70
三	淮南支流洼地	26	26	15	16
1	史河洼地	4	3	3	4
2	淠河洼地	16	16	8	7
3	濠河洼地	2	5	1	2
4	池河洼地	5	3	3	3
合计		1108	1022	630	977

5.3.1.3 涝灾特点

安徽省淮河流域灾情主要分布于沿淮湖洼地和淮北平原中部河间平原区。淮北平原主要是排水系统不完善，遇到强降雨，雨水不能及时排出而致涝，但淹没水深较浅，历时较短，淹没水深一般在0.5～1.0m，淹没时间一般在5～15天。汛期淮河每遇洪水时，干流水位就高出地面，沿淮洼地内水无法外排，形成“关门淹”，淹没水深大，而且时间持续长，淹没水深一般在2.0～4.0m，淹没时间一般在30～60天。

淮河中游涝灾具有突发性、多发性和交替性的特点。

（1）突发性：遇强降雨，往往当天或次日就成灾。1972年7月2日，阜阳市1天降雨440mm，当天就发生灾情。

（2）多发性：沿淮地区平均2～3年就会发生一次涝灾，淮北平原中北部平均4～5年就会发生一次涝灾。

（3）交替性：常常旱涝急转。

5.3.2 致灾原因

5.3.2.1 流域内强降雨面广、量大，发生超设计标准暴雨的机会多

淮河流域为我国南北气候的过渡地带，降雨量年际年内变化大，暴雨集中，雨期长，雨区广，易形成洪涝灾害。一般的情况是第一次暴雨后，土中水分已经饱和，到第二次、第三次暴雨时，地面积水剧增，加上河道水位猛涨，排水不及时就造成严重的内涝灾害。

据统计资料，淮河中游地区流域年平均降雨量为750～1400mm，汛期6—9月雨量占全年降雨量的60%以上，汛期降水又多集中在7月、8月。年降水量最大值正阳关为1311.6mm（1956年），蚌埠为1565mm（1956年）。年降水量最小值正阳关为369.9mm（1978年），蚌埠为471.5mm（1978年）。年最大降水量是年最小降水量的3～5倍。

降雨历时长、范围大，有时可笼罩全流域，降雨强度虽不大，但总量大，如1954年、1931年、1991年。长历时大范围暴雨历史上发生多次，危害极大。2003年淮河流域32天降雨量大于500mm的笼罩面积为5万km^2。2007年6月29日至7月28日，共发生4次强降雨过程。6月29日至7月25日累计降雨量大于500mm的笼罩面积为2.9万km^2。临泉县迎仙站最大6小时雨量为367mm，点雨量重现期超过50年一遇。安徽省淮河流域大水年份降雨笼罩面积见表5.3-3。另外由台风造成的暴雨范围较小、历时较短，而强度很大，其影响范围虽小，但局部危害极大。

表5.3-3 安徽省淮河流域大水年份降雨笼罩面积

年份	降雨笼罩面积
1991	最大30天降雨600mm以上的笼罩面积为3.7万km^2
2003	32天降雨量大于500mm的笼罩面积为5万km^2
2007	27天累计降雨量大于500mm的笼罩面积为2.9万km^2

安徽省淮河流域汛期暴雨相对集中。各地出现超过其本地除涝能力的暴雨机会频繁，每个地区每隔3～5年就有受涝灾的机会，特别是近些年极端性气候条件频繁出现，连续发生大暴雨的概率较高。如焦岗湖流域1991年、2003年、2005年、2007年最大3天暴雨分别为397mm、446mm、186mm、369mm；西淝河下游1991年、1998年、2003年、2005年、2007年最大3天暴雨分别为382mm、195mm、182mm、248mm、382mm；北淝河下游1991年、2003年、2005年、2007年最大3天暴雨分别为374mm、183mm、258mm、267mm；北沱河流域1991年、2003年、2005年、2007年最大3天暴雨分别为212mm、230mm、210mm、247mm，详见表5.3-4。而沿淮湖洼地、淮北平原5年一遇设计最大3天暴雨仅167mm。

表 5.3-4　　淮河中游部分洼地 1991 年等大水年最大 3 天降雨量　　单位：mm

洼地名称	最大 3 天暴雨量			
	1991 年	2003 年	2005 年	2007 年
焦岗湖	397	446	186	369
西淝河下游	382	182	248	382
北淝河下游	374	183	258	267
北沱河	212	230	210	247

5.3.2.2　淮河干流洪水出槽机会多，洪水漫滩时间长，两岸低洼地的涝水难以及时排泄

淮河中游低洼地面积大、分布范围广，居住人口众多。沿淮湖洼地地面高程一般为 20～15m，而淮河干流正阳关至浮山河道设计洪水位为 26.5～18.5m，高于洼地地面高程 3.5～6.5m；警戒水位为 24.0～17.3m，高于洼地地面高程 2～4m。淮河低洼地特别是沿淮洼地排水难的问题十分突出。

淮河中游干流平槽流量小，正阳关以下河道约为设计流量的 1/4。汛期淮河干流洪水一旦漫滩，开始顶托支流和沿淮洼地的排水；随着干流水位的不断升高，对支流和沿淮洼地的顶托越来越严重；同时干流洪水漫滩持续时间长；当干流水位高于支流和沿淮洼地内水位时，支流和沿淮洼地将被迫关闭涵闸，支流上游来水无法排入干流河道，形成“关门淹”。

根据 1950—2007 年正阳关至浮山段河道水文站实测水位资料，分析不同标准沿程洪水漫滩历时。

(1) 3～5 年一遇洪水：正阳关至蚌埠段漫滩时间为 1.5～2 个月，蚌埠以下河道漫滩时间为 0.5～1 个月，当涡河来水较大时，蚌埠以下漫滩时间较长。漫滩水深最高正阳关至蚌埠段为 5～2m，蚌埠以下为 0.5～3m。

1964 年淮河洪水：最大流量正阳关为 4960m^3/s，蚌埠为 5020m^3/s；最高水位正阳关为 24.56m，蚌埠为 19.62m。洪水漫滩时间正阳关至蚌埠段约 2 个月，蚌埠以下超过半个月。

1984 年淮河洪水：最大流量正阳关为 4860m^3/s，蚌埠为 6090m^3/s；最高水位正阳关为 24.61m，蚌埠为 20.24m。洪水漫滩时间正阳关至蚌埠段超过 2 个月，蚌埠以下超过 1 个月。

(2) 5～10 年一遇洪水：正蚌段漫滩时间为 2～2.5 个月，蚌埠以下河道为 1～2 个月。漫滩水深最高正阳关至蚌埠段为 6～3m，蚌埠以下为 1～3.5m。

1998 年淮河洪水：最大流量正阳关为 6420m^3/s，蚌埠为 6840m^3/s；最高水位正阳关为 25.32m，蚌埠为 20.78m。洪水漫滩时间正阳关至蚌埠段近 2 个月，蚌埠以下约 1 个月。

2005 年淮河洪水：最大流量正阳关为 6680m^3/s，蚌埠为 6490m^3/s；最高水位正阳关为25.79m，蚌埠为20.95m。洪水漫滩时间正阳关至蚌埠段超过2个月，蚌埠以下超过1.5个月。

（3）10年一遇以上洪水：正阳关至蚌埠段漫滩时间为1.5～3个月，蚌埠以下河道为1.5～2.5个月。漫滩水深最高正阳关至蚌埠段6～3.5m，蚌埠以下1.5～4m。

1991年淮河大水：最大流量正阳关为7480m^3/s，蚌埠为7840m^3/s；最高水位正阳关为26.52m，蚌埠为21.98m。洪水漫滩时间正阳关至蚌埠段近3个月，蚌埠以下为2个多月。据沿淮河15处湖洼地统计：5月18日前蓄水量为11亿m^3，湖泊水面为793km^2，而汛期最高水位时，蓄水量达82.03亿m^3，淹没面积达2847.4km^2，增加淹没面积达2054.1km^2，滞蓄水量达70.62亿m^3，详见表5.3-5。

表5.3-5　　1991年沿淮洼地淹没情况统计

洼地名称	水位代表站	5月18日底水情况			最高洪水位情况				滞蓄水量/亿m^3	增加淹没面积/km^2	关闸天数/d
		水位/m	水量/亿m^3	水面面积/km^2	最高水位/m	日期	最大蓄水量/亿m^3	最大淹没面积/km^2			
润河洼	陶坝闸	22.13	0.10	8.0	27.15	7月12日	1.90	88.0	1.80	80.0	
三河尖洼地	三河尖				28.63	7月8日	2.68	61.0	2.68	61.0	
史河洼	三河尖				28.63	7月8日	2.65	143.0	2.65	143.0	
正南洼	正阳涵				22.47	8月14日	2.17	82.4	2.17	82.4	
焦岗湖	焦岗闸	17.50	0.30	28.0	21.91	8月15日	4.85	194.0	4.55	166.0	84
西淝河	西淝闸	17.75	0.15	53.0	24.02	7月14日	6.86	229.0	6.71	176.0	70
瓦埠湖	东淝闸	17.80	1.90	144.0	24.46	7月18日	26.20	705.0	24.30	561.0	36
泥黑河	青年闸	17.50	0.02	16.0	21.94	7月10日	3.00	112.0	2.98	96.0	27
高塘湖	窑河闸	17.72	0.95	52.0	23.27	7月10日	7.50	224.0	6.55	172.0	30
芡河洼	芡河闸	17.50	0.80	45.0	21.27	7月11日	4.10	159.0	3.30	114.0	50
天河	天河闸	17.50	0.32	21.0	21.74	7月20日	2.05	73.0	1.73	52.0	
北淝河下游	沫河口闸	17.00	1.70	154.0	18.03	7月15日	3.90	305.0	2.20	151.0	88
香涧湖	北店子闸	13.58	1.00	49.0	16.26	7月10日	2.50	118.0	1.50	69.0	
花园湖	花园湖闸	15.70	2.02	88.3	18.41	7月17日	5.20	146.0	3.18	57.7	51
女山湖	旧县闸	13.46	2.15	135.0	16.45	7月10日	6.47	208.0	4.32	73.0	
合　计			11.41	793.3			82.03	2847.4	70.62	2054.1	

从表5.3-5可以看出，淮河中小洪水对沿淮洼地排涝影响大，特别是正阳关至蚌埠段河道，洪水漫滩时间长达1～3个月，造成洼地涝水无法外排，“关门淹”时间长，甚至影响到秋季农作物的播种。从历年实测水位资料与灾情分析，淮河干流洪

水量级与洼地受灾量级成正比，一般淮河干流洪水流量大，水位高，则洪水漫滩持续时间长，洼地“关门淹”时间长，涝灾较严重。如1991年、2003年、2007年等洪水年份，沿淮洼地灾情均较普通年份严重。

2003年淮河大水，最大流量正阳关为7890m^3/s，蚌埠为8620m^3/s；最高水位正阳关为26.80m，蚌埠为22.05m。洪水漫滩时间正蚌段达到3个月，蚌埠以下为2个多月。

2007年淮河大水，最大流量正阳关为7950m^3/s，蚌埠为7570m^3/s；最高水位正阳关为26.40m，蚌埠为21.38m。洪水漫滩时间正蚌段为1.5个月，蚌埠以下近1.5个月。

淮河干流不同标准洪水水位漫滩历时详见表5.3-6。

表5.3-6　　淮河干流不同标准洪水水位漫滩历时

站　名	2～3年一遇	3～5年一遇	5～10年一遇	10～20年一遇
正阳关—蚌埠	1个月左右	1～2个月	1～2.5个月	1.5～3个月
蚌埠以下	不足半个月	0.5～1个月	1～2个月	1.5～2.5个月

5.3.2.3　工程建设标准普遍较低，许多工程年久失修，除涝能力较弱

易涝地区防洪除涝工程建设标准偏低，使整体治理效果难以发挥。

由于投入不足，淮北平原部分支流河道至今未经过治理，河道淤积严重，排水能力较低，大多不足5年一遇的排水标准。已治理的河道，有的也只有3年一遇，甚至不足3年一遇。有些河道上游已高标准治理，而下游河道标准低，上下游河道排水能力不协调，加重下游地区涝灾。许多支流河道堤防是挖河弃土，自然成堤，堤身低矮、单薄，有些河道缺乏完整堤防，或虽有堤防但很多沟口无防洪涵闸，由于沟口不封闭，往往造成“敞口淹”。如怀洪新河水系中除北淝河上段大部分达到5年一遇除涝标准外，其他各支流河道排涝标准普遍较低，澥河、沱河无完整堤防，大部分河道沟口不封闭；涡河支流漳河两岸堤防有缺口33处，长度12km，洪水来时，漫溢成灾。淮南支流洼地河道淤积也相当严重，圩区堤防大多为沙质堤防，防洪标准较低。

沿淮大多数洼地的排涝站规模较小，标准偏低，多数泵站建设年代较早，泵站自身防洪能力低，加上年久失修，存在大量的病站、险站，实际抽排能力低于设计值；沿淮的部分排涝站在高水头工况下不能正常运转。同时，由于缺乏必要的大、中型抽排设施，经常出现因洪致涝、洪涝并发的现象，如西淝河下游、高塘湖等。

河道及大沟上的涵闸规模小、标准低，影响洪水下泄。如1958年修建的澥河方店闸，其排水能力仅为5年一遇除涝流量的30%；西淝河下游的老西淝闸防洪、排涝标准低，原设计过闸落差0.45m，不能满足设计排涝要求，该闸抗滑稳定存在安全隐患，消能防冲设施毁坏严重，直接影响西淝河内水抢排。许多涵洞的实际排水能力不及设计要求的一半。有的是群众自埋涵管，管径偏小，位置偏高。

跨河沟的桥梁存在桥跨偏小、设计荷载偏低等问题。大沟上还有部分桥梁是20

世纪 50 年代建造的砖拱桥，孔径偏小，阻水严重。近年来，随着农村经济的发展，大吨位运输车辆的增多，部分桥梁被压坏，加上历次洪水冲垮的桥梁，形成新的阻水障碍。

面上配套不完善，排水系统不通畅。长期以来，由于投入不足，大部分易涝地区的面上配套还很不完善，使得排水系统不通畅。20 世纪 80 年代淮北虽然建设部分大沟配套工程，但中小沟实际配套很少。群众为了生产、交通的需要，常在排水沟道上建有路坝、拦鱼设施等阻水建筑，地头沟也大都被平毁。不少地方的小沟与中沟不通，中沟与大沟不通，大沟与河道不通。“一尺不通，万丈无功”。面上配套不完善已成为局部涝灾发生的重要原因。

5.3.2.4 淮北平原地形具有“大平小不平”的特点，砂姜黑土透水性能差，旱作物耐涝耐渍性能弱，受涝机会多，受灾面积大

淮北地区是冲积平原，虽地形平坦，但又具有“大平小不平”的特点，形成许多碟形洼地。北部大都是黄淤土，面积约 1.2 万 km^2，称为北部黄泛平原区，土壤主要有砂土和潮土，这个地区排水沟渠的边坡不稳定，以致沟渠很易淤积使排水能力减退。淮北地区中部，面积约 2 万 km^2，称为中部河间平原区，为大面积的砂姜黑土，这种土壤质地黏重致密，结构不良，孔隙率较小，透水性能差，干时坚硬，多垂直裂缝，湿时泥泞；雨后地下水极易上升到地面，而横向运行迟缓，在严重缺乏田间排水沟渠的情况下，单靠地面蒸发，消退缓慢，最易发生涝、渍。淮北地区是传统的旱作区，午季以小麦为主，秋季以大豆、玉米等旱作物为主，旱作物耐涝耐渍性能很弱，也是淮北地区容易出现涝、渍的一个原因。据多年经验，午、秋两季旱作都是一次暴雨强度大则涝灾重，连阴雨日时间长时渍害重，两者都可能造成严重减产，如果暴雨与连阴雨相连，则灾害更重。秋作物的涝渍灾害大多发生在七八月间。午季小麦的涝、渍多发生在五六月间，且涝的概率少而渍的概率多。

5.3.2.5 水土资源开发利用不尽合理，局部地区的过度围垦，降低了蓄泄洪涝水的能力，加重了灾情

群众为了耕作、养殖等需要，部分河道湖洼地存在过度围垦的现象，缩减了湖泊洼地调蓄洪水的能力。淮河中游干流沿岸湖泊周边及支流河道中下游分布有众多圩区。据初步统计，湖泊及洼地共有大小圩区 681 处，总面积 3000km^2，耕地 334 万亩，涉及人口约 300 万人，圩堤总长度 2721km。按照圩区面积划分，大于 10000 亩的圩区有 63 处，共有耕地 198 万亩；5000～10000 亩的有 84 处，共有耕地 58.6 万亩；2000～5000 亩的有 170 处，共有耕地 52.3 万亩；1000～2000 亩的有 109 处，共有耕地 15.5 万亩；1000 亩以下的有 255 处，共有耕地 9.6 万亩，详见表 5.3 - 7。

这些圩区大多在 20 世纪 50—80 年代形成，有的形成更早，也有少数是 20 世纪 80 年代以后围筑的。以西淝河下游洼地为例，流域内共有生产圩 59 处，分年代统计见表 5.3 - 8，其中 20 世纪 90 年代形成的圩堤主要是利辛县 1991 年大水后“以工代赈”项目实施河道治理时利用挖河弃土修筑而成。

表 5.3-7　安徽省淮河流域圩区分类统计

圩区面积/亩	圩区处数/处	耕地/万亩	圩区面积/亩	圩区处数/处	耕地/万亩
＞10000	63	198	1000～2000	109	15.5
5000～10000	84	58.6	＜1000	255	9.6
2000～5000	170	52.3	合计	681	334

表 5.3-8　西淝河下游圩区分年代统计

时　间	圩区处数/处	圩区面积/km^2	比例/%	时　间	圩区处数/处	圩区面积/km^2	比例/%
50年代	12	34.54	20	80年代	13	32.64	22
60年代	11	55.75	19	90年代	13	50.90	22
70年代	10	38.70	17	合计	59	212.5	100

由于开垦、圈圩，造成水面面积显著减小。20世纪50年代，沿淮湖泊洼地的水面面积约3000km^2（不含行洪区），而目前沿淮常年蓄水区的水面面积仅有1000多km^2。瓦埠湖、城西湖、焦岗湖、花园湖、西淝河下游洼地等湖泊洼地的水面面积均减少一半以上。详见表5.3-9。

表 5.3-9　淮河中游沿淮部分湖洼地常年蓄水面积变化情况

湖洼地名称	50年代水面面积/km^2	2010年水面面积/km^2	水面面积减少率/%
瓦埠湖	368	156	58
城西湖	491	113	77
焦岗湖	177	38	78
花园湖	130	41	68
西淝河下游洼地	166	55	67

这些圩区地势低洼，是淮河流域洪涝灾害最为频繁的地区，也是最为贫困的地区。由于许多湖洼地缺少总体规划，圩区治理标准不明确，一方面部分圩区堤防防洪除涝标准低，堤身单薄，抗灾能力弱；另一方面一些洼地仍存在盲目圈圩现象，导致河床缩窄，湖面减小，在一定程度上加重了洪涝灾害。

5.3.2.6　管理薄弱，影响除涝工程效益的发挥，河道下游及湖泊的洪水安排和圩区调度运用缺少科学依据

面上防洪除涝工程得不到必要的维护，沿淮一些排涝泵站，由于缺少运行经

费，往往不能及时开机；大沟淤积得不到及时清理，大、中沟桥梁损毁严重；群众在发展生产的同时，常在排水通道上建有路坝、蓄水坝、拦鱼设施等阻水建筑；面上中小沟淤堵，涝水下泄慢。这些都恶化了区域的排水条件，加重了灾情。如2003年焦岗湖鲁口站、北淝河下游吴小街站都因运行经费不落实的原因，导致开机不及时或开机不足。泥河芦沟站由于得不到有效维护，2007年7月中下旬，4台机组先后毁坏，被迫全部停机，严重影响了泥河流域的排涝。颍上县八里河排水干道上建有2座拦鱼设施，致使2003年汛期上下游水位差超过1m，阻水非常严重。焦岗湖分属阜阳市颍上县、淮南市毛集区、凤台县和安徽农垦总公司焦岗湖农场，由于没有分级的防洪标准，防汛时防洪重点不突出，增加了湖周边的防洪压力和水事纠纷。

5.4 洪涝灾害对社会经济的影响

淮河流域洪涝灾害频繁，不仅造成粮食减产，还影响安徽省经济增长和农民收入的增加。现选取1990—2004年安徽省淮河流域粮食产量与洪涝灾害面积的统计资料进行分析。

5.4.1 对粮食生产的影响

5.4.1.1 基本情况

安徽省是一个农业大省，粮、棉、油等大宗农产品的常年产量约为265亿kg、3.5亿kg和28亿kg，分别居全国第6、4和6位，为全国六大粮食输出省份之一，年商品粮在100亿kg左右，其中向省外调出粮食约50亿kg。近年来，由于实施了小麦高产攻关活动和水稻提升行动，粮食产量增长明显。

安徽省淮河流域面积和人口分别占全省总面积和总人口的48%和57%，耕地、粮食播种面积及产量分别占安徽省总量的68%、71%和70%，是安徽省重要的粮棉油生产基地。农业生产主要以种植业为主，主要农产品有小麦、水稻、玉米、大豆、红芋、油菜、高粱、棉花等及其他一些经济作物。农作物播种面积8400万亩，作物复种指数为1.9。粮食作物播种面积6200万亩，占农作物播种面积的74%，常年粮食产量185亿kg（1990—2004年统计数）。粮食生产以小麦、水稻、玉米为主，其种植面积分别占该地区耕地面积的60%、29%和18%，其产量分别占该地区粮食总产量的37%、32%和14%。

5.4.1.2 对粮食生产的影响

影响粮食产量的因素有水旱灾害、播种面积、基础设施建设、新品种的采用、配套栽培技术推广及农机农艺结合等，但水灾是粮食大幅减产的最主要因素。

安徽省淮河流域洪涝灾多年平均受灾面积为1270万亩，成灾面积为720万亩，占耕地面积的17%。涝灾或因洪致涝面积占洪涝灾害的70%以上。1949年

以来，成灾面积超过 1000 万亩的有 16 年。成灾面积最大的是 1963 年，达到 3800 万亩。

频繁的水旱灾害致使安徽省淮河流域粮食产量不稳，粮食产量年际间变幅较大。历年粮食播种面积在 5630 万～6550 万亩，变幅不足 20%，而年粮食总产量在 109 亿～222 亿 kg，变幅超过 100%。1990—2004 年安徽省淮河流域粮食产量及水旱灾害成灾面积变化曲线见图 5.4-1，统计见表 5.4-1。

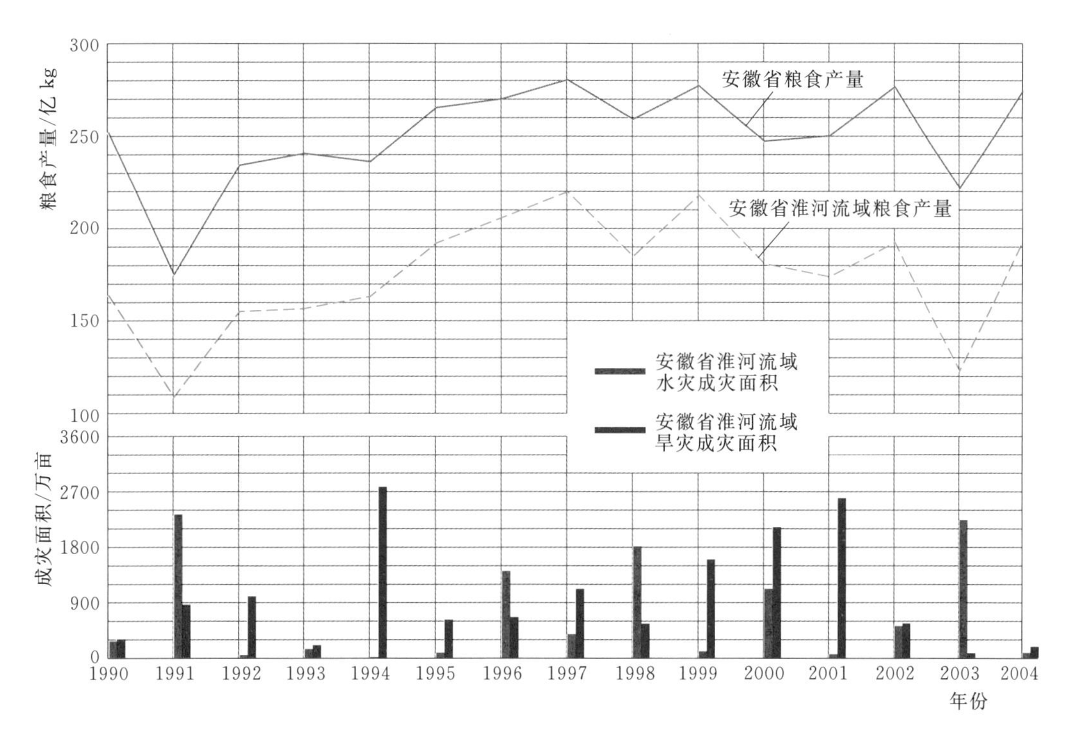

图 5.4-1 1990—2004 年安徽省淮河流域粮食产量及水旱灾害成灾面积变化曲线图

表 5.4-1 1990—2004 年安徽省淮河流域粮食产量及水灾成灾面积统计

年份	粮食产量/亿 kg		安徽省淮河流域水灾成灾面积/万亩
	安徽省	安徽省淮河流域	
1990	252	164	271
1991	175	109	2328
1992	234	155	47
1993	241	156	145
1994	236	163	15
1995	265	192	85

续表

年份	粮食产量/亿 kg		安徽省淮河流域水灾成灾面积/万亩
	安徽省	安徽省淮河流域	
1996	270	206	1557
1997	280	220	375
1998	259	185	1811
1999	277	218	108
2000	247	181	1123
2001	250	174	61
2002	277	192	518
2003	221	123	2238
2004	274	193	86

安徽省淮河流域粮食产量占全省总量的比重大，直接影响全省的粮食产量。1991年、2003年等年份为安徽省淮河流域粮食歉收年，也是安徽省粮食减产年，粮食产量较全省常年265亿kg减产29亿～90亿kg。歉收年份大多是水旱灾害较严重的年份。因此，淮河流域的洪涝灾害，不仅使流域内粮食减产，还直接影响所在省粮食的稳定生产。

1991年6—8月，淮河流域发生大水，安徽省淮河流域午、秋两季受灾面积为4635万亩，成灾面积为4270万亩（包括洪、涝和长期阴雨、风、雹等各种气象灾害），其中水灾成灾面积2328万亩。9月中旬至10月，各地发生严重秋旱，旱灾成灾面积862万亩。当年粮食产量仅为109亿kg，较常年低76亿kg，减产幅度达41%。1998年洪水，水灾成灾面积为1811万亩，粮食产量为185亿kg，较1997年、1999年低30亿kg以上，减产幅度达15%。2003年洪水，受灾面积为3128万亩，成灾面积为2238万亩，其中涝灾面积占70%以上，主要分布在沿淮湖洼地及淮北平原。粮食产量为123亿kg，较常年低62亿kg，减产幅度达34%。

5.4.2 对农民收入的影响

淮河洪涝灾害影响了全省农民收入的总体提高。2003年皖北地区涝灾严重的县的农民人均纯收入较上年下降了10%，颍上县下降最多，为19%。当年全省农民人均纯收入较2002年仅增加9元，增长率几乎为零。

5.4.3 对经济增长的影响

频繁的洪涝灾害不仅是淮河流域长期处于落后面貌的重要原因，也是制约地区经济增长的重要因素。2003年之前，安徽省经济增幅低于全国平均水平的年份，大

部分是遭受严重水灾的年份。1991 年直接经济损失为 175 亿元，安徽省当年经济增幅比全国低 10 个百分点。2003 年直接经济损失为 159 亿元，皖北地区的阜阳、亳州、宿州等市的经济增长速度比全省平均值要低 6～7 个百分点，安徽省经济增长速度为 8.9%，如没有淮河水灾，经济增长速度将达到 10%。洪涝灾害使国家和人民群众蒙受巨大损失。

5.5 现状排涝能力评价

新中国成立以来，安徽省淮河流域易涝地区先后进行了多次不同程度的治理。据统计，2010 年各类圩堤长 2900km，排涝站装机容量 23.5 万 kW，涵闸 1357 座，排涝干沟 7382km。通过治理，洼地排涝条件有所改善，洪涝灾频发的局面有很大改观，但由于受主客观条件的制约，如洪涝矛盾、旱涝矛盾、承担上游来水大而排水出路小等矛盾比较复杂，以及工程量大而投入不足等原因，除涝能力仍然较低，不足以防御较大的涝灾，与该地区的社会经济发展不相适应。

沿淮洼地抽排能力普遍较低。除部分洼地建有大中型抽排设施，少数洼地抽排能力已达 5 年一遇，其余大多数洼地的抽排规模较小，标准偏低，且多数泵站建设年代较早，泵站自身排涝能力低，年久失修，存在大量的病站、险站，实际抽排能力远低于设计值，现状大部分地区的排涝标准不足 5 年一遇。有的低洼地区缺乏泵站等排涝设施，内水难以外排，而从已建的大中型排涝泵站运行情况来看，焦岗湖禹王站、泥河芦沟排涝站在 2003 年、2005 年均发挥了显著的效益。

在淮北平原河道中，谷河、润河、西淝河上段、北淝河上段、茨淮新河、新汴河以及正在治理的颍河、涡河等 8 条支流达到 5 年一遇的除涝标准；洪河、怀洪新河、奎濉河、唐河达到 3 年一遇的除涝标准；近年已经治理的浍河、泉河尚不足 3 年一遇；澥河、北沱河、石梁河、大沙河、龙岱河等其他支流一般只有 5 年一遇的 20%～50%。如澥河流域自 1952 年按麦作期 5 年一遇标准治理以来，方店闸以上至今没有进行治理，河道内杂草丛生，淤积严重，排涝能力仅相当于 5 年一遇设计流量的 27%～43%，且缺乏完整堤防，沟口无涵闸，不封闭，无防洪功能。南沱河先后经过四次治理，现状排水能力仍仅相当于 5 年一遇的 23%～45%。按流域面积统计，淮北平原骨干河道中排涝标准达到 5 年一遇的约占 30%，达到 3～5 年一遇的约占 30%，不足 3 年一遇的约占 40%。

面上排涝大沟除涝标准达到 5 年一遇的约占 40%。但一些大沟淤积严重，部分大沟上的桥梁、涵闸存在严重阻水，同时大部分缺少桥梁、涵闸配套，群众建了“蓄水坝”“过路坝”，致使大沟排水不畅，面上受淹，实际排水能力达不到 5 年一遇。另外，面上中、小沟不配套，形成“小河无水大沟满，小沟无水地里淹”的局面，造成洼地涝水不能及时有效排出，延长了洼地受淹时间，加重了涝灾损失。

安徽省淮河流域易涝地区主要排涝设施及排涝能力情况见表 5.5-1。

表 5.5-1 安徽省淮河流域易涝地区主要排涝设施及排涝能力情况

序号	洼地名称	圩堤长度/km	排涝站装机容量/kW	涵闸数量/座	排水河道长度（干沟）/km	排涝能力		
						骨干河道	面上大沟	排涝站
一	沿淮湖洼地							
1	洪河洼地	23	5570		113	3年一遇	不足5年一遇	3年一遇
2	谷河洼地	59	1780		109	5年一遇	10%达5年一遇	设计能力达5年一遇
3	润河洼地	70	975		32	5年一遇	不足5年一遇	不足5年一遇
4	八里湖	37	2000	14	146		65%达5年一遇	不足5年一遇
5	焦岗湖	70	8340	13	124		30%达5年一遇	不足5年一遇
6	西淝河下游	257	9512	100	266	基本达5年一遇	95%达5年一遇	不足5年一遇
7	架河	22	2790	12	40		60%达5年一遇	不足5年一遇
8	泥黑河	56	15105	15	100		40%达5年一遇	设计能力达5年一遇
9	茨河	53	11010	24	251		不足5年一遇	
10	北淝河下游	186	10950	55	320		45%达5年一遇	不足5年一遇
11	高塘湖	168	432	32	134		60%达5年一遇	不足5年一遇
12	临王段		8630		58		不足5年一遇	设计能力达5年一遇
13	正南洼	39	4010	11	31		不足5年一遇	不足5年一遇
14	黄苏段		3225	2	12		不足5年一遇	达5年一遇
15	天河	8	110	1	10		5年一遇	
16	七里湖洼地	43	880	2	31		不足5年一遇	圩区不足5年一遇
二	淮北平原洼地							
1	北淝河上段	24	1410	17	631	大部分河段达5年一遇	45%达5年一遇	不足5年一遇
2	澥河	9		21	301	5年一遇的27%～43%	40%达5年一遇	
3	浍河	35	9051	41	740	3年一遇的82%	50%达5年一遇	不足5年一遇
4	沱河			23	346	5年一遇的23%～45%	50%达5年一遇	
5	北沱河			8	188	5年一遇的26%～64%	50%达5年一遇	
6	唐河			40	278	3年一遇	50%达5年一遇	

续表

序号	洼地名称	圩堤长度/km	排涝站装机容量/kW	涵闸数量/座	排水河道长度（干沟）/km	排涝能力		
						骨干河道	面上大沟	排涝站
7	石梁河		955	5	144	5年一遇的65%	50%达5年一遇	
8	颍河洼地	57	7990	37	207	5年一遇	40%达5年一遇	不足5年一遇
9	泉河洼地	108	6005	66	82	3年一遇的90%	5年一遇	不足5年一遇
10	茨淮新河干流		8850	3	25	5年一遇	30%达5年一遇	不足5年一遇
11	黑茨河			13	35	大部分河段达5年一遇	5年一遇	
12	西淝河上段		4083	58	177	大部分河段达5年一遇	55%达5年一遇	不足5年一遇
三	淮南支流洼地							
1	史河	27	110	2	36		15%达5年一遇	不足5年一遇
2	淠河	293	1068	69	110		35%达5年一遇	不足5年一遇
3	濠河	42	880	13	29		不足5年一遇	不足5年一遇
4	池河	62	2020	12	13		不足5年一遇	不足5年一遇

5.6 治涝回顾及经验

5.6.1 简要回顾

回顾淮河中游淮北地区治水历程，大致可分为五个阶段。

1. 1950—1957年，调整水系，疏浚整治支流河道，推行“三改”措施

淮河、浍河、潆河、潼河、沱河5条河流在五河县附近汇集。五河因此得名。五河以上淮河的流域面积为12万km^2，而北岸支流潆潼河水系的浍河、沱河、石梁河、潆河、潼河总流域面积为1.54万km^2。每当汛期，淮河洪水暴涨，顶托倒灌，内外夹攻，五河一带泛滥成灾。1951年治淮委员会确定实施内外水分流工程进行治理，将淮河与支流分隔，使支流来水直接流入洪泽湖，缩短洪水行程，降低五河内河水位，而淮河洪水亦不再倒灌侵犯，以达到减轻涡东地区内涝的目的。

治淮初期，对奎河、濉河、沱河、浍河上游、西淝河、北淝河、洪河、汾泉河等10余条排涝河道进行了低标准疏浚整治。西淝河、北淝河、唐河、茨河等干流上中游作了水系调整，改善了排涝条件。

1952 年，淮北发生了严重的涝灾。通过淮河流域三省除涝会议，淮委提出了“以蓄为主，以排为辅”的除涝方针，要求“尽量的蓄、适当的排，排中带蓄、蓄以抗旱，因地制宜、稳步前进，使防洪与除涝、除涝与抗旱相结合。”1953 年，提出了根治淮河的三种办法：防洪保堤、除涝保收、改种避灾。因此，1953 年以后，淮北地区推行了“三改”措施，即改变季节的收成比重、改种高产和耐水作物、改变广种薄收的习惯。

2. 1958—1961 年，推行“水网化，水稻化，变淮北为江南”，强调就地蓄水

1957 年 11 月，根据中央提出的“以蓄为主，以小型为主，以社办为主”的“三主”治水方针，安徽省委提出了“水网化，水稻化，变淮北为江南”的治水方针。淮北水网化规划要求，淮北大部分耕地要改种水稻，达到 70 天不雨不旱，10 天降雨 400mm 不排不涝（后改为 5 天降雨 400mm 不涝），县县通轮船，乡乡通木船，社社通小船或木盆，3 年计划完成土方 100 亿 m^3。

3. 1962—1978 年，治水受政治因素干扰，但面上排水工程仍逐渐开展

1962 年，周总理在“五省一市”平原水利规划会议上作出了“蓄泄结合，排灌兼施，因地制宜，全面规划”的指示。从这一年起，平毁了一些不利于治水的边界河坝，兴建了新汴河工程，面上农田排水工程逐渐开展，按较高标准疏浚了沱南浍北的部分大沟，开始兴建沿淮电力排灌工程。1962—1965 年这一阶段的治水指导思想比较明确。

“文化大革命”开始以后，治水与其他工作一样曾一度处于混乱停顿状态。1969 年起，中央开始抓治淮统一规划。淮北在除涝方面除了继续实施新汴河工程，并于 1971 年开工建设茨淮新河工程外，还整治了王引河等部分河道，以固镇县“三一沟网化”为典型的面上排水系统建设，各地都进行了探索。

4. 1979—1990 年，以大沟为单元集中连片治理，除涝配套取得显著成效

1979 年 9 月中旬，淮北平原连续 10 多天阴雨，3 天雨量 150mm 左右，但由于桥涵配套太少，堵坝多，地面积水不能外排，造成严重内涝。淮北地区当年粮食减产 10 亿 kg。从 1980 年起，安徽省水利厅把淮北地区的基建投资和农田水利补助经费进行统筹安排，用于大沟和中沟的桥涵配套，小沟桥涵采取群众自办结合的办法。以一条或相邻几条大沟为一个治理单元，统一规划，成片治理，构建完整的排水体系。1979—1988 年的 10 年中，共治理大沟 872 条，修建桥涵 6 万多座，大大提高了面上的除涝能力。实践证明，这一时期开展的除涝配套，治理效果显著，很受群众欢迎。

5. 1991 年以来，对部分支流河道进行了初步治理，安排了支流及湖洼的局部整治，淮北治水按综合治理要求逐步推进

1991 年以来，淮北治水按综合治理要求逐步推进。黑茨河、包浍河、汾泉河、奎濉河等支流河道进行了初步治理。怀洪新河的建成，进一步扩大了漴潼河流域的排水出路。焦岗湖、泥黑河、闸河等支流及湖泊进行了局部整治项目，但这些项目规模小、标准低、补助少，部分项目实施过程中困难大，影响了整体效益的发挥。此

外，在原有排灌配套的基础上进一步完善，建成了部分旱涝保收示范片。

1979年实行联产承包责任制后，土地实行自主经营，使生产力得到了较大的提高，但由于每户的承包面积小，规模效益低，群众开展小型农田水利建设的积极性受到影响，同时由于农村劳动力向城市大量转移，加之近年取消“两工”，面上农田水利工程的投入大幅减少，面上沟洫得不到整治，影响了已建工程效益的发挥。

5.6.2 治理经验与体会

淮北地区由于历史上长期受黄河夺淮的影响，水系破坏淤废，灾害深重。新中国成立以来，经过不懈的努力，淮北地区的水利面貌发生了根本的变化。在近60年的治水实践中，不断摸索，积累了许多宝贵的经验。内外水分流、调整水系、开挖新河、疏浚河道、改种避灾、以大沟为单元的连片整治等工程与非工程措施都取得了显著成效。2007年，怀洪新河的合理调度，使37.8亿m^3的洪涝水通过峰山排入洪泽湖，大大缓解了漴潼河水系的防洪除涝压力。以固镇县“三一沟网化”为典型的面上排水系统建设，为各地面上配套工程建设提供了很好的经验。

颍上县根据“高水高排，低水抽排，排灌结合，综合治理”的方针，治理沿淮湖泊洼地。八里湖内的第三湖流域面积为113km^2，地形为南北高中间洼。南、北部坡洼地一般地面高程24.00～27.00m，低洼地地面高程20.00～24.00m。低洼地采取调整种植结构，综合治理。24.00～22.00m高程种植水稻，22.00～21.00m高程种植水杉、杞柳等耐水作物，21.00～20.00m高程开挖精养鱼塘，这既解决了第三湖的排涝问题，又减轻了八里河的洪涝灾害。经过1991年和2003年的大水考验，效益非常显著。第三湖流域内不但13万亩农田获得丰收，而且4500亩杞柳、5000亩鱼塘都获得丰收。

凤台县制定了“岗洼结合，旱涝兼治，截岗抢排，深沟引水，分散建站，山水田林路综合治理”的总体水利规划，经过不懈地努力，初步形成了骨干排灌网络和水利枢纽工程的布局。永幸河灌区成了名副其实的“遇旱能灌，遇涝能排”的粮食高产区。全县水稻种植面积由20世纪80年代初的不足2万亩发展到现在的50多万亩。粮食亩产由20世纪80年代初的每亩400kg提高到现在的每亩910kg。

五河县地处淮河中游的下段，该县利用沱湖、香涧湖等丰富的水面资源，大力发展水产养殖业，实现了经济效益和生态效益的统一。

在加强防洪工程建设的同时，治涝工程也取得一些经验与体会。

1. 支流河道按一定标准治理后，可明显改善区域排水条件，减轻洪涝灾害

淮北各支流中近期进行过比较系统治理的有洪河、泉河、包浍河、奎濉河、沙颍河、涡河等。这些工程完成后，可使这些支流河道排涝标准由现状的不足3年一遇提高到3～5年一遇，防洪除涝工程的效益十分显著，治水面貌得到明显改观。

奎濉河水系奎河、濉河、拖尾河为三条主要骨干河道，现流域面积3598km^2。1998年，奎濉河近期治理工程开工建设，治理标准干、支流防洪按20年一遇洪水设

计，干流除涝标准在利用老汪湖滞洪区运用后达到 3 年一遇，跨省支流达 5 年一遇，共疏浚河道长 156km。

2007 年奎濉河流域普降暴雨，最大 1 天、3 天、7 天雨量达 124.1mm、250.6mm、307.1mm。栏杆水文站实测洪峰流量 $244m^3/s$，相应洪水位 26.09m；浍沟水文站实测洪峰流量 $861m^3/s$，相应洪水位 23.07m。农田受灾面积 158.2 万亩，绝收面积 62 万亩，进水村庄 44 个，倒塌房屋 1795 间，直接经济损失 1.95 亿元。

而在治理前的 1996 年，奎濉河流域最大 1 天、3 天、7 天雨量达 170mm、200mm、311mm。栏杆水文站实测洪峰流量 $181m^3/s$，相应洪水位 26.80m；浍沟水文站实测洪峰流量 $544m^3/s$，相应洪水位 23.8m。奎濉河流域农田受灾面积 300 万亩，绝收面积 170 万亩，进水村庄 700 个，倒塌房屋 4500 间，直接经济损失 20 亿元。

在奎濉河治理工程尚未完全竣工的 2007 年灾情与治理前发生类似暴雨的 1996 年形成的灾害对比，最大 3 天雨量 2007 年大于 1996 年，最大 7 天雨量基本相同，控制站最大流量 2007 年均大于 1996 年，2007 年最高洪水位则均低于 1996 年约 0.7m，灾情也远远低于 1996 年。这充分说明河道河理后效益十分显著。

2. 已建大型排涝泵站在沿淮大水年份可以发挥重要作用，减灾效果显著

安徽省淮河低洼地面积大、分布范围广、居住在洼地人口众多。沿淮湖洼地地面高程一般为 20～15m，而淮河干流正阳关至浮山河道设计洪水位为 26.5～18.5m，高于洼地地面高程 3.5～6.5m；警戒水位为 24.0～17.3m，高于洼地地面高程 2～4m。淮河低洼地特别是沿淮洼地排水难的问题十分突出。

根据沿淮低洼地的特点，兴建排涝泵站，是解决沿淮低洼地区涝灾的有效途径。经过多年的建设，目前现有排涝站装机容量 23.5 万 kW，其中沿淮洼地已建有排涝站装机容量约 19 万 kW，为洼地排涝发挥了重要作用。现就焦岗湖禹王排涝站和泥河卢沟排涝站工程效益进行简要分析。

（1）焦岗湖禹王排涝站。焦岗湖禹王排涝站为 1991 年大水之后兴建，可排除焦岗湖及其北岸洼地内涝水，工程受益面积 $79km^2$，总装机容量 3200kW，设计扬程 8.0m，设计流量 $35.6m^3/s$，1996 年投入运行，在 2003 年、2007 年均发挥了显著的效益。

2003 年焦岗湖流域从 6 月 26 日至 7 月 21 日累计降水 625mm，禹王站从 6 月 30 日起至 8 月 3 日止，连续开机 35 天，共抽排涝水 6540 万 m^3。由于禹王站的及时排涝，枣林圩内五个乡镇、一个农场的 9.8 万人，260 多个企事业单位安全度汛，8.5 万亩耕地及 1.5 万亩精养鱼塘得到确保，圩内农业生产未受损失；同时缓解了排涝区内毛家湖生产圩堤、焦岗湖北岸生产圩堤及淮北大堤禹山坝段的防汛压力。

与未建站的 1991 年洪水相比，其同时段降雨量尚不及 2003 年，但由于无外排站，受淮河干流高水位顶托，焦岗湖内水无法外排，内涝最高水位达到了 21.97m，淹没村庄 75 个，冲毁房屋 2 万余间，湖周的渔业生产遭到了毁灭性的打击，直接经

济损失 4.1 亿元。

(2)泥河芦沟排涝站。泥河洼地流域面积 556km^2,耕地面积 52 万亩,人口 35 万人,历史上水灾频繁,洪涝灾害严重,平均每年受灾面积 3.2 万亩。1982 年受灾面积达 80.8km^2,绝收面积达 52.5km^2。1991 年泥河水位达 21.94m,淹没面积 147km^2,受灾人口 20 多万人,影响煤产量 210 万 t,直接经济损失近 4 亿元。

泥河芦沟站建成于 2001 年,直接抽排洼地内水入淮河,设计抽排流量 120m^3/s,装机 4 台,总容量 1.2 万 kW。2003 年大水,芦沟站自 7 月 2 日至 8 月 3 日,共开机 2200 台时,排水量 2.9 亿 m^3,有效地削弱了时段降雨产生的水位高涨,及时将泥河水位由最高时的 21.08m 降至 18.98m,袁庄城区、工矿企业生产生活秩序井然。根据雨情和水情综合分析,如果无芦沟站,2003 年泥河最高水位将超过 21.9m,高水位持续的时间将超过 40 天,并要向汤渔湖滞洪,受淹面积将超过 30 万亩,被水围困和被淹村庄将在 500 个以上,有 15 万人需被迫转移;城乡商业、企业、潘集煤矿将被迫停产;淮潘公路及进出潘集的主要交通道路将全部中断,估计直接经济损失将超过 5.7 亿元。由于芦沟站的排涝,使泥河最高涝水位降低了 0.8m 左右,减少了高水位持续时间约 20 天,相应减少淹没耕地 18 万亩,减少被水围困和被淹村庄约 500 个。

2005 年 7 月,泥河降雨约 400mm,7 月 9—22 日,芦沟站共开机 837 台时,排水量约 1.0 亿 m^3,泥河最高水位为 19.95m。由于泥河排涝站的抽排,使得泥河周边大片农田免受涝灾,确保了工矿企业的生产安全。

3. 加强面上配套工程,充分发挥骨干工程效益

面上配套不完善是造成局部涝灾的重要原因。因此在开展排涝骨干工程建设的同时,要加强农田水利建设,有步骤地实施面上配套工程,以充分发挥骨干工程的效益。

从 1980 年起,安徽省把淮北地区的基建投资和农田水利补助经费进行统筹安排,用于大沟和中沟的桥涵配套,小沟桥涵采取群众自办的办法。以一条或相邻几条大沟为一个治理单元,统一规划,成片治理,构建完整的排水体系。怀远县徐圩乡 1 号、2 号大沟疏浚整治后,基本上可以保证 200mm 降雨不成灾。

4. 河道下游及湖周边圩区实行分类治理,有利于洪涝水的科学调度和水土资源的合理利用

淮河中游的这些圩区地势低洼,是淮河流域洪涝灾害最为频繁的地区之一。在长期治水实践中,各地根据各洼地的实际情况积极探索对河道下游及湖周边圩区实行分类治理。寿县的正南洼地,将现有 4 个圩区划分为 2 个按 20 年一遇的标准治理,另 2 个作为县级蓄滞洪区。2007 年当肖严湖水位超过保证水位 0.43m 时,依次弃守刘帝圩、枸杞圩滞洪,有效地保证了建设圩、肖严圩两个大圩的防洪安全;蚌埠市的北淝河下游将现有的 21 处圩堤中,划分为一等圩 5 处、二等圩 3 处、三等圩 8 处、生产圩 3 处、蓄洪区 2 处。圩区的分类治理,可有效地调度洪涝水,从而达到减灾之

目的。

5.7 涝灾治理对策

5.7.1 指导思想

坚持以人为本和人与自然和谐相处的原则，体现和反映社会经济发展对治水的新要求，将易涝地区治理与水资源利用、国土开发与整治、生产交通及社会主义新农村建设相结合；完善防洪除涝体系的总体布局，兴利除害，发挥防洪、除涝、抗旱等综合效益，努力实现人口、资源、环境相协调，为治理工程的实施和决策提供科学依据。

涝灾治理要贯彻“全面规划、综合治理、因地制宜、讲究实效”的原则。根据地区社会经济可持续发展的要求，统筹兼顾，坚持防洪与治涝相结合，治涝与灌溉统筹考虑，工程措施与非工程措施相结合，充分考虑洪涝规律和上下游、左右岸的关系，处理好局部与全局、当前与长远、除害与兴利的关系，因地制宜地采取降、截、抽、整、调、蓄等综合治理措施，有计划地分步实施。

5.7.2 对策与措施

5.7.2.1 全面规划，突出重点，实施河道疏浚、泵站工程、圩堤加固等防洪除涝工程，提高防洪除涝减灾能力

针对淮河中游易涝地区存在的突出问题，应以防洪治涝为主要目标，工程措施与非工程措施相结合，分片综合治理。治理措施包括排涝泵站工程、圩区堤防加固工程、支流河道治理工程等。

根据多年来除涝工程的实践，除涝工程的措施主要包括高截岗、疏沟排水、洼地建站、出口建闸、加固圩堤等。针对淮河中游洼地范围广、面积大、情况复杂等具体情况，拟采取不同的措施，完善除涝工程体系，减轻洪涝灾害。

(1) 沿淮湖洼地。通过建设一批骨干排水泵站，着力提高抽排能力，对保护面积较大或区内人口较多的圩区，按一定的标准进行加固，提高防洪能力；对于保护面积小、堤身单薄、有碍排洪滞洪的圩堤应尽可能退田还湖，实施低洼地群众移民迁建。

(2) 淮北平原洼地。排涝重点是建立并完善各区域的排水系统，通过治理支流河道为面上涝水的下泄与抢排创造条件；花大力气畅通排水干沟，改变由于沟道断面窄小、堵塞导致面上积水无法外排的局面。

(3) 淮南支流洼地。加固圩区堤防，配套涵闸和排涝站；按照高水高排、低水低排的原则，在洼地与岗畈过渡地带设置撇洪沟渠；对一些面积较小、阻碍排洪的生产圩堤，实施退田还湖；对低洼地群众实施人口迁移。

关于治理标准，淮北支流河道按除涝 5 年一遇，防洪 20 年一遇的标准治理；泵

站抽排标准采用5～10年一遇；圩堤防洪标准为10～20年一遇；面上大沟疏浚采用5年一遇。对经济条件较好或有特殊要求的地区，可适当提高标准。

5.7.2.2 合理确定自排与抽排的规模，处理好防洪与治涝，临时滞蓄洪涝水与洪水资源利用、生态保护的关系，综合治理易涝区域

在加强防洪除涝工程建设的同时，研究抬高湖泊洼地蓄水范围，一方面可有效降低抽排规模；另一方面可实现洪水资源化。淮河干流洪水资源化可增加调节库容近10亿m^3，改变沿淮湖洼地长期以来围湖造田、与水争地的局面。通过进行适当的退田还湖，不仅可增加供水量，提高水资源的利用率，而且扩大了沿淮湿地面积，有利于保护生物多样性和提高水体自净能力，对生态环境将起到显著的改善作用。

5.7.2.3 因地制宜，大力开展农业结构调整，宜农则农，宜林则林，宜水则养，实现沿淮易洪易涝地区人与自然和谐相处

安徽省淮河流域易涝地区大都是沿河、沿湖周边的地势低洼地。长期以来，随着人口的增加，人均耕地资源的减少，对许多低洼地进行了垦殖。过度围垦，侵占了水面，抬高了水位，易涝多灾还增加了农业生产的成本。为了改变这一状况，一方面要加强以排涝建设为重点的水利建设；另一方面需要通过调整农业结构来适应自然，达到减灾的目的。

沿淮地区种植业以粮食、油料为主。由于地势低洼，洪涝频繁，广种薄收，耕作粗放，“收一季保全年”的思想比较普遍。多年来，粮食单产低于全省平均水平。耕作方式仍然沿袭本区传统的“一麦一稻”“一油一稻”为主的种植模式，全省稻茬麦近八成集中在该地区，一遇自然灾害，便大幅度减产甚至绝收。许多沿湖浅滩，未能根据易涝宜渔的特点合理安排生产，仅仅单一种植粮食。

近年来，易涝地区农业结构进行了一些调整，如提高优质稻、麦、油的种植比例，发展了一些特色农业，但总体来说农业种植结构仍然以稻-麦、稻-油传统模式为主，具有地域特色的畜牧水产、蔬菜等特优作物发展不快。

调整农业结构总的思路是以市场需求为导向，以科技进步为动力，以增加农民收入为核心。改变该区域农业结构层次低的问题，建立适应沿淮地区特点的农业结构体系，提高应对灾害的应变能力，实现增产增收。

农业结构调整措施包括以下方面：①因地制宜，大力发展养殖业、适应性农业；②发挥优势，大力发展特色高效农业；③加工增值，大力发展农产品加工业；④立足区情，大力发展农村劳务经济；⑤发展湿地经济。

5.7.2.4 总结移民建镇经验，结合城镇化进程和新农村建设，引导洼地内群众向集镇转移

按照新的治水思路，以防洪减灾为主线，从可持续发展的高度研究现有圩区的整治方案。考虑圩堤保护面积、所处位置、圩内人口、重要性、形成年代等因素，分别采取加固、平圩行洪、人口迁移、维持现状（限制堤顶高程）等措施，确定各圩区的治理方向，通过加强管理，达到防洪减灾的目的。

安徽省淮河支流中下游洼地及湖周边地区尚有100万群众居住在洪涝高风险区。2003年大水后，行蓄洪区及河滩地共实施移民20多万人，改善了他们的生存条件，成效显著。为了减轻居住在低洼地群众的洪水风险和淹没损失，应结合新农村建设和小城镇建设，引导洼地内群众向集镇转移。

5.7.2.5 多渠道解决除涝工程建设资金问题，创新管理机制，保证除涝工程建设的顺利开展和工程效益的发挥

安徽省淮河流域易涝地区，由于历史等多方面原因，经济发展水平和财力与先进地区相比，存在较大差距。地方财力有限，难以对面上排涝工程进行大规模的治理投入。在积极争取中央投入的同时，应按分级负责的原则，结合新农村建设、农业开发项目、土地整理项目、农村交通网络建设以及乡村“一事一议”等统筹安排。

除涝工程点多面广，管理任务十分繁重，需加强完善和创新排涝工程管理体系，确保工程的持续有效运行。

除涝工程为纯公益性水利工程，工程管理应实行统一管理和分级管理相结合的原则，分级负责，建立健全管理组织机构，按照工程隶属关系，分级负责，落实运行维护费用。对于大中型排涝泵站，特别是排水跨行政区划的大型泵站，要建立合理可行的运行管理机制和经费渠道，以保证其及时有效运用。研究大型骨干泵站由省统一支付电费的办法。对于面上农田水利工程，由乡镇设立水利管理服务中心，加强本行政区域内小型农田水利工程的管理。

5.8 分片治理研究

5.8.1 沿淮湖洼地

5.8.1.1 概述

沿淮湖洼地面积为9000km^2，主要包括淮河以北的洪洼、谷河洼地、润河洼地、八里湖、焦岗湖、西淝河下游洼地、架河洼地、泥黑河洼地、茨河洼地、泊岗洼地、北淝河下游洼地，淮河以南的高塘湖、临王段、正南洼、黄苏段、天河洼、女山湖、七里湖洼地、高邮湖洼地，以及沿淮行蓄洪区和其他洼地等。

中游沿淮地区是淮河流域洪涝灾害最为频繁的地区。湖洼地出口基本上都有闸控制，汛期遇淮河中小洪水，干流水位即高出洼地地面。虽控制闸可拒外水倒灌，但由于洼地地形平坦，地势低洼，当地降雨无法外排，常形成“关门淹”，时间一般长达2～3个月。湖洼地内虽筑有部分圩堤，但堤防标准和抽排能力都很低，经常出现因洪致涝、洪涝并发的现象。

针对沿淮湖洼地的地形条件和洪、涝规律，洼地治理既要重视防洪除涝，又要考虑蓄水灌溉，变洪水为资源。总体思路是遵循高水高排、低水低排，自排与抽排相结合的原则。开挖截岗沟，使岗坡水不进入圩区低洼地区；利用现有涵闸和大沟相机向淮河排出涝水，争取抢排。高水位不能自排时，建站抽排。同时建沟口涵闸防止

淮河水位高不能自排时拒外洪倒灌；充分利用湖泊、洼地滞蓄洪涝水，同时发挥水资源综合利用效益。如瓦埠湖、花园湖、女山湖等湖泊洼地汇水面积大、来水多，滞涝作用明显，考虑退垦还湖，扩大湖泊面积，增加蓄滞洪涝水能力；利用较低洼地建湿地，调整种植结构，增加农业经济收入，促进当地经济发展。

5.8.1.2 洪河洼地

1. 基本情况

洪汝河流域总面积为12380km²。安徽省流域面积为572km²，其中洼地面积527km²，位于阜阳市的阜南、临泉两县境内，地面高程一般为26.5～30.0m，耕地面积58万亩，总人口55万人。洪洼圈圩面积280km²，耕地24万亩，分高程基本情况见表5.8-1。

表5.8-1　洪河洼地分高程基本情况统计

范围	县（市、区）	洼地面积/km²	高程/m	人口/万人	耕地/亩
洪河洼地	阜南县	1.76	26		112
		13.54	27	0.93	6250
		116.36	28	7.6	39630
		198.73	29	11.7	138480
		217.66	30	19.2	181190
		220.81	31	19.8	198660
		222.97	32	20.3	199636
	临泉县	10	30		6500
		41.3	31.5	1.67	29900
		56.8	32	3.23	40400

洪洼地区多年平均年降水量930mm，其中最大1天降雨量为259.3mm，发生在1954年7月5日。大水年最大3天暴雨量见表5.8-2。

表5.8-2　洪洼最大3天暴雨量统计

年　份	1991	2003	2005	2007
最大3天暴雨量/mm	348.5	225.8	163.6	115.3

2001年后，洪汝河下游河道按防洪10年一遇、除涝3年一遇标准进行了治理。大洪河3年一遇除涝流量1400m³/s，10年一遇洪水流量2120m³/s；分洪道3年一遇除涝流量200m³/s，10年一遇分泄洪水880m³/s。复建班台闸，新建、退建、改建排涝涵闸34座，除险加固58座，其中安徽省新建沟口涵闸16座，加固25座。退建、新建排涝站22座，装机容量3183kW，其中安徽省新建7座（其中6座位于濛河分洪道左岸），装机容量1460kW。

2004—2006年对洪汝河进行近期初步治理，加固了洪河左干堤，拓宽了河道，增加了洪河下泄流量，恢复了班台闸，汛期分洪道洪水位主要受下游洪水顶托影响。洪河洼地现状工程标准：圩堤防洪10年一遇，洼地自排和抽排标准不足5年一遇。洪河洼地排涝工程情况详见表5.8-3。

表5.8-3 洪河洼地排涝工程情况

圩堤长度/km	排涝站装机容量/kW	涵闸数量/座	排水河道长度（干沟）/km	现有排涝能力		
				骨干河道	面上大沟	排涝站
23	5570		113	3年一遇	不足5年一遇	3年一遇

1976—1984年，临泉、阜南两县累计受灾97万亩，平均每年受灾10.8万亩。1982年、1991年、1998年、2003年、2007年5个年份，洪洼耕地绝收面积分别达到了54%、33%、28%、20%、20%，淹没耕地37万亩、23万亩、24万亩、12万亩、28万亩。

2. 致灾原因和存在问题

(1) 自然地理因素。洪河洼地地势低洼，外河高水位持续时间长，洪水和内涝经常遭遇，内水排不出，而且洼地淹没时间一般长达20多天，有的长达3个多月。

(2) 沟洫缺乏治理。由于洪洼内部多年没有系统治理，中小沟堵坝较多，部分大中沟尤其截岗沟淤积严重。

(3) 治理标准低。洼地沿河圩堤防洪标准偏低，分洪道圩堤堤身单薄，防洪标准不足10年一遇；洼地除涝标准不足5年一遇。

(4) 工程不配套，老化严重。现有排涝站及涵闸设备老化失修，不能正常发挥工程效益。部分洼地没有建排涝站，积水长期排不出。

3. 治理对策

坚持防洪与除涝相结合，在充分利用现有大中沟及水利工程设施基础上，采取必要的工程措施和非工程措施。

(1) 划清流域界线，实行高水高排，低水低排，同时开挖面上大沟，完善面上的沟渠体系。为防止超标准洪水造成更大的损失，将洪河及其分洪道大堤内部分低洼地作为应急滞蓄涝区。

(2) 按防洪标准20年一遇加固圩堤；按5年一遇抽排标准新建、扩建、技改排涝泵站；疏浚截岗沟、排涝大沟；对沟口涵闸和损坏、阻水的桥梁进行加固、重建。

(3) 将洼地内水塘进行全部整治，并尽可能与排涝沟相通，扩大滞蓄水库容。

(4) 调整产业结构，在洼地内根据水源条件，适当增加旱改水面积。

5.8.1.3 润河洼地

1. 基本情况

润河流域面积为907km^2，河道长70km。润河洼地面积为359km^2，地面高程一般在27.0m，局部洼地地面高程只有23～24m。洼地现有耕地面积38.4万亩，总人

口 39.1 万人，其中农业人口 37.3 万人。润河洼地各圩区基本情况见表 5.8-4。

表 5.8-4　润河洼地圩区基本情况

圩区名称	面积 /km^2	耕地 /万亩	人口 /万人	地面高程 /m	圩堤长度 /km
于桥圩	3.1	0.37	0.40	29	4.6
槐井圩	2.8	0.34	0.35	30	3.7
柳新圩	5.6	0.67	0.56	29.5	3.4
黄岗圩	5	0.60	0.76	29.5	6.7
贺胜圩	3.7	0.44	0.45	30	2.5
高庄圩	1.3	0.16	0.31	24.5～27	2.3
齐庄圩	1.2	0.14	0.60	24～27	3.1
马刘圩	4.2	0.50	1.20	23.7～27	3.2
陈嘴圩	2.2	0.26	0.83	23.5～26	1.5
东陈圩	7.5	0.90	0.70	24～26	3.5
朱寨圩	7.6	0.91	1.10	23～24	7.4
闵庄圩	4.5	0.54	0.56	22.6～23.8	7.5
郭庄圩	5.4	0.65	0.63	24～26	7.6
吴寨圩	5.23	0.63	0.85	22	2.4
红星圩	1.9	0.23	0.30	22.2	1.2
赵岗圩	2.52	0.30	0.40	22	1.654
黄卜圩	4.65	0.56	0.68	22	4.3
周庄圩	1.45	0.17	0.26	21.5	1.2
大马庄圩	1.38	0.17	0.19	22	1.7
合　计	71.23	8.55	11.13		69.454

润河历次治理原则是高水高排，将上游来水分段截引入谷河和濛河分洪道，以减轻中下游的防洪排涝压力。1974 年，对润河进行疏浚，修建张集闸以防止濛河分洪道洪水倒灌。1978 年修建陶坝孜闸，解决了淮水倒灌的问题，洪灾减小。1985 年，在润河干流兴建刘庄闸。1986—1993 年整修了 13 条生产圩堤，总长 57.0km，修建了 11 处站涵，13 座电灌站。1997 年冬季开挖疏浚陶孜河，配套部分桥梁。2003—2004 年修筑临淮岗淮河洪水控制工程北副坝，开挖了除涝沟，配套了桥梁、涵闸和道路工程。2006 年修建了贺胜排涝站、槐井排涝站。

润河现有圩堤 19 处，圩堤标准低，顶宽只有 3m 左右，堤身单薄，险工险段较多，防洪标准不足 10 年一遇。润河洼地现有涵闸 9 座，6 座排涝站标排涝能力均不足 5 年一遇。润河洼地排涝工程情况详见表 5.8-5。

表 5.8-5 润河洼地排涝工程情况

圩堤长度/km	排涝站装机容量/kW	涵闸数量/座	干沟长度/km	排涝能力		
				骨干河道	面上大沟	排涝站
70	975	9	32	5年一遇	不足5年一遇	不足5年一遇

根据1952—2003年的灾情统计，52年间发生水旱灾害的有35年，受灾面积289.65万亩；水灾有26年，受灾面积139.46亩；旱灾28年，受灾面积150.19万亩。

1954年7月，润河流域发生特大洪水，受灾面积29.5万亩，成灾面积17.42万亩，受灾人口31.67万人，倒塌房屋5885间。1954年9—10月大旱，补种晚秋作物所收无几。

1982年7月9日至8月1日，连续阴雨24天，降雨354.8mm，最大三日降雨量173.5mm。润河流域受灾面积23.7万亩，成灾面积9.11万亩，倒塌房屋2674间。

2003年进入汛期以来，出现三次大的降雨，润河流域（老集点）累计降雨702mm，其中最大3天降雨量为221mm，洪水泛滥。据统计，整个流域乡镇全部受灾，农作物受灾害面积40.00万亩。

2. 致灾原因和存在问题

（1）流域内排涝沟系不健全。润河本干30多年没有开挖疏浚，淤积严重，河道断面缩窄50%左右，汛期河道排水不畅、滩地行洪；中小沟堵坝多，造成洼地灾情加重。

（2）工程不配套，影响排涝效益的发挥。工程设施老化、标准低、抗灾能力弱，桥梁等建筑物不配套，洼地内部小流域之间缺少控制性工程，汛期涝水窜流。

（3）人水争地，导致洼地调蓄库容减少。20世纪90年代期间，由于人均耕地减少，盲目向本应为滞水区的低洼地开荒耕种，导致洼地调蓄库容减少，受淹频繁，灾情加重。

（4）种植结构不合理。

3. 治理对策

为了及时排除圩内积水，尽量减少圩堤内的受淹面积，按照新的治水思路考虑防洪的同时，也充分考虑水资源的综合利用，兼顾社会、经济和生态环境效益，采取综合措施治理洼地，进一步调整农业生产结构，发展水产养殖和耐水作物。具体采取如下措施：

（1）在流域分界处，建流域分界控制工程，既能划清流域界线、控制流域水系窜流，又能在灌溉需水时引水灌溉，对流域窜流特别严重的洼地分片治理。

（2）完善沟洫系统，开挖疏浚大中沟；在岗坡地上筑圩堤、挖截岗沟、顺堤沟以及面上配套工程等，实行高水高排，低水低排。对损坏建筑物（涵闸、泵站）以及排涝标准不够的建筑物进行维修、加固和重建。

（3）将润河圩堤内部分低洼地作为应急滞蓄涝区。对于受洪水威胁的居住在低

洼地的群众进行移民迁建。

(4) 调整种植结构，退耕还湖，保留湿地。保留一部分湿地用于滞洪，低洼地调整种植结构，种植杞柳、水杉等耐水作物，开挖鱼塘，退耕还湖，蓄水灌溉，改善生态环境。

5.8.1.4 八里河

1. 基本情况

八里河流域面积为480km^2，总人口38.2万人，耕地43.1万亩，分属颍上县城关、新集、建颍等14个乡（镇）179个行政村。八里河支流主要有柳沟、五里湖大沟和第三湖大沟，集水面积分别为123.5km^2、137.8km^{2}和113.0km^2，占八里河流域面积的78%。区间面积为105.4km^2，其中包括青年河流域面积46.3km^2。八里河洼地常年蓄水区正常蓄水位21.0m，面积20.0km^2。八里河洼地最高地面高程28.5m，最低17.5m。该区多年平均年降雨量965.6mm，最大年降雨量为1722.5mm（1954年），最小年降雨量为406.8mm（1966年）。

八里河沿岸现有圩堤16处，圩堤总长36.82km，堤顶高程24.5～25.0m，防洪标准已达7～10年一遇。流域内现有大沟15条，排涝标准达3～5年一遇。

八里河闸是八里湖流域的主要排水出口，位于东端出口处，建于1958年，设计流量为185m^3/s。1989—1991年，对流域内第三湖大沟进行了初步治理，修建了陶坝孜电力排灌站，装机容量2000kW，设计流量19.1m^3/s；在第三湖大沟南北侧修建了高排沟以及面上配套工程。1996年修建了卞海孜涵，设计流量32m^3/s，在外河水位低于涝水位时，可将班草湖洼地及宋沟、黄沟部分来水排入颍河。

八里河流域直接向外河排水的有卞海涵、宋沟涵、四里湾涵、三里桥涵、下溜涵、八里河闸等沟口防洪涵闸以及陶坝孜排灌站、下溜排涝站。

八里河流域在1949—2003年的55年中，有记载的较严重的洪涝灾害就有20次，最高内涝水位都在23.0～25.38m之间。其中较为严重的是1954年、1956年、1963年、1968年、1982年、1991年、1996年、1998年、2002年和2003年，相应最大内涝水位为25.35m、24.19m、23.88m、23.75m、23.84m、24.63m、23.49m、24.23m、24.00m、25.38m。其中灾情最为严重的是1954年、1991年、2003年。据统计，1954年洪水淹没耕地16.77万亩，1991年洪水淹没耕地32万亩。2003年颍上县连降暴雨和特大暴雨，八里河最高内水位达25.38m，为历史最高，淹没耕地35万亩。

2. 致灾原因和存在问题

(1) 骨干排水工程尚未建设，排水系统亟待完善。八里河流域地面高差大，约12m，缺乏骨干高水高排工程和排涝泵站，以致高低水不分，高地水进入洼地后，汛期常受外河水位顶托，内水不能外排。

(2) 现有部分排水涵闸老化严重，危及防洪安全。

(3) 由于面上中小沟不配套，缺乏桥涵配套工程，沟渠大多有堵坝，致使排水不畅，造成局部耕地受淹。

3. 治理对策

针对八里河流域的地形特点和内涝灾害频繁的具体情况，治理思路与对策措施如下：

(1) 要增加排水出路，采取高水高排、低水低排、自排与抽排相结合，形成完整的除涝体系。利用建南河、红建河和保丰沟作为高排沟，并在沟口修建防洪闸，将部分高地来水相机向颍河排出，在颍河水位高不能自流排水时拒外洪倒灌；根据地形条件及高排沟布局，将班草湖洼地、五里湖大沟洼地和八里河沿岸圩区作为独立的排水区，修建电力排灌站及自排涵解决洼地的排涝出路。

(2) 移民迁建。对于24.0m以下易涝区，要控制人口迁入，对现有人口应结合新农村建设和小城镇建设，逐步实施搬迁。

(3) 利用较低洼地建湿地，调整种植结构，改种水杉、杞柳等耐水经济作物。要保护好现有水域，发挥水资源综合利用效益。

5.8.1.5 焦岗湖

1. 基本情况

焦岗湖流域面积480km^2，主要支流有浊沟、花水涧和老墩沟。焦岗湖入淮河道便民沟全长2.7km，沟口有焦岗闸与淮河相通。流域内地势西北高、东南低。北部地形平坦，地面高程为25～24m；中部为24～21.5m，岗洼相间；在东南低洼地处有常年蓄水区，湖底高程为15.5～16.5m，正常蓄水位17.75m，相应湖面面积约43km^2。

焦岗湖洼地人口39.3万人，耕地46.7万亩，分属颍上县、淮南市毛集实验区和凤台县的10个乡镇以及焦岗湖农场。

焦岗湖流域多年平均最大1天、3天、7天雨量分别为90mm、136mm、164mm，历年最大1天、3天、7天雨量分别为216.3mm、446mm、470.8mm，分别发生在1991年、2003年和1954年，分别是多年平均值的2.40倍、3.28倍、2.87倍。焦岗湖最大3天暴雨量见表5.8-6。

表5.8-6 焦岗湖最大3天暴雨量统计

年 份	1991	2003	2005	2007
最大3天暴雨量/mm	397	446	186	368.5

焦岗湖流域自20世纪70年代起先后沿湖修筑了小圩，1991年大水后实施了联圩并圩，流域内有杨湖大圩、乔口圩、枣林大圩、毛家湖圩、农场圩等5个圩区。圩区总面积171.7km^2，圩堤长69.5km。

焦岗湖流域现有骨干外排工程主要有焦岗湖闸、禹王排涝站、鲁口排灌站。焦岗湖闸位于淮北大堤上，建于1958年，设计流量179m^3/s。禹王排涝站建于1992年，排水区为枣林大圩以及颍凤公路以北面积79km^2，设计流量36m^3/s，装机容量

3200kW。鲁口排灌站建于1992年，设计流量38.4m³/s，装机容量4000kW，承担杨湖圩85.2km² 的排涝任务。上述两站均具有兼排焦岗湖水的功能。

刘集大沟流域现有的排涝设施包括胜利涵、刘集涵以及木岗排灌站。木岗站建于1978年，装机容量1085kW，抽排流量10m³/s。流域内现有主要排水大沟11条，长124km，排涝标准达3～5年一遇。焦岗湖洼地排涝工程情况见表5.8-7。

表5.8-7 焦岗湖洼地排涝工程情况

圩堤长度/km	排涝站装机容量/kW	涵闸数量/座	排水河道（干沟）长度/km	排涝能力	
				面上大沟	排涝站
70	8340	13	124	30%达5年一遇	不足5年一遇

自新中国成立后的50多年中，焦岗湖流域发生较大洪涝灾害的有17年，其中受灾最重的是1954年、1991年、2003年和2007年。

2. 致灾原因和存在问题

（1）洼地来水面积大，自流排水条件差，抽排能力不足，湖水上涨快，且现有圩堤堤身单薄，防洪标准低，致使湖周边低洼地区和大沟沿岸洪涝灾害严重。

（2）还未形成较完善的除涝体系。焦岗湖排水出口均在东部低洼地，由于受淮河水位的影响，汛期自排机会不多。而流域西北部岗地地面高程在24～25m之间，有较好的自排条件，但缺少排水出路，涝水只能汇入湖区造成湖水位的上涨，进而造成湖周低洼地区的洪涝灾害。

（3）抽排能力不足，装机容量不能满足全流域抽排要求，涝水不能及时排入外河造成内涝。

（4）流域界线不清，大沟窜流现象严重。刘集大沟原是直接入颍河，颍河左堤修筑后堵死了入颍河口而改入焦岗湖。该流域虽有胜利涵、刘集涵以及木岗排灌站可以向颍河排水，但缺乏控制工程，刘集大沟来水在一般情况下仍入焦岗湖，加大了湖洼地区的排水压力。

（5）配套工程不完善，部分控制闸老化失修。现有沟渠大多有堵坝，排水不畅，影响除涝灌溉骨干工程的作用发挥。

3. 治理思路与对策措施

针对焦岗湖流域的地形地势特点以及其致灾原因，遵循高水高排、分片排水，按照“堵客窜水，截岗坡水；坡洼圩区，抽排涝水；湖区滞涝，综合利用”的治理思路，充分发挥现有涵闸和大沟的排水能力，扩大自排出口。通过开挖高截沟，使颍凤公路以北来水实现高水高排；建设控制工程，使刘集大沟流域等客水不下窜入湖，实施分片排水；完善圩口的防洪除涝体系，提高湖洼地区的防洪除涝标准，重点对杨湖圩、枣林圩、乔口圩及农场圩等4处圩口进行治理。

焦岗湖常年蓄水位17.75m，相应湖面面积约43km²，可进一步研究抬高蓄水位的可能性。对于21.0m以下的易涝区，要控制人口迁入，调整产业结构，对现有人口应结合新农村建设和小城镇建设，逐步实施搬迁。要保护好现有水域，发挥水资源综合利用效益。

5.8.1.6 西淝河下游

1. 基本情况

西淝河流域面积 1621km²，主要支流有苏沟、济河、港河。流域内地形西北高东南低，最高地面高程 30.0m，最低地面高程 17.0m，沿河地势低洼，下游形成天然湖泊花家湖（正常水面面积 35km²）。西淝河下游本干河道较为平缓，河道平均比降约为 1/40000。

西淝河下游洼地共涉及阜阳市颍东区、颍上县，亳州市利辛县，淮南市毛集区、凤台县等五个县（区），现有人口 73 万人，耕地 80 万亩。

西淝河流域历年最大 1 天、3 天、7 天降水量分别为 224mm、402mm、529mm，多年平均最大 1 天、3 天、7 天降水量分别为 87mm、132mm、162mm。2003 年 6 月 21 日至 7 月 12 日，流域内累计降水量 609mm，为历史同期平均的 2 倍。西淝河下游洼地大水年各时段最大点降水量见表 5.8-8。

表 5.8-8　　西淝河下游洼地大水年各时段最大点降水量

年份	最大 1 天降水量 /mm	最大 3 天降水量 /mm	最大 7 天降水量 /mm
1954	176	402	529
1956	84	225	311
1968	224	355	390
1972	110	188	228
1991	173	382	398
1998	150	195	261
2003	107	182	257
2005	149	248	350
2007	224	382	432

注　本表来自凤台（峡山口）站的数据。

西淝河闸为西淝河入淮河的控制闸，历年最高 1 日平均水位 24.80m（1954 年 7 月 29 日），历年最高 3 日平均水位 24.79m（1954 年 7 月 28—30 日），历年最高 5 日平均水位 24.77m（1954 年 7 月 29 日至 8 月 2 日）。

西淝河下游沿岸地势低洼，洪涝灾害频繁，为防洪除涝，沿岸群众自 20 世纪 50 年代起先后圈圩筑堤，西淝河干流两岸共有圈堤 46 处，圩堤长度 194.1km，保护面积 167.8km²，圩内有人口约 18.6 万人，支流共有圈堤 13 处，圩堤长度 61.5km，保护面积 44.7km²，圩内有人口 3.6 万人。西淝河下游圩区情况详见表 5.8-9。

表 5.8－9　　西淝河下游圩区基本情况

序号	圩区名称	面积/km^2	耕地/亩	区内人口/人	圩堤长度/km	1991年以来破圩年份
1	尹家洼圩	1.67	1300	1500	3	1991年、1996年、2003年
2	孤山套圩	1.5	1300		2.23	1991年、1996年、2002年、2003年、2005年、2007年
3	杨刘王圩	6.89	6500	4520	8.16	
4	李咀圩	1.49	1450	920	1.56	
5	塘东塘西圩	0.81	1000	1850	1.46	
6	朱大圩	5.97	4700	4350	6.84	1991年、2003年
7	赵后胡圩	3.42	3800	3760	4.2	1991年
8	前后咀圩	2	1600	1630		已塌废
9	胡镇圩	1.59	1500	2200	3.85	1991年、1998年、2003年
10	西晒网滩圩	2.5	2000			已塌废
11	金岗圩	4.52	4500	990	5.4	1991年、1996年、1998年、2003年、2007年
12	李大圩	0.68				已塌废
13	许大湖圩	5.17	5600	1750	4.6	1996年、2007年
14	刘中圩	1.88	1800	3760	3.2	1991年、1996年
15	米吴圩	6.58	6000	2380	4.1	1991年、1996年
16	陈圩	1.9	1800	1800	4.5	1991年、1996年、2003年
17	杨村圩	12.63	12810	11500	12.8	1991年
18	李圩	0.54	500	1000	2.7	
19	汤店圩	2.73	2730	2500	5.4	1998年、2003年
20	苏湾圩	1.79	1790	1570	2.5	1998年、2003年
21	张谢圩	2.01	2010	1740	3.9	1998年、2003年、2005年
22	袁新圩	2.41	2410	13260	6.1	2003年
	小　计	70.68	67100	62980	86.5	
23	小舟湾圩	5.55	2000	3500	1.35	1991年、1996年、2003年
24	大舟湾圩	2.82	2800	2300	1.55	1991年破圩、1993年漫顶
25	后岗圩	4.13	4600	9000	5.7	1991年、2003年
26	大台圩	6.58	2500	3100	4.9	1991年、1996年、2003年
27	薛窑圩	5.85	3500	3000	3.1	1991年

续表

序号	圩区名称	面积/km²	耕地/亩	区内人口/人	圩堤长度/km	1991年以来破圩年份
28	方庄圩	2.24	5500	10600	3.7	1991年、1996年、2003年
29	济河圩	2.57	3000	5500	4.7	1991年、1996年、2003年、2007年
30	毛家湖圩	9	8000	4000	2.85 0.9 1.8	1991年
31	魏洲湾圩	1.33	2000	3200	2.25	
32	羊皮洼圩	1.00	1500	2500	1.25	1991年后未破
33	马老湾圩	1.13	1700	2500	1	
34	吴楼湾圩	1.07	1600	800	1.85	
35	直北湾圩	0.67	1000	7000	1.75	
36	梳草湾圩	0.93	1400	4500	1.35	
37	孙岗圩	6.93	6930	2800	7.16	1991年、1996年、1998年、2007年
38	大东圩	5.05	5050	1400	6.82	1991年、1996年、1998年
39	黄洼圩	2.22	2200	5000	2.31 2.4	1991年、1996年
40	陈铁圩	3.16	3200	7900	0.13 1.9	1991年、1998年、2007年
41	山涧圩	5.05	5050	2900	1.6 1.9	1991年、1996年、2003年、2007年
42	瓦寺圩	6.74	6750	6600	5.4 3.1	1991年、1996年、2002年、2003年
43	展沟圩	3.16	3160	9620	7.5	1998年、2003年、2005年
44	王早湾圩	6.89	6890	8850	10	1998年、2003年、2007年
45	张集圩	8.31	8310	9760	7.3	1998年、2003年、2005年、2007年
46	刘圩	4.71	4710	7100	10.1	1998年、2003年、2005年、2007年
	小计	97.10	93350	123430	107.62	
47	利民圩	2.5	300		3	
48	童林圩	4.5	5400	3800	6.5	
49	窑场圩	2.0	1000	250	2.8	
50	长岭圩	2.5	4800	1000	4	

续表

序号	圩区名称	面积/km²	耕地/亩	区内人口/人	圩堤长度/km	1991年以来破圩年份
51	曹张圩	2.6	4200	1200	4	
52	郑楼圩	2.8	2200	1600	3.7	
53	先泽圩	4.2	5500	3700	5.5	
	小计	21.1	23400	11550	29.5	
54	板郭圩	6.6	6000	5500	6.6	
55	陈堂圩	5.1	5000	4100	5.1	
56	杨湾圩	2.0	2000	1100	2.0	
	小计	13.7	13000	10700	13.7	
57	仇小庄圩	1.2	1200	2000	2.9	
58	豆牙张庄圩	1.6	1600	3000	3.0	
59	杨楼圩	7.1	7100	9000	12.4	
	小计	9.9	9900	14000	18.3	
合计		212.5	206750	222660	255.6	
其中干流		167.8	160450	186410	194.1	

西淝河为天然河道，历史上多次受到黄泛影响，河床淤积严重，河线弯曲，河道比降较缓。新中国成立后对西淝河下游多次进行了局部治理。为解决淮河倒灌问题，1951年修建西淝河口防洪闸，设计流量290m³/s。1974年，因老西淝闸泄流能力不能满足要求，又于老闸北250m处新建一座新西淝闸，设计流量320m³/s。西淝河下游洼地排涝工程情况见表5.8-10。

表5.8-10　西淝河下游洼地排涝工程情况

圩堤长度/km	排涝站装机容量/kW	涵闸数量/座	干沟长度/km	排涝能力		
				骨干河道	面上大沟	排涝站
257	9512	100	266	基本达5年一遇	95%达5年一遇	不足5年一遇

西淝河流域内典型的洪涝年有1954年、1956年、1963年、1965年、1968年、1972年、1982年、1991年、1996年、1998年、2003年。20世纪70年代茨淮新河开挖后，西淝河下游洼地灾情有所减轻，但因洼地地势低，受淮河干流洪水顶托影响，灾情仍较严重。

1991年淮河严重的洪涝灾害，西淝河圩堤破溃21处，受淹耕地59.4万亩，受淹人口40.8万人，倒塌房屋16327间。

2003年西淝河圩堤破溃17处，受淹耕地77.9万亩，受灾人口66.2万人，被水围困人口 15.1 万人，倒塌房屋 29326 间。据统计，直接经济损失达 7.0 亿元。

2007 年西淝河圩堤破溃 10 处，紧急转移人口 2000 多人。

2. 致灾原因和存在问题

(1) 缺乏必要的大、中型抽排设施，因洪致涝。在遇中小洪水时，虽可拒外河水倒灌，但内水无法自排且抽排能力不足，常形成“关门淹”。西淝河下游沿岸洼地地势低，而外河水位（淮河水位）常常较高，由于缺乏外排设施，导致当地降雨形成的内水无法外排。经统计，多年平均关闸时间为 28 天，其中最长的 1991 年达 70 天，1954 年、1975 年、1982 年、1983 年、1996 年、2003 年均超过 30 天。

(2) 除涝工程体系不完善，排涝能力不足。西淝河下游洼地排涝站规模较小，标准偏低，加上年久失修，存在大量的病站、险站，实际抽排能力低于设计值；有的低洼地区缺乏排涝涵闸等设施，内水难以自排。洼地内排水沟渠淤积严重、过水断面小，沟渠的配套建筑物标准低，阻水严重。群众在排水通道上建有路坝、拦鱼设施等阻水建筑，也影响洪涝水的及时外排。

(3) 河滩地盲目圈堤，蓄水能力下降。部分圩堤为当地群众盲目圈堤，无序过度开发河滩地，造成湖洼地水面减少，不但加重了洪涝灾害，在一定程度上破坏了生态环境，也不利于水土资源的综合开发利用。

3. 治理对策

西淝河下游沿河筑圩现象较为普遍，两岸圩区 46 个，除 9 个圩口为生产圩外，其他皆有人居住。大部分圩堤堤身较高且单薄，防洪能力较差，加固难度较大。根据历次治理规划及工程现状，对沿河两岸圩口采取三种处理方式：①选择保护对象相对重要和人口较多、沿堤线地面高程相对较高、地质条件较好的少数圩口进行堤防加固；②对其他有人居住的圩口暂时维持现状，可根据经济及社会发展状况以及杨村矿、张集矿、顾桥矿、谢桥矿等煤炭的开采情况进一步研究相应的治理措施；需严格控制人口迁入和大规模建设，实行萎缩性管理，优先考虑移民迁建，可逐步将圩内群众迁入经加固的高标准圩内或西淝河左堤保护区内；③对一些小的生产圩和有碍行洪的圩区，由于过于侵占滩地，应逐步废弃。

西淝河下游洼地治理的主要工程措施为：沿西淝河干流两岸部分圩区堤防加固，主要排涝河（沟）疏浚，圩区排涝泵站、涵闸建设，排水干沟整治，桥涵工程建设，将居住在圩外的群众迁入圩内安置，扩建永幸河排涝站，将港河内水通过永幸河排涝站外排，拟建西淝河排涝大站，结合大站建设，重建西淝河老闸。

5.8.1.7 茨河洼地

1. 基本情况

茨河流域面积为 1328km^2，干流长 92.5km。茨河流域内地形西北高东南低，地面高程 20.0～26.5m，河道中下游沿岸为低洼地。茨河干流枣木桥 17.5m 高程以下为常年蓄水区，面积 42.5km^2。洼地内人口 32 万人，耕地 38 万亩。

茨河干流河道弯曲，河槽狭窄，两岸间有低洼坡地，20.0～17.5m 高程以下宽约 3.0km，面积 79km²。17.5m 以下为常年蓄水区。

茨河下游地势低洼，自 1952 年以来先后建成茨南、茨北和湾西等六处圩堤，断面较小，防洪标准低。各圩区情况具体见表 5.8-11。

表 5.8-11 茨河洼地圩区基本情况

序号	圩区名称	所属县（市、区）	圩内面积 /km²	耕地面积 /万亩	住洼地人口 /人	圩堤长度 /km	圩堤形成年份
1	王仓东圩	蒙城	3.3	0.35	2000	8.269	1957
2	张楼西圩	蒙城	3.19	0.40	2000	8.535	1957
3	张楼东圩	蒙城	3.93	0.45	2000	8.640	1957
4	茨南圩	怀远	14.1	1.80	10500	10.000	1952
5	茨北圩	怀远	28	3.40	38000	9.100	1952
6	湾西圩	怀远	7.32	0.90	5100	7.950	1996
小 计			59.84	7.30	59600	52.494	

茨河流域地势平坦，区内排灌大沟众多，排涝大沟 56 条，布局都比较合理，部分大沟已达到 5 年一遇排涝标准，但多数排涝大沟由于多年淤积，桥梁不配套，排涝标准较低。茨河洼地排涝站 7 座，上桥抽水站装机容量为 9600kW，设计流量 120m³/s，在淮河水位高于内水时，抽排茨河的涝水，对降低茨河水位有一定的作用。另在下游圩区建有 6 座排灌站，总装机容量 1410kW。

茨河多年未治理，两岸防洪除涝标准低，排水系统不健全，建筑物配套差，涝渍问题突出。2003 年茨河内水与淮河洪水遭遇，淮河高水位持续时间长，内河自流排水机会少，时间短，受淮河水位顶托 24 天，内水长期潴积下游，成灾面积 30.6 万亩，倒塌房屋 1 万余间，给群众造成了巨大的经济损失。茨河下游洼地水旱灾害较为频繁，据不完全统计，自 1950—2003 年间水灾面积总计为 681.8 万亩，旱灾面积总计 261.9 万亩，水灾多于旱灾，重于旱灾，涝渍灾害次数多于洪灾。

2. 致灾原因和存在问题

（1）汛期茨河出口自排机会少，淮河水位高，对茨河水位顶托时间长，加上茨河流域集中暴雨，水量潴积于下游洼地，如果上桥翻水站抽排不及时，水位超过 19.5m 或 20.0m 后，即酿成内涝和内洪。

（2）干流两岸防洪工程设施很少，面上排水标准低，配套差，加上水利和农业的投入少，农业基础设施跟不上，遇涝遇旱抗灾能力不强。

（3）沿河部分村庄分布在设计洪水位以下，没有防洪设施，处于自然漫淹状态，洪涝灾害频繁。

3. 治理对策

根据茨河流域地形条件及现有工程布局，采取加固圩堤，新（扩）建排涝站，疏浚排涝大沟，兴建涵闸桥等配套工程，同时对居住在低洼地的群众实施迁移，保护现有水域，防止围湖造田。

5.8.1.8 北淝河下游洼地

1. 基本情况

北淝河下游流域面积为505km²，相应耕地面积44万亩，人口31万人，涉及怀远、固镇、五河三县及蚌埠市淮上区。流域内地势低洼，整个地形南北高中间洼，据统计，地面低于17.50m高程的面积为198km²（其中圩外面积55km²），约占流域总面积的40%。

北淝河下游洼地从20世纪60年代后期开始圈圩，北淝河下游地区已建成圩堤20处，圩堤总长185.78km，保护面积239.25km²，保护人口14.42万人（不含2处生产圩）。

1991—1995年利用世行贷款，完成了隔子沟疏浚、五河大洪沟和固镇大洪沟的开挖，部分高截沟开挖疏浚、圩堤的除险加固、外排站技改及陈郢站新建和北淝河下游本流尹口闸至黄家渡闸段河道疏浚等项目。2000年实施了投资少、效益显著的刘桥、李甘桥、磨王闸及郊区吴小街东片一号沟整治等工程。2003年大水后，安徽省发展和改革委员会批准实施怀洪新河分洪影响区北淝河下游应急工程，主要内容是新建大徐站、前瓦房北站、扩建小蚌埠站，对部分泵站进行技术改造。

经过近50年的治理，北淝河下游洼地的防洪除涝标准得到明显提高。北淝河下游地区排涝站29座（其中外排站9座），总装机容量达10950kW，排水大沟49条，总长达319.51km，大沟节制闸8处。由于外排截水沟的开挖以及内排改外排工程的实施，减少了北淝河下游的汇水面积。利用抽水站增加外排能力，开挖疏浚隔子沟、五河大洪沟、固镇大洪沟等3条退水沟，增加了向怀洪新河的退水机会。

1991年大水，北淝河下游洼地最高水位达18.02m，有8个圩堤破口进洪，受灾面积32.3万亩，绝收面积20.5万亩，受灾人口17.6万人，倒塌房屋8385间。2003年大水，北淝河下游洼地最高水位达17.93m，高水位持续时间长达20多天，有5个圩堤破口进洪，受灾面积30.4万亩，绝收面积20.1万亩，受灾人口18.9万人，倒塌房屋6690间。2005年7月、8月汛期，北淝河下游连降暴雨，累计降雨量达500mm以上，淮河、北淝河水位持续上涨，北淝河最高水位达17.63m，造成3县1区共18.3万人受灾，受灾面积24.6万亩，成灾面积20.7万亩，累计损失共计5.35亿元。2007年汛期，自6月30日开始，北淝河下游连降暴雨，累计降雨量达530mm，淮河、北淝河水位持续上涨，北淝河最高水位达17.73m，造成受灾面积21.7万亩，成灾面积16.6万亩，受灾人口16万人，累计损失共计4.82亿元。

2. 致灾原因和存在问题

根据降雨及灾情加以分析，北淝河下游洼地涝灾频发的原因主要有以下三方面：

(1) 由于汛期长时间受淮河洪水顶托，涝水潴积于区内洼地，极易形成内涝，往

往一次暴雨就会形成持续多日的高水位。根据分析计算，3 天降雨 169mm（相当于 5 年一遇），北淝河下游水位即可上涨至 17.50m，造成大片缓坡地受淹，圩区防洪形势趋紧。

（2）流域内地势低洼，汛期受淮河高水位顶托，内水自排机会少。

（3）区内水利基础设施薄弱，面上配套不健全，管理不到位。

3. 治理对策

根据圩堤的等级分别采取不同的措施：对现有的一等圩进行加固；将一般圩堤进行加固，并对穿堤建筑物实施加固或重建；对生产圩逐步实施人口外迁，最终废除；对标准较低、面积较小的圩口，暂维持现状。完善洼地排涝体系，疏浚外排退水大沟及圩区排涝大沟；开挖姚郢外排沟，将南部 19.0m 高程以上面积 13.0km^2 高水截入符怀新河；对建于 20 世纪五六十年代存在问题较多的排涝站拆除重建，对建于七八十年代的机泵进行技术改造，厂房进行维修。增建排涝泵站，使排涝区抽排标准达到 5 年一遇，保护好现有水域。

5.8.1.9 高塘湖

1. 基本情况

高塘湖流域总面积为 1500km^2，流域地势为四周高中间低，由边界向湖区倾斜。按地形划分，25m 高程以上丘陵和低山区面积为 1160km^2，占流域总面积的 77.4%；20～25m 之间平原区面积为 248km^2，占 16.5%；20m 高程以下的面积为 92km^2，占 6.1%。湖区 20m 高程以下没有村庄，干旱年份 20～18m 高程间也可耕种，午季基本上可以保收。高塘湖正常蓄水位 17.5m，为充分利用当地水资源，近几年基本控制蓄水位在 18.0m。

高塘湖流域涉及淮南市（大通区）、滁州市（定远县、凤阳县）和合肥市（长丰县）三市四县（区），另有两个国营农场，分别位于大通区和长丰县境内。受洪水威胁的人口（24m 高程以下）约有 20 万人，耕地 23 万亩。

高塘湖水源和水质条件均较好，沿湖农民和国营渔场充分利用湖水资源从事水产养殖业，已发展养殖水面达 6 万多亩，占湖面的 80% 以上，主要以养殖鱼、蟹为主。

流域多年平均年降水量为 897mm，多年平均年水面蒸发量为 957mm，多年平均入湖径流量为 2.48 亿 m^3。高塘湖最大 3 天暴雨量见表 5.8-12。

表 5.8-12　高塘湖最大 3 天暴雨量统计

年　　份	1991	2003	2005	2007
最大 3 天暴雨量/mm	375	172	120	261

据统计，高塘湖周边共有圩口 19 处（其中长丰县 14 处圩是由 66 口小圩按联圩并圩统计的数字），圈圩面积 50.44km^2，保护耕地 4.43 万亩，保护人口 3.45 万人。高塘湖圩区现状基本情况详见表 5.8-13。

表 5.8-13　　高塘湖圩区现状基本情况

圩区		所属县（市、区）	圩内面积/km^2	耕地面积/亩	住洼地人口/人	圩堤长度/km	圩堤形成年份	泵站装机容量/kW
序号	名称							
1	炉桥圩	定远	24.60	27000	34000	7.5	1963	
2	马岗圩	淮南、大通	1.4	1500		3.9	1970	55
3	余巷圩	淮南、大通	9.6	4500	164	5	1971	165
4	武坟圩	凤阳	0.90	1000		1.6	1973	17
5	十里环河圩	凤阳	1.70	2050	240	5	1973	
6	沈岗联圩	长丰	0.49	220	50	4.5	1998	22
7	沈岗圩	长丰	0.40	90		1.5	1998	11
8	黄地圩	长丰	0.67	300	50	4.5	1973	22
9	南孔东大圩	长丰	0.31	240		1.9	1973	11
10	南孔西圩	长丰	0.37	350		0.8	1973	
11	张疃圩	长丰	0.67	600		4	1974	22
12	李圩联圩	长丰	0.49	530		4.5	1974	22
13	大陆圩	长丰	0.40	600		0.54	1989	
14	东大圩	长丰	0.66	988		2.9	1960	22
15	上塘圩	长丰	0.20	20		0.8	1970	
16	古堆联圩	长丰	0.93	800		13.71	1975	33
17	老圩联圩	长丰	4.28	2000		65.71	1975	
18	王祠联圩	长丰	0.77	500		14.4	1976	30
19	东河联圩	长丰	1.60	1000		25.1	1975	
小计			50.44	44288	34504	167.86		432

新中国成立以来，高塘湖流域陆续实施了一些治理工程。1951 年对窑河 7.5km 河道进行了疏浚。1963 年大水后，修建了炉桥圩（该圩至今未封闭）。1965 年建成窑河封闭堤和窑河闸（该闸加固工程已完成），主要是拒淮河水倒灌高塘湖。20 世纪 60 年代以来，沿湖圈建了部分生产圩，但标准很低，没有经过统一规划。20 世纪 90 年代以来，湖区水产养殖发展较快，修建了大量的鱼塘。总体而言，高塘湖流域治理程度仍较低。

高塘湖现有除涝及防洪工程主要有窑河封闭堤、窑河闸、炉桥圩及生产圩、排灌站及中小水库等。高塘湖洼地排涝工程情况见表 5.8-14。

据统计，该区几乎每年都有不同程度的水旱灾害发生。新中国成立以来的 58 年间，水灾发生 18 年，为 3～4 年一遇，较大的洪涝灾害有 1954 年、1956 年、1963 年、1982 年、1991 年、2003 年和 2007 年等。

表 5.8-14 高塘湖洼地排涝工程情况

圩堤长度/km	排涝站装机容量/kW	涵闸数量/座	排水河道长度（干沟）/km	排涝能力		
				骨干河道	面上大沟	排涝站
168	432	32	134		60%达5年一遇	不足5年一遇

1991年的雨情、水情、灾情及其影响均居新中国成立以来之首位，湖内最高水位达23.37m，水位超过20m以上的持续时间多达58天，窑河闸关闸时间长达30天，累计入湖径流量为11.38亿m^3，对应时段抢排水量仅占入湖水量的42%，淹没耕地20.6万亩，受灾人口13万人，倒塌房屋4.3万间，直接经济损失3亿多元。

2003年高塘湖最高水位达22.79m，水位超过20m以上的持续时间多达40天（7月3日至8月12日）。共淹没耕地15.9万亩，受灾人口10.2万人，倒塌房屋1.2万间，直接经济损失3.6亿元。

2007年进入主汛期后，特别是7月8日、9日的强降雨，湖水位急剧上涨，31日达到最高水位21.63m。窑河闸关闸20余天，受灾面积达13万亩，直接经济损失2.2亿元。

2. 致灾原因和存在问题

从1991年、2003年、2007年等大水年实际发生的情况可以看出，高塘湖流域形成洪涝灾害的主要原因是汛期连续暴雨和淮河高水位顶托使内水不能及时外排，由于缺少骨干抽排设施，内水较长时间滞蓄于湖内而导致湖水位上涨，使周边平原和洼地发生较大面积的洪涝灾害。如1991年、1954年两个大水年份，其最大3天、7天和30天降雨量和入湖水量分居历年的第一位或第二位。由于受到淮河水位顶托，在其相应的时间内向外抢排水量远小于入湖水量，多余水量较长时间滞蓄于湖内，当其水位上涨并超过20m高程后，即导致高塘湖周围发生较大面积的洪涝灾害，这两年沿湖20m高程以上面积受淹天数均超过50天。同时，高塘湖流域未经过系统整治，防洪除涝工程标准低及不配套，也是致灾的重要原因之一。而入湖支流河道排涝标准低，两岸过度圈圩，使排涝河道断面缩小，阻水严重，加重了灾情。

沿湖周边圩口数量多，这些圩口大多为群众自发圈建，缺乏统一规划，人水争地，阻水严重，圩口防洪标准普遍较低，工程配套差，导致该地区防洪压力大，洪涝灾害频繁。由于长期人水争地形成的过度垦殖，造成周边湿地减少和水土流失，恶化了湖泊生态环境，并导致调蓄能力锐减，不利于沿淮水资源的战略调配，制约了地区社会经济的发展。

3. 治理对策

根据高塘湖地区受灾的范围及其产生的原因，对高塘湖治理进行修建高水高排河道、扩建窑河闸、新建排水泵站和圈圩四种大的治理方案的比较。经综合分析，高塘湖洼地治理采用新建高塘湖排涝站的方案，同时结合低洼地移民及退垦还湖，从根本上解决高塘湖流域的洪涝灾害。

高塘湖洼地治理的主要工程措施包括新建高塘湖排涝站、加固炉桥圩、主要排涝河（沟）疏浚、撇洪沟及排水干沟整治、桥涵工程建设和低洼地移民等。

为了扩大湖泊低洼地滞蓄洪（涝）水的能力，减轻防汛压力，现阶段建议在22.5m高程以下的区域控制人口迁入，结合新农村建设和小城镇建设，逐步对低洼区居民实施搬迁。在高塘湖排涝站兴建后，沿湖建设高程应控制在21.5m以上。同时，现有低标准的生产圩需实行萎缩性管理，改变种植结构，发展水产、耐淹植物等，逐步形成湿地经济，改善生态环境，实现良性循环。

5.8.1.10 瓦埠湖

1. 基本情况

瓦埠湖位于淮河中游南岸，流域面积为4193km^2，湖区跨寿县、长丰、淮南等县(市)，耕地面积338万亩，农业人口143万人，沿湖地区洪涝灾害频繁，农业生产水平很低。

1950年淮河流域洪水后，瓦埠湖被列为淮河中游蓄洪区，设计蓄洪水位22.0m。1950年冬开挖了新东淝河，1952年又在东淝河口兴建东淝闸，拒淮河洪水倒灌，设计最大进洪流量1500m^3/s，并自寿县城墙至八公山脚筑封闭堤。1954年大水后，又加高加固牛尾岗堤，防止寿西湖行洪影响瓦埠湖。1956年和1957年，在瓦埠湖低洼地区建成九里联圩，后又建成东津圩，随后又建成千亩以上圩口15处。瓦埠湖原来沿岸低洼地均无堤防，1970年代初仅有圩口24处，到1975年后，大搞农田基本建设，盲目围垦，与水争地，圩口数增加到200多个。后来群众自动退田还湖，废除6万多亩。2003年大水后，对沿湖周边的寿县、长丰县和淮南市沿湖圩口进行了调查，在册圩口数共97个，圩区面积328.9km^2。

圩堤的堤顶高程一般在22.0～23.5m，相当于5～10年一遇，防洪能力较低，流域内水入湖后仍要漫淹沿湖耕地。沿湖各圩口的排涝标准均很低，排灌站大多建于20世纪六七十年代。据统计，排涝站共49处，设计排水流量41m^3/s，总装机容量4419kW，排水面积共90.4km^2。

现状瓦埠湖洪水主要由其内洪形成。根据1953年以来的实测水位资料，1991年水位最高，达24.36m；2003年列第二位，为24.03m；1954年还原水位约为24.0m，与2003年相近。其他较大水年份有1982年、1980年、1956年，其最高洪水位均超过设计蓄洪水位22.0m。

1954年瓦埠湖与寿西湖之间的隔堤溃破，因寿西湖行洪，淮河洪水经寿西湖侵入瓦埠湖，湖内最高水位达到25.78m。从1954年以后，瓦埠湖没再蓄过淮河的洪水。根据统计资料，瓦埠湖涝水位超过18.0m的年份有46年，超过19.0m有37年，超过20.0m的有24年，超过21.0m的有20年，超过22.0m的有6年，分别为1954年、1956年、1980年、1982年、1991年和2003年，约8年出现一次。

1991年是瓦埠湖自东淝闸建成后，遭受内涝灾情最为严重的一年。5月18日流域内开始降雨，至7月15日湖水位最高达到24.36m，为新中国成立后54年来内水

位最高的年份。流域最大3天和最大30天降雨量频率均在50年一遇以上，其中寿县6月12—14日最大3天降雨达到420mm。从5月23日东淝闸关闸，至7月15日瓦埠湖出现最高水位54天中，流域内平均降雨量662.9mm，入湖径流量25.04亿m^3，1991年流域平均降雨及入湖径流均为新中国成立后的首位。根据统计资料，1991年受灾面积92.22万亩，其中绝收面积53.6万亩。共淹没村庄4410个，受灾人口45.08万人。淹没房屋35.9万间，其中倒塌房屋13.12万间，损失粮食4亿多斤，水灾总损失超过2亿元。

2003年瓦埠湖流域再次遭受洪涝灾害，自6月下旬开始，流域内连降大到暴雨，降雨集中，6月22日至7月21日，降雨量达501.4mm。自6月30日至7月21日，瓦埠湖以平均每天0.23m的速度上涨，最高湖水位达24.03m，为仅次于1991年的第二高内水位。湖区受灾面积近87万亩，其中绝收面积51.2万亩，倒塌房屋5.5万间，受灾人口约35万人，直接经济损失6.5亿元。

2. 致灾原因和存在问题

瓦埠湖流域形成洪涝灾害的主要原因是汛期连续暴雨和由于淮河高水位顶托使内水不能及时外排，较长时间滞蓄于湖内而导致湖水位上涨，使湖周边低洼地区发生较大面积的洪涝灾害。

（1）1952年东淝闸建成后，瓦埠湖流域主要问题是内涝。由于汛期受淮河洪水顶托，东淝闸关闸时间较长，不能及时排泄内水，使湖泊处于高水位的历时较长，造成“关门淹”。

（2）现有圩堤堤身单薄，防洪能力一般不足10年一遇，堤防防洪标准较低。

（3）入湖河道淤积严重，行洪能力明显不足。上游的东淝河上段和庄墓河等支流排涝标准低，两岸圩堤侵占河道严重，跨河桥梁阻水，使河道过水断面缩小，加重了灾情。

（4）由于未经过系统的整治，除涝工程标准低，配套设施不全。圩内排涝泵站及涵闸等设施大多是20世纪六七十年代修建的，老化严重，部分排涝设施为群众自建，排涝标准低；排涝沟断面不足，淤积严重；桥涵配套严重不足，阻水现象较为普遍。

（5）因多年来与湖争地，湖坡防浪林和植被遭到破坏，水土流失严重，沿岸局部地区受到湖水侵蚀和风浪冲刷，崩岸严重。

3. 治理对策

根据瓦埠湖流域的具体情况，实行工程措施与非工程措施并重，防洪、除涝及水资源开发利用相结合，全面提高瓦埠湖的防洪除涝标准。

（1）整治东淝河上下段及庄墓河等主要支流河道，清除河道阻水建筑物，留足行洪滩地。对地面高程在21.0m以上有条件的地方，对圩口进行堤防加固并配套，对圩堤分级确定堤防标准，恢复或增设排涝设施，圩上开挖截水沟，拦截地面来水不入圩。

（2）建大站抽排湖水入淮河。

（3）湖周19.0m高程下实施退垦还湖，19.0～21.0m之间经常受涝地区，发展耐水杨树等经济树木。在23.5m高程以下的区域控制人口迁入，结合新农村建设和小城镇建设，逐步对低洼区居民实施搬迁。

（4）现有低标准的生产圩需实行萎缩性管理，改变种植结构，发展水产、耐淹植物等，逐步形成湿地经济，改善生态环境，实现良性循环。

5.8.1.11 花园湖

1. 基本情况

花园湖流域位于淮河中游南岸，总面积875km²。湖滨北面、西面和南面为畈坡地和圩区，地势较低，湖滨东面为面积较大的丘陵区。花园湖上游有小溪河和板桥河两条主要支流自南向北汇入。小溪河流域面积375km²，板桥河流域面积267.6km²。

新中国成立初期，花园湖洼地被确定为淮河干流行洪区，总面积218.3km²，其中常年蓄水面积42km²，涉及凤阳县黄湾、枣巷、洪山、江山、大溪河5个乡（镇）、明光市司巷乡和五河县小溪镇，以及花园湖农场，共32个行政村，总人口9万人，总耕地15.8万亩。

花园湖内沿湖20个圩口和沿淮两片洼地，面积80.73km²。其中沿淮黄湾、枣巷两个洼地面积分别为22.0km²和8.5km²；沿湖20个生产圩面积为50.23km²，耕地5.98万亩，人口1.47万人。

花园湖作为行洪区，洼地内的防洪除涝工程建设受到一定限制，防洪除涝标准均低于其他地区。区内水利建设有两次较大的投入：①1985年受洪泽湖抬高蓄水位影响，利用处理经费兴建了黄湾丁张、枣巷新闸两座排涝站，装机总容量1020kW；②1991年大水后行蓄洪区安全建设工程。除此之外，均为农水兴修工程。

沿淮黄湾洼地内有柳沟长12.75km，丁张排灌站排涝流量7.2m³/s；枣巷洼地内有老巨沟长10.5km，新闸排涝站排涝流量3.5m³/s。沿湖洼地有20个生产圩，圩堤总长84.96km，顶宽3m左右。排水涵闸9座，排涝泵站13座，总装机30台，容量2076kW，排涝流量10.1m³/s。申家湖圩内有排涝大沟长2.5km。

现状花园湖洼地圩堤及圩内排涝设施现状统计见表5.8-15。

表5.8-15　花园湖洼地圩堤及圩内排涝设施现状统计

圩　名	面积/km²	耕地/亩	圩堤长度/km	泵站装机容量/(台/kW)	涵闸数量/座
1. 沿湖洼地	50.23	5.98	84.96	30/2076	10
申家湖湖圩	7.6	0.96	8.0	5/355	1
牌坊圩	1.32	0.16	3.3		
黄咀圩	2.28	0.16	4.2	1/55	

续表

圩 名	面积/km²	耕地/亩	圩堤长度/km	泵站装机容量/(台/kW)	涵闸数量/座
车扬圩	2.26	0.27	3.0	1/55	
新湖圩	2.7	0.34	6.4	2/130	
观音堂圩	4.65	0.56	1.86	2/130	
韩巷圩	2.08	0.25	2.7	2/110	
兴汉圩	2.0	0.24	2.4		1
孙湾圩	5.53	0.66	12.5	2/130	
长塘圩	1.73	0.21	3.8		1
梨园圩	2.51	0.3	3.9	2/110	
水平圩	1.41	0.17	3.1		1
马山圩	2.0	0.24	2.8		1
二朗圩	2.16	0.26	2.6	2/130	1
圣庙圩	0.85	0.1	2.6	4/540	
指王圩	1.28	0.15	5.0	2/74	1
保龙圩	4.33	0.52	6.1	4/220	1
胡刘圩	1.24	0.15	3.7		1
大溪河圩	1.0	0.12	4.6	1/37	1
薛湾圩	1.3	0.16	2.4		
2. 沿淮洼地	30.5	2.9		7/1020	2
黄湾洼地	22.0	2.1		3/560	1
枣巷洼地	8.5	0.8		4/460	1
合 计	80.73	8.88	84.96	37/3096	12

花园湖洼地有“三闸一涵”向淮河排水。“一涵”为申家湖涵，位于五河县申家湖圩内。“三闸”为柳沟闸、枣巷新闸和花园湖闸。柳沟闸位于黄湾下游，集水面积29.4km²，设计流量17.6m³/s；枣巷新闸在枣巷洼地，集水面积18km²，1957年建成，设计流量10.8m³/s；花园湖闸于1953年竣工，位于黄咀村西侧，下游引河长约1km，水闸2孔，孔径8.0m×6.0m（宽×高），设计流量115m³/s。黄湾洼地南部和花园湖东、南侧6个生产圩，共有撇洪沟总长32km，现状排水断面小，桥涵配套建筑物很少。

根据1950—2003年灾情统计资料，洪涝灾害较大的年份有17年，总成灾面积约105万亩，其他涝灾年成灾面积总计约20万亩。1991年洪涝灾害最重，成灾面积9.31万亩。2003年花园湖成灾面积5.2万亩，闸上最高水位为16.81m（相当于10年一遇水位），沿湖生产圩几乎全部溃破，淹没损失惨重。

2. 致灾原因和存在问题

花园湖行洪区存在的问题：花园湖闸规模不足，无排涝泵站；沿湖小圩较多，有些圩堤直接影响行洪；湖内排涝设施老化严重，运行效率低；撇洪沟、圩内干支沟，桥涵和排水配套工程不完善；低洼地群众居住不安全和管理设施不足等。

3. 治理对策

针对花园湖的地形地势特点以及致灾原因，对阻水或地面低洼的生产圩实施废弃退堤，退田还湖；对保留的生产圩进行圩堤加固，拓宽疏浚排水沟、撇洪沟，新建自流排水涵，新建、扩建排涝泵站，配套桥涵等建筑物；加固、扩建花园湖闸，扩宽花园湖闸上下游引河；在花园湖出口建排涝站，以降低花园湖内水位，提高洼地的洪涝标准。

5.8.1.12 七里湖

1. 基本情况

七里湖位于淮河干流中游东端，与江苏省盱眙县相接，流域面积 806km^2。七里湖沿岸分布着大小洼地数十处，洼地总面积 130km^2，相应耕地面积 13.3 万亩，人口 13.5 万人。2007 年区内粮食总产量为 9.73 万 t，GDP 为 10.05 亿元，农民人均纯收入为 3640 元。

七里湖周边较大的洼地主要集中在涧溪河和石坝河上，共有 13 处生产圩，圩区总面积 28.2km^2，耕地 3.13 万亩。详见表 5.8－16。

表 5.8－16 七里湖沿岸圩区基本情况

序号	圩堤名称	所在地	保护面积 /km^2	保护人口 /万人
1	红旗圩	明光市	3.7	0.37
2	孔埠圩	明光市	2.1	0.11
3	北徐圩	明光市	1.7	0.09
4	马沉涧	明光市	1.8	0.09
5	桑庄圩	明光市	1.95	0.10
6	张郢圩	明光市	2.1	0.11
7	岳湾圩	明光市	1.9	0.05
8	北湖圩	明光市	2.25	0.11
9	周郢圩	明光市	1.85	0.09
10	南湖圩	明光市	4.1	0.21
11	九塘圩	明光市	1.89	0.18
12	广粮圩	明光市	1.76	0.10
13	祝岗圩	明光市	1.1	0.06
合计			28.2	1.67

洞溪河流域位于明光市东部，发源于分水岭水库，流经江苏省盱眙县境内，于洞溪镇淮峰口入七里湖，流域面积475km²。石坝河位于明光市东20km，发源于该市中部小洪山北麓，在津里镇孙嘴入七里湖，流域面积208.64km²。

新中国成立以来，1954年、1957年、1960年、1964年、1967年、1970年、1973年、1974年、1975年、1976年、1980年、1982年、1983年、1991年、1994年、2003等年份受淹，平均每3年出现一次涝灾，受淹面积达3万多亩。洪泽湖蓄水位抬高后，将淹没13.0～12.5m高程之间65km²土地，并使该地区地下水位抬高，汛期圩外水位提高，洪、涝、渍灾害严重影响农业生产和圩区安全。据统计，1991年受灾人口1.48万人，受灾面积3.8万亩，经济损失4392万元；2003年受灾人口1.6万人，受灾面积3.62万亩，经济损失5150万元。2007年汛期，流域最大3天降雨达230mm，七里湖水位最高达16.3m，造成沿湖洼地1.2万群众受灾，受灾面积1.9万亩，成灾面积1.2万亩，经济损失2850万元。

2. 致灾原因和存在问题

（1）石坝河出口段缺乏统一规划，造成两岸同时圈圩，束窄河道，阻水下泄从而致灾。

（2）洞溪片圩区、撇洪沟缺乏规划，山水圩水不分，水系紊乱，灾情不断。

（3）圩堤单薄，防洪标准低，汛期经常出现漫堤、垮堤现象。

（4）现有排涝设施老化，年久失修，效率低下，导致排水不及时从而致灾。

（5）排水工程不配套，引水灌溉及挡洪作用的灌溉引水涵洞损坏严重。

（6）排灌区缺少桥涵配套，沟渠阻塞，必然导致内涝不能迅速排除。

七里湖洼地存在的主要问题包括以下几个方面：

（1）布局问题。七里湖沿岸圩区，面积一般很小，布局凌乱，很不规则。

（2）圩堤问题。堤身矮小，防洪标准低，而且防洪堤战线长，堤上建筑物多，造成防汛及维修管理困难。

（3）排涝设施问题。排灌站设备严重老化，效率极低，配套设施很不完善。

（4）撇洪沟问题。圩内撇洪沟普遍没有全线开通，已开挖的撇洪沟高程偏低、断面偏小，标准严重不足，而且缺少配套建筑物，汛期易造成因洪致涝。

（5）配套问题。由于没有配套建筑物，群众自埋涵洞，土填沟道抬高水位，造成排水不畅，高水直接进入圩内导致洪涝灾害。

3. 治理对策

针对存在的问题，采取堤防加固、开挖撇洪沟、疏通排水河道、技改排灌设施、配套排水工程等措施对七里湖沿岸圩区进行综合治理，治理范围包括洞溪河、石坝河河道和圩区，以及津里西圩、马沉涧圩和有关洼地。

5.8.2 淮北平原洼地

5.8.2.1 概述

淮北平原洼地主要分布在平原的中、北部，约2.0万km²的易涝地区。北部黄泛平原区，指萧县、砀山、亳州、界首、太和以及利辛、涡阳、濉溪、灵璧、泗县的北部。这一区域为黄泛物质所覆盖，大都是黄淤土，又名砂淤土。该区地下水埋深一般为2～4m，土壤主要有砂土和潮土，区内排水沟渠的边坡不稳定，以致沟渠很易淤积使排水能力减退。淮北平原中部，为河间平原区，为大面积的砂姜黑土，这种土壤质地黏重致密，结构不良，孔隙率较小，透水性能弱，干时坚硬，多垂直裂缝，湿时泥泞；地下水位离地面1.5～2.0m，雨后极易上升到地面，而横向地下水运行迟缓，在严重缺乏田间排水沟的情况下，单靠地面蒸发，消退缓慢，最易发生涝、渍。

淮北支流多数为跨省河道，主要承泄上游邻省来水，客水面积占流域面积的比重较大。安徽省处于河道下游，出口受河、湖高水位顶托，现有排水能力很低，而淮北支流河道来水面积大，比降平缓，洪涝问题一直很突出。

淮北平原洼地治理坚持除涝与防洪相结合，治涝与灌溉统筹考虑，工程措施和非工程措施相结合，建立并进一步完善各区域的排水系统，通过治理支流河道为面上涝水下泄与抢排创造条件；开挖排水干沟，改变由于沟道断面窄小、堵塞导致面上积水无法外排的局面。各支流上游以干沟疏浚为主，扩大排水出路，同时，结合水资源利用，适当建一些控制工程蓄水发展灌溉；各支流下游多为低洼地，采用高低水分排，低洼地建站抽排，部分洼地或退垦还湖或改种耐水作物等措施。沿河一些地势最为低洼的地区，可作为滞涝区。

5.8.2.2 北淝河上段

1. 基本情况

北淝河上段流域面积为1670km²，河道长129.7km。洼地面积为1320km²，相应耕地面积117万亩，人口95万人，涉及蚌埠市怀远县、淮北市濉溪县和亳州市蒙城县、涡阳县共4个县。流域内地形由西北向东南倾斜，地面高程西北部最高为30m，东南部最低为18m，一般地面坡降为1/8000～1/12000。河底比降为1/8000～1/10000。沿河地势低洼，下游形成天然湖泊四方湖。四方湖常年蓄水位18.5m，水面宽约2000m，面积为54.5km²，蓄水量近1亿m³。北淝河上段沿岸共有生产圩11处，圩区总面积15.53km²，耕地1.65万亩，圩堤均形成于20世纪90年代以后。详见表5.8-17。

表5.8-17　北淝河上段圩区基本情况

序号	圩堤名称	所在县	保护面积/km²	保护人口/万人
1	1号圈圩	濉溪	1.97	0.17
2	2号圈圩	濉溪	0.7	0.06
3	3号圈圩	濉溪	0.67	0.06
4	4号圈圩	濉溪	2.13	0.19

续表

序号	圩堤名称	所在县	保护面积/km²	保护人口/万人
5	5号圈圩	濉溪	1.18	0.10
6	6号圈圩	濉溪	0.38	0.03
7	马沟圩	怀远	2.0	0.16
8	陆寺旺圩	怀远	2.5	0.20
9	于王圩	怀远	1.0	0.09
10	东油坊圩	怀远	1.5	0.12
11	王长郢圩	怀远	1.5	0.12
合　计			15.53	1.30

北淝河上段出口一是靠新淝河通过老湖洼闸进入澥河洼，排涝能力70m³/s；另一出口是由四方湖引河入符怀新河再通过新湖洼闸入澥河洼。20世纪70年代以来，进行了河道疏浚、修建跨河建筑物等治理，除局部河段排涝能力不足3年一遇及入四方湖段河道淤积外，其他河段排涝能力基本达到5年一遇。45%的大沟排涝标准达5年一遇。

北淝河流域水灾频繁，1991—2007年本流域累计受灾面积400万亩，仅1991—2003年粮食减产近3亿kg。1996年、1997年和1998年连续三年遭受洪涝灾害，仅怀远和蒙城两县受灾面积累计达80.9万亩，受灾人口18.7万人。1991年洪水，四方湖最高水位达到20.27m，受灾面积达86万亩。2003年流域连降暴雨，同时遭遇怀洪新河分洪，北淝河出口受外河高水位长时间顶托，板桥橡胶坝最高水位达24.8m，四方湖最高水位达21.22m，高水位持续8天，受灾面积达到80万亩。2007年流域普降暴雨，褚集桥水位高达22.28m，四方湖引河闸上最高水位18.90m，不足40km河道水位差高达近3.5m，造成受灾面积79万亩。

2. 致灾原因和存在问题

(1) 局部河段窄浅，阻水严重。北淝河干流涡蒙县界上至蒋庙沟口的5.5km河段窄浅，张浅子以下入湖段河槽淤堵，加之路坝、芦苇、围网养鱼等阻水严重，洪涝水不能及时下泄，甚至漫过两岸，淹没耕地，进入村庄。

(2) 客水窜流，加重灾情。澥河流域南岸地势一般高于北淝河北岸地势，造成涝水顺坡流入，加重北淝河流域灾情。

(3) 面上配套不完善，大沟淤积严重。沟口无控制涵闸，当干流水位高于沟内水位时，形成倒灌。现有大沟桥梁配套少，标准低，损毁严重。同时大沟淤积严重，内水难以外排。

(4) 洼地内无抽排设施。沿河地势低洼，干流水位高时，两岸洼地无法自排，加之缺少抽排设施，涝水无法外排，造成严重内涝。

（5）怀洪新河分洪时受顶托影响，加之新淝河淤积严重。当怀洪新河分洪后（四方湖引河口设计洪水位21.67m），北淝河受到严重顶托或无法排入怀洪新河，主要通过新淝河排出，但新淝河淤积严重，造成北淝河涝水不能及时下泄，形成严重内涝。

3. 治理对策

完善北淝河上段流域内的排水系统，综合开发利用四方湖。通过疏浚窄浅及淤积干流河段，清除阻水障碍，配套本干涵闸、桥梁等跨河建筑物，使北淝河上下游河道过流能力匹配，为面上涝水下泄与抢排创造条件。疏通大沟，低洼地建设泵站，配套沟口涵闸及大沟桥梁，防止洪水倒灌及保证面上涝水及时外排。加强四方湖管理，保护现有水域，在发展水产养殖、旅游等同时，也为旱时提供农业用水。

5.8.2.3 澥河

1. 基本情况

澥河长81km，流域面积757km^2，流域内有耕地67万亩，人口48万人。流域自西北向东南倾斜，地面高程16.5～28m，地面坡降1/6000～1/10000。澥河下游两岸分布有6处生产圩，总面积仅5.75km^2，保护耕地0.45万亩，且圩内均无人居住。2003年大水后，按防洪标准20年一遇新筑澥河下段南堤长14.74km。

澥河干流方店闸以上至今没有治理，河道内杂草丛生，淤积严重。据实测资料分析，澥河现状排水能力仅相当于5年一遇流量的27%～43%。40%的大沟排涝标准达5年一遇。

澥河流域内水灾频繁，新中国成立以来水灾年份达39年，其中一年内水旱交替年份达到26年。2003年大水，流域最大3天降雨达251mm，加上怀洪新河分洪影响，老胡洼闸水位达到历史最高水位19.60m，造成下游固镇县和怀远县近百个村庄被水围困，并造成固（镇）何（集）路、固（镇）方（店）路中断数日，受灾面积14.0万亩，成灾面积12.6万亩，受灾群众8.3万人，经济损失达1.42亿元。2007年汛期，流域持续降雨数十天，两岸涝灾严重，共造成受灾面积13.3万亩，成灾面积8.5万亩，受灾群众5.43万人，经济损失达1.35亿元。

2. 致灾原因和存在问题

（1）河道淤积，阻水障碍多，排涝能力低。澥河河床淤积，方店闸设计过流能力仅为5年一遇流量的30%，何集桥和瓦疃桥阻水，生产圩侵占河道过流断面，河滩上芦苇丛生，致使河道排涝能力严重不足，仅相当于5年一遇设计流量的27%～43%。

（2）堤防堤身单薄，防洪标准低。除2003年汛后新筑澥河南堤外，其他河段多为挖河弃土成堤，断面不规则，堤身单薄，防洪标准低。

（3）面上配套不完善，大沟淤积严重。下游两岸地势低洼，沿岸沟口无控制涵闸，当干流水位高于沟内水位时，形成倒灌。同时大沟断面窄浅，淤积严重，内水难以外排。

3. 治理对策

澥河流域治理一是完善排水系统，汛期及时排涝；二是增加河道蓄水，保证旱

时灌溉。以河道疏浚为主，对阻水跨河建筑物实施改造，对阻水严重的生产圩实施退耕还湖，增加澥河过流能力。修筑北岸防洪堤，提高防洪标准。疏通大沟，配套沟口涵闸及大沟桥梁，防止洪水倒灌及保证面上水外排。考虑到澥河流域特别是方店以上水资源紧缺的现状，在大力发展种植耐旱作物的基础上，通过改造或新建跨河建筑物增加河道蓄水量，解决灌溉引水难的问题。

5.8.2.4 沱河

1. 基本情况

沱河长112.7km，流域面积1115km^2，流域内有耕地120万亩，人口98万人。流域多为平原坡水区，地形为西北高东南低，地面高程16～27m，地面坡降1/5000～1/10000。流域内有洼地马拉沟面积52.9km^2，沱湖东岸面积28.69km^2。

沱河干流现状排水能力只相当于5年一遇的23%～45%。防洪标准沱河集以上堤防虽然基本满足20年一遇，但沱河集以下基本无堤防。50%的大沟排涝标准达5年一遇。

沱河流域内沿岸地势低洼，经常遭受洪涝灾害。多年平均水灾面积为5万亩。2003年汛期，沱河流域普降暴雨，最大3天降雨达368mm，加上怀洪新河分洪影响，沱河集水位达20.11m，濠城闸水位达18.29m，沿河两岸洼地涝灾损失严重，共造成15.5万群众受灾，造成受灾面积52.4万亩，成灾面积21.6万亩，经济损失约5.2亿元。2007年汛期，流域连降暴雨，其中灵璧县受灾尤为严重，共造成受灾面积54.8万亩，成灾面积20.9万亩，受灾群众23.8万人，经济损失约5.45亿元。

2. 致灾原因和存在问题

（1）河道淤积，阻水障碍多，排涝能力低。1952年低标准疏浚后，已有50多年未全面治理，河道淤积严重，河滩杂草、芦苇丛生，河道排涝标准不足5年一遇。

（2）防洪堤不封闭，洪水易漫滩。沱河集以下两岸基本没有堤防，加之下游地势低洼，一遇洪水，经常漫滩淹没两岸农田。

（3）跨河建筑物设计标准低，老化严重。沱河干流上5座中型节制闸，设计标准低，水位落差大，束水严重。

（4）面上配套不完善，大沟淤积严重。沿岸大、中沟口基本无控制涵闸，当干流水位高于沟内水位时，形成倒灌。同时大沟断面窄浅，淤积严重，加之沟上堵坝建筑多，阻水严重，造成内水难以外排。

（5）洼地内无抽排设施。沱河下游沿河地势低洼，干流水位高时，两岸洼地无法自排，加之缺少抽排设施，涝水无法外排，造成严重内涝。

3. 治理对策

沱河流域治理主要是完善排水体系。通过河道疏浚及跨河建筑物的改造，使沱河排涝能力达到5年一遇标准。新筑沱河集以下两岸堤防，将沱河防洪标准提高到20年一遇，疏通大沟，配套沟口涵闸及大沟桥梁，防止洪水倒灌及保证面上水外排。洼地内建设排涝泵站，减少内涝影响。

5.8.2.5 唐河

1. 基本情况

唐河长93.5km，流域面积940km^2，涉及宿州市埇桥、灵璧、泗县三个县（区）。主要支流有新河和闫河，新河长38.7km，流域面积259.2km^2；闫河长14.45km，流域面积121.8km^2。唐河下游两岸地势低洼，洼地面积为540km^2，有耕地面积44.8万亩，人口29.3万人。

流域内地形为自西北向东南微倾的平原，地面高程一般为17.0～25.0m，地下涵（新汴河以北）以上地形平坦，河道比降只有1/12000～1/16000，地下涵以下河道迂回曲折，地势变陡，河道比降为1/10000。

经过1992—1998年的多次河道治理，唐河干流河道排涝能力基本达到3年一遇标准，但支流河道新河、闫河现有排涝标准尚不足3年一遇。50%的大沟排涝标准达5年一遇。

唐河流域洪涝灾害频繁，自1964年完成水系调整以来至2007年的40多年中，发生较严重洪涝灾害的有14年，灾情主要发生在支流新河、闫河以及干流草沟集以下地区。1996—1998年连续三年发生较重的洪涝灾害，累计受灾面积122.8万亩，受灾人口47.3万人。2003年大水，全流域普降暴雨，最大3天降雨为368mm，干支流河道水位陡涨，顶托倒灌，造成受灾面积31万亩，成灾面积17.8万亩，受灾人口21.2万人，经济损失4.35亿元。2007年洪水，最大3天降雨为284mm，造成受灾面积42万亩，成灾面积26.9万亩，受灾人口27.6万人，经济损失达5.84亿元。

2. 致灾原因和存在问题

（1）下游河道排涝标准偏低，加之受沱湖水位顶托，排水不畅。因北沱河在草沟集汇入唐河，排涝标准仅为3年一遇，加之洪水期沱湖水位高，对唐河顶托严重，造成洪水下泄速度慢，加重沿岸灾情。

（2）面上配套不完善，大沟淤积严重。沿岸沟口无控制涵闸或老化损毁严重，当干流水位高于沟内水位时，形成倒灌。同时大沟断面窄浅，淤积严重，加之沟上堵坝建筑多，阻水严重，造成内水难以外排。

（3）洼地无抽排设施。下游沿河地势低洼，干流水位高时，两岸洼地无法自排，加之缺少抽排设施，涝水无法外排，造成严重内涝。

3. 治理对策

唐河流域治理主要是完善排水体系。通过疏浚唐湖草沟集以下河道，提高排涝能力。疏通大沟，配套沟口涵闸及大沟桥梁，防止洪水倒灌及保证面上水外排。洼地内建设排涝泵站，减少内涝影响。

5.8.2.6 石梁河

1. 基本情况

石梁河长23.3km，流域面积411km^2，流域内有耕地39万亩，人口20.3万人。

跨新汴河两岸，地面高程一般在20.5m左右；泗县县城以东为岗地，由西向东逐渐增高，地面高程一般为24.5m左右。新汴河以南石梁河以西地势西高东低，地面高程一般为19.5m左右；以东为岗地，东高西低，地面高程达36.0m左右。石梁河下游入天井湖处，地面高程在17.5～15.0m。

石梁河河道弯曲，河床淤浅，上游滩地不明显，中下游宽度多在120m以上，排涝能力约合5年一遇标准的65%左右。50%的大沟排涝标准达5年一遇。

流域内洪涝灾害频繁。据统计，新中国成立以来发生较大水灾年份有26年，约为2年一遇。1991年大水，最大1天降雨量为132mm，3天降雨量达163.5mm，受灾面积25.8万亩，成灾面积12万亩，受灾人口5.45万人，经济损失约0.5亿元。2003年大水，最大1天降雨量为122mm，3天降雨量达262mm，受灾面积27.8万亩，成灾面积15.2万亩，受灾人口9.8万人，经济损失为0.7亿元。

2. 致灾原因和存在问题

(1) 河道淤积严重，阻水障碍多，排涝标准低。石梁河河道弯曲，河床淤浅，河滩上芦苇丛生，现有排涝能力约为5年一遇标准的65%。因石梁河穿越泗县县城，一遇洪水，河道水位高涨，给城区排涝造成较大影响。

(2) 跨河建筑物少，且损毁严重。幸福闸位于泗县县城下游，地下涵为石梁河穿越新汴河涵洞，均已运行多年，毁坏严重。

(3) 面上配套不完善，大沟淤积严重。大沟断面窄浅，淤积严重，配套桥梁少，加之沟上堵坝建筑多，阻水严重，造成内水难以外排。

3. 治理对策

石梁河流域治理主要是完善排水体系。全线疏浚石梁河，实施河滩清障，提高河道排涝能力，减轻泗县县城排涝压力；改造病险跨河建筑物，增建跨河桥梁，方便群众生产生活；疏通大沟，配套大沟桥梁，保证面上涝水及时外排。

5.8.2.7 颍河洼地

1. 基本情况

颍河洼地面积为912km²，洼地内有耕地90万亩，人口86万人。由于受黄泛影响，颍河两岸滩地淤高，一般河岸高于堤内地面1～2m。颍河洼地现有13处圩堤(不含滩地圩)，顶宽0.6～3m，边坡1∶1～1∶2.5，堤高0.4～2.5m，圩堤标准远远低于10年一遇。

颍河洼地现有柳河、阜太河、阜新河、五道沟、杨沟、薛沟、韩沟、清河、姚家湖中心沟、大溜沟、古城大沟、乌江大沟等15条大沟和舟子河、青年沟、柳青沟等中沟为主的排水系统。有大沟桥梁127座，中沟桥梁355座，小沟及田头沟桥梁1280座，排灌站26座，大中沟涵闸37座。大沟中除柳河现有断面低于5年一遇标准外，其余大沟断面均高于或达到5年一遇的除涝标准。

现有大沟桥梁多是20世纪50年代兴建，已达到使用寿命，存在着较大的安全隐患，急需重建或新建。中小沟桥梁因年久失修，加之近年来水毁严重，需新建一批中小沟桥梁。现有排灌站，由于建设时间长，缺乏管理，导致设备老化，排涝标准低，不能发挥设计效益，需新建部分排涝站，以确保农业丰收。

安徽省境内颍河干堤总长约379.7km，穿堤建筑物有77座。为解决沿岸洼地排涝，沿河还兴建了排涝站10座，排涝面积298.8km^2，装机容量7990kW，抽排流量90.9m^3/s。

1975年大水，安徽省境内颍河干流洪水位与两岸堤顶持平，阜阳、颍上最高洪水位分别达32.38m、28.12m。两岸及圩区淹没农田243.5万亩。

2000年汛期，沙颍河中上游流域普降暴雨，局部出现特大暴雨。6月1日至7月19日，界首、太和、阜阳降雨量分别为695mm、544mm、635mm，为多年平均降雨量的65%～80%。由于颍河高水位持续时间长，流量大，致使河岸冲刷严重，堤防及建筑物出现多处险情，两岸洼地由于长时间内水无法外排，造成严重的洪涝灾害。

据统计，1950年以来，颍河洼地涝渍灾害较为严重的年份有1950年、1954年、1956年、1963年、1972年、1975年、1980年、1982年、1991年、1998年、2003年、2005年、2007年。

2. 致灾原因和存在问题

（1）地势低洼，汛期内水经常受外水顶托，关闭沟口涵闸，内涝不能排出，形成"关门淹"局面。

（2）水利设施不配套、标准低。排涝设施老化、标准低，不能满足汛期强降雨过程的排水要求，易造成涝渍灾害；桥梁等建筑物不配套，致使现有排水系统不能充分发挥作用。

（3）水系堵塞严重。由于淤积堵塞或堵坝较多，造成了局部涝渍灾害。

（4）作物种植结构不合理，洼地历年来以种植旱作物为主，旱作物耐涝渍性能很弱，也是容易出现涝渍灾害的原因。

3. 治理对策

针对沙颍河洼地存在的主要问题，做到：①划清水系，对各片洼地进行分片治理，实现高水高排，低水低排，分片排水，以自排为主，合理确定抽排规模；②对现有毁损桥、涵、站维修加固或重建，并按设计标准进行新建、扩建；疏浚大沟，配套大沟桥梁；③根据圩堤保护面积、所处位置、圩内人口、重要性等因素，分别采取加固、平圩行洪、人口迁移、维持现状（限制堤顶高程）等措施。

5.8.2.8 泉河洼地

1. 基本情况

汾泉河干流全长243km，其中泥河口以上称汾河，河长136.5km，泥河口以下称泉河，河长106.3km，安徽省境内河长92.8km。汾泉河流域面积5260km^2，其中安徽省境内为1990km^2，流域内有耕地198万亩。泉河流域河源处地面高程58m，省界处高程36.5～36.0m，河口附近高程29～28.5m。河道下游左右岸洼地最低处地面高程27.0～26.5m。泉河支流众多，面积在50km^2以上的有16条，其中流鞍河、涎

河的流域面积在 300km² 以上。

泉河洼地面积 990km²，有耕地 85 万亩，人口 78 万人。据杨桥水文站统计，本区域最大 1 天降雨量为 265.7mm（1984 年），最大 3 天降雨量为 374.5mm（1984 年）。

泉河洼地各圩区基本情况见表 5.8－18。

表 5.8－18　泉河洼地各圩区基本情况

圩区名称	面积 /km²	耕地 /万亩	人口 /万人	地面高程 /m	圩堤顶高 /m
温庄圩	1.8	0.22	0.11	31.3	33.5～34
马岔圩	1	0.12	0.05	30.6	34.5
王周圩	0.23	0.03	0.00	28.0	31.2
看河楼圩	0.33	0.04	0.00	28.5	31.0
棋子沟圩	21	2.52	2.63	31.0	33.0
光棍桥沟圩	15	1.80	1.88	30.5	32.5
菜子沟圩	31	3.72	5.50	30.0	32.0
荣楼	13	1.56	1.43	35.5	36.0
王大湾	2.5	0.30	0.27	35.3	
丁史楼	4	0.48	0.44	33.5	34.0
武沟	24.4	2.93	2.68	36.0	37.5
合　计	114.26	13.71	14.99		

1998 年以后，泉河干堤按 20 年一遇防洪水位加高加固，河道断面已达到 3 年一遇排涝标准的 90%，共疏浚河道 82.38km，修筑加固堤防约 165km，新建涵闸 13 座，排灌站 5 座，河道护岸 4 处，加固杨桥闸等。

经过多年调整建设，泉河洼地现有九龙沟、棋子沟、光棍桥沟、黄沟、菜子沟、丁砦沟、东老泉河、西老泉河、流鞍河等大中沟 101 条，同时也兴建了内河涵闸 88 座，大沟桥梁 122 座，中沟桥梁 328 座，小沟及田头沟桥梁 1160 座。大沟中除光棍桥沟、小杨庄沟、中清河、孔沟、岳塘沟等少部分河段除涝标准低于 5 年一遇标准外，其余大沟断面均高于或达到 5 年一遇的除涝标准。现有大沟桥梁多是 20 世纪 50 年代兴建，存在着较大的安全隐患，急需重建或新建。泉河洼地排涝工程情况详见表 5.8－19。

泉河洼地水旱灾害频繁发生。据统计，1950—2003 年涝灾面积 550 万亩，每年平均 9.06 万亩，较大的涝灾年份有 1950 年、1954 年、1956 年、1963 年、1968 年、1975 年、1982 年、1984 年、1989 年、1991 年、1996 年、1999 年、2003 年共 13 年。特别是 2003 年大水，洼地受灾人口达 81.96 万人，受灾面积 80.2 万亩，绝收面积 42.4 万亩。

表 5.8-19 泉河洼地排涝工程情况

圩堤长度/km	排涝站装机容量/kW	涵闸数量/座	排水河道长度（干沟）/km	排涝能力		
				骨干河道	面上大沟	排涝站
108	6005	66	82	3年一遇的90%	5年一遇	不足5年一遇

2. 致灾原因和存在问题

（1）部分低洼地地面高程较低，汛期高水流入低地，主客水窜流，形成洪涝渍灾。

（2）排涝设施少，自排能力差，受外水顶托影响，内水不能自排，形成"关门淹"。

（3）现有排涝涵闸、泵站规模偏小，年久失修，存在设备陈旧、工程老化、效率降低等现象。

（4）主要输水河道缺少应有的控制工程，调蓄能力差。引水、输水沟、河、渠堵坝多，输水不畅，不利于排灌用水。

3. 治理对策

泉河干流河道排涝标准近期维持现状，远期提高到5年一遇。对泉河两岸及流鞍河洼地的支流下游堤防进行加固或新建，并加固、新建沟口涵闸和大沟节制闸。按5年一遇排涝标准新建、重建、技术改造部分排涝泵站；配套大沟桥梁，对于面积较小、标准较低、有碍排洪滞洪的生产圩予以废弃，实行退耕还河；对于其他面积较小、人口较少的圩区，圩堤维持现状。

5.8.3 淮南支流洼地

5.8.3.1 概述

安徽省淮河南岸支流洼地包括史河洼地、淠河洼地、濠河洼地和池河洼地，洼地面积750km²，共有圩口62个，圩内面积713km²。史河、淠河发源于大别山区，流域内雨量充沛、降雨集中，是淮河洪水的主要来源之一。由于上游建有大型水库，改善了中下游河道的防洪形势，减轻了洪水灾害。濠河、池河发源于江淮丘陵区，源短流急，汇流较快，流域中上游也兴建了许多中小水库。

针对淮河以南支流洼地的地形特点和排水条件，可因地制宜，采取高截岗，低滞涝蓄水和中建站抽排的方式减轻涝灾。实施退垦还河、还湖，以恢复扩大河道的泄洪能力和增加湖泊的调蓄能力。

5.8.3.2 史河洼地

1. 基本情况

史河干流全长220km，流域面积6880km²（其中安徽省境内2685km²）。安徽省史河洼地面积57km²，有耕地7万亩，人口12.2万人。

新中国成立后，史河共发生较大洪水10次，平均4年一次，其中以1954年、1969年、1982年、1991年、2003年5次洪涝灾害最甚。

1986年7月大水，叶集湾4天降水462.9mm，受灾23个村10666户4.6万人，淹没田地23126亩，倒塌房屋1118间，直接经济损失达9507万元。1991年大水，金寨洼地史河堤防多处破口，圩内1.8万亩土地淹没，水深达2.7m，受灾人口达6000余人，倒塌房屋2500间，直接经济损失近亿元。叶集洼地沿线防洪堤全线崩溃，积水深2m左右，最深达3m以上，倒塌房屋6万多间，全镇直接经济损失2.9亿元。2003年7月，史河长时间高水位，叶集洼地沿岗河来水无法错峰抢排，多段漫堤进水，叶集镇区主干道水深达0.5m以上，交通局等单位及1300多间商铺进水，初步估算因涝灾造成的经济损失达3000万元以上。

2. 致灾原因和存在问题

史河洼地主要的致灾原因有：洼地治理缺乏规划，治理方向不明确，且考虑问题不够全面；堤防防洪标准偏低，部分河段堤距过小，堤防不封闭；排水系统不完善，排涝标准低，部分圩区无排水出口，多数涵闸排水能力偏小，圩区涝水受外河水顶托不易排出；现有排涝站设备陈旧老化，不能正常发挥功能，排涝标准不足3年一遇；面上排水工程配套低；非工程措施建设滞后，缺乏统一管理，左右岸水事纠纷不断，违章建筑、非法采砂现象时有发生，影响河道堤防安全。

3. 治理对策

对史河洼地中的金寨洼地、叶集洼地进行分片治理，主要措施包括：加固、新建堤防，形成封闭圩；搬迁低洼地居民；开挖、疏浚排水干沟及河道，设固定排涝站，完善高水高排；按控制一定的河道宽度（400～500m）进行堤防退建；增大自排出路；增建排涝站，解决涝水出路问题，改造现有排涝站，新建排涝闸。

5.8.3.3 淠河洼地

1. 基本情况

淠河全长253km，流域面积6000km²。洼地面积600km²，有耕地59.6万亩，人口76万人。淠河洼地横排头上游河流沟系发达，堤防布设于沿淠河湾区，地面高程在52～56m之间；横排头下游至六安无大支流汇入淠河，堤防布设在沿淠河畈区，地面高程在39～48m之间，地势较平坦；六安以下段地面高程在39.00～20.00m之间。沿淠河两岸低洼地区大都筑有堤防，圩区内的主要排涝沟渠系统已基本形成。淠河沿岸现有主要圩口23个，圩区保护面积583km²，有耕地58万亩，人口75.6万人。

1954年大水，淠河中下游堤防多处溃决，正阳关镇除个别楼房可见外，所有平房都被淹没。1969年7月，霍山城关24小时降雨达282.7mm，佛子岭、磨子潭两座水库相继漫坝，佛子岭水库以下绝大部分圩区洼地都进水，水深数米，损失惨重。1983年洪水，六安多处决口破堤，受淹成灾面积达5万多亩。1991年淮河流域普降暴雨，淠河流域突降了特大暴雨，淮河正阳关水位达26.52m，淠河横排头最大泄洪流量 5570m³/s，大量破圩，六安城区进水，仅六安市当年调查受灾损失即达 1.2 亿元，霍山城关受内涝和堤身渗水的共同影响，积涝成灾，损失近 0.9 亿元。1999 年 6 月底，淠河流域突降暴雨，佛子岭水库最大泄洪流量达 2870m³/s，致使霍山县城、青山、陶洪集等圩堤溃破，六安市城区进水，洪灾损失达 2.8 亿元。2003 年 7 月，淮河流域又普降暴雨，正阳关水位达到了创历史纪录的 26.8m，淠河下游民康圩、马湾圩破圩，隐贤圩在小淠河闸西侧封闭堤和单王刘林柱闸处溃破，顺新圩也在其撇洪沟上出现多处破口，六安城区进水，横排头以上多处圩口也先后溃破。

2. 致灾原因和存在问题

淠河洼地目前主要的致灾原因有：洼地圩堤堤线较长，多为沙质堤防，部分堤防防洪标准低；下游沿河洼地，地势低洼，受淮河干流洪水的顶托影响，自排机遇少，易形成内涝灾害；沿岸圩区侧面来水区域来水流量较大，多数撇洪沟渠排洪能力不足，一遇较大洪水，受外河洪水的顶托和撇洪沟来水流量大的作用，常发生撇洪沟堤防溃破圩区受淹的情况；防洪除涝工程体系不完善，部分低洼地区因缺乏排涝涵闸等设施，堤防不能封闭；现有的穿堤排涝涵闸年久失修、风化损坏严重，带病运行，另有部分排涝涵闸设计标准较低；沿河洼地现有排涝站较少，抽排能力不足，当外河水位较高时不能及时排除洼地涝水；部分圩区的排水仍由自然沟渠排水，排水沟渠淤积严重、过水断面小，造成排水不畅，形成涝灾。

3. 治理对策

根据淠河洼地的特点和工程现状，以东、西淠河及淠河堤防为轴线加固现有堤防；按照“高水高排、低水低排”的原则沿圩设置自排涵闸、抽排泵站；对圩区内的排涝干沟进行疏浚，配套必要的建筑物；在洼地与岗畈过渡地带设置撇洪沟渠，以减少侧面岗区汇水对低洼地区的淹没影响。

5.8.3.4 濠河洼地

1. 基本情况

濠河全长 44km，流域面积 621km²。流域平均地面坡降不足 1/300，一般耕作地高程为 14.0～58.0m，洼地最低地面高程约 13.5m。流域内洼地面积为 37km²，相应有耕地面积 3.4 万亩，人口 2.7 万人。2007 年区内粮食总产量为 2.17 万 t，GDP 为 1.94 亿元，农民人均纯收入为 3652 元。

濠河有官沟、凤阳山两座水库，控制来水总面积 230km²，基本控制了流域内浅山区的全部来水，占濠河流域面积的 37%。濠河临淮关站自 1950 年以来设有水位站，观测淮河水位，实测最高洪水位为 1954 年的 21.45m，2003 年最高洪水位为 20.95m，仅次于 1954 年。

濠河林桥以下河口建有防洪闸。自徐家湾圩以下有生产圩口 19 处，各圩口基本以濠河堤防及独山河等 3 条较大的支（叉）河堤为圩堤，圩区之间以土埂隔界，经长期演变自然形成。圩区总面积 30km²，有耕地 3.4 万亩。

据 1949 年后资料统计，濠河区域非洪即涝年份有 33 年。对圩区 1971 年以来发

生洪涝灾害的情况统计，濠河下游圩区多年平均受灾面积 1.5 万亩、成灾面积 1.28 万亩，受灾人口 0.48 万人，多年平均洪涝灾害损失 967.1 万元，其中农业损失平均每年达 464 万元。1991 年，该区域因外洪内涝，河堤溃破，圩区 1.83 万亩农作物受淹绝收，6740 余人被迫离家，经济损失达 9000 万元。2003 年汛期沿濠河两岸 19 个圩区中 18 个漫溃，除临淮关西局部高地和老塘湖圩外，淹没村庄 9 个，2 万多人无家可归，淹没农田 4.5 万亩，S307 省道最大漫水深度达 1.0m，经济损失巨大。

2. 致灾原因和存在问题

现有堤防标准低，防洪能力不足，圩区之间以土埂隔界，界堤低矮、断面较小，缺乏抗御洪水的能力，且圩区治理各自为政，无统一规划和治理目标，常常造成单个圩堤漫破以后引起相邻圩堤进水的连锁反应；圩内缺乏必要的排涝设施，部分排水涵和排涝站规模偏小，年久失修，工程损坏严重，无法发挥效益；中下游排水大沟不足，排水沟断面较小，无配套支沟，排水体系不健全，排水不畅；现有圩区上游仅有 3 条撇洪沟，且断面小、标准低，起不到撇洪作用，致使圩外高处洪水进入圩内，加重圩区灾情；现有堤防未达到设计标准、险段较多。

3. 治理对策

针对以上存在的问题，结合流域的地形特点和洪涝灾情，濠河洼地治理措施以沿河加固堤防，疏浚下游河道为主，同时对现有零散圩区进行统一规划，合并治理；生产圩内建立健全排涝站、涵（闸）及排水沟系等设施，使圩内涝水能及时排除；圩上等高截流，完善撇水系统，实行高水高排。

5.8.3.5 池河洼地

1. 基本情况

池河干流全长 207.5km，流域面积 5021km^2，其上、中游两岸基本无堤防，洪水期漫滩行洪。洼地圩区主要分布于三河集以下的中下游两岸。流域内洼地面积为 51km^2，相应耕地面积 5.2 万亩。

池河沿岸现有圩口 15 个，圩内面积 43.85km^2，有耕地 4.8 万亩。圩堤总长度 61.5km，现有排涝站 11 座，装机 29 台（套）2020kW，排涝流量 19.7m^3/s。

据统计，新中国成立以来已发生较大洪涝灾害 12 次，平均 4～5 年一次。其中洪涝灾害面积较大的年份有 1954 年、1963 年、1980 年、1983 年、1987 年、1991 年和 2003 年。由于淮河水位长期居高不下，抬高了池河水位，使该低洼地区的集水不能及时下泄入河，而沿河洼地的机排能力低，从而导致了内涝严重的局面。1980 年洪水，沿岸破圩 8 个，圩区面积的 1/3 被淹。明光镇受淹人口约 2.0 万人，城乡淹没损失达 2800 万元。1991 年洪水，两岸圩区先后溃破 16 个，共淹没耕地 4.95 万亩，受淹群众 7 万余人，房屋 8 万余间。2003 年洪水，明光站最高洪水位达 18.43m，池河沿岸圩区相继决口溃堤、漫破共计 11 个，两岸共淹没耕地近 3 万亩，受淹群众 1.5 万人，倒塌房屋 6 万余间，直接经济损失达 4238 万元。

2. 致灾原因和存在问题

沿岸堤防标准不足，涵闸老化，险工、险段隐患多，虽经过 1990 年的初步治理，但受投资不足等因素限制，建设工程未达到设计标准；排涝体系不完善，现有排涝站排涝能力不足，机电设备老化，多数泵型能耗大，效率低；圩内沟渠水系混乱，排涝干沟断面偏小，且无配套建筑物；圩区现有撇洪沟没有完全形成，而且高程偏低、断面偏小，基本无配套建筑物，导致高地来水翻越沟堤泄至圩内。

3. 治理对策

针对以上存在问题，结合流域的地形特点和洪涝灾情，池河洼地治理措施为沿河加固和新筑堤防，进行河道整治；调整分片水系，尽量联圩并圩，统一规划；更新改造现有泵站，并新建部分排涝站；等高截流，完善撇洪沟系统，实行高水高排；开挖和疏浚圩内排涝大沟，完善圩内排涝沟系统；同时废弃较小的生产圩，退田还河，以及实施低洼地移民等。

5.9 效果评价

安徽省淮河流域是我国重要的粮、棉、油生产基地和能源基地。流域内现有耕地约4250万亩，耕地、粮食播种面积及产量分别占安徽省总量的68%、71%和70%。提高淮河中游易涝地区的防洪除涝标准，对稳定安徽全省粮食产量，提高农民收入，保证粮食安全有着非常重要的意义。目前，淮河中游易涝地区存在河道现状防洪除涝能力低，排水系统和面上配套工程不完善，现有建筑物规模小、阻水、损毁严重，工程管理手段和管理设施落后等问题，严重制约区内经济社会可持续发展，因此，尽快实施淮河中游易涝洼地除涝工程建设是非常必要和迫切的。

通过对易涝地区治理，使治理区防洪除涝标准得到提高，对改善群众生产、生活条件，保障粮食安全，促进治理区经济社会可持续发展，具有显著的社会效益和环境效益。

1. 构筑较为完善的除涝减灾体系，水利基础设施明显改善

采取加固堤防，疏浚河道，开挖和疏浚排涝干沟，新建、改扩建排涝站涵等治理措施，这些工程实施完成后，堤防防洪标准由现状5～10年一遇提高到10～20年一遇。面上排涝大沟自排标准可由现状3～5年一遇提高到5～10年一遇；抽排泵站标准由现状3～5年一遇提高到5年一遇。

通过对湖洼及中小河道的整治，可以极大地改善这一地区的水利基础设施条件，构筑较为完善的淮河中游除涝减灾体系。特别是20世纪80年代以前建设的泵站，经过改造重建，焕发出新的活力，提高防洪除涝工程的效益，使治水面貌得到明显改观。

2. 防洪除涝减灾效益十分显著，有利于农业生产的稳定发展

易涝地区治理所带来的经济效益，即工程所减免的洪涝灾害所产生的效益，包括提高粮食产量、减少居民房屋财产淹没及交通中断等造成的损失。初步分析，淮河中游易涝洼地按5年一遇除涝标准、20年一遇防洪标准治理完成后，多年平均内

涝减淹面积约300万亩，防洪减淹面积约100万亩。

3. 淮河中游易涝多灾的面貌得到改善，有利于消除贫困

淮河中游平均3～4年就要发生一次涝灾，小水淹地，大水淹房。洪涝灾害损失中，涝灾损失所占的比重大于洪灾损失，涝灾严重已成为制约该区域社会经济发展，尤其是制约解决“三农”问题的主要因素之一。

易涝地区治理后，随着防洪除涝标准的提高，易涝多灾的面貌得以改变。堤防的加固培厚、泵站和涵闸的更新改造、大沟上桥梁的修建，都会直接改善当地群众的生产、生活条件。农民人均纯收入预计年均增长10%以上，有利于消除贫困，缩小与其他地区的差距。同时，也有利于农民收入的总体提高。

4. 有利于改善农业生态环境和湖泊湿地生态系统功能

除涝骨干工程和面上配套工程的实施，有利于改善农业生态环境，减轻了洪涝灾害可能伴生的疾病流行、生存环境恶化等严重危害。退垦还湖和移民迁建，可使区域小环境得到改善、生态水面积增加，湿地面积增加。湿地具有更好地调节水循环和养育丰富生物多样性的基本生态功能，也可以作为地下水和地面水的补给以及具有排洪、蓄洪功能。退垦还湖还表现在草滩湿地面积增加，植被群落结构变化和生物量增加，鱼类产卵场和育肥场改善和渔业资源的增加，使栖息面积增大和越冬环境变好，从而改善治理区内湖泊湿地生态系统的结构和功能。

5. 改善交通条件和投资环境，促进区域经济发展

新建和加固堤防、配套桥梁，以及疏浚河道，大大改善了这一地区的交通条件。除涝能力的提高，有利于促进地区生产力的合理布局和产业结构的合理调整。“灾区形象”的改变，为招商引资创造了最基本的条件，改善了投资环境，有利于区域经济的发展和工业化水平的提升，为地区经济的可持续发展提供保障。

6. 防洪除涝调度手段得到改善，管理水平提升

工程体系的完善为科学调度和决策创造了条件，流动排涝泵站的建设使排涝更具灵活性，也节省了部分运行费用。通过管理体制改革、制定相关法规，进一步明确管理主体和管理范围，建立合理可行的运行管理机制，落实管理运行及维护所需的经费，确保除涝工程的可持续运行。通过建立灾情评估系统，为合理规划、科学决策服务，提升管理水平。

5.10 结论

（1）淮河流域低洼易涝区内耕地约1亿亩。受自然地理、气候、人类活动及工程条件的影响，历来是洪涝灾害频发地区。其中淮河中游两岸受淮河干流高水位顶托，因洪致涝、“关门淹”的问题十分突出。洪涝灾害已严重影响淮河流域的粮食生产安全，制约了流域社会经济发展和人民生活水平的提高。

（2）淮河中游涝灾严重，多年平均涝灾受灾面积900万亩，成灾面积600万亩。

造成淮河中游涝灾严重的原因是多方面的，水文气象、暴雨、自然地理、淮河干流高水位造成的“关门淹”、治理标准低、湖泊洼地圈圩过度、面上除涝工程不配套等是主要原因。

（3）淮河中游涝灾主要发生在沿淮地区和淮北平原，淮河中游涝灾具有突发性、多发性和交替性的特点。

（4）淮河中游洪涝灾害对社会经济产生的影响，是制约地区经济增长的重要因素。其中对粮食生产和农民收入产生明显的影响，1991 年、2003 年大水，粮食产量较常年减产 41％和 34％。

（5）涝灾治理对策，必须坚持科学发展观，在实施工程措施的同时，应重视生态与环境的问题，正确处理除涝与水资源利用、生态保护的关系，调整农业结构，逐步实施退田还湖和移民迁建。

1）沿淮湖洼地。针对沿淮湖洼地的地理条件和洪、涝规律，洼地治理既要重视防洪除涝，又考虑适当蓄水，变洪水为资源。通过建泵站提高抽排能力，加固圩堤提高防洪能力；调整圩区布局，以利高低水分排；实施退田还湖和低洼地群众居民迁建。

2）淮北平原洼地。排涝重点是建立并完善各区域的排水系统，通过治理支流河道为面上涝水的下泄与抢排创造条件；花大力气畅通排水干沟，改变由于沟道断面窄小、堵塞导致面上积水无法外排的局面。

3）淮南支流洼地。加固圩区堤防，配套涵闸和排涝站；按照高水高排、低水低排的原则，在洼地与岗畈过渡地带设置撇洪沟渠；对一些面积较小、阻碍排洪的生产圩堤，实施退田还湖；对低洼地群众实施人口迁移。

6 淮河干流中游扩大平槽泄流能力研究*

6.1 概述

经过多年治理，淮河干流的防洪能力得到了较大提高，但由于淮河流域特殊的水文气象和暴雨洪水特征、特殊的自然地理和河道特性的制约，淮河中游高水位持续时间长，行蓄洪区运用频繁，支流与面上排水困难、涝灾严重等问题仍较为突出，常引起社会各界的广泛关注。

淮河干流现状平槽泄流能力王家坝—正阳关约为1500m^3/s，正阳关—涡河口约为2500m^3/s，涡河口—洪山头约为3000m^3/s。当淮河干流中游来水流量大于平槽流量时，水位常高于地面，影响面上排涝，这是淮河中游洪涝灾害产生的主要原因之一。既然单独在洪泽湖内做工程或开挖盱眙新河工程，对淮河中游的防洪除涝效果不太明显，那么开展扩挖淮河干流中游河道以扩大中游平槽泄流能力的研究，就有十分重要的意义。本次选择按3年一遇、5年一遇和10年一遇除涝标准研究扩大平槽泄流能力。此外，结合中游不同河段的河道特性，还按照造床流量标准研究扩大平槽泄流能力。针对以上不同方案，分别分析其效果并初步匡算了工程量。对各方案可能造成的生态环境变化、工程移民安置等问题并未涉及。

6.2 基本情况

淮河中游自洪河口至洪泽湖出口（中渡），河长约490km，落差约16m，中渡以上流域面积15.82万km^2，其中洪河口至中渡区间流域面积12.76万km^2。洪河口至正阳关河段长155km，正阳关以上流域面积8.86万km^2，占中渡以上流域面积的56%，而洪水来量占中渡以上洪水总量的60%～80%。正阳关至洪泽湖出口长335km，区间流域面积6.96万km^2。

---

* 本章高程为1985国家高程基准。

淮河干流中游洪河口至正阳关段，河道主槽平滩宽200m左右。正阳关以上退堤工程已经完成，堤内行水宽度已达到1.5～2.0km。该段河底高程一般在19～12m，河底比降为1/20000～1/30000；洪水比降为1/50000～1/60000。

淮河干流中游正阳关至浮山段，河道主槽平滩宽一般为200～500m，主槽深为8.5～14.5m，堤内行水宽度一般在600～1000m。行洪区行洪后，最大泄洪宽度可达10km。河底高程正阳关至蚌埠段一般为12～8m，蚌埠以下一般为8～5m。河床深浅变化很大，最低达－13.4m（信家湾），且出现多处深切。正阳关至涡河口段河底比降约为1/30000，洪水比降约为1/40000；涡河口至浮山段河底比降为1/30000～1/40000，洪水比降为1/20000～1/30000。

淮河干流中游浮山至洪山头段，河道主槽平滩宽一般为500～800m，堤内行水宽度600～1000m。河底高程在浮山为－5.5m，洪山头为9.5m。该段河底逆坡，呈倒比降，洪水比降约为1/20000。洪山头以下为洪泽湖，湖底高程为10.5m。

6.3 研究意义和研究方案

6.3.1 研究意义

经过多年治理，淮河干流的防洪能力得到了较大提高，但由于淮河特殊的地形地貌、特殊的河道特性影响，一旦发生较大洪水，淮河干流高水位持续时间长，防汛压力大，行洪区运用频繁和沿淮排涝难等问题仍然存在，现状防洪减灾体系仍需进一步完善。在《淮河流域防洪规划》中，计划对淮河干流行蓄洪区进行调整，对中游沿淮洼地进行治理。即使上述建设内容完成后，淮河干流高水位持续时间长，沿淮洼地“关门淹”等问题仍不能得到完全解决。

淮河中游洪河口—正阳关、正阳关—涡河口、涡河口—浮山、浮山—洪山头河底比降向下游逐步放缓，甚至倒比降，而洪水比降逐步变大，洪水比降不尽合理，因此拟通过疏浚河道对淮河中游的河底比降和洪水比降进行调整。早在1965年，水利部组织的淮河专家组就曾研究过以挖河为主、扩大淮河干流中游泄洪流量的方案，因工程量太大，投资过多，当时以缺少水下开挖设备等原因未被采纳。在“淮河中游河床演变与整治研究”初步成果完成后，中水淮河规划设计研究有限公司利用有关资料，在蚌埠闸下至方邱湖的河道整治中，依据河势，采用挖槽、切滩扩大河槽的方案，已在淮河干流河道整治工程中实施。

淮河干流河道现状河道平槽泄流能力较小，王家坝—正阳关约为1500m^3/s，正阳关—涡河口约为2500m^3/s，涡河口—洪山头约为3000m^3/s。淮河干流行蓄洪区调整工程完成后，平槽泄洪流量有所提高，王家坝—正阳关约为1600m^3/s，正阳关—涡河口约为2500m^3/s，涡河口—洪山头约为3700m^3/s。淮河干流行蓄洪区调整工程完成后，淮河干流中游平槽泄流能力将有一定的提高，但只占设计流量的1/4左右，河槽仍然较小，支流与面上排水困难的格局并不能发生根本改观，扩大淮河干流主槽是减轻两岸

排水困难的途径之一，因此研究扩大淮河干流泄洪能力具有十分重要的意义。

6.3.2 研究方案

单独在洪泽湖内做工程或在湖外开挖新河工程，对淮河中游的防洪除涝效果不是太明显，那么扩挖淮河干流情况如何？为此，选择了 3 个规模进行初步研究：①淮河干流中游按 3 年一遇除涝标准扩大平槽泄流能力研究；②淮河干流中游按 5 年一遇除涝标准扩大平槽泄流能力研究；③淮河干流中游按 10 年一遇除涝标准扩大平槽泄流能力研究。考虑到如果平槽面积扩大较多，将可能产生淤积等因素，因此结合淮河干流中游不同河段的河道特性，研究了按造床流量扩大平槽泄流能力方案的作用和效果。针对以上方案进行初步研究，匡算工程量，并综合分析方案实施后的效果及影响。

6.4 除涝水位流量

6.4.1 除涝水位

除涝水位按两岸地面高程和排涝需要拟定如下：王家坝—正阳关除涝水位为 24.8～20.0m、正阳关—涡河口除涝水位为 20.0～16.5m、涡河口—浮山除涝水位为 16.5～14.5m、浮山—盱眙除涝水位为 14.5～13.25m。

6.4.2 除涝流量

淮河干流主要控制站除涝流量的确定是一个复杂的技术问题，影响因素多，到目前为止尚未定论，本次研究暂采用各控制站实测资料系列进行频率分析的成果，其中淮河干流王家坝—正阳关段采用王家坝站的实测资料，正阳关—涡河口段采用鲁台子站的实测资料，涡河口以下段采用吴家渡站的实测资料。

据 1951—2005 年实测资料初步分析，淮河干流 3 年一遇、5 年一遇、10 年一遇除涝流量王家坝—正阳关段分别约为 4100m³/s、5500m³/s、7400m³/s，正阳关—涡河口段分别约为 4500m³/s、6000m³/s、7800m³/s，涡河口—盱眙段分别约为 5000m³/s、6500m³/s、8300m³/s。淮河干流 3 年一遇、5 年一遇、10 年一遇除涝水位流量见表 6.4-1。

表 6.4-1 淮河干流 3 年一遇、5 年一遇、10 年一遇除涝水位流量

控制站	王家坝	正阳关	涡河口	浮山	盱眙
除涝水位/m	24.8	20.0	16.5	14.5	13.25
现状平槽泄流能力/(m³/s)	1000～1500	2500	3000		
3 年一遇除涝流量/(m³/s)	4100	4500	5000		
5 年一遇除涝流量/(m³/s)	5500	6000	6500		
10 年一遇除涝流量/(m³/s)	7400	7800	8300		

6.5 淮河干流中游按3年一遇、5年一遇、10年一遇除涝标准扩挖

拟通过扩挖河槽、切滩、退堤等工程措施扩大主槽，使淮河干流中游河道基本满足3年一遇、5年一遇、10年一遇除涝要求。

6.5.1 按3年一遇除涝标准扩挖

按3年一遇除涝标准扩挖河道设计参数拟定如下：王家坝—正阳关河长155km，开挖河底宽度为380m，开挖河底高程为15～12m，开挖边坡1∶4；正阳关—涡河口河长126km，开挖河底宽度为430m，开挖河底高程为12～9m，开挖边坡1∶4；涡河口—浮山河长108km，开挖河底宽度为550m，开挖河底高程为9～6m，开挖边坡1∶4；浮山—盱眙河长57km，开挖河底宽度为600m，开挖河底高程为6～5m，开挖边坡1∶4。

6.5.2 按5年一遇除涝标准扩挖

按5年一遇除涝标准扩挖河道设计参数拟定如下：王家坝—正阳关河长155km，开挖河底宽度为410m，开挖河底高程为14～11m，开挖边坡1∶4；正阳关—涡河口河长126km，开挖河底宽度为530m，开挖河底高程为11～8m，开挖边坡1∶4；涡河口—浮山河长108km，开挖河底宽度为600m，开挖河底高程为8～5m，开挖边坡1∶4；浮山—盱眙河长57km，开挖河底宽度为650m，开挖河底高程为5～4m。

6.5.3 按10年一遇除涝标准扩挖

按10年一遇除涝标准扩挖河道设计参数拟定如下：王家坝—正阳关河长155km，开挖河底宽度为530m，开挖河底高程为13～10m，开挖边坡1∶4；正阳关—涡河口河长126km，开挖河底宽度为590m，开挖河底高程为10～7m，开挖边坡1∶4；涡河口—浮山河长108km，开挖河底宽度为650m，开挖河底高程为7～4m，开挖边坡1∶4；浮山—盱眙河长57km，开挖河底宽度为750m，开挖河底高程为4～3m，开挖边坡1∶4。

6.5.4 工程量估算

工程量主要包括河道疏浚、堤防退建、移民、挖压占地、影响处理工程等几部分。经初步估算，按3年一遇、5年一遇、10年一遇除涝标准扩挖，土方量分别约为13亿m^3、18亿m^3、24亿m^3，占地分别约为63万亩、88万亩、114万亩，移民分别约为22万人、35万人、50万人。

此外，还有不少现有工程受河道疏浚、退堤等影响需进行处理，包括跨淮河大

桥现有19座，还有蚌埠闸、西气东输天然气管道、通信电缆、沿线取排水口、码头、水文设施等穿河、跨河拦河、临河建筑物。由此可见，按3年一遇、5年一遇、10年一遇除涝标准扩挖，工程量难度巨大，实施难度也不小。

6.6 实施效果及影响分析

6.6.1 增加了河道泄流能力

1. 按3年一遇除涝标准扩挖

按3年一遇除涝标准扩挖后，用设计水位控制，不启用行洪区，王家坝—正阳关、正阳关—涡河口、涡河口—浮山段滩槽泄洪流量可达到12000～14000m³/s、14100m³/s、17400m³/s，较设计流量7400～9400m³/s、10000m³/s、13000m³/s分别提高了4600m³/s、4100m³/s、4400m³/s。用设计流量控制，不启用行洪区，王家坝水位为27.95m，比设计水位29.20m降低1.25m；正阳关水位为25.20m，比设计水位26.40m降低1.20m；涡河口水位为22.04m，比设计水位23.39m降低1.35m；浮山水位为18.01m，比设计水位18.35m降低0.34m。因此淮河干流按3年一遇除涝标准扩大平槽后，可较大地增加淮河干流中游泄流能力，也明显地降低了淮河干流沿程水位。按3年一遇除涝标准扩挖后河道行洪能力变化见表6.6-1。

表6.6-1 按3年一遇除涝标准扩挖后河道行洪能力变化

控制条件		分河段过流能力				
		王家坝	正阳关	涡河口	浮山	盱眙
用设计水位控制	设计水位/m	29.20	26.40	23.39	18.35	15.50
	按3年一遇除涝标准扩大平槽后河道流量/(m³/s)	12000～14000	14100	17400		
	河道泄流能力增加/(m³/s)	4600	4100	4400		
用设计流量控制	设计流量/(m³/s)	7400～9400	10000	13000		
	按3年一遇除涝标准扩大平槽后各控制点水位/m	27.95	25.20	22.04	18.01	15.50
	河道主要控制点水位降低/m	1.25	1.20	1.35	0.34	0

注 表中高程为1985国家高程基准。

2. 按5年一遇除涝标准扩挖

按5年一遇除涝标准扩挖后，用设计水位控制，不启用行洪区，王家坝—正阳关、正阳关—涡河口、涡河口—浮山段滩槽泄洪流量可达到12700～14700m³/s、15500m³/s、18900m³/s，较设计流量7400～9400m³/s、10000m³/s、13000m³/s分别提高5300m³/s、5500m³/s、5900m³/s。用设计流量控制，不启用行洪区，王家坝水位为27.40m，比设计水位29.20m降低1.80m；正阳关水位为23.50m，比设计水位26.40m降低2.90m；涡河口水位为20.50m，比设计水位23.39m降低2.89m；浮山水位17.39m，比设计水位18.35m降低0.96m。因此淮河干流按5年一遇除涝标准扩大平槽泄流能力后，可大大增加淮河干流中游泄流能力，明显降低淮河干流沿程水位。按5年一遇除涝标准扩挖后河道行洪能力变化见表6.6-2。

表6.6-2 按5年一遇除涝标准扩挖后河道行洪能力变化

控制条件		分河段过流能力				
		王家坝	正阳关	涡河口	浮山	盱眙
用设计水位控制	设计水位/m	29.20	26.40	23.39	18.35	15.50
	按5年一遇除涝标准扩大平槽后河道流量/(m^3/s)	12700～14700	15500		18900	
	河道泄流能力增加/(m^3/s)	5300	5500		5900	
用设计流量控制	设计流量/(m^3/s)	7400～9400	10000		13000	
	按5年一遇除涝标准扩大平槽后各控制点水位/m	27.40	23.50	20.50	17.39	15.50
	河道主要控制点水位降低/m	1.80	2.90	2.89	0.96	0

3. 按10年一遇除涝标准扩挖

按10年一遇除涝标准扩挖后，用设计水位控制，不启用行洪区，王家坝—正阳关、正阳关—涡河口、涡河口—盱眙段滩槽泄洪流量可达到14900～16900m^3/s、17800m^3/s、23600m^3/s，较设计流量7400～9400m^3/s、10000m^3/s、13000m^3/s分别提高7500m^3/s、7800m^3/s、10600m^3/s。用设计流量控制，不启用行洪区，王家坝水位为25.40m，比设计水位29.20m降低3.80m；正阳关水位为22.20m，比设计水位26.40m降低4.20m；涡河口水位为19.42m，比设计水位23.39m降低3.97m；浮山水位为16.85m，比设计水位18.35m降低1.50m。因此淮河干流按10年一遇除涝标准扩大平槽泄流能力后，可显著增加淮河干流中游泄流能力，大幅度降低淮河干流中游沿程水位。按10年一遇除涝标准扩挖后河道行洪能力变化见表6.6-3。

表6.6-3 按10年一遇除涝标准扩挖后河道行洪能力变化

控制条件		分河段过流能力				
		王家坝	正阳关	涡河口	浮山	盱眙
用设计水位控制	设计水位/m	29.20	26.40	23.39	18.35	15.50
	按10年一遇除涝标准扩大平槽后河道流量/(m^3/s)	14900～16900	17800		23600	
	河道泄流能力增加/(m^3/s)	7500	7800		10600	

续表

控制条件		分河段过流能力				
		王家坝	正阳关	涡河口	浮山	盱眙
用设计流量控制	设计流量/(m^3/s)	7400～9400	10000		13000	
	按10年一遇除涝标准扩大平槽后各控制点水位/m	25.40	22.20	19.42	16.85	15.50
	河道主要控制点水位降低/m	3.80	4.20	3.97	1.50	0

6.6.2　遇设计防洪标准内洪水可不使用行洪区

淮河中游按3年一遇、5年一遇、10年一遇除涝标准扩大平槽泄流能力后，淮河干流王家坝—盱眙段在设计水位条件下，河道泄洪流量分别增加了4100～4600m^3/s、5300～5900m^3/s、7500～10600m^3/s；在设计流量下，河道水位分别降低了0.34～1.35m、0.96～2.9m、1.5～4.2m。

河道本身泄流能力可满足淮河干流设计要求，因此，淮河干流发生设计标准内洪水可不使用行洪区。

6.6.3　减少沿淮洼地"关门淹"历时

经初步分析，1991年洪水沿淮洼地"关门淹"历时约99天，2003年洪水沿淮洼地"关门淹"历时约90天。按3年一遇、5年一遇、10年一遇除涝标准扩大平槽泄流能力后，遇1991年洪水沿淮洼地"关门淹"历时分别减少约30天、49天、75天；遇2003年洪水沿淮洼地"关门淹"历时分别减少约25天、41天、62天。

按3年一遇、5年一遇、10年一遇除涝标准扩大平槽泄流能力后可减少沿淮洼地"关门淹"历时，对改善面上除涝作用明显，"关门淹"历时变化见图6.6-1～图6.6-6。

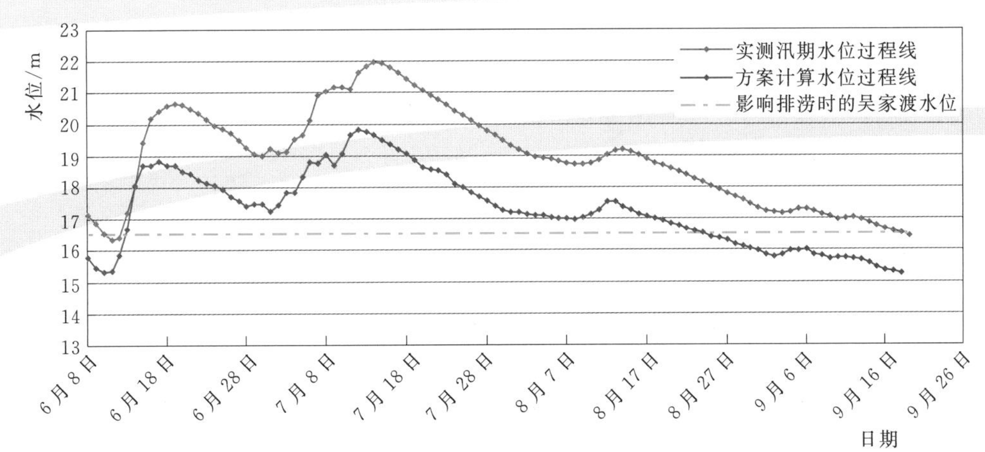

图6.6-1　按3年一遇排涝流量扩大平槽流量方案与实测吴家渡1991年汛期水位过程线

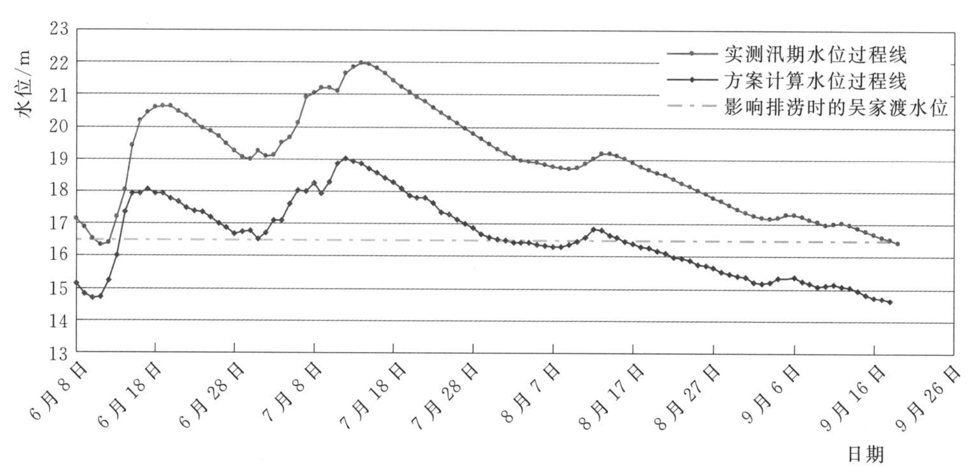

图 6.6-2　按 5 年一遇排涝流量扩大平槽流量方案与实测吴家渡 1991 年汛期水位过程线

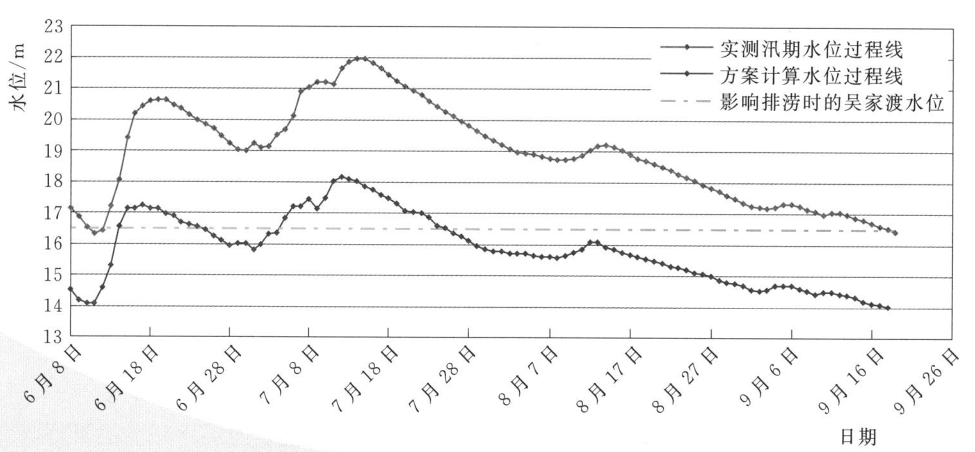

图 6.6-3　按 10 年一遇排涝流量扩大平槽流量方案与实测吴家渡 1991 年汛期水位过程线

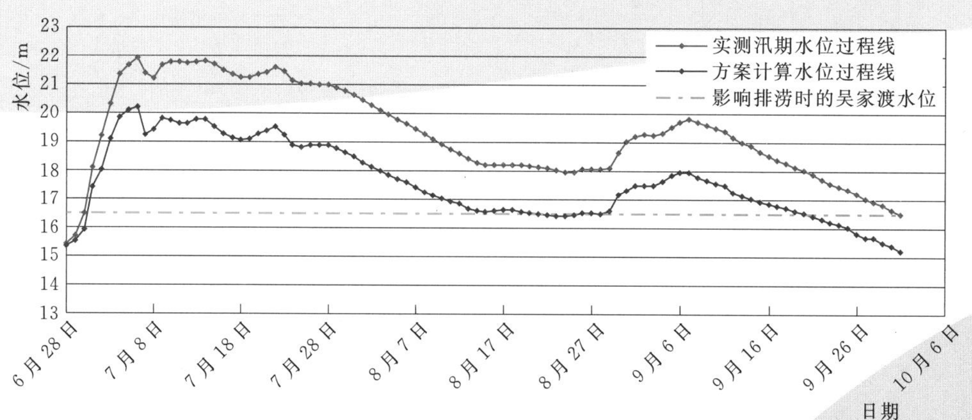

图 6.6-4　按 3 年一遇排涝流量扩大平槽流量方案与实测吴家渡 2003 年汛期水位过程线

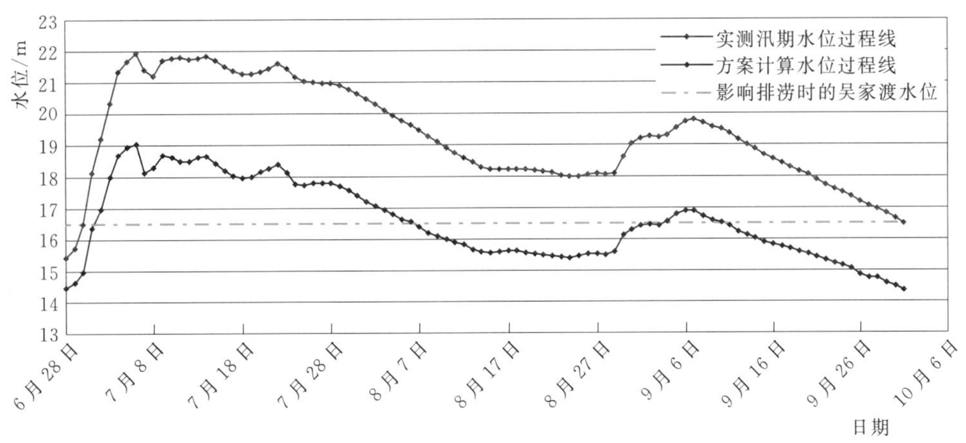

图 6.6-5 按 5 年一遇排涝流量扩大平槽流量方案与实测吴家渡 2003 年汛期水位过程线

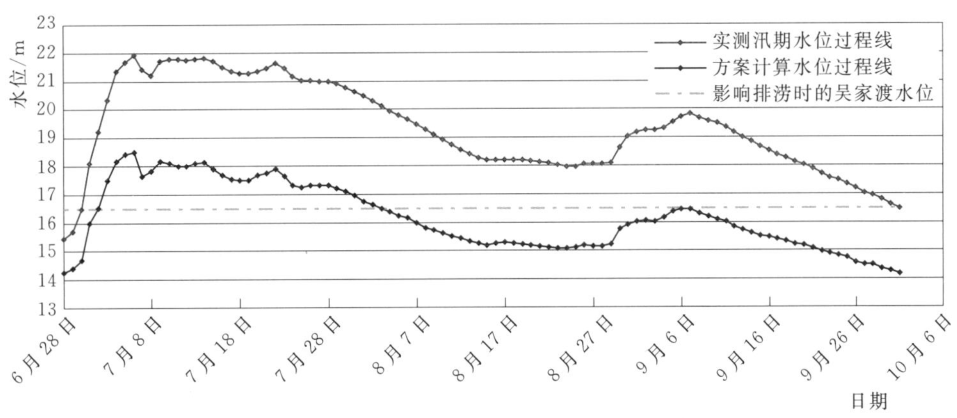

图 6.6-6 按 10 年一遇排涝流量扩大平槽流量方案与实测吴家渡 2003 年汛期水位过程线

6.6.4 工程量巨大，代价较高

淮河中游按 3 年一遇、5 年一遇、10 年一遇除涝标准扩大平槽泄流能力后，挖河、筑堤土方量为 13 亿～24 亿 m^3，挖压占地为 63 万～114 万亩，移民为 22 万～50 万人，还未考虑面上配套和洪泽湖及下游工程建设的工程量。工程涉及大量环境问题，代价较高。

6.6.5 对现有淮河干流整体防洪除涝体系的影响

按 3 年一遇、5 年一遇、10 年一遇除涝标准扩大平槽泄流能力后，汇流条件发生很大变化，上游来水加快，对洪泽湖和淮河下游防洪影响还有待研究，且淮河干流临淮岗洪水控制工程、蚌埠闸、怀洪新河等防汛调度实施的控制运用条件将发生较大变化，对现有淮河干流整体防洪除涝体系将带来重大影响。

6.6.6 对河道稳定的影响

1. 平槽流量超出造床流量很多

根据安徽省·淮委水利科学研究院对淮河干流中游造床流量的分析，王家坝—正阳关、正阳关—涡河口、涡河口—浮山3段造床流量分别约为2000m³/s、3000m³/s、3500m³/s❶。

按3年一遇除涝标准扩大平槽泄流能力后淮河干流王家坝—正阳关、正阳关—涡河口、涡河口—盱眙段平槽流量约为4700m³/s、5400m³/s、5900m³/s，分别高出造床流量2700m³/s、2400m³/s、2600m³/s；按5年一遇除涝标准扩大平槽泄流能力后淮河干流王家坝—正阳关、正阳关—涡河口、涡河口—盱眙段平槽流量分别为6800m³/s、6900m³/s、7700m³/s，分别高出造床流量4800m³/s、3900m³/s、4400m³/s；按10年一遇除涝标准扩大平槽泄流能力后淮河干流王家坝—正阳关、正阳关—涡河口、涡河口—盱眙段平槽流量分别为9000m³/s、8800m³/s、9700m³/s，分别高出造床流量7000m³/s、5800m³/s、6400m³/s。造床流量是从综合反映流域来水来沙与河流形态塑造之间关系的一个重要指标，当平槽流量超出造床流量范围过大，将会产生淤积，难以维持。❷ 按3年一遇、5年一遇、10年一遇除涝标准扩挖后平槽流量与造床流量比较见表6.6-4。

表6.6-4 按3年一遇、5年一遇、10年一遇除涝标准扩挖后平槽流量与造床流量比较

单位：m³/s

<table>
<tr><th>控 制 站</th><th>王家坝</th><th>正阳关</th><th>涡河口</th><th>浮山</th><th>盱眙</th></tr>
<tr><td>现状造床流量</td><td colspan="2">2000</td><td>3000</td><td colspan="2">3300</td></tr>
<tr><td>按3年一遇扩挖后平槽流量</td><td colspan="2">4700</td><td>5400</td><td colspan="2">5900</td></tr>
<tr><td>平槽流量高出造床流量</td><td colspan="2">2700</td><td>2400</td><td colspan="2">2600</td></tr>
<tr><td>按5年一遇扩挖后平槽流量</td><td colspan="2">6800</td><td>6900</td><td colspan="2">7700</td></tr>
<tr><td>平槽流量高出造床流量</td><td colspan="2">4800</td><td>3900</td><td colspan="2">4400</td></tr>
<tr><td>按10年一遇扩挖后平槽流量</td><td colspan="2">9000</td><td>8800</td><td colspan="2">9700</td></tr>
<tr><td>平槽流量高出造床流量</td><td colspan="2">7000</td><td>5800</td><td colspan="2">6400</td></tr>
</table>

2. 平均过水面积扩大很多

按3年一遇除涝标准扩挖后，主槽平均过水面积扩大：王家坝—正阳关现状主槽平均过水面积2000m²，平均扩挖河道断面面积2540m²，主槽面积扩大127%；正阳

❶ 引自金正越、毛世民《治淮》，1989年9月。

❷ 引自《淮河干流方邱湖至临北段河道整治及行洪区调整河工模型试验研究报告》。

关—涡河口现状主槽平均过水面积 2800m^2，平均扩挖河道断面面积 3230m^2，主槽面积扩大 115%；涡河口—盱眙段现状主槽平均过水面积 4000m^2，平均扩挖河道断面面积 2990m^2，主槽面积扩大 75%。

按 5 年一遇除涝标准扩挖后，主槽平均过水面积扩大：与王家坝—正阳关现状主槽平均过水面积 2000m^2 比较，平均扩挖河道断面面积 2420m^2，主槽面积扩大 121%；与正阳关—涡河口现状主槽平均过水面积 2800m^2 比较，平均扩挖河道断面面积 4020m^2，主槽面积扩大 144%；与涡河口—盱眙段现状主槽平均过水面积 4000m^2 比较，平均扩挖河道断面面积 3417m^2，主槽面积扩大 85%。

按 10 年一遇除涝标准扩挖后，主槽平均过水面积扩大：与王家坝—正阳关现状主槽平均过水面积 2000m^2 比较，平均扩挖河道断面面积 3740m^2，主槽面积扩大 187%；与正阳关—涡河口现状主槽平均过水面积 2800m^2 比较，平均扩挖河道断面面积 5300m^2，主槽面积扩大 189%；与涡河口—盱眙段现状主槽平均过水面积 4000m^2 比较，平均扩挖河道断面面积 4520m^2，主槽面积扩大 113%。

从造床流量和主槽扩挖面积可以看出，按 3 年一遇、5 年一遇、10 年一遇除涝标准扩挖后，平槽流量分别是造床流量的 1.7～2.2 倍、2.5～3.5 倍、3～4 倍，河槽面积扩大 1.75～2.3 倍、1.9～2.5 倍、2～3 倍，河道流速会显著下降，将使水流挟沙能力急剧下降，不利于河道的稳定，对河道的发育将带来不利影响。

6.6.7 社会影响大

淮河干流中游按 3 年一遇、5 年一遇、10 年一遇除涝标准扩挖涉及移民 22 万～50 万人，占地 63 万～114 万亩，将会产生较多的社会问题：一方面，大规模移民就业安置难度较大，且淮河两岸群众多以农业生产为主，再就业能力相对较弱，如何保障移民后群众生产生活将是一个问题；另一方面，淮河中游是国家商品粮生产基地之一，大量征地可能会对区域内粮食生产造成影响。

6.7 按造床流量扩大平槽泄流能力方案研究

前述研究了对淮河干流按 3 年一遇、5 年一遇、10 年一遇除涝流量扩大平槽泄流能力方案，3 个方案可增加河道泄流能力，减少沿淮洼地“关门淹”历时，但方案对淮河干流防洪体系的整体布局影响较大；另外，从造床流量和主槽扩挖面积来看，平槽流量超出造床流量很多，主槽面积扩大较多，河道流速会显著下降，将使水流挟沙能力急剧下降，不利于河道稳定，对河道的发育将带来不利影响。为此，本节结合淮河干流中游不同河段的河道特性，研究按照造床流量扩大平槽泄流能力方案的作用和效果。

6.7.1 淮河干流按造床流量扩大平槽泄流能力方案

造床流量是河道整治与河相关系研究中最基本的参数，是一种反映天然河流情况下，其来水来沙过程对河流自身的塑造以至演变趋势作用的参数，一般为流量数值较大，作用时间较长，在该时段的输沙能力最强时的相应流量。根据安徽省·淮委水利科学研究院对淮河中游造床流量的分析（采用的水沙资料系列年份为1950—2007年，采用的计算方法为马卡维也夫法和平滩流量法），王家坝—正阳关、正阳关—涡河口、涡河口—洪山头三段造床流量分别为2000m^3/s、3000m^3/s、3500m^3/s左右。

在“淮河干流行蓄洪区调整规划”中拟对蚌埠以下河段全线疏浚，平槽流量将提高到3700m^3/s，与该段造床流量接近，平槽流量不宜继续扩大，而王家坝—正阳关、正阳关—涡河口两河段在“淮河干流行蓄洪区调整规划”中是局部疏浚，平槽流量分别提高到1600m^3/s、2500m^3/s，距造床流量尚有一定差距，因此，可考虑将对“淮河干流行蓄洪区调整规划”中未疏浚河段进行疏浚，王家坝—正阳关段平槽流量扩大到2000m^3/s，正阳关—涡河口段平槽流量扩大到3000m^3/s，涡河口以下段平槽流量按“淮河干流行蓄洪区调整规划”中的方案疏浚，平槽流量扩大到3700m^3/s。

淮河干流中游全线疏浚后，王家坝—正阳关、正阳关—涡河口、涡河口—洪山头三段平槽流量，较淮河干流行蓄洪区调整规划方案分别提高400m^3/s、500m^3/s、0m^3/s，较现状分别提高500m^3/s、700m^3/s、700m^3/s，详见表6.7-1。

表6.7-1 淮河干流中游平槽流量比较

序号	起～止	河段长度/km	现状（淮河干流上中游河道整治后）/(m^3/s)	行蓄洪区调整工程完成后/(m^3/s)	按造床流量适当扩大平槽流量/(m^3/s)
1	王家坝—正阳关	155	1500	1600	2000
2	正阳关—涡河口	126	2300	2500	3000
3	涡河口—洪山头	149	3000	3700	3700

6.7.2 方案计算结果及工程量估算

1. 方案计算结果

采用不同的控制条件对淮河干流中游按造床流量适当扩大平槽泄流能力方案进行了分析计算，成果详见表6.7-2。

2. 工程量估算

本方案河道疏浚工程量为13600万m^3，其中王家坝—正阳关段为6200万m^3，正阳关—涡河口段为7400万m^3。挖压占地约5万亩，拆迁人口1.3万人。由于疏浚工程量较大，仍需进一步退堤来稳定堤防，退建堤防63km，退堤面积17000亩，拆迁人口1.5万人，铲筑堤土方2800万m^3。

表 6.7-2 淮河干流中游按造床流量适当扩大平槽泄流能力方案过流能力

行蓄洪区运用条件	控制条件		分河段过流能力							
			王家坝	姜唐湖进口	正阳关	淮南	涡河口	吴家渡	临淮关	浮山
启用	(1)用设计水位控制	水位/m	29.20	26.88	26.40	24.34	23.39	22.48	21.30	18.35
		流量/(m^3/s)	7700～9700			10500		13000		
	(2)用设计流量控制	水位/m	29.04	26.57	26.05	24.19	23.39	22.48	21.3	18.35
		流量/(m^3/s)	7400～9400			10000		13000		
不启用	(3)用设计水位控制	水位/m	29.20	27.04	26.40	24.44	23.39	22.48	21.38	18.35
		流量/(m^3/s)	7100～9100			9400		11900		
	(4)用设计流量控制	水位/m	29.25	27.23	26.63	24.55	23.39	22.88	21.71	18.35
		流量/(m^3/s)	7400～9400			10000		13000		
	(5)用中等洪水控制	水位/m	28.31	26.64	26.17	24.22	23.19	21.73	20.77	18.35
		流量/(m^3/s)	7000			9000		10000		

6.7.3 方案总体评价

1. 对设计洪水的影响

按造床流量适当扩大平槽泄流能力后，在设计水位下，启用行洪区，王家坝—正阳关、正阳关—涡河口、吴家渡—浮山段泄洪流量可达到 7700～9700m^3/s、10500m^3/s、13000m^3/s，较设计流量分别提高 300m^3/s、500m^3/s、0，淮河干流中游泄洪流量变化见图 6.7-1；用设计流量控制，启用行洪区，王家坝水位为 29.04m，比设计水位降低 0.16m，正阳关水位为 26.05m，比设计水位降低 0.35m，吴家渡水位为 22.48m，与设计水位相同，淮河干流中游主要控制点水位变化见图 6.7-2。因此，按造床流量适当扩大平槽泄流能力的方案对淮河干流中游提高泄洪流量和降低水位作用较小。

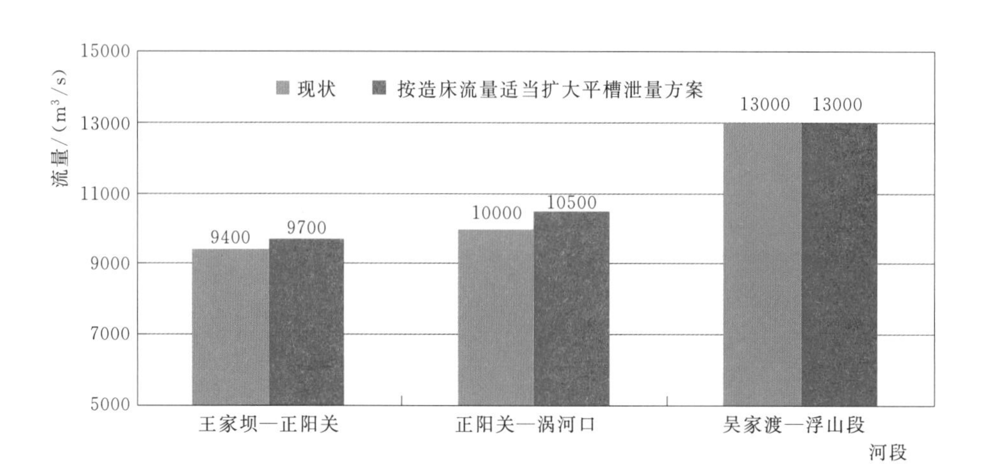

图 6.7-1 在设计水位下（启用行洪区）淮河干流中游泄洪流量变化图

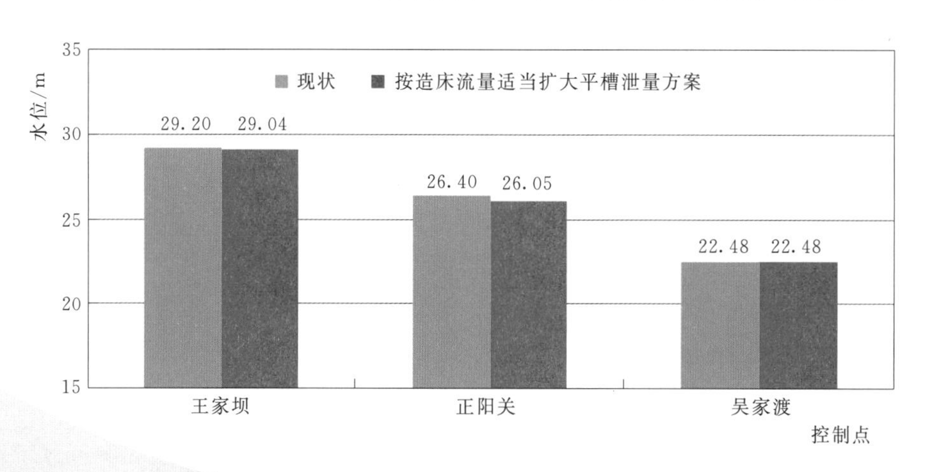

图 6.7-2 在设计流量下（启用行洪区）淮河干流中游主要控制点水位变化图

2. 对行洪区行洪的影响

按造床流量适当扩大平槽泄流能力后，用设计水位控制，不启用行洪区，王家坝—正阳关、正阳关—涡河口、吴家渡—浮山段滩槽流量可达到 7100～9100m^3/s、9400m^3/s、11900m^3/s，均未达到设计流量，仍需启用行洪区；用设计流量控制，不启用行洪区，王家坝水位为 29.25m，正阳关水位为 26.63m，吴家渡水位为 22.88m，均高于设计水位，仍需启用行洪区。因此，此方案对淮河干流行洪区运用影响较小。

3. 对中等洪水的影响

在王家坝—正阳关段 10 年一遇洪水流量 7000m^3/s，正阳关—涡河口、吴家渡—浮山段 20 年一遇洪水流量 9000m^3/s、10000m^3/s 的情况下，王家坝水位为 28.31m，正阳关水位为 26.17m，吴家渡水位为 21.73m。在现状工况下，淮河干流中游遇到 10～20 年一遇洪水时，行洪区已大部分启用，沿淮主要控制站的水位接近甚至超过设计水位。如用上述 10～20 年一遇洪水对本方案在淮河干流行洪区不启用的情况下计算，王家坝、正阳关、吴家渡水位分别为 28.31m、26.17m、21.73m，较设计水位分别低 0.89m、0.23m、0.75m。因此淮河干流按造床流量适当扩大平槽泄流能力方案可以降低淮河干流中等洪水的水位。

4. 对主要涝灾年除涝的影响

经初步统计，1963 年洪水沿淮洼地“关门淹”历时约 60 天，1991 年洪水沿淮洼地“关门淹”历时约 70 天，2003 年洪水沿淮洼地“关门淹”历时约 80 天。如按造床流量规模扩大了河道主槽后，可减少淮河干流中游“关门淹”历时约 5 天，对改善淮河干流中游防洪除涝形势将有一定作用。

5. 对河道稳定的影响

本方案通过河道疏浚来扩大泄洪能力，王家坝—正阳关现状主槽平均过水面积 2000m^2，平均扩挖河道断面面积 510m^2，主槽面积扩大 26%；正阳关—涡河口现状主槽平均过水面积 2800m^2，平均扩挖河道断面面积 820m^2，主槽面积扩大 29%；吴家渡—浮山段现状主槽平均过水面积 4000m^2，平均扩挖河道断面面积 730m^2，主槽面积扩大 18%。此方案主槽扩挖面积基本适中，疏浚后平槽流量与造床流量相当，河道将基本稳定，下阶段可通过模型试验进一步验证其合理性。

综上分析，淮河干流中游按造床流量适当扩大平槽泄流能力后，对行洪区运用影响较小；在设计水位下，对淮河干流中游的泄洪流量有所提高；在设计流量下，对淮河干流中游主要控制点的水位有所降低；在中等洪水下，淮河干流水位也有所降低；可减少淮河干流中游“关门淹”历时约 5 天。该方案对淮河干流整体防洪除涝布局影响较小，“淮河干流行蓄洪区调整规划”仍可按规划方案实施，因此，对此方案可以进一步研究其可行性。

6.8 结论

(1) 淮河干流中游按 3 年一遇、5 年一遇、10 年一遇除涝标准扩大平槽泄流能力后，平槽流量有较大增加，在设计水位下，可较大提高淮河干流中游的泄洪能力；在设计流量下，可有效降低淮河干流中游主要控制点水位；在遇到设计洪水时淮河干流行洪区可全部不启用；遇 1991 年、2003 年洪水虽可较大的减少沿淮洼地“关门淹”历时，对改善面上除涝作用明显，但是淮河以南洪水汇流较快迅速抢占河槽的特点没有发生改变，且河道扩挖后产汇流条件也发生了很大改变，因此对改善面上除涝的作用还难以把握。

(2) 淮河干流中游按 3 年一遇、5 年一遇、10 年一遇除涝标准扩大平槽泄流能力，疏浚土方量为 13 亿～24 亿 m^3，挖压占地为 63 万～114 万亩，移民为 22 万～50 万人，还未考虑面上配套和洪泽湖及下游工程建设，涉及大量环境问题，代价较高。另外，大规模移民就业安置难度较大，且淮河两岸群众多以农业生产为主，再就业能力相对较弱，移民后生产生活难以保障，大规模征地可能会涉及粮食生产安全，社会影响较大。

（3）淮河干流中游按3年一遇、5年一遇、10年一遇除涝标准扩大平槽泄流能力后，汇流条件发生很大变化，上游来水加快，对洪泽湖和淮河下游防洪影响巨大，且淮河干流临淮岗洪水控制工程、蚌埠闸、怀洪新河等防汛调度实施的控制运用条件将发生较大变化，对现有淮河干流整体防洪除涝体系带来重大影响。从造床流量和主槽扩挖面积来看，平槽流量超出造床流量很多，主槽面积扩大较多，河道流速会显著下降，将使水流挟沙能力急剧下降，将会产生淤积，扩挖后的主槽难以维持。

（4）淮河干流中游按造床流量适当扩大平槽泄流能力后，对行洪区运用影响较小；在设计水位下，对淮河干流中游的泄洪流量有所提高；在设计流量下，淮河干流中游主要控制点的水位有所降低；在中等洪水下，淮河干流水位也有所降低；可减少淮河干流中游“关门淹”历时约5天。该方案对淮河干流整体防洪除涝布局影响较小，“淮河干流行蓄洪区调整规划”仍可按规划方案实施，因此，对此方案可以进一步研究其可行性。

7 洪泽湖扩大洪水出路规模研究

7.1 概述

洪泽湖是淮河中下游结合部的巨型综合利用平原水库，承接淮河上中游15.8万km^2的来水，总库容169亿m^3。洪泽湖大堤保护渠北、白马湖、高宝湖和里下河地区，面积2.7万km^2，耕地2000多万亩，人口1800万人，并有扬州、淮安、盐城、泰州等数十座中小工业城市，是我国重要的商品粮棉基地，工农业生产较为发达，是我国经济开发程度较高的地区之一。洪泽湖还是工农业生产的重要水源地和南水北调东线的调蓄水库。根据国家防洪标准，洪泽湖设计防洪标准应达300年一遇，但现状防洪标准仅约100年一遇。

洪泽湖周边滞洪区位于洪泽湖以西，废黄河以南，泗洪县西南高地以东，以及盱眙县的沿湖、沿淮地区。主要范围为沿湖周边高程12.5m（洪泽湖蒋坝水位，下同）左右蓄洪垦殖工程所筑迎湖堤圈至洪泽湖校核洪水位17.0m高程之间的圩区和坡地，总面积1884km^2，耕地155万亩，总人口约106万人。其中高程17.0～16.0m之间面积约369km^2，耕地31.8万亩，人口26.2万人；高程16.0～12.5m之间面积约1441km^2，耕地117.5万亩，人口79.8万人；12.5m蓄洪垦殖堤圈线外涉及规划还湖圩区面积约74km^2，耕地5.67万亩。地面高程15.0m以下的低洼地大部分已圈圩封闭，高程15.0m以上地区为岗坡地，基本未封闭圈圩。按现有的洪水调度运用方案，当洪泽湖蒋坝洪水位达到14.5m时需要破圩滞洪，洪泽湖设计洪水位16.0m时滞洪库容约40.7亿m^3。

针对洪泽湖防洪标准低；淮河下游洪水出路规模偏小，洪泽湖中低水位时泄洪能力不足；洪泽湖周边滞洪区防洪基础设施建设滞后，难以及时启用等诸多问题，对扩大洪泽湖洪水出路规模开展研究，有利于提高洪泽湖及周边滞洪区防洪能力，保障人民群众的生命财产安全；有利于加快淮河中小洪水下泄，减轻淮河中游及洪泽湖周边防洪除涝压力；有利于合理有效地使用洪泽湖周边滞洪区分蓄洪水，增强防御洪水的可靠性和灵活性。

通过研究洪泽湖扩大洪水出路规模，旨在将洪泽湖防洪标准提高到300年一遇，降低中等洪水水位，减少洪泽湖周边滞洪区的进洪几率，遇洪泽湖 100 年一遇洪水时，蒋坝最高洪水位不超过 14.5m，从而避免启用洪泽湖周边滞洪区。

7.2 淮河下游防洪形势及存在问题

洪泽湖泄洪出湖河道主要有淮河入江水道、入海水道、分淮入沂、苏北灌溉总渠、废黄河 5 条，入江水道设计行洪流量 12000m³/s、入海水道设计行洪流量 2270m³/s、分淮入沂相机泄洪设计流量 3000m³/s，苏北灌溉总渠设计行洪流量 800m³/s，废黄河分泄淮河洪水流量 200m³/s。淮河洪水以入江为主，约占总量的 70%，入海为辅，相机入沂。

7.2.1 淮河下游工程基本情况

7.2.1.1 洪泽湖及周边滞洪区

洪泽湖是淮河中下游结合部的巨型平原水库，承泄淮河上中游 15.8 万 km² 的来水。洪泽湖大堤、里运河堤、灌溉总渠堤、入海水道堤等是苏北里下河、渠北、白马湖和宝应湖地区 2000 万亩耕地和 1800 万人口的重要防洪屏障，其安危与否，直接关系到这一地区人民生命财产的安全和经济社会的发展。

洪泽湖滨湖岸线长 430 多 km，湖面最宽处达 60km。洪泽湖大堤北起张福河船闸，南至盱眙县张大庄的小堆头，全长 67.25km。洪泽湖设计洪水位 16.0m 时（不包括洪泽湖周边滞洪区库容），湖区水域面积为 2392.9km²，库容为 93.55 亿 m³；蓄水位 13.0m 时，水域面积为 2151.9km²，库容为 39.71 亿 m³；正常蓄水位 13.5m 时，水域面积为 2231.9km²，库容为 48.20 亿 m³；死水位 11.00m 时，水域面积为 1160.3km²，库容 6.40 亿 m³。

洪泽湖成湖以前，是淮河右岸的湖荡洼地，黄河夺淮期间，大量泥沙沉淀淤积，使淮河向下排泄洪水受阻，淮水不断壅高，诸湖荡合而为一，水面连成一片，至明万历七年（1579 年），洪泽湖基本形成。洪泽湖周边地区历史上就是淮河洪水淹没和调蓄的场所，随着经济和人口的发展以及 20 世纪 50 年代兴建周边挡洪堤等蓄洪垦殖工程，逐步开发利用，周边地区由“水落随人种，水涨任水淹”的自然状态逐步演变为实行一年两熟或两年三熟的耕作制度，20 世纪六七十年代又陆续兴建了排灌工程，该地区的农业生产得到了很大的发展。根据“蓄泄兼筹”的治淮方针，自 50 年代开始相继建设了洪泽湖大堤、三河闸、高良涧进水闸、高良涧船闸、蒋坝船闸、二河闸、沿堤涵闸及沿湖蓄洪垦殖工程，形成了以上述工程组成的洪泽湖控制工程体系，洪泽湖成为具有调蓄洪水、蓄水灌溉、航运、水产养殖并串联中、下游进出湖河道等多用途的平原湖泊型水库。洪泽湖周边地区也发展成为了滞洪区。

洪泽湖周边滞洪区是淮河干流中游最下面的一个滞洪区，是淮河流域防洪体系的重要组成部分并占有十分重要的地位。洪泽湖周边滞洪区位于洪泽湖以西，废黄

河以南，泗洪县西南高地以东，以及盱眙县的沿湖、沿淮地区。高程 16.0～12.5m 蓄洪垦殖堤圈线之间为滞洪范围，面积 1441km²，对应滞洪水位 14.5m 时，滞洪库容 22.2 亿 m³。洪泽湖周边滞洪区总的圩区个数为 389 个，涉及江苏省宿迁、淮安两市的泗洪、泗阳、宿城、盱眙、洪泽、淮阴六个县（区）及省属洪泽湖、三河两个农场，共 49 个乡（镇）。该滞洪区建于 1955 年，建成后没有滞蓄过洪水。

新中国成立以来，淮河流域发生过 1954 年、1991 年、2003 年大水，虽未直接运用但均给洪泽湖周边地区人民带来较大的灾害，三次洪水均出现破圩、倒房情况。1954 年洪水发生在治淮工程初建时期，入洪泽湖洪水相当于 50 年一遇，洪泽湖蒋坝最高水位 15.23m，由于洪泽湖周边地区围堤标准很低，洪水自然漫溢，洪水位以下全部淹没；1991 年洪泽湖蒋坝水位 14.08m，洪泽湖周边部分低洼地区住房倒塌，人员撤离，内涝严重；2003 年洪泽湖蒋坝水位 14.37m 接近滞洪水位，洪泽湖周边圩区撤退转移 27.36 万人，若不提前运用入海水道泄洪，洪泽湖最高洪水位将超过 14.5m，洪泽湖周边滞洪区不可避免的需滞洪，经济损失和社会影响将非常大。

7.2.1.2　洪泽湖大堤

洪泽湖大堤始建于东汉，大筑洪泽湖大堤于明万历八年（1580 年）至清乾隆十六年（1751 年），历时 170 年，基本完成了北起淮阴码头镇，南至蒋坝船坞口的大堤，全长 60.1km，临湖面石工墙，宽 0.8m，高程 17m，坡比 10∶1，大堤顶宽 50m，同治年间加筑子埝，顶高程约 19.0m。明代修有 12 座减水坝，清康熙乾隆年间改为仁、义、礼、智、信五坝。古老的大堤历经兴毁，决而复堵，毁而复建，存在很多防洪隐患。新中国成立以后，历经几次加固。1954 年大水以后进行加固；1966—1969 年进行比较大的改建；利用 1966 年大旱，临湖筑围埝，将蒋坝至高良涧之间 26km 大堤石工墙拆除，迎湖面 14.5m 高程修建宽 50m 防浪林台；1976 年唐山大地震后进行抗震加固，在蒋坝至高良涧之间背水侧高程 14.0m 和 11.0m 上修建了宽 15m 的两级平台。三河闸于 1968 年按行洪 12000m³/s 进行加固。1991 年以后的除险加固主要是一些建筑物和险工段的加固。

7.2.1.3　入江水道

入江水道自洪泽湖三河闸至三江营入长江，全长 157km，是 1851 年淮河大水冲开洪泽湖大堤，改道入江而成。入江水道除负担排泄洪泽湖洪水外，还承泄三河闸下 6918km² 区间来水。1952 年开工兴建三河闸（原设计流量 8000m³/s），使得入江水道有了控制口门；20 世纪 60 年代，根据规划按设计流量 12000m³/s 全面整治，筑起三河拦河坝、大汕子隔堤，实施金沟改道，改变了洪水迂回宝应湖、白马湖的历史，建立了归江控制线和两道漫水控制，奠定了入江水道的基本格局。1991 年和 2003 年大水后，针对暴露出的问题进行了除险加固，新一轮治淮按照洪泽湖水位 15.3m 时行洪流量 12000m³/s 进行全面整治。

7.2.1.4　入海水道

1991 年大水后，中央决定在“九五”期间实施入海水道近期工程，使洪泽湖及淮河下游地区防洪标准提高到 100 年一遇（需启用洪泽湖周边滞洪区）。工程规模按洪泽湖 300 年一遇防洪标准考虑，设计行洪能力 7000m^3/s，近期实施完成的工程按防洪标准 100 年一遇考虑，设计行洪能力 2270m^3/s。

入海水道西起洪泽湖二河闸，沿苏北灌溉总渠北侧，形成两河三堤，于滨海扁担港入黄海，全长 162.3km，设有二河枢纽、淮安枢纽、滨海枢纽、海口枢纽和淮阜控制。近期工程运河以东设置南、北偏泓，南北堤中心距约 580m。

淮河入海水道近期工程于 1999 年 9 月经批复正式开工建设，2003 年 6 月完工通水，2006 年 10 月全面建成。入海水道近期工程在 2003 年、2007 年大水中最大泄洪流量分别为 1870m^3/s、2070m^3/s，累计泄洪量 44 亿 m^3、34 亿 m^3，有效降低洪泽湖水位，为流域防洪安全发挥了重要作用。

7.2.1.5 分淮入沂

1957 年国家计划委员会、水电部批准了《淮水北调分淮入沂工程规划设计任务书》，该任务规划思想是“开辟淮沭新河，分淮入沂，淮水北调，除涝改制，综合利用”。开挖淮沭新河，沿线兴建二河闸、淮阴闸、沭阳闸等涵闸工程，利用新沂河相机分泄淮河洪水流量 3000m^3/s。分淮入沂是淮水北调，结合分泄淮河洪水的工程，把淮河和沂沭泗河连接起来，实行跨流域调度。工程自洪泽湖二河闸至沭阳入新沂河，全长约 97km，当新沂河不行洪或行洪流量较小时，洪泽湖洪水由分淮入沂通过新沂河入海，其中二河闸至淮阴闸为单一河道，淮阴闸至沭阳闸为采用筑堤束水，漫滩行洪的方式，分设东、西偏泓，堤距约 1.4km。沭阳闸下 7km，生产滩地接近 9 万亩。分淮入沂工程集调水、排洪、排涝、航运功能综合利用工程。分淮入沂曾于 1991 年和 2003 年淮河大水时使用。

7.2.1.6 苏北灌溉总渠

1951 年 10 月，政务院《关于治理淮河的决定》提出开辟入海水道，由于当时水文资料缺乏，人力调度困难，对入海水道问题需进一步研究，改由洪泽湖至黄海修筑一条以灌溉为主，结合排洪的干渠。1951 年 11 月，总渠开始建设，河道自洪泽湖高良涧闸至扁担港入黄海，全长 168km，原设计灌溉流量 500～250m^3/s，行洪流量 700m^3/s，建有高良涧、运东、阜宁腰闸和六垛四级控制。1956 年以后行洪流量调整为 800m^3/s。

7.2.1.7 废黄河

自河南兰考起，经河南、安徽、江苏三省由响水套子口入黄海，全长 728km，江苏境内 496km，其中杨庄以下 186km 是一条贯通的河道，民国时期作为导淮的主要工程，按行洪 500m^3/s 进行拓浚，兴建杨庄活动坝，开挖中山河，但因工程量太大，没能全部完成。现规划和调度上仍然有分泄淮河洪水 200m^3/s 的安排，在入海水道行洪时，渠北地区涝水抽排入废黄河，在入海口建有滨海闸。

7.2.2 现状防洪形势

洪泽湖现状防洪标准仅 100 年一遇，如遇 100 年一遇以上洪水需要采用非常分洪

措施，下游地区将受到不同程度的洪水灾害；如遇300年一遇洪水，最大入湖流量为25700m^3/s，超过现状总泄流能力18270m^3/s的41%，非常分洪量将达49.8亿m^3，渠北、白宝湖、里下河等地区的群众生命财产将遭受损失，新中国成立60多年来建设的基础设施和积累的巨额财产将毁于一旦。

洪泽湖防洪标准尚达不到国家防洪标准规定的300年一遇的要求，中低水位时的泄流能力偏小，在遇中小洪水时洪泽湖水位即快速上升，影响中游洪水下泄和排涝。随着国民经济的快速发展和城镇化进程的加快，防洪保护区内的经济存量、人口将进一步增加，洪涝灾害可能造成的经济损失和风险程度也将大大增长，因此淮河下游防洪形势仍然严峻。

7.2.3 存在问题

经过多年治理，淮河流域的防洪除涝建设已取得巨大成就，淮河下游的排洪能力由不足8000m^3/s扩大到15270～18270m^3/s（其中分淮入沂相机分洪3000m^3/s、入海水道分洪2270m^3/s），洪泽湖及下游防洪保护区已达到100年一遇的防洪标准。但由于淮河流域特殊的自然地理和气候条件，1991年和2003年大水期间，虽然已建成的治淮骨干工程发挥了重要作用，但淮河下游防洪形势依然严峻。淮河下游存在的主要问题有以下方面。

1. 洪泽湖现状防洪标准低

洪泽湖承泄淮河上中游15.8万km^2面积的洪水，是淮河中下游结合部的综合利用平原湖泊型水库，是工农业生产的重要水源地和南水北调东线的调蓄水库。洪泽湖在淮河流域具有极其重要的战略地位，无论对淮河上中游地区还是对淮河下游地区，其防洪除涝减灾的作用都是无法替代的。根据《防洪标准》（GB 50201—94），洪泽湖设计防洪标准应达300年一遇，但现状防洪标准仅约100年一遇。在充分运用洪泽湖周边滞洪区滞洪的情况下，遇300年一遇设计标准洪水，洪泽湖水位将超过设计水位17.0m，需非常分洪49.8亿m^3。

2. 洪泽湖洪水出路规模偏小，中低水位泄洪能力不足

淮河下游入江入海设计泄洪能力虽达到15270～18270m^3/s，但设计泄洪能力是在洪泽湖较高水位时才能达到。在洪泽湖中低水位时入江入海入沂的泄流能力很小，洪泽湖水位12.5m时，入江水道下泄流量为4800m^3/s，灌溉总渠下泄流量为800m^3/s；洪泽湖水位13.0m时，入江水道下泄流量为5900m^3/s，分淮入沂下泄流量为740m^3/s，灌溉总渠下泄流量为800m^3/s；只有当洪泽湖水位分别达到15.3m、15.0m、15.5m时，入江、入海、入沂泄流能力才能分别达到12000m^3/s、2270m^3/s、3000m^3/s的设计流量。

由于中低水位时洪泽湖出路严重不足，遇中等洪水时，洪泽湖水位偏高。随着淮干行蓄洪区的调整、中小洪水通道扩大以及入湖支流的治理，淮干洪水下泄加快，入湖流量增大，洪泽湖在中低水位时，泄流规模小的问题将更趋严重。

3. 洪泽湖周边滞洪区建设滞后，难以及时启用

洪泽湖周边滞洪区是淮河流域防洪体系中的重要组成部分，洪泽湖周边地区历史上就是淮河洪水淹没和调蓄的场所，洪泽湖设计防洪标准是在利用洪泽湖周边滞洪区滞洪的情况下才能达到。按照现有的防洪调度办法，当洪泽湖水位达到 14.5m 时，需要启用洪泽湖周边滞洪区滞蓄洪水，但区内人口众多，约 106 万人，耕地 155 万亩，且由 389 个大小不一的圩区组成，影响滞洪效果。洪泽湖周边滞洪区基本未进行安全建设，仅建有小部分保庄圩和撤退道路。溧东、洪泽湖农场、三河农场等圩区无进退洪控制工程，迎湖挡洪堤、隔堤、圩堤等标准、规模都非常低，滞洪时，安全隐患大，通湖河道和圩区间无控制工程。另外，现状运用调度办法是将洪泽湖周边滞洪区一次性全部启用滞洪，尚未结合滞洪区具体情况和流域洪水安排对滞洪效果及影响进行深入研究。因此，滞洪区的启用决策和调度管理难度都非常大。

7.3 洪泽湖扩大洪水出路规模基本方案

7.3.1 洪泽湖泄洪能力情况

洪泽湖现状主要洪水通道分别是入江水道行洪能力 12000m³/s，入海水道近期工程行洪能力 2270m³/s，分淮入沂行洪能力 3000m³/s，苏北灌溉总渠（包括废黄河）1000m³/s。现状工况下洪泽湖泄洪能力见表 7.3-1。

表 7.3-1 现状工况下洪泽湖泄洪能力

标号	①	②	③	④	合计
洪泽湖水位/m	入江流量/(m³/s)	入沂流量/(m³/s)	入海水道流量/(m³/s)	总渠（包废黄河）流量/(m³/s)	
12.5	4800	0	0	800	5600
13.0	5900	0	0	800	6700
13.5	7150	0	0	800	7950
13.5	7150	0	0	1000	8150
13.5	7150	0	1720	1000	9870
13.5	7150	1000	1600	1000	10750
14.0	8600	1650	2000	1000	13250
14.5	10050	2000	2060	1000	15110
15.0	11600	2510	2270	1000	17380
15.3	12000	2870	2270	1000	18140
15.5	12000	3000	2270	1000	18270
16.0	12000	3000	2270	1000	18270
16.5	12000	3000	2270	1000	18270
17.0	12000	3000	2270	1000	18270

据分析，洪泽湖出路规模偏小，特别是中低水位时，泄洪能力不足，入江入海设计泄洪能力 15270m^3/s（加相机入沂的 3000m^3/s 总计为 18270m^3/s）在洪泽湖较高水位时才能达到。当洪泽湖水位 12.5m 时，入江水道行洪能力只有 4800m^3/s，加上总渠 800m^3/s，也只有 5600m^3/s，仅有设计泄洪能力的 30.6%，13.5m 时能泄洪 8150m^3/s，仅有设计泄洪能力的 44.6%，14.5m 时也仅能泄洪 15110m^3/s，仅有设计泄洪能力的 82.7%，只有洪泽湖水位达 15.5m 时才达到设计泄洪能力。入海水道、分淮入沂在洪泽湖中低水位时的泄流能力很小，只有当洪泽湖水位分别达到 15.0m 和 15.5m 时，才能达到 2270m^3/s 和 3000m^3/s 的设计流量，而分淮入沂尚需视新沂河沭阳流量进行控制。

洪泽湖出口规模小，特别是洪泽湖中低水位时泄洪流量不足，致使遇中小洪水时，洪泽湖水位偏高。1991 年洪水，中渡 60 天洪量为 371.49 亿 m^3，约相当于 15 年一遇，最大入湖流量 12504m^3/s，蒋坝最高水位 14.08m；2003 年洪水，中渡 60 天洪量为 423.87 亿 m^3，约相当于 26 年一遇，最大入湖流量 15071m^3/s，蒋坝最高水位 14.32m。

7.3.2 基本方案

扩大洪泽湖洪水出路、降低洪泽湖水位有利于确保洪泽湖大堤和下游里下河地区的防洪安全；有利于加快淮河中游地区洪水下泄，减轻淮河中游地区防洪除涝压力，减少洪泽湖周边滞洪区的滞洪机遇。

入海水道通过扩挖深泓提高设计泄洪能力，《淮河流域防洪规划》中入海水道二期规模为 7000m^3/s，入海水道近期工程为入海水道二期预留的堤距也是按此规模确定的，再扩大的余地较小。入江水道现状尚不能安全行洪 12000m^3/s，主要是新民滩及邵伯湖段阻水严重，还有入江水道上段的几个滩区也影响行洪。巩固恢复 12000m^3/s 设计能力需要做大量工程，还有入江水道区间来水等问题，因此进一步提高设计泄流能力的难度较大。但入江水道低水位时泄流能力明显偏低，可以研究增建三河越闸及整治老三河等下游河道提高入江水道低水位时的泄洪能力。分淮入沂由于牵涉到淮沂洪水遭遇的问题，本次研究仍维持现有规模。苏北灌溉总渠仅为辅助行洪的河道，扩大的余地较小。因此，本次研究的基本方案为建设入海水道二期工程，将入海水道泄流能力由 2270m^3/s 提高至 7000m^3/s；拟通过兴建三河越闸工程，在低水位时增加泄洪流量，进一步降低洪泽湖水位；拟根据洪泽湖周边滞洪区人口、地形、重要设施的分布特点等，进行滞洪区分区，遇大洪水时，可分区滞洪。

7.3.2.1 入海水道二期工程

入海水道二期工程在一期工程的基础上，扩挖河道，扩建二河、淮安、滨海、海口四座枢纽工程等，在洪泽湖蒋坝水位 16.0m 时，入海泄流能力达到 7000m^3/s。

（1）二河枢纽。采用合流方案，在二河闸左侧建设二河越闸，与二河闸一道共同作为入海水道和分淮入沂的泄洪总口门。距二河闸东侧 3.5km 处建二河新泄洪闸。

（2）淮安枢纽。采用入海水道与京杭运河立交布置型式。枢纽包括入海水道穿运河立交地涵、古盐河、清安河穿堤涵洞。

（3）滨海枢纽。采用入海水道与通榆河立交布置。除利用排水渠地涵外，尚需建立交地涵和 204 国道跨河公路桥。

（4）海口枢纽工程包括利用新六垛北闸，建泄洪排涝挡潮闸。

7.3.2.2 三河越闸工程

三河越闸工程拟从洪泽湖大堤蒋坝镇以北（现越闸预留段）建深水闸，沿蒋坝引河至入江水道小金庄新挖一条入江水道泄洪道，河长 7km，净宽 500m，底高程 7.5m。在洪泽湖蒋坝水位 14.2m 时，入江总泄流量可达 12000m^3/s。

7.3.2.3 洪泽湖周边滞洪区建设工程

1. 洪泽湖周边滞洪区分区

从洪泽湖周边滞洪区地形及人口、村镇分布情况看，区内人口主要居住在高程 15.0m 以上离湖较远圩区及上坡地，约占总人口的 90%以上；迎湖圩区地势较低，人口少，占总人口比例不到 10%，集镇及重要设施也较少。

针对此分布特点，根据地形及人口分布情况将洪泽湖周边滞洪区按高程进行分区，高程 17.0～16.0m 之间区域面积约 369km^2；高程 16.0～12.5m 蓄洪垦殖圈线之间面积约 1441km^2；12.5m 蓄洪垦殖堤圈线外涉及规划还湖圩区面积约 74km^2。其中迎湖地势低洼、滞洪效果明显的为滞洪一区，离湖较远，人口、集镇、重要设施多的为滞洪二区，此外，还有泗洪县城、盱眙县城、西顺河镇、洪泽农场、三河农场等已建和规划兴建的安全区。洪泽湖周边滞洪区分区情况见表 7.3-2。

表 7.3-2 洪泽湖周边滞洪区分区情况

分　区	面积/km^2	耕地/万亩	人口/万人	滞洪库容/亿 m^3	备　注
一区	504	45.7	9.5	14.5	
二区	937	71.8	70.3	7.7	
16.0～17.0m 区域	369	31.8	26.2		
规划还湖区	74	5.67			高程 12.5m 以下
合计	1884	155	106	22.2	

注　表中滞洪库容为 14.5m 水位以下。

2. 洪泽湖周边滞洪区安全建设

根据《淮河流域蓄滞洪区建设与管理规划》，对居住在滞洪一区内的 9.5 万人进行了安置，其中利用现有保庄圩安置约 5 万人，新建安全区安置约 4.5 万人，安全建设实施后滞洪一区内无人居住。

7.4 洪泽湖洪水调洪演算

7.4.1 淮河下游现状调度运用办法

当洪泽湖汛限水位为12.5m，预报淮河上中游发生较大洪水时，洪泽湖应提前预泄，尽可能降低湖水位。

当洪泽湖水位达到13.5m时，充分利用入江水道、苏北灌溉总渠及废黄河泄洪；淮、沂洪水不遭遇时，利用淮沭河分洪。

当洪泽湖水位达到13.5～14.0m时，启用入海水道泄洪。

当预报洪泽湖水位将达到14.5m时，三河闸全开敞泄，入海水道充分泄洪，在淮河、沂河洪水不遭遇时淮沭河充分分洪。

当洪泽湖水位达到14.5m且继续上涨时，滨湖圩区破圩滞洪。

当洪泽湖水位超过15.0m时，三河闸控泄流量12000m³/s。如三河闸以下区间来水大且高邮水位达9.5m，或遇台风影响威胁里运河大堤安全时，三河闸可适当减少下泄流量，确保洪泽湖大堤、里运河大堤安全。

当洪泽湖水位超过16.0m时，入江水道、入海水道、淮沭河、苏北灌溉总渠等适当利用堤防超高强迫行洪，加强防守，控制洪泽湖蒋坝水位不超过17.0m。

当洪泽湖蒋坝水位达到17.0m，且仍有上涨趋势时，利用入海水道北侧、废黄河南侧的夹道地区泄洪入海，以确保洪泽湖大堤的安全。

7.4.2 调洪演算边界条件

1. 入湖洪水

入湖洪水主要采用300年一遇、100年一遇设计入湖洪水以及1954年、1991年、2003年3个实际年洪水过程。其中入湖洪水300一遇、100年一遇及1954年采用1999年《淮河流域防洪规划》水文成果，1991年、2003年采用淮河水利委员会水文局最新分析成果。洪泽湖入湖洪水过程线见图7.4-1～图7.4-5。

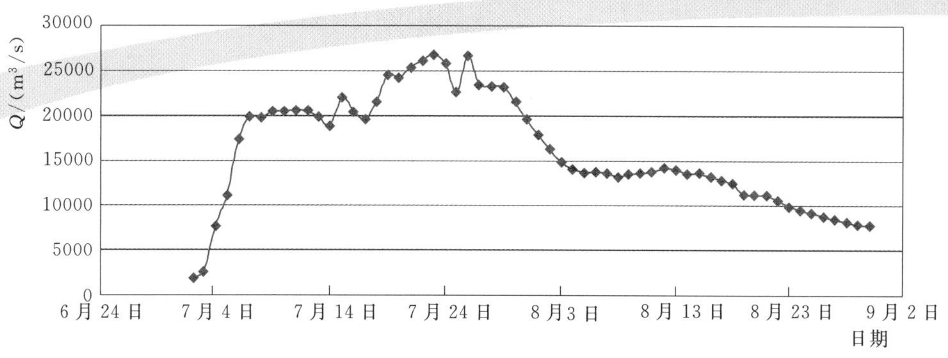

图7.4-1 300年一遇洪泽湖入湖洪水过程线

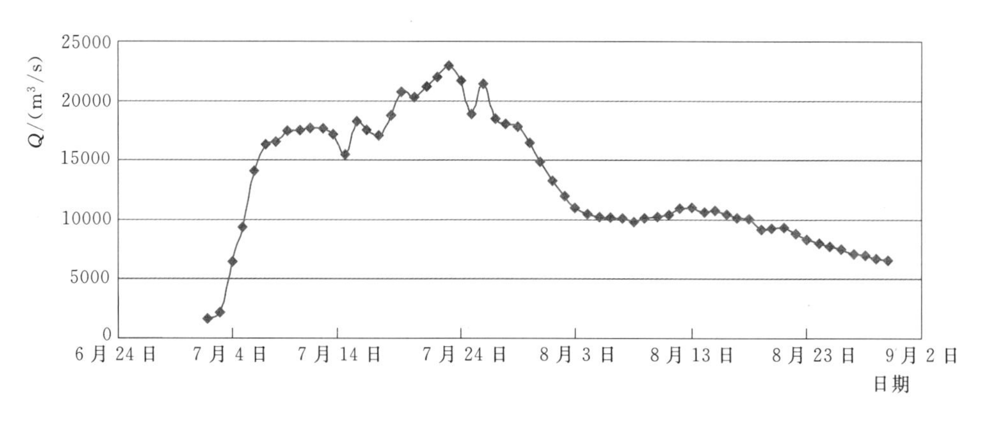

图 7.4-2 100 年一遇洪泽湖入湖洪水过程线

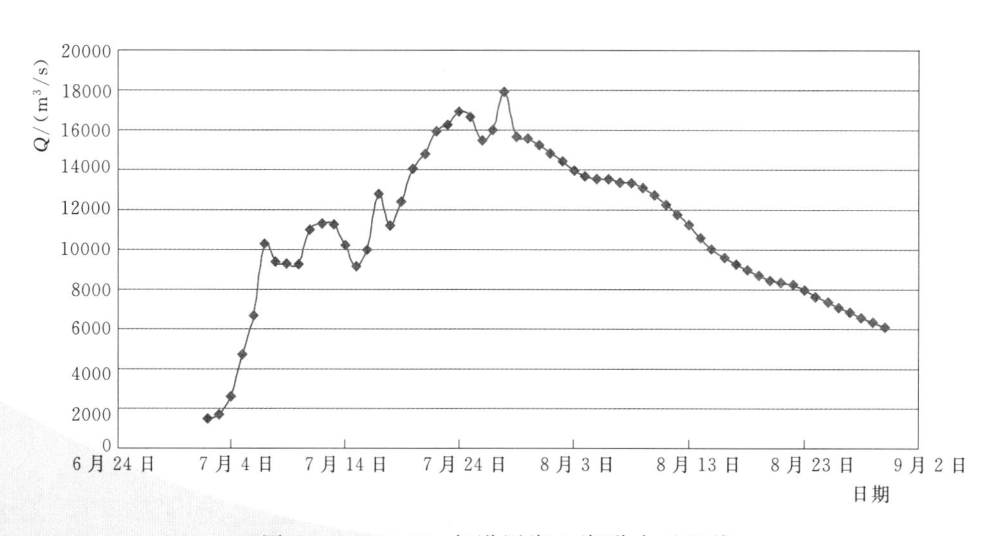

图 7.4-3 1954 年洪泽湖入湖洪水过程线

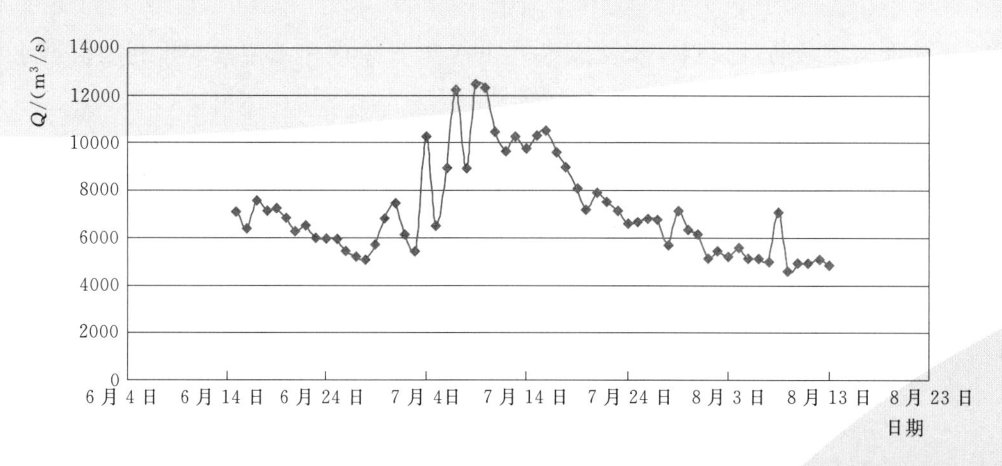

图 7.4-4 1991 年洪泽湖入湖洪水过程线

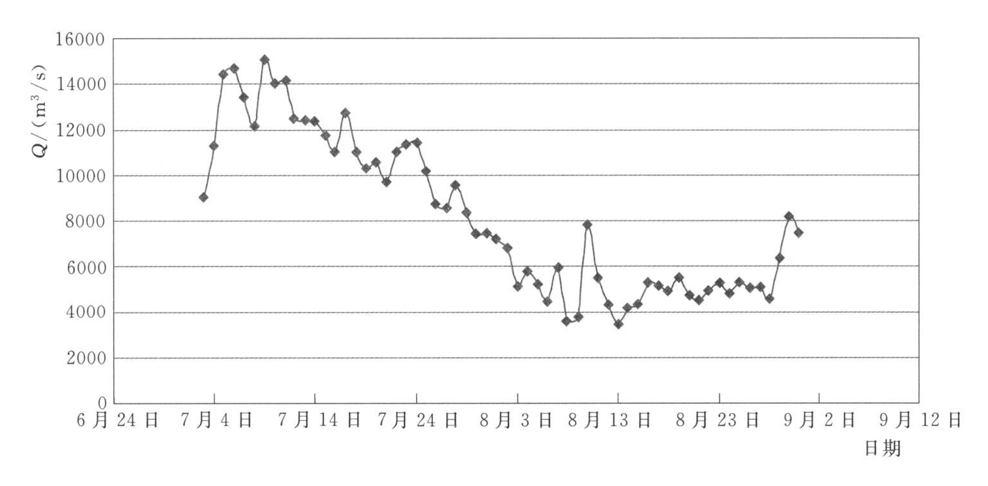

图 7.4-5 2003 年洪泽湖入湖洪水过程线

2. 下游出路工况

洪泽湖下游出路工况按照入江水道、分淮入沂、洪泽湖大堤三项加固工程完成为前提进行出路规模分析。

3. 洪泽湖库容

洪泽湖相应水位下的库容见表 7.4-1。

表 7.4-1 洪泽湖蒋坝水位—库容关系

蒋坝水位/m	圩区不滞洪/亿 m^3	圩区滞洪/亿 m^3	蒋坝水位/m	圩区不滞洪/亿 m^3	圩区滞洪/亿 m^3
12.5	32.43	37.93	14.5	64.85	87.08
13.0	39.71	48.95	15.0	73.12	100.75
13.5	48.2	61.46	15.5	82.19	116.21
14.0	56.45	73.85	16.0	93.55	134.23

7.4.3 调洪计算方法

洪泽湖洪水调节计算根据水量平衡原理，联解水库蓄泄方程和水量平衡方程。水量平衡方程式为

$$\frac{1}{2}(Q_1+Q_2)\Delta t-\frac{1}{2}(q_1+q_2)\Delta t=V_2-V_1 \tag{7.4-1}$$

式中：Q_1、Q_2 分别为 1、2 时段末洪泽湖总入湖流量，包括淮河和入湖支流、湖面、区间来水；q_1、q_2 分别为 1、2 时段末洪泽湖总出湖流量，包括入江水道、分淮入沂、苏北灌溉总渠、入海水道和非常分洪流量；V_1、V_2 分别为 1、2 时段末洪泽湖蓄量；Δt 为计算时段长，24 个小时。

将已知项移到左边，公式（7.4-1）变为

$$\frac{Q_1+Q_2}{2}+\frac{V_1}{\Delta t}-q_1=\frac{V_2}{\Delta t}+\frac{q_2}{2}$$

根据洪泽湖各泄洪建筑物水位—流量关系、控泄条件和洪泽湖水位蓄量关系得出洪泽湖蓄量—泄流调洪关系线：$\frac{V}{\Delta t}+\frac{q}{2}\sim q$，逐时段计算洪泽湖 $\frac{Q_1+Q_2}{2}+\frac{V_1}{\Delta t}-q_1$，即得出 $\frac{V_2}{\Delta t}+\frac{q_2}{2}$，查 $\frac{V}{\Delta t}+\frac{q}{2}\sim q$ 关系线得洪泽湖总出湖流量 q_2。

入江、入沂采取反控措施如下：

（1）当分淮入沂流量超过新沂河允许淮河分洪流量时，则分淮入沂流量按新沂河允许淮河分洪流量值泄流。

（2）在高邮湖泄洪流量加入江水道下区间来水超过入江水道下段安全泄洪流量时，则通过控制洪泽湖三河闸泄洪流量 $Q_{2三河闸}$ 来减少高邮湖入湖水量，以降低高邮湖水位来减小高邮湖泄洪流量，进而达到控制入江水道下段泄洪流量不超过安全泄洪流量的目标。

当遇到超标准洪水，洪泽湖水位将要超过校核水位时，洪泽湖各泄洪水道均按校核能力泄洪，洪泽湖水位为校核水位，多余水量采取非常措施分洪。

7.5 现状工程调度运用情况

根据现有防洪调度方案，在现状工况下，分淮入沂启用水位为 13.5m 和入海水道启用水位为 13.5m 的条件下，对 100 年一遇、1954 年、1991 年、2003 年洪水进行调洪计算。调洪演算成果见表 7.5－1。

表 7.5－1　　现状工况下调洪演算成果

洪　水	入海水道启用水位/m	洪泽湖最高水位/m	洪泽湖最大蓄量/亿 m³	入海水道泄洪总量/亿 m³	入海水道泄洪天数/d	圩区应滞洪量/亿 m³	圩区滞洪面积/km²	圩区滞洪影响人口/万人
100 年一遇	13.50	15.52	115.0	81.6	46	32.4	1300	69
1954 年	13.50	14.50	68.0	58.4	36	3.2	220	4
1991 年	13.50	13.64	50.5	11.4	8			
2003 年	13.50	13.95	55.6	32.6	22			

（1）遇 100 年一遇洪水，洪泽湖最高水位为 15.52m，需启用周边滞洪区蓄滞洪水，滞洪面积约 1300km²，影响人口约 69 万人。

（2）遇 1954 年洪水，洪泽湖最高水位为 14.5m，需启用周边滞洪区蓄滞洪水，滞洪面积约 220km²，影响人口约 4 万人。

（3）遇 1991 年、2003 年洪水，洪泽湖最高水位分别为 13.64m、13.95m，周边

滞洪区不需滞洪。

由以上结果初步分析，在现状工程体系下，遇 100 年一遇和 1954 年洪水，洪泽湖水位较高，周边滞洪区需滞洪。

7.6 洪泽湖扩大洪水出路规模的防洪作用

选择 300 年一遇、100 年一遇、1954 年、1991 年、2003 年洪水来分析不同工况下降低洪泽湖最高水位的作用和效果。

7.6.1 入海水道二期工程防洪作用

7.6.1.1 建设入海水道二期工程后洪泽湖泄流能力

为使洪泽湖的防洪标准提高到 300 年一遇，同时增加洪泽湖下游低水位行洪能力，降低洪泽湖最高水位，减少洪泽湖周边滞洪区滞洪机遇，建设入海水道二期工程。建设入海水道二期工程后洪泽湖泄流能力见表 7.6-1。

表 7.6-1　　建设入海水道二期工程后洪泽湖泄流能力

洪泽湖水位/m	入江流量/(m³/s)	入沂流量/(m³/s)	入海水道流量/(m³/s)	总渠(包废黄河)流量/(m³/s)	洪泽湖总泄洪流量/(m³/s)	现状洪泽湖总泄洪流量/(m³/s)	扩大泄洪流量/(m³/s)	扩大泄洪流量百分比/%
12.5	4800			800	5600	5600		
13.0	5900			800	6700	6700		
13.5	7150			800	7950	7950		
13.5	7150	600	3800	1000	12550	10750	1800	17
14.0	8600	1150	4450	1000	15200	13250	1950	15
14.5	10050	1730	5040	1000	17820	15110	2710	18
15.0	11600	2320	5680	1000	20600	17380	3220	19
15.3	12000	2680	6050	1000	21730	18140	3590	20
15.5	12000	2920	6260	1000	22180	18270	3910	21
16.0	12000	3000	7000	1000	23000	18270	4730	26
16.5	12000	3000	7000	1000	23000	18270	4730	26
17.0	12000	3000	7000	1000	23000	18270	4730	26

建设入海水道二期工程后，洪泽湖设计总泄洪能力扩大到 23000m³/s，洪泽湖水位 13.5m 以上设计泄洪能力比现状扩大 17%～26%。

7.6.1.2 调洪演算成果及计算分析

分淮入沂启用水位为 13.50m 和入海水道启用水位 13.50m 时，建设入海水道二期工程后调洪演算成果见表7.6-2。

表7.6-2　　建设入海水道二期工程后调洪演算成果比较

洪　水	工　况	洪泽湖最高水位/m	洪泽湖最大蓄量/亿 m^3	圩区应滞洪量/亿 m^3	洪泽湖周边圩区滞洪面积/km^2	洪泽湖周边圩区滞洪影响人口/万人
300年一遇	现状	17.00	169	49.8	1515	80
	二期工程	15.72	121.7	34.6	1350	68
	ΔH	1.28				
100年一遇	现状	15.52	115.0	32.4	1300	69
	二期工程	14.57	88.1	22.1	900	34
	ΔH	0.95				
1954年	现状	14.50	68.0	3.2	220	4
	二期工程	14.16				
	ΔH	0.34				
1991年	现状	13.64				
	二期工程	13.59				
	ΔH	0.05				
2003年	现状	13.95				
	二期工程	13.73				
	ΔH	0.22				

注　表中入海水道二期滞洪区影响人口是在滞洪区分区运用进行人口安置后的条件下进行统计。

（1）遇300年一遇洪水，洪泽湖最高水位为15.72m，比现状17.00m降低1.28m，不需要向渠北分洪。洪泽湖周边滞洪区滞洪面积1350km^2，影响人口约68万人，比现状减少滞洪面积165km^2、影响人口12万人。

（2）遇100年一遇洪水，洪泽湖最高水位为14.57m，比现状15.52m降低0.95m。洪泽湖周边滞洪区滞洪面积900km^2，影响人口约34万人，比现状减少滞洪面积400km^2、影响人口35万人。

（3）遇1954年洪水，洪泽湖最高水位为14.16m，比现状14.50m降低0.34m，不需要启用洪泽湖周边滞洪区滞洪。

（4）遇1991年洪水，洪泽湖最高水位为13.59m，比现状13.64m降低0.05m。

（5）遇2003年洪水，洪泽湖最高水位为13.73m，比现状13.95m降低0.22m。

由以上结果初步分析，建设入海水道二期工程后，洪泽湖的防洪标准提高到300年一遇，可以增加洪泽湖下游低水位行洪能力，降低洪泽湖最高水位，减少洪泽湖周边滞洪区滞洪机遇。遇300年一遇洪水不需要渠北分洪；遇100年一遇洪水，可以

使洪泽湖最高水位降至14.57m，同时可减少滞洪面积和影响人口；遇1954年洪水不需要启用洪泽湖周边滞洪区滞洪。

7.6.2 洪泽湖扩大洪水出路规模的整体防洪作用

7.6.2.1 建设入海水道二期工程及三河越闸工程后洪泽湖泄流能力

建设入海水道二期工程和三河越闸工程后，将进一步增加洪泽湖下游低水位行洪能力，降低洪泽湖最高水位，减少洪泽湖周边滞洪区滞洪机遇。建设入海水道二期工程和三河越闸工程后洪泽湖泄流能力见表7.6-3。

表7.6-3 建设入海水道二期工程和三河越闸工程后洪泽湖泄流能力

洪泽湖水位/m	入江流量（包括三河越闸）/(m^3/s)	入沂流量/(m^3/s)	入海水道流量/(m^3/s)	总渠（包括废黄河）流量/(m^3/s)	洪泽湖总泄洪流量/(m^3/s)	现状洪泽湖总泄洪流量/(m^3/s)	扩大泄洪流量/(m^3/s)	扩大泄洪流量百分比/%
12.5	6360	0	0	800	7160	5600	1560	28
13.0	7740	0	0	800	8540	6700	1840	27
13.5	9350	0	0	800	10150	7950	2200	28
13.5	9350	600	3800	1000	14750	10750	4000	37
14.0	11150	1150	4450	1000	17750	13250	4500	34
14.2	12000	1380	4680	1000	19060	13990	5070	36
14.5	12000	1730	5040	1000	19770	15110	4660	31
15.0	12000	2320	5680	1000	21000	17380	3620	21
15.3	12000	2680	6050	1000	21730	18140	3590	20
15.5	12000	2920	6260	1000	22180	18270	3910	21
16.0	12000	3000	7000	1000	23000	18270	4730	26
16.5	12000	3000	7000	1000	23000	18270	4730	26
17.0	12000	3000	7000	1000	23000	18270	4730	26

建设入海水道二期工程和三河越闸工程后，进一步加大洪泽湖泄洪能力，总泄洪能力扩大到23000m^3/s，洪泽湖水位13.5m以上设计泄洪能力扩大20%～37%，12.5～13.5m时设计泄洪能力扩大27%～37%，中低水位泄洪能力不足问题得到基本解决。

7.6.2.2 调洪演算成果及计算分析

在入海水道启用水位13.5m、分淮入沂启用水位13.5m、洪泽湖周边滞洪区分区运用条件下，调洪演算成果见表7.6-4。

表 7.6-4　建设入海水道二期工程和三河越闸工程调洪成果比较

洪　水	工　况	洪泽湖最高水位/m	洪泽湖最大蓄量/亿 m^3	圩区应滞洪量/亿 m^3	洪泽湖周边圩区滞洪面积/km^2	洪泽湖周边圩区滞洪影响人口/万人
300 年一遇	现状	17.00	169	49.8	1515	80
	二期+越闸	15.52	115.0	32.4	1300	65
	ΔH	1.48				
100 年一遇	现状	15.52	115.0	32.4	1300	69
	二期+越闸	14.50	72.9	8.0	260	0
	ΔH	1.02				
1954 年	现状	14.50	68.0	3.2	220	4
	二期+越闸	13.78				
	ΔH	0.72				
1991 年	现状	13.64				
	二期+越闸	13.42				
	ΔH	0.22				
2003 年	现状	13.95				
	二期+越闸	13.61				
	ΔH	0.34				

注　表中二期加越闸滞洪区影响人口是在滞洪区分区运用进行人口安置后的条件下进行统计的。

结合洪泽湖周边滞洪区分区运用，分析入海水道二期工程和三河越闸工程对降低洪泽湖水位的效果：

（1）遇 300 年一遇洪水，洪泽湖最高水位为 15.52m，比现状 17.00m 降低 1.48m，不需要向渠北分洪；洪泽湖周边滞洪区滞洪，滞洪面积约 1300km²，影响人口约 65 万人，比现状减少滞洪面积 215km²、影响人口约 15 万人。

（2）遇 100 年一遇洪水，控制洪泽湖水位为 14.50m，比现状 15.52m 降低 1.02m。洪泽湖周边滞洪区仅需滞蓄 8 亿 m^3 洪水，只需利用滞洪一区滞洪，滞洪面积约 260km²，且滞洪一区人口都安置在保庄圩和新建的安全区居住，不需组织群众撤离。

（3）遇 1954 年洪水，洪泽湖最高水位为 13.78m，比现状 14.50m 降低 0.72m，不需要启用洪泽湖周边滞洪区滞洪。

（4）遇 1991 年洪水，洪泽湖最高水位为 13.42m，比现状 13.64m 降低 0.22m。

（5）遇 2003 年洪水，洪泽湖最高水位为 13.61m，比现状 13.95m 降低 0.34m。

由以上结果初步分析，建设入海水道二期工程、三河越闸工程和洪泽湖周边滞

洪区建设工程后，遇中等洪水，可以进一步加大洪泽湖低水位行洪能力，并降低洪泽湖最高水位，减少洪泽湖周边滞洪区使用机遇。遇100年一遇洪水，洪泽湖最高水位控制为14.50m，虽需启用洪泽湖周边滞洪区滞洪，但由于滞洪量小，仅使用滞洪一区就可以满足滞洪需要；遇300年一遇洪水时不需要向渠北分洪，可以使洪泽湖最高水位降至15.52m，同时可以减少周边圩区滞洪面积和影响人口；遇1954年洪水，洪泽湖最高水位从现状14.50m降至13.78m，不需要启用洪泽湖周边滞洪区滞洪；遇1991年、2003年洪水，分别使洪泽湖最高水位降至13.42m、13.61m。

7.6.2.3 100年一遇洪水周边滞洪区不滞洪方案分析

建设入海水道二期工程（7000m^3/s）和三河越闸工程后，洪泽湖遇100年一遇洪水，周边滞洪区仍需滞洪，滞洪量约8亿m^3。为提高洪泽湖周边滞洪区的防洪标准，使周边滞洪区遇100年一遇洪水不滞洪，需进一步扩大洪泽湖洪水出路。

经分析，通过增加入海水道二期泄流能力，可以进一步扩大洪泽湖洪水出路规模，经调洪演算，遇100年一遇洪水时，在洪泽湖水位16.0m时将入海水道二期泄流能力扩大至8000m^3/s（入海水道启用水位为13.5m），需在规划的入海水道二期规模的基础上挖深1.5m，拓宽30～80m，新增土方约1亿m^3，可以增加泄洪量8亿m^3，可避免洪泽湖周边滞洪区滞洪。入海水道二期工程设计流量扩大至8000m^3/s后，洪泽湖泄流能力见表7.6-5。

表7.6-5 入海水道二期工程规模扩大至8000m^3/s后洪泽湖泄流能力

洪泽湖水位/m	入江流量（包括三河越闸）/(m^3/s)	入沂流量/(m^3/s)	入海水道流量/(m^3/s)	总渠（包括废黄河）流量/(m^3/s)	洪泽湖总泄洪流量/(m^3/s)	现状洪泽湖总泄洪流量/(m^3/s)	增加泄洪流量/(m^3/s)
12.5	6360	0	0	800	7160	5600	1560
13.0	7740	0	0	800	8540	6700	1840
13.5	9350	600	4800	1000	15750	10750	5000
14.0	11150	1150	5600	1000	18900	13250	5650
14.2	12000	1380	5800	1000	20180	13990	6190
14.5	12000	1730	6150	1000	20880	15110	5770
15.0	12000	2320	6750	1000	22070	17380	4690
15.3	12000	2680	7100	1000	22780	18140	4640
15.5	12000	2920	7350	1000	23270	18270	5000
16.0	12000	3000	8000	1000	24000	18270	5730
16.5	12000	3000	8000	1000	24000	18270	5730
17.0	12000	3000	8000	1000	24000	18270	5730

7.7 结论

（1）现状工况下，遇 100 年一遇洪水，洪泽湖最高洪水位为 15.52m，洪泽湖周边滞洪区需滞洪总量 32.4 亿 m^3，滞洪面积约 $1300km^2$、影响人口约 69 万人；遇 1954 年洪水，洪泽湖最高洪水位为 14.50m，周边滞洪区需滞洪总量 3.2 亿 m^3，滞洪面积 $220km^2$、影响人口约 4 万人；遇 1991 年、2003 年洪水时，洪泽湖最高水位分别为 13.64m、13.95m。

（2）入海水道二期工程完成后，设计行洪 $7000m^3/s$，遇 300 年一遇洪水，洪泽湖最高水位为 15.72m，洪泽湖周边滞洪区按分区运用建设后，滞洪总量 34.6 亿 m^3，滞洪面积约 $1350km^2$、影响人口约 68 万人；遇 100 年一遇洪水，洪泽湖最高水位为 14.57m，洪泽湖周边滞洪区滞洪总量 22.1 亿 m^3，滞洪面积约 $900km^2$、影响人口约 34 万人；遇 1954 年洪水，洪泽湖最高水位为 14.16m，不需启用洪泽湖周边滞洪区滞洪。

（3）入海水道二期工程（规模 $7000m^3/s$）和三河越闸工程同时完成后，遇 300 年一遇洪水，洪泽湖最高水位为 15.52m，洪泽湖周边滞洪区总量 32.4 亿 m^3，滞洪面积约 $1300km^2$、影响人口约 65 万人；遇 100 年一遇洪水，洪泽湖最高水位控制 14.5m，洪泽湖周边滞洪区总量为 8 亿 m^3，滞洪面积约 $260km^2$，仅启用无人居住的滞洪一区滞洪即可，且滞洪一区内无居住人口；遇 1954 年洪水，洪泽湖最高水位为 13.78m，不需要启用洪泽湖周边滞洪区滞洪；遇 1991 年、2003 年洪水时，洪泽湖最高水位分别降至 13.42m、13.61m。

（4）若将入海水道规模扩大至 $8000m^3/s$，遇 100 年一遇洪水时，洪泽湖水位不超过 14.5m，洪泽湖周边滞洪区不需滞洪。

8 淮河中游枯水问题与对策研究

8.1 概述

淮河流域位于我国东部腹地，处于我国南北气候过渡带，是我国水资源年内年际变化剧烈的地区，有气候多变、水资源年内变化分配不均、年际变化剧烈的特点，水旱灾害十分突出。据统计，1949—2007年的59年间，由丰枯变化而造成的旱涝灾害有45年，占统计年数的76%，平均1.3年发生一次。1954—1965年为偏丰水段，1966—1979年为偏枯水段。其中属较重洪涝级以上的有1954年、1956年、1962年、1982年、1991年、1998年、2003年和2007年，大旱级以上的有1959年、1966年、1978年、1994年、1997年、1999年、2001年和2002年，平均3～4年发生一次较重的旱涝灾害。2008年淮河流域发生大旱，涉及淮河流域四省，长达百日无雨，其受灾面积之广、历时之长，是淮河流域1949年以来首次。据2009年2月统计，淮河流域农作物受旱面积达7160万亩，占全国农作物受旱面积的49%，其中河南省2323万亩，安徽省2798万亩，江苏省934万亩，山东省1105万亩。

随着流域经济社会的发展，城镇化率的不断提高，污水排放量也在逐步增加，虽经过多年水污染防治，但水污染问题仍很突出，尤其在枯水年或枯水期，水污染问题更加突出。污染物入河排放量仍然超过水功能区纳污能力，近一半河流的水质尚未达到水功能区水质目标要求，特别是一些淮北主要支流污染还比较严重。

淮河流域南靠长江北临黄河，具有跨流域调水的区位优势，跨流域调水在淮河流域水资源配置中起到了十分重要的作用，是淮河流域水资源配置及解决枯水年或枯水期水资源短缺问题的重要水源，是解决淮河流域枯水年份水资源不足的根本途径。1980年以来的20多年间，跨流域调水在淮河流域总供水中的比重稳步提高了10个百分点。

淮河中游尤其是中游淮北平原地区，水资源短缺、水污染严重的问题十分突出，淮河干流是沿淮的淮南和蚌埠市等城市供水水源，在枯水年或枯水期，已经出现多年城市供水水量不足、水质不达标等供水安全问题，淮北平原90%的城市供水水源为中深层地下水，由于长期大量开采，已经形成以城市为中心的地下水漏斗群，造成城市周边地面沉降、城市防洪圈堤塌陷等生态环境问题。因此，开展淮河中游地区枯水问题与对策研究是十分必要和迫切的。

8.2 淮河流域水资源及其开发利用分析

8.2.1 水资源量及特点

8.2.1.1 降水

1. 降水量

淮河流域1956—2000年平均年降水深约为875mm（淮河水系911mm，沂沭泗河水系788mm），相应降水量为2353亿 m^3（淮河水系1731亿 m^3，沂沭泗河水系622亿 m^3）。淮河流域多年平均降水量见表8.2-1，水资源二级区降水量占全流域降水量的比例见图8.2-1。

表8.2-1　淮河流域多年平均降水量

区域		多年平均降水			不同频率降水量/mm			
		降水深/mm	降水量/亿 m^3	降水量占淮河流域/%	20%	50%	75%	95%
二级区	淮河上游	1008.5	309	13.1	1204.6	989.3	836.5	646.0
	淮河中游	863.8	1112	47.3	984.3	855.5	760.7	637.2
	淮河下游	1011.2	310	13.2	1192.2	995.0	853.7	675.2
	沂沭泗河	788.4	622	26.4	910.9	779.0	682.8	559.2
淮河流域	湖北省	1127.5	16	0.7	1320.4	1111.0	960.1	768.3
	河南省	842.3	728	30.9	979.8	831.1	723.4	585.6
	安徽省	943.2	628	26.7	1097.2	930.7	810.1	655.8
	江苏省	945.1	600	25.5	1092.0	933.8	818.6	670.4
	山东省	746.9	381	16.2	880.5	734.9	630.6	498.6
	合　计	874.9	2353	100	1010.9	864.4	757.7	620.6

2. 地区分布

淮河流域降水量地区分布很不均匀，总体呈南部大、北部小，沿海大、内陆小，山丘区大、平原区小的规律。多年平均年降水量变幅在600～1600mm之间，南部大别山最高，达1600mm，北部沿黄平原区最少，不足600mm，南北向相差约1000mm；西部伏牛山区和东部地区为900～1000mm，中部平原区为600～800mm，东西向两边大、中间小。

年降水量800mm等值线大体为湿润与半湿润的分界线。淮河流域800mm等值

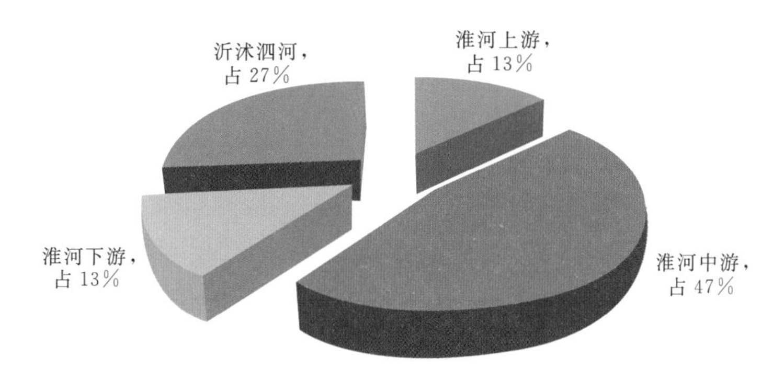

图 8.2-1 二级区降水量占淮河流域降水量的比例

线西起伏牛山北部，经叶县向东略偏南延伸到太和县北部后转变方向，沿永城—微山—蒙阴一线向东北伸展，在蒙阴附近向东从沂蒙山南坡绕到五莲山北麓，进入黄海。此线以南降水量大于 800mm，属湿润带，降水相对丰沛；以北小于 800mm，属于过渡带，即半干旱半湿润带，降水相对偏少。

3. 年内分配与年际变化

（1）年内分配。淮河流域降水量的年内分配具有汛期集中，季节分配不均，最大、最小月降水量相差悬殊等特点。

淮河流域汛期（6—9 月）由于大量暖湿空气随季风输入，降水量大且集中程度高，多年平均汛期降水 400～900mm，占全年总量的 50%～75%。降水集中程度自南往北递增。淮河以南山丘区集中程度最低，为 50%～60%；沂沭泗河水系（沂沭河下游平原区除外）集中程度最高，达 70%～75%。

一年四季降水量变化较大。夏季 6—8 月降水最多，降水量为 350～700mm，占全年降水量的 40%～67%；春季 3—5 月降水量为 100～430mm，占年降水量的 13%～30%；秋季 9—11 月降水量小于春季大于冬季，在 100～300mm 之间，占年降水量的 20%左右；冬季 12 月至次年 2 月降水最少，降水量为 20～100mm，占全年降水量的 3%～10%。

（2）年际变化。季风气候的不稳定性和天气系统的多变性，造成年际之间降水量差别很大。主要表现为最大与最小年降水量的比值（即极值比）较大，年降水量变差系数较大等特点。根据 1956—2000 年资料统计，流域内多数雨量站最大年降水量与最小年降水量的比值在 2～4 之间，个别站大于 5。极值比在面上分布为南部小于北部、山区小于平原、淮北平原小于滨海平原。

年降水量变差系数 C_v 在 0.20～0.30 之间，总趋势自南向北和自东往西逐渐增大。南部大别山区 C_v 值为 0.20 左右，为全区最小；上游北部 C_v 值为 0.30 左右，为全区最高。

根据 1956—2000 年系列年降水过程分析，淮河流域丰枯变化频繁。典型枯水年有 1966 年、1978 年和 1988 年，连续 2 年以上枯水时段主要有 1966—1968 年、1976—1978 年和 1992—1995 年，典型丰水年有 1956 年、1964 年和 1991 年，连续 2 年以上丰水时段主要有 1962—1965 年、1974—1975 年和 1990—1991 年。

8.2.1.2 水资源量

地表水资源量是指河流、湖泊、冰川等地表水体中由当地降水形成的、可以逐年更新的动态水量，用天然河川径流量表示。

1. 地表水资源量

(1) 分区地表水资源量。淮河流域1956—2000年多年平均地表水资源量为595亿m^3（淮河水系452亿m^3，沂沭泗河水系143亿m^3），折合年径流深为221mm（淮河水系238mm，沂沭泗河水系181mm）。淮河流域地表水资源量年最大为1160亿m^3（1956年），年最小为161亿m^3（1966年）。

淮河流域地表水资源量见表8.2-2。历年地表水资源量图见图8.2-2。

表8.2-2 淮河流域地表水资源量

分区		径流深/mm	径流量/亿m^3	不同频率径流量/亿m^3			
				20%	50%	75%	95%
二级区	淮河上游	336	103	147	92	59	28
	淮河中游	207	267	361	248	177	102
	淮河下游	269	82	125	75	43	7
	沂沭泗河	181	143	197	131	90	49
淮河流域	湖北省	393	5	8	5	3	2
	河南省	206	178	248	162	110	58
	安徽省	264	176	241	162	113	62
	江苏省	237	151	226	136	79	18
	山东省	166	85	119	76	51	25
	合计	221	595	812	550	386	215

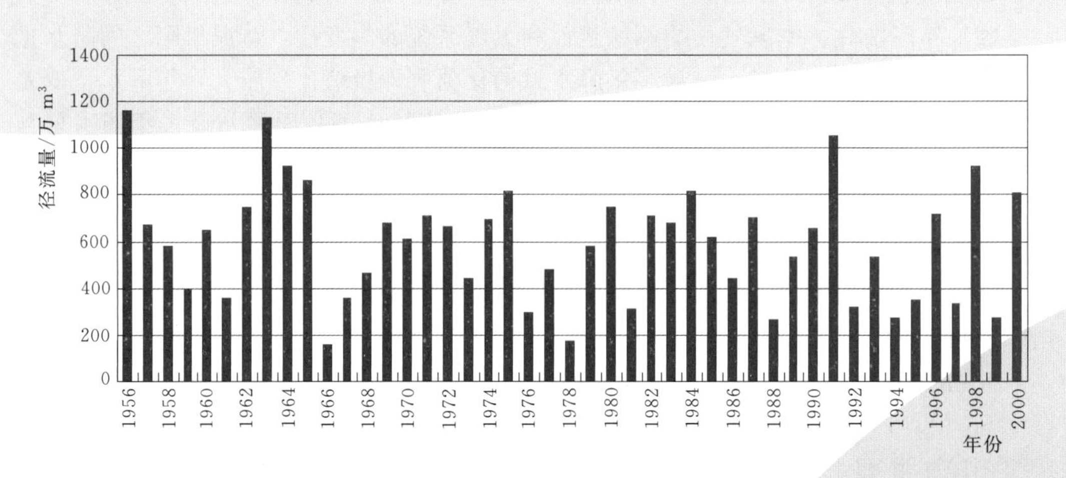

图8.2-2 淮河流域历年地表水资源量图

1）地区分布。受降水和下垫面条件的影响，地表水资源量地区分布总体与降雨相似，总的趋势是南部大、北部小，同纬度山区大于平原，平原地区沿海大、内陆小。

淮河流域年径流深变幅为50～1000mm，径流深最大值与最小值相差20倍以上。径流深南部大别山最大达1000mm，西部伏牛山区次之，为400mm，东部滨海地区为250～300mm，北部沿黄河一带仅为50～100mm。

年径流深300mm等值线是多水区与过渡区之间的分界线。淮河流域年径流深300mm等值线，西起洪汝河上游山丘区，经河南省板桥、确山、息县、固始至安徽省东淝河上游官亭出域。该线以南径流深大于300mm，以多水带为主，局部地区（白马尖东南坡）径流深大于1000mm，为丰水带；该线以北，除伏牛山、沂蒙山、五莲山、盱眙山局部地区大于300mm和南四湖湖西平原西部小于50mm外，其他地区均处于过渡带，径流量相对偏少。

2）年内分配。淮河流域地表水资源量年内分配的不均匀性超过降水。多年平均汛期6—9月径流量约占年径流总量的55%～85%，集中程度呈自南向北递增的趋势。淮河水系一般为55%～70%，沂沭泗河水系为70%～82%。

多年平均最大月径流占年径流量的比例一般为18%～40%，集中程度也呈自南向北递增的趋势。淮河水系一般为18%～30%，沂沭泗河水系为25%～35%。

3）年际变化。径流的年际变化也比降水更为剧烈。最大年与最小年径流量的比值一般为5～40倍，呈现南部小，北部大，平原大于山区的规律。淮河水系一般为5～25倍，沂沭泗河水系为10～25倍。

年径流变差系数值变幅一般为0.40～0.85，并呈现自南向北递增、平原大于山区的规律。淮南大别山区年径流变差系数较小，为0.40～0.50，其他地区一般为0.50～0.75。

（2）淮河中游主要河流水资源量。淮河流域河流众多，淮河中游主要有淮河、沙颍河、涡河、史河、淠河等5条主要河流，其水资源量见表8.2-3。

（3）入海、入江水量。淮河流域入海水量仅指通过海岸线直接下泄到黄海的水量，不包括通过长江间接下泄到黄海的水量。

淮河流域多年平均入海水量为359亿m^3，年内不同时期入海水量情况与天然径流年内分配大体一致。淮河流域连续最大4个月入海水量发生在6—9月，占全年的63%左右；连续最小4个月，出现在12月至次年3月，不足全年总量的14%。

淮河流域年最大入海水量为537亿m^3，出现在1963年；最小为90亿m^3，出现在1978年；最大年是最小年的6倍。

淮河流域1956—2000年平均入江水量为183亿m^3。最大年为1991年，入江水量为615亿m^3，最小年为1978年，入江水量为0。入江水量年内分配主要受降雨影响，同时受湖库调节能力的影响，多年平均连续最大4个月入江水量为140亿m^3，占全年入海总量的77%，出现在7—10月；连续最小4个月入江水量为8.6亿m^3，不到全年的5%，出现在12月至次年3月。

表 8.2-3　淮河中游主要河流天然径流量特征值

河流	控制站	集水面积/km²	天然年径流量									
			多年平均		不同频率年径流量/亿 m³				最大值		最小值	
			径流量/亿 m³	径流深/mm	20%	50%	75%	95%	径流量/亿 m³	出现年份	径流量/亿 m³	出现年份
淮河	王家坝	30630	102	332	145	91	59	28	239	1956	23	1966
	鲁台子	88630	255	288	350	235	164	90	526	1956	78	1966
	蚌埠	121330	305	251	430	275	182	90	649	1956	68	1978
	中渡	158160	367	232	518	331	219	109	829	1956	67	1978
		190032	450	237	634	405	268	133	1017	1991	58	1978
沙颍河	阜阳	35246	52	147	75	45	28	12	139	1964	12	1966
		36728	55	150	80	48	30	13	144	1964	13	1966
涡河	蒙城	15475	13	86	19	12	7	3	61	1963	3	1966
		15905	14	88	20	12	8	4	64	1963	3	1966
史河	蒋家集	5930	31	530	42	29	21	12	66	1991	8	1978
		6889	36	523	49	34	24	14	75	1991	9	1978
淠河	横排头	4370	34	776	44	33	25	17	67	1991	13	1978
		6000	40	658	52	38	28	18	84	1991	14	1978

（4）引江、引黄水量。

1）引江水量。长江是淮河下游地区枯水季节生产和生活的重要水源地。1956—2000 年，淮河流域年平均引江水量为 42 亿 m³。引江水量的年际变化，除受天然降水的影响外，还受引水工程的制约。最大年引江水量为 1978 年的 113 亿 m³，最小为 1963 年的 4 亿 m³。随着工农业生产和城乡居民生活用水的增加，引江水量也在不断加大，20 世纪五六十年代每年引水量为 10 多亿 m³，七八十年代增加到 50 亿 m³，到 90 年代达 60 亿 m³。多年平均最大连续四个月引江水量出现在 5—8 月，占全年总量的 54%，最小连续四个月引江水量出现在 11 月至次年 2 月，占全年总量的 18%。

2）引黄水量。淮河流域北部沿黄地区主要靠引黄河水作为补充水源。河南的引黄水量主要集中在贾鲁河和惠济河上游，山东的引黄水量主要分布在南四湖湖西和小清河西部平原地区。淮河流域 1980—2000 年系列多年平均引黄水量为 21 亿 m³（其中河南省 7.6 亿 m³、山东省 13.4 亿 m³）。

（5）出入省境水量。出入省境水量是指出入省界的实际水量，1956—2000 年系列出入省境水量如下：

1）湖北省多年平均出境水量为 5 亿 m³，全部流入河南省。

2）河南省多年平均入境水量为12亿m^3，其中湖北省流入5亿m^3，安徽省流入7亿m^3。多年平均出境水量为165亿m^3，除很小一部分流入山东外，其余均流入安徽省。

3）安徽省多年平均入境水量为168亿m^3，其中河南省流入165亿m^3，江苏省流入3亿m^3。多年平均出境水量为300亿m^3，其中294亿m^3流入江苏省，7亿m^3流入河南省。

4）江苏省多年平均入境水量352亿m^3，其中安徽省流入293亿m^3，山东省流入59亿m^3。多年平均出境水量468亿m^3，除3亿m^3流入安徽省和山东省外，其余流入长江和黄海。

5）山东省多年平均出境水量63亿m^3，其中59亿m^3流入江苏省，余下入海。

2. 地下水资源量

浅层地下水是指赋存于地面以下饱水带岩土空隙中参与水循环的和大气降水及当地地表水有直接补排关系且可以逐年更新的动态重力水。地下水资源量评价时段为1980—2000年，重点评价矿化度（M）小于等于2g/L的浅层淡水。

（1）平原区地下水资源量。淮河流域多年平均年地下水（$M\leqslant 2$g/L）资源量为257亿m^3。此外，微咸水为6.4亿m^3。

（2）山丘区地下水资源量。流域山丘区多年平均浅层地下水资源量为87.0亿m^3。

（3）分区地下水资源量 。淮河流域地下水资源量为区内平原区地下水资源量与山丘区地下水资源量之和，扣除重复计算量。淮河流域多年平均年浅层地下水资源量淡水为338.0亿m^3。淮河流域多年平均浅层地下水（$M\leqslant 2$g/L）资源量见表8.2-4。

表8.2-4 淮河流域多年平均浅层地下水（$M\leqslant 2$g/L）资源量 单位：亿m^3

分区		山丘区地下水资源量			平原区地下水资源量				计算分区地下水资源量
		一般山丘区	岩溶山丘区	小计	降水入渗补给量	山前侧向补给量	地表水体补给量	小计	
二级区	淮河上游	18.4	0.0	18.4	24.6	0.3	2.3	27.3	44.7
	淮河中游	31.4	6.0	37.4	120.2	0.3	11.9	132.5	167.6
	淮河下游	0.9	0.0	0.9	19.0	0.0	6.6	25.5	25.8
	沂沭泗河	29.6	0.7	30.3	57.3	1.0	13.9	72.2	99.9
淮河流域	湖北省	1.1	0.0	1.1	0.0	0.0	0.0	0.0	1.1
	河南省	32.0	4.1	36.1	74.8	0.6	7.2	82.7	117.0
	安徽省	16.4	1.8	18.3	66.6	0.0	5.9	72.5	89.4
	江苏省	3.0	0.0	3.0	52.5	0.0	15.2	67.8	69.3
	山东省	27.8	0.8	28.5	27.2	1.0	6.4	34.5	61.2
	合　计	80.3	6.7	87.0	221.1	1.6	34.7	257.5	338.0

3. 水资源总量

一定区域内的水资源总量是指当地降水形成的地表水和地下水产水量，即地表径流量与降水入渗补给地下水量之和。本次评价统一到近期下垫面条件下各分区1956—2000年的水资源总量系列。

淮河流域1956—2000年多年平均水资源总量为794亿m^3，其中地表水资源量为595亿m^3，占水资源总量的75%，地下水资源量扣除与地表水资源量的重复水量为199亿m^3，占水资源总量的25%。淮河流域水资源总量见表8.2-5、图8.2-3。

表8.2-5 淮河流域水资源总量

分区		降水量/亿m^3	地表水资源量/亿m^3	浅层地下水		水资源总量/亿m^3	不同频率水资源总量/亿m^3				产水系数
				资源量/亿m^3	不重复量/亿m^3		20%	50%	75%	95%	
二级区	淮河上游	309	103	45	18	121	167	111	77	41	0.39
	淮河中游	1112	267	167	104	371	486	351	263	165	0.33
	淮河下游	310	82	26	10	92	134	85	52	15	0.30
	沂沭泗河	622	143	100	69	212	277	200	150	94	0.34
淮河流域	湖北省	16	5	1	0	5	8	5	3	2	0.35
	河南省	728	178	117	68	246	325	232	172	105	0.34
	安徽省	628	176	89	50	226	295	215	162	103	0.36
	江苏省	600	151	69	42	193	274	173	113	55	0.32
	山东省	381	85	61	39	124	167	116	83	48	0.32
	合计	2353	595	338	199	794	1042	752	564	353	0.34

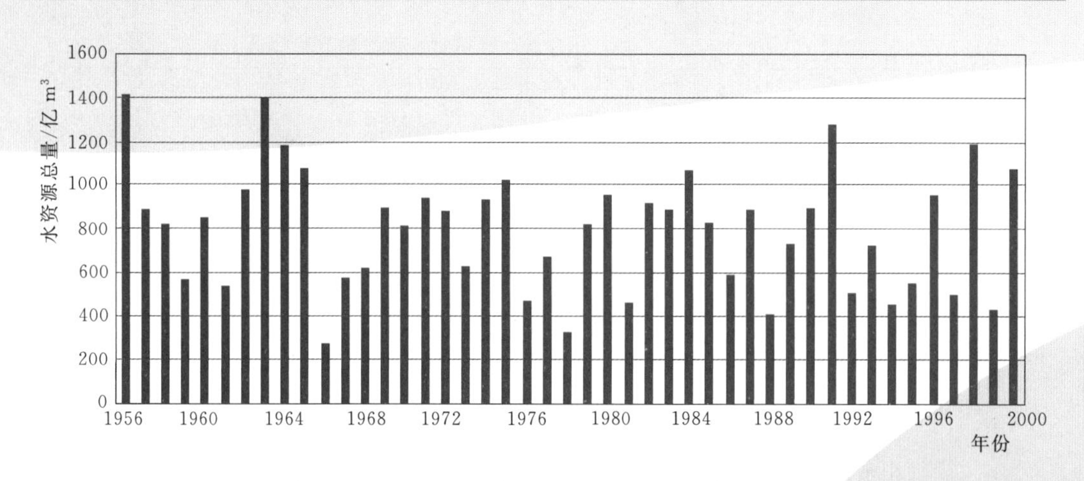

图8.2-3 淮河流域1956—2000年水资源总量

4. 水资源可利用量

（1）淮河流域。地表水资源可利用量是指在可预见的时期内，在统筹考虑河道内生态环境和其他用水的基础上，通过经济合理、技术可行的措施，可供河道外生活、生产、生态用水的一次性最大水量（不包括回归水的重复利用）。可利用量是从资源的角度分析可能被消耗利用的水资源量。

淮河流域水资源可利用量为445亿m^3，其中地表水可利用量290亿m^3，平原区浅层地下水可开采量171亿m^3，地表水地下水重复利用量16亿m^3。

（2）淮河中游主要河流。淮河中游主要河流控制站以上地表水资源可利用量见表8.2-6。

表8.2-6　淮河中游主要河流控制站以上地表水资源可利用量

河流	控制站	面积/km^2	多年平均天然径流量/亿m^3	生态环境需水量占年径流量比例/%	河道生态环境需水量/亿m^3	汛期时段	各时段多年平均下泄洪水量/亿m^3	地表水资源可利用量/亿m^3	地表水资源可利用率/%
淮河	王家坝	30630	102.8	15	15.4	5—9月	53.3	34.1	33.2
史河	蒋家集	5930	31.4	20	6.3	5—9月	7.7	17.5	55.5
淠河	横排头	4370	33.9	20	6.8	5—9月	6.8	20.3	59.9
沙颍河	周口	25800	38.0	15	5.7	6—9月	15.6	16.7	43.8
沙颍河	阜阳	35246	51.8	15	7.8	6—9月	19.8	24.2	46.7
涡河	蒙城	15475	13.2	15	2.0	6—9月	5.7	5.6	42.0
淮河	蚌埠	121330	301.7	15	45.3	6—9月	138.2	118.3	39.2
淮河	中渡	158106	369.7	20	73.9	6—9月	146.5	149.3	40.4

8.2.1.3 水资源特点

1. 年内分配集中、年际变化大，水旱灾害频繁

淮河流域降水量年内分配具有汛期集中，季节分配不均匀和最大、最小月相差悬殊等特点。汛期降水量大且集中程度高，多年平均汛期降水量占全年降水量的50%～75%。降水集中程度自南往北递增。同站最大月降水是最小月的5～35倍，其倍数自南向北递增。

淮河流域降水量年际变化较大，根据淮河流域1956—2000年资料统计，淮河流域多年平均最大与最小降水量的比值为3～6倍。偏丰水年流域平均降水量约为平水年的1.3倍，为偏枯水年的1.5倍、枯水年的1.8倍。

径流的年际变化比降水更为剧烈。淮河流域最大年径流量与最小年径流量的比值一般为5～40，呈现南部小，北部大，平原大于山区的规律。

径流的年内分配较降雨更不均匀。年径流量主要集中在汛期6—9月，约占年量

的 52%～82%。径流汛期集中程度北方高于南方。最大月径流一般出现在 7 月或 8 月，最大月径流占年径流量的比例一般为 18%～35%，且自南向北递增。

淮河流域降水量时空分布不均，使得洪涝和旱灾频繁发生。据统计，从 1949—2000 年的 52 年间，由丰枯变化而造成的旱涝灾害有 41 年。

2. 水资源地区分布不均，人口、水土资源分布不匹配

淮河流域地表水资源地区分布不均，总的趋势是南部大、北部小，同纬度山区大于平原，平原地区沿海大、内陆小。淮河流域多年平均年径流深 221mm，变幅为 50～1000mm。径流深南北最大相差近 20 倍。

淮河流域水资源量地区分布与流域社会、经济分布不相适应，水资源与耕地、人口分布不相匹配。淮河流域山区的人口占淮河流域总人口的 1/4，平原区人口占 3/4。山丘区耕地面积占淮河流域总耕地面积 1/5，平原区耕地面积占 4/5。水资源的分布是山区大于平原，而人口和耕地的分布是平原大于山区。山丘区雨量丰沛，水资源丰富，但人口和耕地较少，平原区人口和耕地较多，水资源不足。因此淮河流域人口、耕地与水资源地区分布不相匹配，对水资源开发利用尤为不利。

8.2.2 水资源开发利用分析

8.2.2.1 水资源开发利用现状

1. 供水设施与供水能力

淮河是新中国成立后最先进行大规模治理的大河，多年来淮河流域已修建了大量的水利工程，已初步形成淮河水、沂沭泗河水、长江水、黄河水并用的水资源利用工程体系。山丘区以蓄水工程利用地表水为主；平原区通过闸、站、井及大量输水河、渠等工程地表、地下水并用，由于平原区水资源不足，需要经常引（抽）江、引黄补源；东部沿江及北部沿黄地区为本流域跨流域调水工程主要供水区。

（1）供水设施。淮河流域已建成大中小型水库和塘坝 5741 座，总库容 303 亿 m^3，兴利库容 150 亿 m^3，分别占多年平均年径流量的 51%和 25%，其中大型工程蓄水库容占全部蓄水工程的 63 %。主要分布于淮河上游和淮南山区、沂蒙山区。淮河流域蓄水工程总库容与天然径流的比值是全国平均的 2.5 倍，但大型工程蓄水库容占全部总蓄水库容的比例低于全国平均的 13 个百分点。

淮河流域已建成大中小型引水工程 390 处，引水规模 3.05 万 m^3/s。淮河流域大型引水工程引水规模占总引水规模的 97%，主要分布在淮河中下游及洪泽湖、骆马湖和南四湖（以下简称“三湖”）周边地区。

淮河流域已建成大中小型提水工程 13133 处，提水规模 0.68 万 m^3/s，大型提水工程规模占总提水规模的 18%，主要分布在淮河中游沿淮、淮河下游及三湖周边。

淮河流域已建成跨流域调水工程 20 处，总调水规模 0.2 万 m^3/s，占全国跨流域调水总规模的 58%，大型调水工程占总提水规模的 93%。

淮河流域引水、提水、调水总规模达 3.9 万 m^3/s，占全国总规模的 28%。此外，

淮河流域还有机电井139万眼，其中配套机电井114万眼，主要分布在淮北地区。其他水源工程（集雨工程、污水处理回用和海水利用）7.1万处。淮河流域供水设施情况见表8.2-7。

表8.2-7 淮河流域供水设施情况

区域		蓄水工程		引水工程		提水工程		调水工程		地下水井/万眼	其他水源工程/处
		总数/座	其中大型/座	总数/处	其中大型/处	总数/处	其中大型/处	总数/处	其中大型/处		
二级区	淮河上游	978	9	4	1	1421		1		13	14630
	淮河中游	2464	9	234	6	7913	6	7	6	82	54084
	淮河下游	201		27	22	46	4	1	1	1	
	沂沭泗河	2098	18	125	59	3753	8	11	10	40	1955
淮河流域	湖北省	69	1			31	0	1		2	
	河南省	1425	13	28	3	4925		7	6	80	68707
	安徽省	1938	4	206		4387	3			16	
	江苏省	442	3	91	83	125	15	1	1	5	30
	山东省	1867	15	65	2	3665	0	11	10	33	1932
	合计	5741	36	390	88	13133	18	20	17	136	70669

（2）供水能力。淮河流域各类供水工程设计年供水能力815亿m^3，其中地表水供水工程667亿m^3，地下水供水工程148亿m^3；工程现状年供水能力594亿m^3，其中地表水供水工程446亿m^3，地下水供水工程148亿m^3。其他水源供水工程很少。

淮河流域供水设施供水能力见表8.2-8。

表8.2-8 淮河流域供水设施供水能力 单位：亿m^3

区域		地表水						地下水	其他水源	总计	
		蓄水工程		引提水工程		调水工程					
		设计供水能力	现状供水能力	设计供水能力	现状供水能力	设计供水能力	现状供水能力			设计供水能力	现状供水能力
二级区	淮河上游	33.4	20.6	8.2	4.9	0.1	0.1	8.6	0.0	50.3	34.2
	淮河中游	80.0	51.5	117.0	75.3	33.5	12.5	76.3	0.2	307.0	215.8
	淮河下游	6.9	5.3	46.2	38.0	130.0	90.0	3.0		186.1	136.4
	沂沭泗河	51.7	38.7	145.0	97.9	15.0	10.7	60.2	0.1	272.0	207.6

续表

区域		地表水						地下水	其他水源	总计	
		蓄水工程		引提水工程		调水工程					
		设计供水能力	现状供水能力	设计供水能力	现状供水能力	设计供水能力	现状供水能力			设计供水能力	现状供水能力
淮河流域	湖北省	2.2	1.7	0.1	0.1	0.1	0.1	0.0		2.4	1.9
	河南省	53.9	36.2	23.4	10.7	33.5	12.5	54.7	0.1	165.6	114.2
	安徽省	58.4	35.8	74.1	46.2			29.7		162.2	111.7
	江苏省	19.1	15.2	161.0	133.8	130.0	90.0	15.0	0.2	325.3	254.3
	山东省	38.5	27.2	57.7	25.2	15.0	10.7	48.7	0.0	159.9	111.8
	合计	172.1	116.1	316.3	216.0	178.6	113.3	148.1	0.3	815.4	593.9

2. 供用水分析

(1) 供水量及供水结构变化。供水量指各种水源工程为用户提供的包括输水损失在内的毛供水量，按水源工程引水口供出的毛供水量计。

淮河流域 2008 年总供水量为 544.2 亿 m^3，其中地表水供水量 400.2 亿 m^3，约占 74%；地下水供水量 142.6 亿 m^3，约占 26%；海水淡化、污水处理回用、雨水集蓄利用等其他水源利用量 1.4 亿 m^3。2008 年淮河流域供水量及其结构见表 8.2－9。

表 8.2－9　2008 年淮河流域供水量及其结构　单位：亿 m^3

分区		地表水源供水量	地下水源供水量	其他水源供水量	合计
淮河流域	湖北省	1.0	0.0	0.0	1.0
	河南省	41.6	73.6	0.4	115.6
	安徽省	99.9	19.9	0.2	120.1
	江苏省	222.5	8.4	0.0	230.9
	山东省	35.2	40.7	0.8	76.6
	合计	400.2	142.6	1.4	544.2

淮河流域供水水源主要为地表水、地下水、跨流域调水和其他水源。受资源条件、水质条件等因素的影响，历年各种供水水源供水量在总供水量中比重变化较大。供水结构变化的趋势是当地地表水供水比重下降、地下水供水比重增加，跨流域调水比重逐步增加，其他水源供水总量较小但增势较快。

当地地表水供水量占全流域总供水量比重多年平均为 59.8%，已由 1980 年的 69.8%减少到 2008 年的 58.5%；地下水供水量占全流域总供水量比重多年平均为 28%，已由 1980 年的 24.6%上升到 2008 年的 28.5%，呈稳步上升趋势。

跨流域调水供水量占全流域总供水量比重多年平均为12.2%，已由1980年的5.6%上升到2008年的12.6%，呈上升趋势，但年际变化大，跨流域调水已经成为流域供水的重要水源；其他供水水源供水总量较小，但增长迅速。

（2）用水量及其变化趋势。2008年淮河流域总用水量为544.2亿m^3，其中：农业用水量396.5亿m^3，占总用水量的72.8%；工业用水量86.8亿m^3，占总用水量的16.0%；生活用水量57.4亿m^3，占总用水量的10.5%；河道外生态和环境用水量3.6亿m^3，占总用水量的0.7%。2008年淮河流域用水量及其结构见表8.2-10。

表8.2-10　2008年淮河流域用水量及其结构　单位：亿m^3

分区		生活	工业	农业	生态环境	合计
淮河流域	湖北省	0.1	0.1	0.8	0.0	1.0
	河南省	17.4	22.1	74.8	1.3	115.6
	安徽省	12.8	30.3	76.4	0.7	120.1
	江苏省	17.8	27.2	185.0	0.9	230.9
	山东省	9.3	7.1	59.5	0.7	76.6
	合计	57.4	86.8	396.5	3.6	544.2

近20多年来，淮河流域用水总量总体呈增长趋势，增长速率趋缓。1980—2008年，供水量由432亿m^3增加到544亿m^3，净增112亿m^3，年均增长率为0.8%。

用水结构发生较大变化。工业、生活用水量迅速增长，在总用水中的比例持续上升，由1980年的10%上升到2008年的26.0%，年均增长率为4.6%；农业用水基本保持平稳，其用水总量在380亿m^3左右。

3. 水资源开发利用程度与缺水分析

（1）水资源开发利用程度。以1995—2006年为评价时段，淮河流域现状水资源开发利用程度（地表水供水量与地表水资源的百分比）为45.7%，其中地表水为44.4%。中等枯水以上年份，淮河流域地表水资源供水量已经接近当年地表水资源量，严重挤占河道、湖泊生态、环境用水。淮河流域现状平原浅层地下水开采率（地下水供水量与地下水资源量的百分比）为32.9%。

（2）缺水状况。根据分析计算，现状淮河流域多年平均缺水约51亿m^3，一般枯水年份（75%）缺水67亿m^3，特枯水年份（95%）缺水达160亿m^3。其中淮河中游安徽省现状多年平均缺水约12.0亿m^3，一般枯水年份缺水16.1亿m^3，特枯水年份缺水达31.5亿m^3。

根据《淮河流域及山东半岛水资源综合规划》成果，2030年，通过强化节水抑制需求，并实施南水北调东中线、“引江济淮”及大中型水库等水资源工程建设增加供水等措施后，淮河流域多年平均缺水量约5.3亿m^3，一般枯水年份缺水6.9亿m^3，特枯水年份缺水达20.1亿m^3。

8.2.2.2 水资源开发利用形势与问题

淮河流域水资源赋存条件和生态环境状况并不优越，人口众多，经济底子薄但发展迅速，水资源分布与经济社会发展布局不相匹配，加之部分地区在追求经济增长过程中，对水资源和环境的保护力度不够，加剧了水资源短缺、水环境和水生态恶化。随着人口增长、经济社会发展和人民生活水平的提高，全社会对水资源的要求越来越高，淮河流域仍面临着比较严峻的水资源问题。

1. 水资源短缺将是长期面临的形势

流域内人口众多，人口总量占全国的13%，每平方千米人口623人，人均占有水资源量450m³，为全国人均的21%，是世界人均的6%。耕地亩均占有水资源量415m³，为全国亩均的24%，是世界亩均的14%。

南北气候过渡带气候，加剧了水资源开发利用难度。淮河流域水资源年内变化分配不均、年际变化剧烈。淮河流域70%的径流集中在汛期6—9月，最大年径流量是最小年径流量的6倍，水资源的时空分布不均和变化剧烈，加剧了流域水资源利用难度，使水资源短缺的形势更加突出。

水土资源不匹配加剧了水资源供需矛盾。水资源时空分布不均衡，淮河以南水资源量相对丰富，但经济较落后，经济总量小，2008年淮河以南拥有流域25%的水资源，而人口占9.9%、GDP只占7.1%。

水资源数量呈减少趋势，进一步加剧了水资源供需矛盾。随着全球气候变化和人类活动影响的进一步加剧，水资源情势发生了显著变化，在未来较长时期内水资源量可能存在下降的趋势。近20年来，淮北平原、豫东地区及山东省尤其突出，地表水资源数量明显减少。1956—1979年与1980—2000年两个时段水文系列相比，年平均地表水资源减少5.5%，地表水资源量减少的趋势将使原已十分紧张的水资源供需形势更加严峻。

跨流域调水在淮河流域水资源配置中起到了十分重要的作用。淮河流域南靠长江北临黄河，具有跨流域调水的区位优势，已经具备跨流域水资源调配的工程措施和调水能力。跨流域调水水源保障程度高，是流域水资源配置及解决干旱年份水资源短缺问题的重要水源。淮河跨流域调水量已经由20世纪60年代的10多亿m³发展到目前的100多亿m³，特旱年1978年跨流域引水达到160亿m³（其中引长江水110亿m³，引黄河水50亿m³）。1980年以来，跨流域调水在淮河流域总供水中的比重稳步提高了10个百分点。跨流域调水水源已经成为流域重要的供水水源，对保障流域经济社会的发展起到了重要作用。

总体而言，淮河流域水资源总量不足，人均亩均水资源占有量少，年际年内变化大，开发利用难度大，其分布与土地资源和生产力布局不相匹配，水资源成为影响经济社会可持续发展和全面建设小康社会的重要制约因素。水资源短缺将是长期面临的形势。

2. 水污染问题仍很突出，已威胁供水安全

淮河流域水污染防治工作虽然取得初步成效，但水污染问题仍很突出。工业废

水排放达标率不高，城市污水处理率较低，非点源污染日渐突出且缺乏有效的防治措施。污染物入河排放量仍然远远超过水功能区纳污能力，近一半河流的水质尚未达到水功能区水质的目标要求，特别是一些淮北主要支流污染还比较严重。到2008年，全流域186个国家重点水质监测站Ⅴ类及劣Ⅴ类水占51.1%，46个跨省河流省界断面Ⅴ类及劣Ⅴ类水占54.4%，城镇生活供水水源水质不合格率达28.5%。水污染使部分水体功能下降甚至丧失，严重影响了供水安全，进一步加剧了淮河流域水资源短缺矛盾。

3. 水资源基础设施建设滞后，开发过度与开发不足并存

淮河流域水资源开发利用的基础设施建设滞后于经济社会发展的需要，水资源工程老化失修严重，部分地区供水和水源结构不合理，供水保障程度低，区域间水资源开发利用程度差别大，开发过度与开发不足并存，尚未形成较完备的水资源合理配置体系。

淮河流域水资源供水工程多建于20世纪60年代和70年代，经过多年的运行，大多工程存在老化失修问题，供水能力已经严重不足。灌溉水井完好率不足60%，蓄水工程供水配套不足70%。

江苏省水资源开发利用程度较高，现状耕地灌溉率和实灌率分别达77%、71%，人均灌溉面积达0.97亩，人均供水量为601m^3。安徽省现状耕地灌溉率和实灌率分别为75%、60%，人均灌溉面积达0.87亩，人均供水量为336m^3。河南省耕地灌溉率和实灌率分别为70%、59%，人均灌溉面积达0.78亩，人均供水量为194m^3。山东省耕地灌溉率和实灌率分别为72%、62%，人均灌溉面积达0.69亩，人均供水量为202m^3。

淮北平原、南四湖地区现状水资源开发利用程度已接近或超过其开发利用的极限，淮河以南及上游山丘区尚有一定的开发利用潜力，但进一步开发利用的难度和代价很大。

4. 用水效率和效益不高，用水结构需进一步调整

近20年来，淮河流域用水量持续增长，用水结构不断调整。随着经济布局和产业结构的调整、技术创新、节水灌溉技术推广应用等，水资源利用效率虽有所提高，但与国际先进水平相比，用水效率和效益总体较低，用水方式粗放、用水浪费等问题仍然突出。2008年淮河流域万元GDP用水量是世界平均水平的2倍，是国际先进水平的4倍以上；万元工业增加值用水量是发达国家的2倍，工业用水重复利用率为62%，比发达国家低20个百分点以上；淮河流域农田灌溉水利用系数约为0.5，而以色列等国家达0.70以上；城镇供水管网的平均漏损率达17%，约为国际先进水平的2倍。许多地区由于缺水与用水浪费并存，加剧了水资源供需矛盾。

用水效率和效益地区差异较大。淮河以北及淮河流域引黄灌区用水水平和效率相对较低，工业还处于粗加工阶段，用水浪费严重，沿黄部分农业灌区仍有大水漫灌方式。

1980年淮河流域农业、工业、生活用水量分别占总用水量的87.0%、7.8%和4.9%，到2008年淮河流域农业用水量占总用水量的比重下降了16.1%，工业用水量从40.2亿 m^3 增长为98.6亿 m^3，所占比重也从7.8%调整为16.1%，生活用水量从25.5亿 m^3 增长为58.5亿 m^3，所占比重翻了近一番，从4.9%调整为9.6%。淮河流域用水结构在不断优化调整，但与发达国家相比，第一产业用水比重仍偏高，第三产业偏低。

5. 水生态系统安全受到威胁

淮河流域河湖主要靠降水为补给源，受降水影响，径流季节性变化大。由于水资源短缺，加之径流人工控制程度较高，致使人口密集的淮河流域水资源开发利用程度较高。淮北地区中小河流大部分是季节性河流，有水无流或河干的现象较为普遍，水体污染和水资源短缺致使水生生态系统遭受严重破坏。

由于过度用水、盲目围垦使湖泊容积减少甚至萎缩消失。淮河流域20世纪80年代至今有11个小湖泊萎缩消失，湖泊水面面积年萎缩量约占0.2%。

由于地下水超采，致使局部地区出现地面沉降和大面积漏斗。根据调查统计，淮河流域平原现状共有10个地下水超采区，尤其是淮北平原城市，集中开采深层地下水，形成局部地下水漏斗。

综上所述，由于淮河流域水资源总量不足，开发利用难度大，区域水资源开发利用不平衡，基础设施建设滞后，用水效率和效益不高，致使部分地区水资源短缺严重、水污染和生态恶化等问题突出。需要通过科学规划与管理，促进水资源的全面节约、高效利用、合理开发、优化配置、有效保护，以水资源的可持续利用支撑经济社会的可持续发展。

8.3 淮河中游枯水年水资源利用分析

8.3.1 枯水年地表水资源分析

根据1956—2000年的45年系列资料分析，淮河中游地区一般枯水年份地表水资源约188亿 m^3，其中当地水资源量158亿 m^3，上游来水约30亿 m^3；特枯水年份地表水资源约88.2亿 m^3，其中当地水资源量77.7亿 m^3，上游来水约10.5亿 m^3。根据长系列调算，考虑上游下泄水量后，淮河中游历年地表水资源见表8.3-1。

8.3.2 现状枯水年供需分析

现状年淮河中游多年平均、75%、95%枯水年份需水量分别为252.6亿 m^3、267.4亿 m^3 和298.6亿 m^3，现状工况条件下可供水分别为217.4亿 m^3、224.5亿 m^3 和223.9亿 m^3，缺水量分别为35.2亿 m^3、42.9亿 m^3 和74.7亿 m^3，缺水率分别为13.9%、16.0%和25.0%。淮河中游现状枯水年供需分析成果见表8.3-2。

表 8.3-1　　淮河中游历年地表水资源　　单位：亿 m^3

年份	当地产水量	上游来水	合计	年份	当地产水量	上游来水	合计
1956	557.5	150.6	708.1	1979	281.4	59.9	341.3
1957	301.3	31.4	332.7	1980	352.8	94.1	446.9
1958	245.4	38.5	283.9	1981	149.1	31.3	180.4
1959	163.2	41.3	204.5	1982	347.8	130.3	478.1
1960	240.8	57.9	298.7	1983	362.7	91.6	454.3
1961	148.5	8.7	157.2	1984	425.4	98.8	524.3
1962	300.9	24.0	324.9	1985	320.0	45.5	365.6
1963	533.2	118.7	651.9	1986	181.8	21.8	203.6
1964	438.6	113.6	552.2	1987	304.9	118.2	423.1
1965	321.1	72.1	393.2	1988	138.7	23.3	162.0
1966	77.7	10.5	88.2	1989	274.7	81.2	355.9
1967	153.2	50.3	203.5	1990	239.4	46.5	285.9
1968	193.2	94.2	287.4	1991	508.1	109.9	618
1969	330.1	94.0	424.1	1992	144.5	16.7	161.1
1970	234.6	48.8	283.4	1993	229.0	29.2	258.2
1971	267.3	67.0	334.4	1994	112.7	18.7	131.4
1972	313.3	62.5	375.8	1995	149.1	26.4	175.5
1973	195.4	64.9	260.3	1996	348.8	87.0	435.8
1974	248.9	35.3	284.2	1997	157.9	29.6	187.5
1975	382.6	136.0	518.6	1998	412.2	109.6	521.8
1976	143.2	29.7	172.9	1999	122.1	10.4	132.5
1977	227.2	68.5	295.7	2000	356.0	99.9	455.9
1978	74.2	14.9	89.1	多年平均	266.9	62.5	329.4

表 8.3-2　　淮河中游现状枯水年供需平衡成果

省　份	保证率	需水量/亿 m^3	供水量/亿 m^3	缺水量/亿 m^3	缺水率/%
河南省	75%	99.9	81.2	18.7	18.7
	95%	113.1	83.9	29.2	25.8
	多年平均	96.2	80.1	16.1	16.7
安徽省	75%	143.9	127.8	16.1	11.2
	95%	156.7	125.3	31.4	20.0
	多年平均	133.6	121.6	12	9.0

续表

省　份	保证率	需水量/亿 m^3	供水量/亿 m^3	缺水量/亿 m^3	缺水率/%
江苏省	75%	23.6	15.5	8.1	34.3
	95%	28.8	14.7	14.1	49.0
	多年平均	22.8	15.7	7.1	31.1
淮河中游区	75%	267.4	224.5	42.9	16.0
	95%	298.6	223.9	74.7	25.0
	多年平均	252.6	217.4	35.2	13.9

8.3.3 枯水年水资源供需形势分析

8.3.3.1 需水形势分析

根据《淮河流域及山东半岛水资源综合规划》成果，在强化节水的条件下，淮河中游规划 2020 年、2030 年一般枯水年（75%年份）需水量分别为 295.9 亿 m^3、297.4 亿 m^3，95%年份需水分别达到 319 亿 m^3、332.7 亿 m^3。淮河中游不同枯水年需水量预测成果见表 8.3－3。

表 8.3－3　淮河中游不同枯水年需水量预测成果　单位：亿 m^3

水平年	保证率	城镇				农村				合计
		生活	生产	生态	小计	生活	生产	生态	小计	
2020 年	75%	19.6	57.5	2.2	79.3	14.3	201.4	0.9	216.6	295.9
	95%	19.6	57.5	2.2	79.3	14.3	224.5	0.9	239.7	319
	多年平均	19.6	57.5	2.2	79.3	14.3	178.5	0.9	193.7	273.0
2030 年	75%	26.1	64.8	3.0	93.9	13.6	189.0	0.9	203.5	297.4
	95%	26.1	64.8	3.0	93.9	13.6	224.3	0.9	238.8	332.7
	多年平均	26.1	64.8	3.0	93.9	13.6	173.8	0.9	188.3	282.2

8.3.3.2 可供水量分析

2020 年，在现状工程基础上，考虑南水北调东线工程二期、中线工程一期和引江济淮工程一期实施供水，同时完成出山店水库、燕山水库等大中型水库建设及沿淮洼地洪水资源利用工程建设、面上引提工程的配套完善，淮河中游 75%、95%年份可供水量达 279 亿 m^3、298 亿 m^3。

2030 年，在 2020 年工程的基础上，考虑南水北调东线三期完成和中线工程二期、引江济淮工程二期完成，淮河中游 75%、95%年份可供水量达 295 亿 m^3、328 亿 m^3。

8.3.3.3 供需分析

供需分析按有无引江济淮工程两种方案分析，方案一为无引江济淮工程，方案

二为有引江济淮工程。

1. 2020 年供需分析

2020 年方案一：在现状工况基础上，考虑南水北调东线二期、中线工程一期实施供水，同时完成出山店水库、燕山水库等大中型水库建设及沿淮洼地洪水资源利用工程建设、引提水工程的配套完善。

2020 年方案二：在方案一工况的基础上，增加引江济淮一期工程供水。

其供需平衡结果见表 8.3－4 和表 8.3－5。

表 8.3－4　淮河中游枯水年供需平衡成果（方案一）

水平年	省份	保证率	方案一			
			需水量/亿 m^3	供水量/亿 m^3	缺水量/亿 m^3	缺水率/%
2020 年	河南	75%	118.4	111.5	6.9	5.8
		95%	130.3	121.0	9.3	7.1
		多年平均	112.8	108.3	4.5	4.0
	安徽	75%	153.9	137.3	16.6	10.8
		95%	160.2	140.9	19.2	12.0
		多年平均	137.1	126.6	10.5	7.7
	江苏	75%	23.5	23.3	0.2	0.9
		95%	28.5	28.2	0.3	0.9
		多年平均	23.1	22.8	0.2	1.0
	淮河中游	75%	295.8	272.1	23.7	8.0
		95%	318.9	290.2	28.8	9.0
		多年平均	273.0	257.7	15.3	5.6
2030 年	河南	75%	128.3	127.3	1.1	0.8
		95%	139.1	135.9	3.2	2.3
		多年平均	120.8	119.6	1.1	0.9
	安徽	75%	144.6	138.8	5.8	4.0
		95%	160.1	142.5	17.6	11.0
		多年平均	137.9	130.9	7.0	5.0
	江苏	75%	24.5	24.5	0.0	0.0
		95%	33.6	33.6	0.0	0.0
		多年平均	23.6	23.6	0.0	0.0
	淮河中游	75%	297.4	290.6	6.8	2.3
		95%	332.7	311.9	20.8	6.2
		多年平均	282.2	274.1	8.1	2.9

2. 2030 年供需分析

2030 年方案一：在 2020 年方案一工况的基础上，考虑南水北调东线三期完成和中线工程二期完成。

2030 年方案二：在 2030 年方案一工况的基础上，增加引江济淮二期工程供水。

其供需平衡结果见表 8.3-4 和表 8.3-5。

表 8.3-5　淮河中游枯水年供需平衡成果（方案二）

水平年	省份	保证率	方案二			
			需水量/亿 m^3	供水量/亿 m^3	缺水量/亿 m^3	缺水率/%
2020 年	河南	75%	118.4	111.5	6.9	5.8
		95%	130.3	121.0	9.3	7.1
		多年平均	112.8	108.3	4.5	4.0
	安徽	75%	153.9	144.2	9.7	6.3
		95%	160.2	148.3	11.9	7.4
		多年平均	137.1	131.4	5.7	4.2
	江苏	75%	23.5	23.3	0.2	0.9
		95%	28.5	28.2	0.3	0.9
		多年平均	23.1	22.8	0.2	1.0
	淮河中游	75%	295.8	279.1	16.8	5.7
		95%	318.9	297.5	21.4	6.7
		多年平均	273.0	262.5	10.5	3.8
2030 年	河南	75%	128.3	127.3	1.1	0.8
		95%	139.1	135.9	3.2	2.3
		多年平均	120.8	119.6	1.1	0.9
	安徽	75%	144.6	143.5	1.1	0.8
		95%	160.1	158.3	1.8	1.1
		多年平均	137.9	136.9	0.9	0.7
	江苏	75%	24.5	24.5	0.0	0.0
		95%	33.6	33.6	0.0	0.0
		多年平均	23.6	23.6	0.0	0.0
	淮河中游	75%	297.4	295.2	2.2	0.7
		95%	332.7	327.8	4.9	1.5
		多年平均	282.2	280.1	2.1	0.7

从上述两方案供需平衡可以看出，2020 年，若不考虑引江济淮工程的实施，淮

河中游 2020 年 75%和 95%枯水年缺水分别为 23.7 亿 m^3 和 28.8 亿 m^3，其中安徽省缺水达 16.6 亿 m^3 和 19.2 亿 m^3；淮河中游 2030 年 75%和 95%枯水年缺水分别达 6.8 亿 m^3 和 20.8 亿 m^3，其中安徽省缺水达 5.8 亿 m^3 和 17.6 亿 m^3。

引江济淮工程分期实施后，淮河中游 2020 年 75%和 95%枯水年缺水减少 6.9 亿 m^3 和 7.4 亿 m^3，2030 年 75%和 95%枯水年缺水减少 4.6 亿 m^3 和 15.9 亿 m^3，淮河中游 75%枯水年份基本实现供需平衡。

8.4 淮河中游枯水年对经济社会的影响分析

8.4.1 对城镇供水的影响

随着淮河流域经济社会的发展，城镇化率不断提高，到 2030 年，淮河流域城镇化率将提高到 60%，较现状提高近 30 个百分点，城镇生活用水也将大幅上升，在未来 20 年，城镇生活用水年均增长率达 4%，而城镇工业用水年均增长在 1%左右。

淮河中游淮河以南及山丘区城镇以水库蓄水为供水水源，淮河以北平原城镇以地下水（深层地下水）为供水水源，沿淮蚌埠、淮南两城市为淮河干流为供水水源。据统计，2006 年淮河中游城镇供水量为 51.8 亿 m^3，预测到 2030 年供水增量将达 94.0 亿 m^3。

城市供水存在的问题主要是供水水量不足、水源地水质保障程度低，城市供水备用水源地不足，抗风险能力薄弱。在城市地表水供水中，生活、工业供水合格率仅有 71.6%、92.3%。

在枯水年，蚌埠、淮南两市城市供水紧缺，1997 年、1999 年、2001 年、2002 年蚌埠闸上水位均出现低于死水位的情况，城市供水告急，内河航运中断。为了确保蚌埠、淮南两市城市用水安全，在枯水年或枯水期，当蚌埠闸水位低于 16.5m 时限制农业灌溉取水。

8.4.2 对粮食生产安全的影响

淮河流域是我国粮、棉、油主产区和商品粮基地之一。2006 年淮河流域粮食产量 946 亿 kg，约占同期全国的 20%。淮河中游又是淮河流域的粮食尤其是小麦的主产区，在淮河流域粮食生产中占有重要地位。

水旱灾害是淮河流域粮食安全生产的主要威胁。新中国成立后，淮河流域修建了大量的水利工程，抗御旱灾的能力已有很大的提高，但是干旱仍然是农业生产的大敌。据统计，1949—2007 年的 59 年中，淮河流域旱灾年成灾农田在 2000 万亩以上的年份有 23 年，占统计年数的 40.0%；旱灾年成灾农田在 3000 万亩、4000 万亩、5000 万亩以上的年份分别为 14 年、12 年和 8 年，分别占统计年数的 26.9%、20.6%和 13.8%，可见旱灾出现的频率很高。

淮河中游在枯水年或枯水期农田灌溉保障程度不高。蚌埠闸灌区 200 多万亩有效灌溉面积遇到枯水年，尤其特枯年，因蚌埠闸上无水或有水为确保城市供水而得不到灌溉。因无大型调蓄工程，淮北平原遇到枯水年，尤其特枯年，河道多干涸，地表水灌区基本得不到灌溉。淮河中游枯水年水资源的短缺，加重了农业的干旱损失，对粮食生产安全构成了重大的威胁。

8.4.3 对能源基地供水安全的影响

淮河中游地区包括安徽省两淮煤矿、河南省豫西煤矿及江苏苏北煤矿，已探明煤炭储量500多亿t，是我国重要煤、电能源基地之一，是华东地区重要煤电基地。随着能源基地建设的发展，当地经济发展模式也发生了重大变化，已有原先单纯的资源输出型向发展循环经济的模式转变，形成煤—电—煤化工及相关产业的发展模式。

能源基地用水的基本特点是耗水量大、供水保障程度要求较高，能源工业用水设计保证率都在95%以上，其中火电工业供水设计保证率为97%。

淮河中游淮北煤电能源地区，不宜集中开采利用地下水资源，枯水年地表水资源匮乏，水资源成为淮北地区能源基地发展的重要制约因素。

8.4.4 对河流生态的影响

受降水影响，径流季节性变化大。由于水资源短缺，加之径流人工控制程度较高，致使人口密集的淮河中游地区枯水年尤其特枯年水资源开发利用程度高。淮北地区中小河流大部分是季节性河流，有水无流或河干的现象较为普遍，水体污染和水资源短缺致使水生生态系统遭受严重破坏。

淮北平原大部分城市主要以中深层地下水为供水水源，地下水的过量开采，已经导致较大范围的地下水漏斗，城市周边地面沉降，危及城市防洪工程和城区建筑物安全等严重生态环境问题。

8.5 解决淮河中游缺水的对策研究

8.5.1 当地水资源挖潜与高效利用

淮河中游淮北平原地区，水资源调蓄能力差，水资源多以洪水形式出现，利用难度大，在枯水年尤其是特枯年份枯水期，往往无地表水可用，缺水十分严重。利用当地蓄洪洼地及采煤塌陷区蓄洪，挖潜当地水资源利用潜力，增加水资源供给是解决淮河中游淮北枯水年缺水的措施之一。

淮河干流中游蓄洪区4处，常年蓄水的有瓦埠湖、城东湖2处，根据调算，在基本不影响防洪要求的条件下，多年调算汛期未可蓄洪水资源9亿m^3，多年平均可供水量约4亿m^3。对解决一般枯水年淮河中游的缺水问题起到一定的作用，但在特枯年尤其连续枯水年，其作用较小，增加供水不足2亿m^3。

淮河中游淮北平原洼地较多，淮北、淮南两淮煤矿采煤塌陷区面积较大，具有一定的蓄水条件，但其调蓄能力有限，因其无集水面积，蓄水主要来自相邻河道来水，在特枯年及连续枯水年，其可供水量较小，不能完全解决缺水问题。

总之，利用洪水资源工程蓄水，只能部分缓解淮河中游一般枯水年的缺水问题，不能解决特枯年及连续枯水年缺水问题。

8.5.2 节约用水

节约用水，提高水的利用效率，是解决淮河一般枯水年或枯水期水资源短缺问题的有效措施，也是解决水污染问题的途径之一。

按照全面推进节水型社会建设的要求，对全社会用水实行总量控制和定额管理，促进产业结构的调整和升级，提高水资源的利用效率和效益，以实现农业用水总量基本不增长、工业经济和城镇用水总量缓慢增长，保障经济社会的可持续发展为目标。大力推进农业节水灌溉，因地制宜推广低压管灌、喷滴灌等高效节水技术和设备。严格控制高耗水工业发展规模，鼓励发展低耗水的高新技术产业。加强城乡生活用水管理，推广节水型器具。充分利用雨洪资源，扩大再生水利用，全面推进节水型社会建设。在未来20～30年间，实现需水量年均增长率控制在0.4%以内，农业灌溉水利用系数从0.50提高到0.62，节水灌溉面积发展到灌溉面积的50%以上，单位GDP用水量年均降低5%以上，工业用水年增长率不超过1%，城市供水管网漏失率降至9%，节水器具普及率达到80%等节水指标要求，淮河中游地区节水潜力约25亿m^3。

8.5.3 跨流域调水是解决淮河中游枯水年缺水的关键措施

跨流域调水是解决淮河中游枯水年缺水的关键措施，通过“体外输血”解决淮河中游平原地区水资源调节能力差、丰枯水年份水资源变化大的问题，保障淮河中游地区生活、生产、生态安全。淮河流域历次综合规划都安排了淮河流域跨流域调水工程，主要包括南水北调东线、中线工程，引江济淮工程和江苏引江工程。

南水北调东线工程调水源头为江苏省扬州市三江营，利用京杭运河以及其他河道输水，逐级建立泵站提水。淮河流域的受水区范围包括苏北的大部地区、安徽省淮北部分地区和淮河下游区的部分地区、山东省的南四湖地区。供水范围涉及淮河中游蚌埠市、淮北市、宿州市、滁州市四市的七个县区。一、二、三期工程建成后，该区域年均净增供水量分别为3.23亿m^3、3.43亿m^3和5.25亿m^3。南水北调中线工程的调水源头为长江支流汉江上的丹江口水库，输水总渠经南阳盆地北部，于方城垭口进入淮河流域，对应受水区为河南省，主要为黄河以南平原区，年均向淮河流域可调水12.5亿m^3。苏北引江工程是指通过自流或提水引江向里下河腹部及东南沿海地区供水的调水工程，包括除南水北调东线工程外的江苏淮河流域所有其他引江工程，现状多年平均引江水量达42亿m^3。引江济淮工程自长江引水至巢湖、北上过江淮分水岭入瓦埠湖，再入淮河。引江济淮工程供水范围与南水北调东线和中线以及引黄供水范围相邻，涉及淮河中游的淮南、蚌埠、阜阳、淮北、宿州、亳州、商丘、周口。多年平均引江水量约36亿m^3，入淮水量约28亿m^3。

引江济淮工程是解决淮河中游安徽淮北地区的枯水年或枯水期干旱缺水的主要措施之一。引江济淮工程实施后，填补了淮河中游地区南水北调东线、中线和其他调水工程难以供给的空白区域，可以基本解决安徽淮北地区城镇及农业枯水年或枯水期干旱缺水问题，并可相机向河南周口、商丘等南部地区供水，同时改善淮河干流正阳关以下水质条件和淮河中下游生态状况。

8.5.4 枯水年水资源管理和干旱应急能力建设

针对淮河中游水、旱、污灾害频繁和农业用水季节性强、历时短、强度大的特点。在特枯干旱年及连续干旱年，进一步完善水资源监测体系建设，包括旱情信息、水库及供水工程运行信息等；建立更加快捷和畅通的紧急状态预警制度安排机制和相应部门，构建高效合理的紧急状态预警指挥决策和管理体系。

在加强水情况监测预报的同时，利用已有水资源工程条件，建立水库地表水、地下水、跨流域和跨水系调水枯水期水量联合调度系统，建立适合农业生产的抗旱应急调度方案，提高农业用水抗旱应急减灾能力。

8.6 结论

（1）淮河中游枯水年缺水严重。淮河中游水资源的特点是人均资源量少，年内分配不均、年际变化大。人均水资源占有量为530m^3/人，仅为全国平均的1/4，远低于人均1000m^3的国际水资源紧缺标准。新中国成立以来，沿淮淮北地区先后出现了1958—1959年、1966—1968年、1976—1978年、1994—1995年和1999—2000年的连续枯水段，现状水资源供需矛盾问题十分突出。随着经济社会的不断发展，淮河中游仍将面临干旱缺水的问题。根据分析，淮河中游到2020年，在考虑利用洪水资源利用工程及南水北调东、中线实施完成运行后，在一般干旱年份缺水仍达到23.7亿m^3，特枯年份缺水达到28.8亿m^3。水资源短缺将制约本区域经济社会的可持续发展，对淮河流域乃至全国的粮食安全生产产生巨大影响。

（2）淮河中游当地水资源挖潜难度大、特枯年增供水量有限。根据分析，通过沿淮蓄洪区洪水资源利用及采煤塌陷区蓄水，多年平均可增加供水量约4亿m^3。对解决一般枯水年淮河中游的缺水问题起到一定的作用，但在特枯年尤其连续特枯年，其作用较小，增加供水不足2亿m^3。

（3）节水是解决中游缺水的途径之一，但潜力有限。通过工程节水措施及产业结构调整。在未来20～30年间，实现需水量年均增长率控制在0.4%以内，农业灌溉水利用系数从0.50提高到0.62，节水灌溉面积发展到灌溉面积的50%以上，单位

GDP 用水量年均降低 5%以上，工业用水年增长率不超过 1%，城市供水管网漏失率降至 9%，节水器具普及率达到 80%等节水指标要求，淮河中游地区节水潜力约 25 亿 m^3。

(4) 跨流域调水是解决淮河中游淮北平原缺水问题的根本途径。国务院已批“南水北调工程总体规划”供水范围，未覆盖淮河中游蚌埠闸以上安徽省及闸下部分地区。引黄灌区也主要分布在淮河中游涡河支流上游惠济河及沙颍河支流颍河、贾鲁河上游河南省境内。

淮河中游沿淮洼地及塌陷区洪水利用工程调蓄水量小，来水量小，仅能解决一般枯水年份部分干旱缺水问题，不能根本解决淮河中游枯水年及特枯水年缺水问题。

从流域水资源配置的工程布局看，引江济淮工程是解决淮河中游枯水年及特枯水年缺水问题的根本途径。引江济淮工程，引江水入淮河瓦埠湖，经瓦埠湖、蚌埠闸调蓄，同时可以调入淮北采煤塌陷区及洼地进行调蓄，其受水范围可覆盖中游安徽省大部分地区，并可向河南省周口、商丘等南部地区供水。

参考文献

[1] 淮河水利委员会科学技术委员会．淮河中游洪涝问题与对策研究综合报告［R］．2009.
[2] 淮河水利委员会科学技术委员会．淮河与洪泽湖演变研究［R］．2009.
[3] 淮河水利委员会科学技术委员会．淮河流域洪涝灾害气候特征研究［R］．2009.
[4] 淮河水利委员会科学技术委员会．淮河中游洪涝问题与洪泽湖关系研究［R］．2009.
[5] 淮河水利委员会科学技术委员会．淮河干流行蓄洪区问题与对策研究［R］．2009.
[6] 淮河水利委员会科学技术委员会．淮河中游易涝洼地问题与对策研究［R］．2009.
[7] 淮河水利委员会科学技术委员会．淮河干流中游扩大平槽泄流能力研究［R］．2009.
[8] 淮河水利委员会科学技术委员会．洪泽湖扩大洪水出路规模研究［R］．2009.
[9] 淮河水利委员会科学技术委员会．淮河中游枯水问题与对策研究［R］．2009.
[10] 淮河水利委员会．淮河流域综合规划［R］．2012.
[11] 淮河水利委员会．淮河流域防洪规划［R］．2009.
[12] 中水淮河规划设计研究有限公司．淮河干流行蓄洪区调整规划［R］．2008.
[13] 中水淮河规划设计研究有限公司．治淮19项骨干工程的咨询评估报告［R］．2008.
[14] 中水淮河规划设计研究有限公司．淮河流域重点平原洼地除涝规划规划［R］．2010.
[15] 安徽省水利水电勘测设计院．安徽省淮河流域除涝规划［R］．2008.
[16] 宁远，钱敏，王玉太．淮河流域水利手册［M］．北京：科学出版社，2003.
[17] 黄润，朱诚，郑朝贵．安徽淮河流域全新世环境演变对新石器遗址分布的影响［J］．地理学报，2005，60（5）：742-750.
[18] 淮河水利委员会．中国江河防洪丛书：淮河卷［M］．北京：中国水利水电出版社，1996.
[19] 水利部治淮委员会勘测设计院．淮河流域土壤调查概述［R］．1956.
[20] 徐近之．淮北平原与淮河中游的地文［J］．地理学报，1953，19（2），203-233.
[21] 陈业新．近五百年来淮河流域灾害环境与人地关系研究——以明至民国时期中游皖北地区为中心［D］．上海：复旦大学，2003.
[22] 王玉太．淮河干流治理展望［J］．治淮，2005（3）：5-6.
[23] 颜元亮．清代铜瓦厢改道前的黄河下游［J］//水利史研究室．水利史研究室五十周年学术论文集．北京：水利电力出版社，1986：188-192.
[24] 武同举．淮系年表全编：第4册　全淮水道编［M］．两轩存稿本，1929.
[25] 中国水利水电科学研究院水利史研究室．再续行水金鉴：淮河卷［M］．武汉：湖北人民出版社，2004.
[26] 黎世序．续行水金鉴：卷63［M］．上海：商务印书馆，1937.
[27] 竺可桢．竺可桢文集［M］．北京：科学出版社，1979.

[28] 葛全胜，等. 中国历朝气候变化 [M]. 北京：科学出版社，2011.
[29] 郑斯中，张福春，龚高法. 我国东南地区近两千年气候湿润状况的变化//中央气象局研究所. 气候变迁和超长期预报文集 [C]. 北京：科学出版社，1977，29-32.
[30] 王绍武，闻新宇，罗勇，等. 近千年中国温度序列的建立 [J]. 科学通报，2007，52 (8)：958-964.
[31] 王绍武，赵宗慈. 近五百年我国旱涝史料的分析 [J]. 地理学报，1979，34 (4)：329-341.
[32] 张德二，刘传志，江剑民. 中国东部6区域近1000年干湿序列的重建和气候跃变分析 [J]. 第四纪研究，1997 (1)：1-11.
[33] 中央气象局编制. 中国气候图集 [M]. 北京：地图出版社，1966.
[34] YE DUZHENG，JIANG YUNDI，DONG WENJIE. The Northward Shift of Climate Belts in China During the Last 50 Years and the Corresponding Seasonal Responses [J]. Advances in Atmospheric Sciences，2003，20 (6)：959-967.
[35] 郑景云，葛全胜，方修琦，等. 基于历史文献重建的近2000年中国温度变化比较研究 [J]. 气象学报，2007，65 (3)：428-439.
[36] 陈桥驿. 淮河流域 [M]. 上海：上海春明出版社，1952.